21世纪高等学校精品规划教材

计算机基础与 Office 2010 新编应用

主　编　石　焱　王志彬

副主编　戴　慧　陈　微　李　宏

中国水利水电出版社
www.waterpub.com.cn

内 容 提 要

本书采用“任务驱动、案例教学、体验式学习”相结合的编写方式，思路新颖实用，反映新知识和技术的综合应用，突出重点，符合教学规律。全书共6个项目，主要内容包括：计算机基础知识、操作系统的功能和使用、文字处理软件Word 2010、电子表格处理软件Excel 2010、演示文稿制作软件PowerPoint 2010和网络基础知识等。

本书注重“讲、学、做”统一协调，与复合性、可操作性相结合，以参加全国计算机等级考试为应用主线，定位准确。在内容安排上将任务实施和理论知识拓展有机结合，叙述清楚，安排合理，每一个项目和任务的内容及实施步骤都经过细致挑选和精心安排，在非计算机专业的教学过程中进行了试点教学，取得了良好的效果。

本教材适用于高职高专院校、中等职业学校、成人高校等各专业学生，对于在职管理人员也有很高的实用价值。本书既可作为独立的教材，也可以作为计算机等级考试培训教材。

本书所配电子教案及相关教学资源，均可以从中国水利水电出版社网站及万水书苑上下载，网址为：http://www.waterpub.com.cn/softdown，http://www.wsbookshow.com。也可以与作者（mdfshiyan@vip.sohu.com）联系获取所需要的资源。

图书在版编目（CIP）数据

计算机基础与Office 2010新编应用 / 石焱，王志彬主编. -- 北京 : 中国水利水电出版社，2014.9
21世纪高等学校精品规划教材
ISBN 978-7-5170-2450-7

Ⅰ. ①计… Ⅱ. ①石… ②王… Ⅲ. ①电子计算机－高等学校－教材 Ⅳ. ①TP3

中国版本图书馆CIP数据核字(2014)第207423号

策划编辑：宋俊娥　责任编辑：李　炎　加工编辑：夏雪丽　封面设计：李　佳

书　名	21世纪高等学校精品规划教材 计算机基础与Office 2010新编应用
作　者	主　编　石　焱　王志彬 副主编　戴　慧　陈　微　李　宏
出版发行	中国水利水电出版社 （北京市海淀区玉渊潭南路1号D座　100038） 网址：www.waterpub.com.cn E-mail：mchannel@263.net（万水） sales@waterpub.com.cn 电话：（010）68367658（发行部）、82562819（万水）
经　售	北京科水图书销售中心（零售） 电话：（010）88383994、63202643、68545874 全国各地新华书店和相关出版物销售网点
排　版	北京万水电子信息有限公司
印　刷	三河市鑫金马印装有限公司
规　格	184mm×260mm　16开本　18.25印张　458千字
版　次	2014年9月第1版　2014年9月第1次印刷
印　数	0001—3000册
定　价	36.00元

前　言

为适应应用类本科、各类高职及职业教育会计各专业实践教学改革和参加改版后的全国计算机等级考试的需要，我们组织一线教师和计算机等级考试培训及组考经验丰富的老师共同策划并编写了《计算机基础与 Office 2010 新编应用》。

本书依据 2013 年教育部考试中心更新的全国计算机等级考试大纲考点的变化和企事业单位办公业务对人才的需求，将计算机基础知识、操作系统的功能使用、Office 办公软件中的 Word 文字处理、Excel 表格处理、PowerPoint 幻灯片处理与网络应用等知识结合起来，采用最新的 Office 2010 版本的案例，融入工作岗位中需要的办公能力及实际要求，具有实践性强、突出技能综合应用、理论够用的特点，对各专业的学生而言，掌握必要的计算机基础知识、网络应用、办公技巧等关键的实践环节十分重要。本书结合当前各专业教学计划、实训教学内容和全国计算机等级考试的考点，综合了一线教师在教学过程和实践过程中所发现的问题，与在岗人员一起探讨，共同拟定了项目案例方案，强化复合技能，希望能够提供新的讲授方向和思路，旨在提高学生的办公知识应用能力，成为名副其实的可以高效开展本岗位办公的人才。本书为项目式编写，每个项目均详列有多个任务，每个任务均有学习目标、任务导入、任务实施、知识点拓展、实践与思考等，其中项目和任务设计结合工作中遇到的实际情况或者是计算机等级考试中遇到的案例，有极强的应用性，涉及的知识点拓展为需重点掌握的理论知识，以够用为主。

本书分为 6 个项目，主要内容包括：计算机基础知识、操作系统功能、Office 办公软件中的 Word 文字处理、Excel 表格处理、PowerPoint 幻灯片处理与网络应用。

本书对本科、高职类各专业学生以及社会上在职人员参加全国计算机等级考试以及学习计算机基础知识有极高的实用价值，适用于应用类本科、高职高专院校、中等职业学校电子商务专业、成人高校及本科院校举办的二级职业技术学院和民办高校的会计及会计电算化专业，也可作为自学参考书。本书既可以作为独立的课程教材，也可以作为全国计算机等级考试的培训教材，建议教学学时为 60 学时，可以根据需要和学生实际情况调整学时。

本书编写人员由国家林业局管理干部学院的石焱老师和北京市高级实用技术学校（北京市新媒体技师学院）的王志彬校长任主编，并组织编写及统稿，国家林业局管理干部学院的戴慧、陈微和北京中医药大学李宏老师共同任副主编。各项目主要编写人员分工如下：项目 1 由石焱老师编写，项目 1 中的任务 4 由何素梅老师编写，项目 2 和项目 6 由徐骁巍老师编写，项目 3 由陈微老师编写，项目 4 由燕晓晓老师编写，项目 5 由戴慧老师编写。附录由石焱老师提供。石焱、王志彬、戴慧和李宏老师全程均参与了本书的提纲确定、内容审核与校对工作。参加本书编写的还有：张宝元、赵冬冬、章静、高晗等。参编及审校人员均为专业教师、数字档案管理人员及全国计算机等级考试培训岗位一线的工作人员，有丰富的教学、实践经验，对学生的就业前景及社会技能需求有深入了解。

本书建议实训课时为 60 学时，各章分配如下：

章　节	参考学时
项目一	8
项目二	6
项目三	14
项目四	14
项目五	10
项目六	8
合　计	60（根据需要做相应的调整）

在编写本书的过程中，笔者参考了大量的教学和考试资料，将所涉及的考试内容在校内各专业学生计算机基础课的课堂教学上进行试点，取得了非常好的效果，主要项目的认可度达90%以上。

本书作者在编写过程中参考了大量相关技术资料，得到国家林业局管理干部学院梁宝君副院长、中国水利水电出版社/北京万水电子信息有限公司杨庆川主编的大力支持和指导，吸取了许多同仁的经验，在此谨表谢意。

由于时间仓促，作者水平有限，难免有不当之处、错误之处，希望读者指正。编者的E-mail为mdfshiyan@sohu.com。

编　者

2014年6月

目　录

项目一　计算机基础知识

任务 1　计算机的发展与系统组成

学习目标

- 了解计算机的发展
- 了解计算机系统的组成
- 了解计算机的主要技术指标

任务导入

小李大学毕业后到计算机系统集成企业工作，主管要求其对计算机的发展与系统组成有一个深入的了解，掌握相关的主要技术指标，以准备负责计算机维护、网络设备集成等工作。

任务实施

一、计算机的概念

电子计算机（Computer）是一台自动、可靠、能高速运算的机器，由于它能作为人脑的延伸和发展，所以又把计算机称为电脑，它能够按照事先存储的程序，自动、高速地进行大量数值计算、信息处理、自动化管理等多方面工作的现代化智能电子装置。

二、计算机的发展阶段

世界上第一台电子计算机是 1946 年由美国宾夕法尼亚大学研制成功，名为埃尼阿克（ENIAC），重量 30 吨，占地面积 170 平方米，运算速度为 5000 次/秒。

计算机的发展经历了四代：

第一代：1946～1959 年，以电子管为主要标志。内存容量仅有几千字节，运算速度低，且成本很高。这个时期，没有系统软件，只能用机器语言和汇编语言编程。计算机只在少数尖端领域中得到应用，一般用于科学、军事和财务等方面的计算。

第二代：1959～1964 年，以晶体管为主要标志。增加了浮点运算，内存容量扩大到几十 K 字节，晶体管比电子管平均寿命提高 100～1000 倍，耗电却只有电子管的 1/10，体积比电子管减少一个数量级，运算速度明显提高，每秒可以执行几万到几十万次的加法运算，机械强度高。相比电子管，晶体管体积小、重量轻、寿命长、发热少、功耗低。出现了监控程序，提出了操作系统的概念，出现了高级语言，如 FORTRAN、ALGOL60 等。

第三代：1964～1970 年，以中、小规模集成电路为主要标志。这种器件把几十个或几百个分立的电子元件集中在一块几平方毫米的硅片上（称为集成电路芯片），使计算机的体积和耗电大大减小，运算速度却大大提高，每秒钟可以执行几十万次到一百万次的加法运算，性能和稳定性进一步提高。

第四代：1970 年至今，以大规模和超大规模集成电路为主要标志。计算机的计算性能飞速提高，计算机开始分化成巨型机、大型机、小型机和微型机。采取了“模块化”的设计思路，即按执行的功能划分成比较小的处理部件，更加利于维护。计算机的发展进入了以网络为特征的时代。

目前计算机正向微型化、网络化、巨型化、智能化发展。

三、计算机的特点

（1）高速运算能力和检索能力。目前的计算机运算能力已达到 130 亿次/秒。

（2）强存储记忆能力。能存储大量的原始数据、中间结果及程序。

（3）很高的计算精度和可靠性。计算机计算精度可达几百位，连续无故障时间可达几年。

（4）具有逻辑判断能力。能进行数据的比较、分类、排序、检索等。

（5）工作全部自动进行。只要给计算机发出指令，计算机将按着指令自动执行。

四、计算机系统的组成

计算机系统包括计算机硬件系统和计算机软件系统两部分。

计算机硬件是物理上存在的实体，是构成计算机的各种物质实体的总和。计算机软件系统即通常所说的程序，是计算机上全部可运行程序的总和。

计算机系统的构成如下：

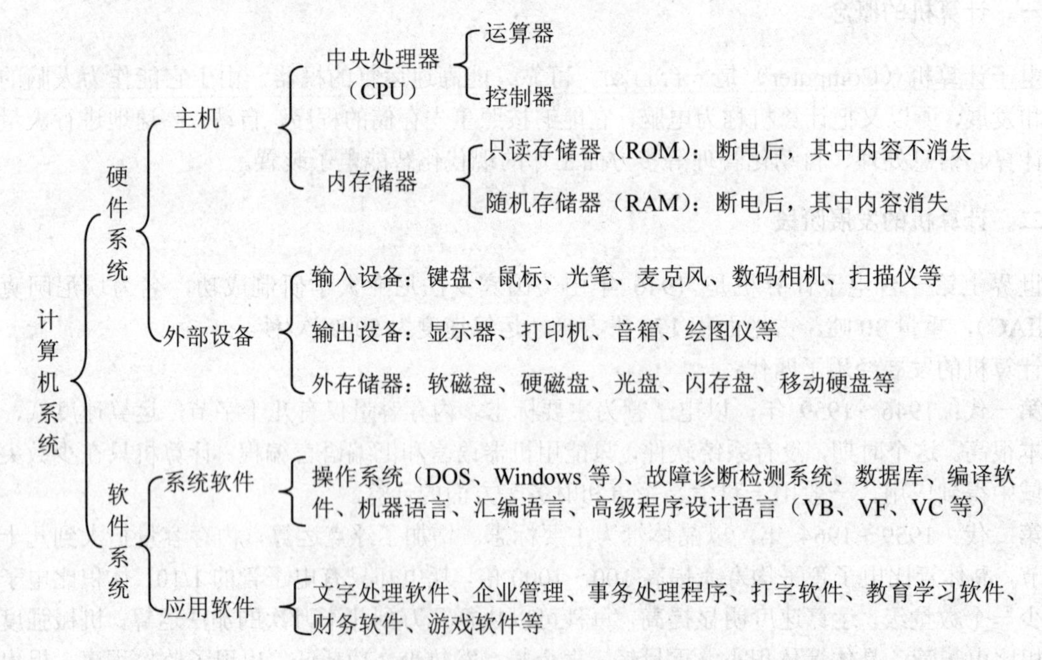

1. 硬件系统

（1）运算器（ALU，Arithmetic-Logic Unit，算术及逻辑运算器）。运算器的功能是进行算术运算和逻辑运算。

（2）控制器（CU，Control Unit）。控制器是实现计算机各部分联系及自动执行程序的部件，它的功能是从内存中依次取出指令，产生控制信号，向其他部件发出命令指挥整个计算过程。

（3）存储器。存储器是用来存储大量信息的部件，内存储器又称主存储器，俗称内存条，运算速度比外存储器快；外存储器又称辅助存储器，它是为弥补内存储器容量不足而设置的，如：硬盘、光盘、U 盘。

（4）输入设备。它是把数据和程序转换成电信号，并把电信号送入内存的部件，如：键盘、鼠标、扫描仪、录音笔等。

（5）输出设备。输入设备是将计算或处理的信息结果送至主机之外的部件，如：显示器、打印机、绘图仪等。

2. 软件系统

（1）系统软件。系统软件是指为使计算机硬件系统正常工作而必须配备的部分软件。最基本的软件是操作系统。

（2）应用软件。应用软件是针对某些应用领域的软件，如计算机辅助制造、计算机辅助设计、计算机辅助教学、企业管理、数据库管理系统、字处理软件、桌面排版系统等。

五、计算机的应用领域

（1）科学计算。如数学、化学、天文学等方面的大量科学计算问题。

（2）数据处理。如普通企事业单位的办公事务处理等，约占计算机应用的 80%。

（3）自动控制。如在军事上用于控制导弹、卫星发射及运行，生产过程的实时控制和自动调整。

（4）计算机辅助工程。包括计算机辅助设计（CAD）、计算机辅助制造（CAM）、计算机辅助教学（CAI）、计算机测试（CAT）。

（5）人工智能。如机器人等，模拟人的某些智力活动，近年来已具体应用于机器人、医疗诊断等方面。

（6）电子商务（Electronic Commerce）。通过计算机和网络进行商务活动。

六、计算机主要性能指标

（1）运算速度：是指计算机每秒钟所能执行的指令条数。一般用百万次/秒（MIPS）。

（2）时钟频率（主频）：是指 CPU 在单位时间（秒）内产生的脉冲数，以 MHz 为单位，目前的计算机主频一般为：双核 2.4GHz～3.6GHz，主频越高，则计算机运行速度越快。

（3）内存（RAM）容量：目前的内存容量一般为：1GB、2GB，内存容量大，则计算机处理数据的速度也比较快。

七、微型计算机系统的基本配置

微型计算机系统的配置包括硬件配置和软件配置两部分。

1. 硬件基本配置

（1）主板：主板也叫母板或系统板（Main Board 或 Mother Board 或 System Board），它是位于主机箱内底部的一块大型印刷电路板，它是电脑中最重要的部分。

（2）中央处理器（CPU）：是电脑的核心，主频越高，则计算机速度越快，生产厂家主要有：Intel（英特尔公司）和 AMD 公司。目前，Intel 公司的双核处理器有酷睿 II，AMD 公司双核处理器有 Athlon X2。

（3）内存（RAM）：内存即随机存储器，内存的大小，牵涉到一个程序或一种软件运行速度的快慢，目前内存条的容量一般为 1GB、2GB。

（4）硬盘（Hard Disk 或 HDD）：是计算机中最重要的数据外存储设备之一。目前一般的硬盘容量为 500GB 或 1TB。

（5）显示卡：也称为显示适配器，控制显示器的色彩数目以及显示器显示图像的速度。

（6）显示器：显示器即电脑显示信息的窗口，也称视频监视器（CRT），是计算机标准输出设备。

（7）光驱或刻录机：光驱（CD-ROM 或 DVD-ROM）：只能读取光盘中的信息；刻录机（CD-RW 或 DVD/RW）：不仅可以读取光盘中的信息，还能向光盘中写（烧录）入信息。刻录机上一般标有 CD/RW 或 DVD/RW 字样。

（8）键盘：是计算机的标准输入设备，一般有机械式和电容式，电容式键盘手感较好。

（9）鼠标：是计算机的主要输入设备之一，目前使用的鼠标有机械式、光学式，光学式鼠标不易损坏。

（10）打印机：用来打印输出计算机中的信息，通常把打印机分为激光打印机和喷墨打印机。

2. 软件基本配置

包括操作系统（如：Windows XP，Windows Vista，Windows 7）、应用软件（如：Office 办公软件、财务软件等）、计算机杀毒软件、网络通信软件、图形图像处理等应用软件。

知识点拓展

1. 信息、信息技术与信息产业

信息：是观察或研究过程中获得的数据、新闻和知识等。信息无处不在。无论是在空间上还是在时间上都具有可传递性，可以同时被多人所共享。信息是事物运动的状态和方式，而不是事物本身，因此，它不能独立存在，必须借助于某种符号才能再现出来，而这些符号又必须寄载于某种物体上。信息是可以加工处理的。它可以被压缩、存储、有序化，也可以转换形态。

信息技术：指获取信息、处理信息、存储信息、传输信息等所用到的技术。信息技术的核心主要包括传感技术、通信技术、计算机技术以及微电子技术等。传感技术是扩展人的感觉器官收集信息的功能；通信技术是扩展人的神经系统传递信息的功能；计算机技术是扩展人的思维器官处理信息和决策的功能；而微电子技术可以低成本、大批量地生产出具有高可靠性和高精度的微电子结构模块，扩展了人类对信息的控制和使用能力。

信息产业：依靠新的信息技术和信息处理的创新手段，制造或提供信息产品和信息服务的生产活动的组合。1999 年 7 月，北美自由贸易区的 3 国（美国、加拿大、墨西哥）公布了统一的“北美行业分类系统”（MAICS），取代 3 国各自原有的行业分类系统。首次将“信息”看作一种“产品”，基于这种观点重新定义了“信息产业”应涵盖的行业，将信息产业划分为 4 个行业：出版业、电影和录音业、广播电视和通信行业、信息服务和数据处理服务行业。

2. 网格技术

网格是把整个互联网整合成一台巨大的超级计算机，实现计算资源、存储资源、数据资源、信息资源、知识资源、专家资源的全面共享。网格是一种新技术，具有两个特征：第一，不同的群体用不同的名词来表示它；第二，网格的精确含义和内容还没有固定，而是在不断变化。网格技术研究方向之一的信息网格，其目标是研制一体化的智能信息处理平台，消除信息孤岛，使用户能方便地发布、处理和获取信息，在用户之间实现信息的互动。

3. 蓝牙技术

蓝牙技术是一种用于替代便携或固定电子设备上使用的电缆或连线的短距离无线连接技术。也就是说，在办公室、家庭和旅途中，无需在任何电子设备间布设专用线缆和连接器，通过蓝牙遥控装置可以形成一点到多点的连接，即在该装置周围组成一个“微网”，网内任何蓝牙收发器都可与该装置互通信号。而且，这种连接无需复杂的软件支持。蓝牙收发器的一般有效通信范围为 10 米，强的可以达到 100 米左右。

4. 中间件技术

中间件（Middleware）是基础软件的一类，属于可复用软件的范畴。顾名思义，中间件处于操作系统软件与应用软件的中间。中间件在操作系统、网络和数据库之上，应用软件的下层，总的作用是为处于上层的应用软件提供运行与开发的环境，帮助用户灵活、高效地开发和集成复杂的应用软件。中间件是一类软件，而非一种软件；中间件不仅仅实现互联，还要实现应用之间的互操作；中间件是基于分布式处理的软件，最突出的特点是其网络通信功能。

5. 计算机文化

所谓文化，通常有两种理解：第一种是一般意义上的理解，认为只要是能对人类的生活方式产生广泛而深刻影响的事物则属于文化。例如：饮食文化、茶文化、酒文化、汽车文化等。第二种是严格意义上的理解，认为应当具有信息传递和知识传授功能，并对人类社会从生产方式、工作方式、学习方式到生活方式能产生广泛而深刻影响的事物才能称得上文化。衡量计算机文化素质的高低，通常是指在计算机方面最基本的知识和最主要的应用能力。主要包括“信息获取、信息分析与信息加工”有关的基础知识和实际能力。信息获取包括信息发现、信息采集与信息优选；信息分析包括信息分类、信息综合、信息查错与信息评价；信息加工则包括信息的排序与检索、信息的组织与表达、信息的存储与变换以及信息的控制与传输等。这种知识与能力既是“计算机文化”水平高低和素质优劣的具体体现，又是信息社会对新型人才培养所提出的最基本要求。

6. 算法和程序

算法+数据结构=应用程序。算法是程序设计的核心，算法的好坏很大程度上决定了一个程序的效率。一个好的算法可以降低程序运行的时间复杂度和空间复杂度。先选出一个好的算法，再配合以一种适宜的数据结构，这样程序的效率会大大提高。算法是程序的灵魂，算法是处理一件事的过程和主要的方法设计，程序是用计算机语言实现的算法。

7. 指令与指令系统

指令是指计算机完成某个基本操作的命令。指令能被计算机的硬件理解并执行，一条指令就是计算机机器语言的一个语句，是程序设计的最小语言单位。

一台计算机所能执行的全部指令的集合，称为这台计算机的指令系统。指令系统充分反映了计算机对数据进行处理的能力。不同种类的计算机，指令系统所包含的指令数目与格式也不同。一条指令用一串二进制代码表示，通常包括操作码和地址码两部分信息。

8. 高速缓冲存储器

高速缓冲存储器（Cache）其原始意义是指存取速度比一般随机存取记忆体（RAM）来得快的一种 RAM，一般而言它不像系统主记忆体那样使用 DRAM 技术，而使用昂贵但较快速的 SRAM 技术，也有快取记忆体的名称。在计算机存储系统的层次结构中，介于中央处理器和主存储器之间的高速小容量存储器。它和主存储器一起构成一级的存储器。高速缓冲存储器和主存储器之间信息的调度和传送是由硬件自动进行的。

9. 客户机/服务器模式

客户机/服务器（Client/Server，简称 C/S）结构软件分为客户机和服务器两层，客户机不是毫无运算能力的输入、输出设备，而是具有了一定的数据处理和数据存储能力，通过把应用软件的计算和数据合理地分配在客户机和服务器两端，可以有效地降低网络通信量和服务器运算量。由于服务器连接个数和数据通信量的限制，这种结构的软件适于在用户数目不多的局域网内使用。国内目前的大部分 ERP（财务）软件产品即属于此类结构。

10. 浏览器/服务器模式

浏览器/服务器（Brower/Server，简称 B/S）结构是随着 Internet 技术的兴起，对 C/S 结构的一种变化或者改进的结构。在这种结构下，用户界面完全通过 WWW 浏览器实现，一部分事务逻辑在前端实现，但是主要事务逻辑在服务器端实现，形成所谓 3-tier 结构。B/S 结构，主要是利用了不断成熟的 WWW 浏览器技术，结合浏览器的多种脚本语言（VBScript、JavaScript 等）和 ActiveX 技术，使用通用浏览器就实现了原来需要复杂专用软件才能实现的强大功能，并节约了开发成本，是一种全新的软件系统构造技术。随着各操作系统将浏览器技术植入操作系统内部，这种结构更成为当今应用软件的首选体系结构。

三层架构（3-tier application）通常意义上的三层架构就是将整个业务应用划分为：表现层（UI）、业务逻辑层（BLL）、数据访问层（DAL）。区分层次的目的即为了“高内聚，低耦合”的思想。

实践与思考

一、选择题

1. 世界上第一台电子计算机取名为（　）。

A. UNIVAC　　B. EDSAC

C. ENIAC　　D. EDVAC

2. 计算机发展阶段的划分通常是按计算机所采用的（　）。

A. 内存容量　　B. 电子器件

C. 程序设计语言　　D. 操作系统

3. 大规模和超大规模集成电路芯片组成的微型计算机属于现代计算机阶段的（　）。

A. 第一代产品　　B. 第二代产品

C. 第三代产品　　D. 第四代产品

4. 个人计算机属于（　）。

A. 小型计算机　　B. 中型计算机

C. 小巨型计算机　　D. 微型计算机

5. 从第一代计算机到第四代计算机的体系结构称之为（　）体系结构。

A．艾伦·图灵　　B．罗伯特·诺依斯

C．比尔·盖茨　　D．冯·诺依曼

6．下面有关计算机特点的说法中，（　）是不正确的。

A．运算速度快

B．计算精度高

C．所有操作是在人的控制下完成的

D．具有记忆功能

7．早期计算机的主要应用是（　）。

A．科学计算　　B．信息处理

C．实时控制　　D．辅助设计

8．用来表示计算机辅助教学的英文缩写是（　）。

A．CAD　　B．CAM

C．CAI　　D．CAT

9．一个完整的计算机系统由（　）组成。

A．主机、键盘和显示器　　B．系统软件与应用软件

C．硬件系统与软件系统　　D．中央处理机

10．构成计算机物理实体的部件被称为（　）。

A．计算机系统　　B．计算机硬件

C．计算机软件　　D．计算机程序

11．硬件系统分为（　）两大部分。

A．主机和外部设备　　B．内存储器和显示器

C．内部设备和键盘　　D．键盘和外部设备

12．主机由（　）组成。

A．运算器、存储器和控制器　　B．运算器和控制器

C．输入设备和输出设备　　D．存储器和控制器

13．一个计算机系统的硬件一般是由（　）构成的。

A．CPU、键盘、鼠标和显示器

B．运算器、控制器、存储器、输入设备和输出设备

C．主机、显示器、打印机和电源

D．主机、显示器和键盘

14．CPU 是计算机硬件系统的核心，它是由（　）组成的。

A．运算器和存储器　　B．控制器和存储器

C．运算器和控制器　　D．加法器和乘法器

15．CPU 中运算器的主要功能是（　）。

A．负责读取并分析指令　　B．算术运算和逻辑运算

C．指挥和控制计算机的运行　　D．存放运算结果

16．计算机的存储系统通常包括（　）。

A．内存储器和外存储器　　B．软盘和硬盘

C．ROM 和 RAM　　D．内存和硬盘

17．存取周期最短的存储器是（　）。

A．硬盘　　B．内存
C．软盘　　D．光盘

18．（　）都属于计算机的输入设备。
A．键盘和鼠标　　B．键盘和显示器
C．键盘和打印机　　D．扫描仪和绘图仪

19．下列说法中，只有（　）是正确的。
A．ROM 是只读存储器，其中的内容只能读一次，下次再读就读不出来了
B．硬盘通常安装在主机箱内，所以硬盘属于内存
C．CPU 不能直接与外存打交道
D．任何存储器都有记忆能力，即其中的信息永远不会丢失

20．计算机软件系统一般包括（　）。
A．实用软件，高级语言软件与应用软件
B．系统软件，高级语言软件与管理软件
C．培训软件，汇编语言与源程序
D．系统软件与应用软件

21．操作系统是一种（　）。
A．目标程序　　B．应用支持软件
C．系统软件　　D．应用软件

22．在计算机软件系统中，用来管理计算机硬件和软件资源的是（　）。
A．程序设计语言　　B．操作系统
C．诊断程序　　D．数据库管理系统

23．Windows 是一种（　）。
A．应用软件　　B．操作系统
C．数据库管理系统　　D．数据库

24．财务管理软件是（　）。
A．汉字系统　　B．应用软件
C．系统软件　　D．字处理软件

25．应用软件是指（　）。
A．所有能够使用的软件
B．所有计算机上都应使用的基本软件
C．专门为某一应用目的而编制的软件
D．能被各应用单位共同使用的某种软件

26．下列软件中，（　）是系统软件。
A．用 C 语言编写的求解一元二次方程的程序
B．工资管理软件
C．用汇编语言编写的一个练习程序
D．Windows 操作系统

27．计算机能直接执行的程序是（　）。
A．机器语言程序　　B．BASIC 语言程序
C．C 语言程序　　D．高级语言程序

28. 以下关于计算机语言的说法中，错误的是（　　）。

A. 用汇编语言编写的程序，计算机不能直接执行

B. 汇编语言与计算机硬件有关

C. 源程序是指由高级语言、汇编语言编写的程序

D. 机器语言由 M 进制代码组成

二、思考题

1. 计算机硬件系统由哪几部分组成？各部分的主要功能是什么？
2. 微机中 ROM 和 RAM 的区别是什么？
3. 微机中的外存储设备主要有哪些？
4. 计算机的发展经历了哪几个阶段？各阶段的主要特点是什么？
5. 计算机的发展趋势体现在哪几个方面？
6. 按计算机的规模来分，共有哪几类？
7. 计算机有哪些特点？
8. 计算机主要有哪些应用领域？
9. 信息化社会需要什么样的人才，你将如何面对？

任务 2　计算机中数据的表示与存储

学习目标

- 了解计算机中数据的表示与存储
- 掌握数制之间的转换
- 掌握信息编码

任务导入

小刘是大学一年级学生，准备参加全国计算机等级考试一级，涉及计算机数制与编码知识，二进制与八进制、十进制、十六进制数的转换，有符号数和无符号数，ASCII 码与汉字编码的内容，你能帮助他复习并掌握相关考试内容吗？

任务实施

一、计算机的数据单位

1. 位（Bit）

位（Bit，译为比特）是指二进制数的一位，位是计算机存储数据的最小单位。两种状态：开通和断开分别用数据“1”和“0”表示。

2. 字节（Byte）

8 位二进制数为一个字节，Byte 是字节的英文名称。在用 Byte 做单位时，常以大写字母“B”表示字节，是最基本的数据单位。1Byte＝8Bits。

3. 字（Word）

字即字长，是计算机进行数据处理时，一次存取、加工和传送的数据长度。由于字长是计算机一次所能处理的实际位数多少，决定计算机进行数据处理的速度，因此，字长常常成为一个计算机性能的标志。字长越长，精度越高，速度越快，价格也越高。字长是由 CPU 内部的寄存器、加法器和数据总线的位数决定的，有 16 位、32 位和 64 位。

4. 磁盘容量单位

其它还有 TB（兆兆字节）、GB（千兆字节）、MB（兆字节）、KB（千字节）、B（字节），单位换算如下：

1KB＝1024B，1MB＝1024KB，1GB=1024MB，1TB＝1024GB。

在计算机中，1 个字母、数字或符号均占 1 个字节，1 个汉字占 2 个字节。

二、了解数制的概念

1. 数制

按进位的原则进行计数称为进位计数制，简称“数制”。日常生活中经常要用到数制，通常以十进制进行计数。除了十进制计数以外，还有二进制数、八进制数、十六进制数等。

2. 数制的特点

不论是哪种数制，其计数和运算都有共同的规律和特点。

（1）逢 N 进一

N 是指数制中所需要的数字字符的总个数，称为基数。十进制数为逢十进一，八进制数为逢八进一。

（2）位权表示法

位权是指一个数字在某个固定位置上所代表的值，处在不同位置上的数字代表的值不同，每个数字的位置决定了它的值或位权。而位权与基数的关系是：各进位制中位权的值是基数的若干次幂。因此，用任何一种数制表示的数都可以写成按位权展开的多项式之和。

$(625.09)_N=6\times(N)^2+2\times(N)^1+5\times(N)^0+0\times(N)^{-1}+9\times(N)^{-2}$

位权表示法的原则是数字的总个数等于基数；每个数字都要乘以基数的幂次，而该幂次是由每个数所在的位置所决定的。排列方式是以小数点为界，整数自右向左依次为 0 次方、1 次方、2 次方……N 次方。小数自左向右依次为负 1 次方、负 2 次方……负 N 次方。

3. 二进制数的基本概念

二进制数是计算机唯一能识别并执行的机器指令。二进制是逢二进一，基数为 2。它只有两个数码 0 和 1，由于 0 和 1 两种状态容易用电器元件实现，如开关的接通为 1，断开为 0；电灯亮为 1，熄灭为 0 等。所以计算机采用二进制最方便。

4. 八进制数的基本概念

八进制数有 8 个符号，基数是 8，分别用符号 0、1、2、3、4、5、6、7 表示。计数时“逢八进一”。

5. 十进制数的基本概念

按“逢十进一”的原则进行计数，称为十进制数，数字的个数等于基数 10，分别用 0、1、2、3、4、5、6、7、8、9 来表示，借一当十。

6. 十六进制数的基本概念

十六进制数有 16 个符号，基数是 16，分别用符号 0、1、2、3、4、5、6、7、8、9、A、

B、C、D、E、F 来表示。计数时“逢十六进一”。

为区分这几种进制数，规定在数的后面加字母 D 表示十进制数，字母 B 表示二进制数，字母 O 表示八进制数，字母 H 表示十六进制数，十进制数可省略不加。如：13D 或 13 都表示十进制数，13B 表示二进制数，13O 表示八进制数，13H 表示十六进制数。也可用基数作下标表示，如$(10)_{10}$或 10 表示十进制数，$(10)_2$表示二进制数，$(10)_8$表示八进制数，$(10)_{16}$表示十六进制数。

三、各数制之间的转换

1. 十进制数转换成二进制数

整数部分和小数部分。规则如下：

（1）整数部分：除 2 取余，直到商为 0；先取的余数在低位，后取的余数在高位。

（2）小数部分：乘 2 取整，直到值为 0 或达到精度要求。先取的整数在高位，后取的整数在低位。

例如：将十进制数 30.625 转换成二进制数。

除法	余数
2 | 30	
2 | 15	0
2 | 7	1
2 | 3	1
2 | 1	1
0	1

（余数由下向上读取 ↑）

乘法	整数
0.625 × 2	
1.25	1
× 2	
0.5	0
× 2	
1.0	1

（整数由上向下读取 ↓）

所以$(30.625)_D=(11110.101)_B$

2. 二进制数转换成十进制数

二进制数转换成十进制数，只需以 2 为基数，按权展开求和即可。用公式表示如下：

（1）整数部分

$(D_nD_{n-1}\ldots D_3D_2D_1)_2=D_n\times 2^{n-1}+D_{n-1}\times 2^{n-2}+\ldots+D_2\times 2^1+D_1\times 2^0$

其中，D_n=0 或 1，n 为 0 或 1 所在二进制数中的位数。

（2）小数部分

$(D_1\ D_2\ D_3\ldots D_{m-1}D_m)_2=D_1\times 2^{-1}+D_2\times 2^{-2}+\ldots+D_{m-1}\times 2^{-(m-1)}+D_m\times 2^{-m}$

例如：将$(100111.101)_2$转换成十进制数。

$(100111.101)_2=1\times 2^5+0\times 2^4+0\times 2^3+1\times 2^2+1\times 2^1+1\times 2^0+1\times 2^{-1}+0\times 2^{-2}+1\times 2^{-3}$

$=2^5+2^2+2^1+2^0+2^{-1}+2^{-3}$

$=39.625$

3. 十进制数转换成八进制数和十六进制数

（1）整数部分

除 8（或 16）取余，直到商为 0；先取的余数在低位，后取的余数在高位。

（2）小数部分

乘 8（或 16）取整，直到值为 0 或达到精度要求。先取的整数在高位，后取的整数在低位。

例如：将 654 分别转换成八进制数和十六进制数。

8	654	余数
8	81	6
8	11	1
8	1	2
	0	1

16	654	余数
16	40	E
16	2	8
	0	2

$654=(1216)_8=(28E)_{16}$

4. 八进制数和十六进制数转换成十进制数

八进制数和十六进制数转换成十进制数，只需以 8（或 16）为基数，按权展开求和即可。

例如：将八进制数 345 和十六进制数 345 分别转换成十进制数。

$(345)_8=3\times8^2+4\times8^1+5\times8^0=229$

$(345)_{16}=3\times16^2+4\times16^1+5\times16^0=837$

5. 二进制数转换成八进制数和十六进制数

（1）转换成八进制数的方法

1）整数部分

从低位向高位每三位一组，高位不足三位用 0 补足，然后每组分别按权展开求和即可。

2）小数部分

从高位向低位每三位一组，低位不足三位用 0 补足，然后每组分别按权展开求和即可。

例如：将$(11101101.1101)_2$转换成八进制数。

011	101	101	.	110	100
¦	¦	¦	.	¦	¦
3	5	5	.	6	4

$(11101101.1101)_2=(355.64)_8$

（2）转换成十六进制数的方法

1）整数部分

从低位向高位每四位一组，高位不足四位用 0 补足，然后每组分别按权展开求和即可。

2）小数部分

从高位向低位每四位一组，低位不足四位用 0 补足，然后每组分别按权展开求和即可。

例如：将$(11101101.11011)_2$转换成十六进制数。

1110	1101	.	1101	1000
¦	¦	.	¦	¦
E	D	.	D	8

$(11101101.11011)_2=(ED.D8)_{16}$

6. 八进制数和十六进制数转换成二进制数

将八进制数（或十六进制数）的每一位用相应的三位（或四位）二进制数代替即可。

例如：将十六进制数$(2BD)_{16}$转换成二进制数。

2	B	D
¦	¦	¦
0010	1011	1101

$(2BD)_{16}=(1010111101)_2$

四、ASCII 编码

字符是计算机中使用最多的非数值型数据，是人与计算机进行通信、交互的重要媒介，国际上广泛采用美国信息交换标准码（ASCII，American Standard Code for Information Interchange）。

ASCII 码有 7 位码和 8 位码两种形式，7 位 ASCII 码是用 7 位二进制数进行编码的，所以可以表示 128 个字符。这是因为 1 位二进制数可以表示两种状态，0 或 1（$2^1=2$）；2 位二进制数可以表示 4 种状态，00、01、10、11（$2^2=4$）；依次类推，7 位二进制数可以表示 $2^7=128$ 种状态，每种状态都唯一对应一个 7 位的二进制码，这些码可以排列成一个十进制序号 0～127。

为了使用方便，在计算机的存储单元中，一个字符的 ASCII 码占一个字节（8 个二进制位），其最高位只用做奇偶校验位。例如：大写字母 A 的 ASCII 码值为 01000001，即十进制数 65，小写字母 a 的 ASCII 码值为 01100001，即十进制数 97。

五、汉字编码

计算机在处理汉字信息时也要将其转化为二进制代码，这就需要对汉字进行编码。

1. 国标码（也称交换码）

计算机处理汉字所用的编码标准是我国于 1980 年颁布的国家标准 GB 2312－80，即《中华人民共和国国家标准信息交换汉字编码》，简称国标码。在国标码表中，共收录了一、二级汉字和图形符号 7445 个。其中图形符号 682 个，分布在 1～15 区；一级汉字（常用汉字）3755 个，按汉语拼音字母顺序排列，分布在 16～55 区；二级汉字（不常用汉字）3008 个，按偏旁部首排列，分布在 56～87 区；88 区以后为空白区，以待扩展。每个汉字及特殊字符以两个字节的十六进制数表示。

国标码与 ASCII 码属于同一制式，可以认为它是扩展的 ASCII 码。在 7 位 ASCII 码中可以表示 128 个信息，其中字符代码有 94 个。国标码是以 94 个字符代码为基础，其中任何两个代码组成一个汉字交换码，即由两个字节表示一个汉字字符。第一个字节称为“区”，第二个字节称为“位”。这样，该字符集共有 94 个区，每个区有 94 个位，最多可以组成 94×94＝8836 个字。

2. 机外码（也称输入码）

机外码是指操作人员通过西方键盘上输入的汉字信息编码。它由键盘上的字母、数字及特殊符号组合构成。典型的输入码有五笔字型、全拼输入法、双拼输入法、微软输入法、区位码、智能 ABC 输入法等，是用户与计算机进行汉字交流的第一接口。

3. 机内码（也称内码）

机内码是指计算机内部存储、处理加工汉字时所用的代码。输入码通过键盘被接受后就由汉字操作系统的“输入码转换模块”转换为机内码，每个汉字的机内码用 2 个字节的二进制数表示。为了与 ASCII 相区别，通常将其最高位设置为 1，大约可表示 16000 多个汉字。虽然某一个汉字在用不同的汉字输入方法时其外码各不相同，但其内码基本是统一的。

4. 字形码

字形码是指文字信息的输出编码。计算机对各种文字信息的二进制编码处理后，必须通过字形输出码转换为用户能看懂且能表示为各种字型字体的文字格式，即字形码，然后通过输出设备输出。汉字字形有 16×16、24×24、32×32、48×48、128×128 点阵等，不同字体的汉字需要不同的字库。点阵字库存储在文字发生器或字模存储器中。字模点阵的信息量是很大的，所占存储空间也很大。以 16×16 点阵为例，每个汉字就要占用 32 个字节。

知识点拓展

1. 运算速度

计算机的运算速度（平均运算速度）用每秒钟可以执行的百万条指令数（MIPS）来衡量。

2. 时钟频率

也称为主频，指 CPU 在单位时间（秒）内所发出的脉冲数，单位为兆赫兹（MHz）。它在很大程度上决定了计算机的运算速度，时钟频率越高，运算速度就越快。它是反应计算机速度的一个重要的间接指标。

3. 存取速度

存储器完成一次读/写操作所需的时间称为存储器的存取时间或访问时间，存储器连续进行读/写操作所允许的最短时间间隔称为存取周期。存取周期越短，则存取速度越快，它是反映存储器性能的一个重要参数。通常，存取速度的快慢决定了运算速度的快慢。半导体存储器的存取周期约为几十到几百微秒之间。

4. 计算机语言

（1）机器语言

是一种用二进制代码 0 和 1 形式表示的、能被计算机直接识别和执行的语言。用机器语言编写的程序，称为计算机机器语言程序。它是一种低级语言，用机器语言编写的程序不便于记忆、阅读和书写。通常不用机器语言直接编写程序。

（2）汇编语言

是一种用助记符表示的面向机器的程序设计语言。汇编语言的每条指令对应一条机器语言代码，不同类型的计算机系统一般有不同的汇编语言。用汇编语言编制的程序称为汇编语言程序，机器不能直接识别和执行，必须由汇编程序（或汇编系统）翻译成机器语言程序才能运行。这种“汇编程序”就是汇编语言的翻译程序。

（3）高级语言

是一种比较接近自然语言和数学表达式的一种计算机程序设计语言。用高级语言编写的程序一般称为“源程序”，计算机不能识别和执行，要把用高级语言编写的源程序翻译成机器指令，通常有编译和解释两种方式。

5. 二进制逻辑运算

逻辑运算是指对“因果关系”进行分析的一种运算，运算结果不表示数值的大小，而是条件成立还是不成立的逻辑量。逻辑关系有：与、或、非三种。

（1）逻辑“与”

做一件事情取决于多种因素，只有当所有条件都成立时才去做，否则不做，这种因果关系称为逻辑“与”。可用不同的符号来表示：AND、∩、∧等。

“与”运算规则：0∧0=0；0∧1=0；1∧0=0；1∧1=1

例如：设 X=10011010，Y=11101011，求 X∧Y=？

解：

$$\begin{array}{r} 10011010 \\ \wedge)\ \underline{11101011} \\ 10001010 \end{array}$$

X∧Y=10001010

（2）逻辑“或”

做一件事情取决于多种因素，只要其中有一个因素得到满足就去做，这种因果关系称为逻辑“或”。“或”通常用符号 OR、∨、∪等来表示。

“或”运算规则：0∨0＝0；0∨1＝1；1∨0＝1；1∨1＝1

例如：设X=10011010，Y＝11101011，求X∨Y＝？

解：

```
    10011010
∨） 11101011
------------
    11111011
```

X∨Y＝11111011

（3）逻辑“非”

实现逻辑否定，即“求反”运算，“真”变“假”、“假”变“真”。表示逻辑“非”常在逻辑变量的上面加一横线，如“非”A 写成 $\overline{A}$ 。

“非”运算规则：$\overline{1}=0$；$\overline{0}=1$

例如：设 X＝10011010，求 $\overline{X}$ =?

解：$\overline{X}=\overline{10011010}=01100101$

6. 带符号数的表示方式

（1）无符号二进制数

只限于正整数的表示。因为无需表示正负数的符号位，所以计算机可以使用所有位来表示数值。

（2）机器数与真值

在计算机内部使用符号位，用二进制数字“0”来表示正数，用二进制数字“1”表示负数，放在数的最左边。这种符号被数值化了的数称为机器数，而把原来的用正负符号和绝对值来表示的数值称为机器数的真值。例如，真值为+0.1001，机器数也是 0.1001；真值为-0.1001，机器数为 1.1001。

（3）数的原码、反码和补码

任何正数的原码、反码和补码的形式完全相同，负数则各自有不同的表示形式。

1）原码

正数的符号位用 0 表示，负数的符号位用 1 表示，有效值部分用二进制绝对值表示，这种表示法称为原码。显然，原码表示与机器数表示形式一致。这种表示方法对 0 会出现两种表示方法，即正的 0（0000 0000）和负的 0（1000 0000）。

例如：X=+77，Y＝-77

则：$(X)_{原}$＝0　100 1101

　　$(Y)_{原}$＝1　100 1101

　　　↑　　　↑

　　符号位　数值

用原码表示一个数简单、直观，与真值之间转换方便。但不能用它直接对两个同号数相减或两个异号数相加。为此引入了反码和补码的概念用于减法运算等。

2）反码

用 1 减去各位的值来表示负数。当最高位为 0 则为正整数，当最高位为 1 则为负整数，0 的表示有+0 和-0 两种情况。

例如：-5 的反码（假定用四位表示）。

因为：$(5)_{10}=(0101)_2$，所以反码$(-5)_{10}=(1010)_2$

即：正数的反码和原码相同，负数的反码是对该数的原码除符号位外各位取反，即“0”变“1”，“1”变“0”。

例如：X=+77，Y＝－77

则：$(X)_{原}=0$　100 1101　　$(X)_{反}=0$　1001101

　　$(Y)_{原}=\underline{1}$　$\underline{100\ 1101}$　　$(Y)_{反}=1$　0110010

　　　　↑符号位　↑数值

可以验证，任何数的反码的反码即是原码本身。

3）补码

用反码加 1 表示负数就是补码的表示方法。在此情况下没有正 0 和负 0 的区别，即 0 的表示只有一种形式。

例如：-5 的补码表示（4 位）。

因为：-5 的反码＝1010，则根据上述补码产生方法有：补码$(-5)_{10}=(1011)_2$。

实践与思考

一、选择题

1．下列一组数中，最小的数是（　　）。

A．$(2B)_{16}$　　B．$(44)_{10}$　　C．$(52)_8$　　D．$(101001)_2$

2．在微型计算机中，应用最普遍的字符编码是（　　）。

A．BCD 码　　B．补码　　C．ASCII 码　　D．汉字编码

3．执行下列二进制算术加法运算：01010100+10010011，其运算结果是（　　）。

A．11100111　　B．11000111　　C．00010000　　D．11101011

4．十进制的整数化为二进制整数的方法是（　　）。

A．乘 2 取整法　　B．除 2 取整法　　C．乘 2 取余法　　D．除 2 取余法

5．微型计算机中最小的数据单位是（　　）。

A．ASCII 码字符　　B．字符串

C．字节　　D．比特（二进制位）

6．在计算机中，字节的英文名字是（　　）。

A．bit　　B．byte　　C．bou　　D．baud

7．7 位二进制数码共可表示（　　）个 ASCII 字符。

A．127　　B．128　　C．255　　D．256

8．下列叙述中，正确的是（　　）。

A．汉字的机内码就是国标码

B．汉字的区位码就是国标码

C．所有十进制小数都能准确地转换为有限位二进制小数

D．正数的二进制补码就是原码本身

9．汉字在计算机系统内存储使用的编码是（　　）。

A．输入码　　B．机内码　　C．点阵码　　D．地址码

二、思考题

1．将下列二进制数转换成十进制数。

（1）1101.0101　　（2）1001001.001

2．将下列十进制数分别转换为二、八、十六进制数和8421BCD码。

（1）129.25　　（2）86.75

3．将下列二进制数分别转换为八、十六进制数。

（1）11010110　　（2）11011011.1101101

4．将下列八进制、十六进制数转换为二进制数。

（1）$(126.72)_8$　　（2）$(28ABC.3A)_{16}$

5．试分别求下面数值型数据的原码、反码和补码。

（1）98　（2）-98　（3）-1

任务3　多媒体技术的概念与应用

学习目标

- 了解多媒体的定义及分类
- 了解多媒体技术的特点
- 了解多媒体的发展趋势
- 了解多媒体技术的应用
- 掌握音频和视频素材的采集方式
- 掌握利用 Windows Live 影片制作软件制作视频
- 掌握 Windows 7 画图工具的使用

任务导入

MTV是广为流行的一种视频音乐，深受人们的喜爱。制作一个《蒲公英》的MTV，制作思路是先获取图片、声音文件和歌词，然后运用Windows 7自带的Windows Live 影片制作软件，制作一段视频文件。

任务实施

一、音频素材的采集

用户在制作多媒体的过程中，经常会用到不同效果、不同类型的音频素材，制作背景音乐等，这时就需要通过多种途径获取各种音频素材。下面通过Internet搜索获取音频素材。

（1）启动浏览器，在地址栏中输入网址，如“http://www.baidu.com”，进入百度搜索引擎主页面，选择音乐选项卡，在搜索文本框中输入“蒲公英”，单击“百度一下”按钮即可开始

搜索，如图 1-1 所示。

图 1-1 百度搜索

（2）在列出的众多搜索音乐列表结果中，选择一个自己喜欢的音乐，单击鼠标进入“蒲公英”的音效下载页面，如图 1-2 所示。

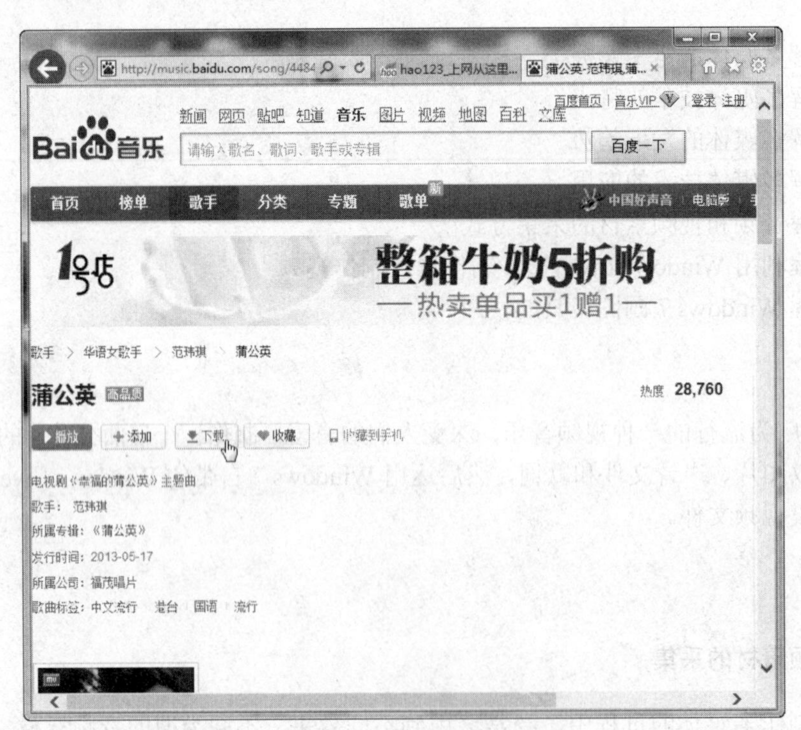

图 1-2 音乐下载

（3）在网页中试听效果满意后，在图 1-2 所示的界面中单击“下载”按钮，弹出如图 1-3 所示的界面，然后选择合适的音乐品质，单击“下载”按钮，最后将声音保存到本地计算机中。

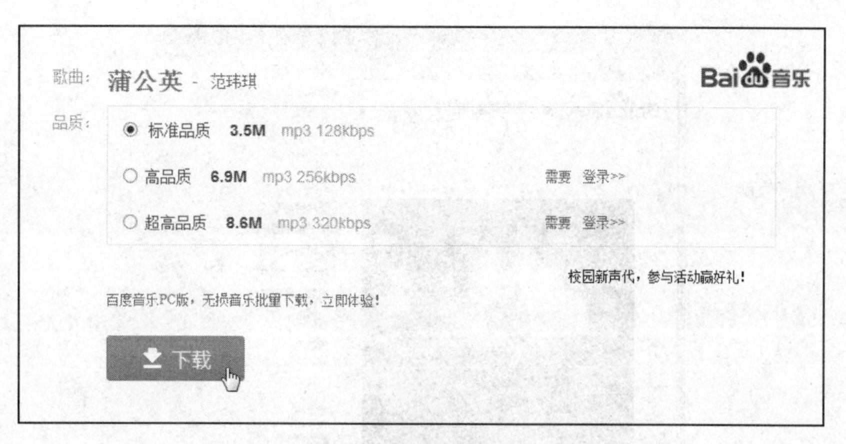

图 1-3 音乐品质选择

二、图像文件获取

（1）启动浏览器，在地址栏中输入网址，如“http://www.baidu.com”，进入百度搜索引擎主页面，选择图片选项卡，在搜索文本框中输入“蒲公英唯美意境图片”，单击“百度一下”按钮即可开始搜索，如图 1-4 所示。

图 1-4 百度图片搜索

（2）在列出的众多搜索图片列表结果中，选择一个自己喜欢的图片，单击鼠标进入图片的下载页面。在图片上右击，在弹出的快捷菜单中选择“图片另存为…”命令，保存到本地计算机中，如图 1-5 所示。

图 1-5　百度图片下载

三、视频文件制作及导出

（1）下载和安装 Windows Live 2011 影音制作。可以到微软官网免费下载这个软件，下载时分为在线安装和完全下载两种方式，如果不想安装 Windows Live 2011 的其他组件，可以在安装的时候勾掉。若 Windows 7 系统已经安装此软件，则可以略过此步骤。

（2）打开和使用 Windows Live 影音制作。在“开始”菜单的“所有程序”中选择“Windows Live 影音制作”，单击左键即可打开使用，如图 1-6 所示。

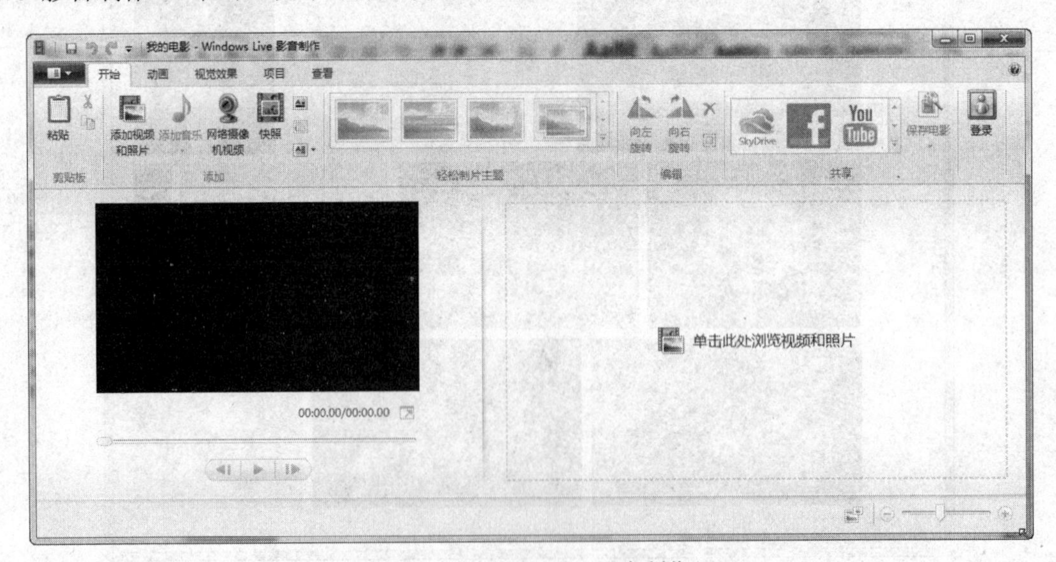

图 1-6　Windows Live 影音制作

（3）添加视频。切换到“开始”选项卡，单击“添加”选项组中的“添加视频和照片”按钮，在弹出的“添加视频和照片”对话框中，选择需要添加的视频或照片，单击“打开”按钮，如图 1-7 所示。

图 1-7　“添加视频和照片”对话框

（4）添加音乐。切换到“开始”选项卡，在“添加”选项组中的“添加音乐”下拉按钮中选择“添加音乐”命令，在弹出的“添加音乐”对话框中，选择需要添加的音乐，单击“打开”按钮，如图 1-8 所示。

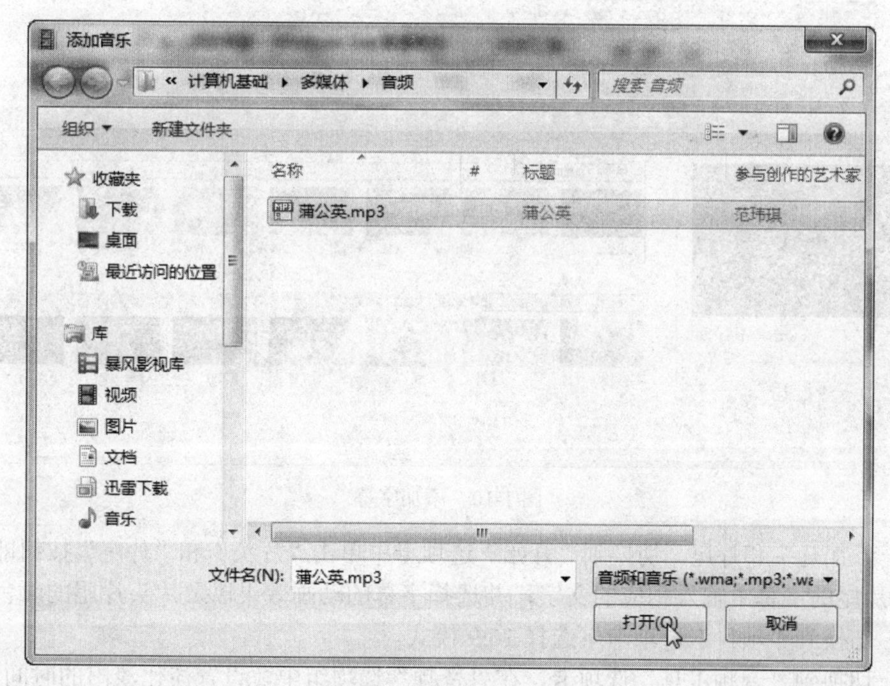

图 1-8　“添加音乐”对话框

（5）添加主题。切换到“开始”选项卡，单击“轻松制片主题”选项组中的“淡化”按钮，将该主题应用于整个影片。效果如图 1-9 所示。

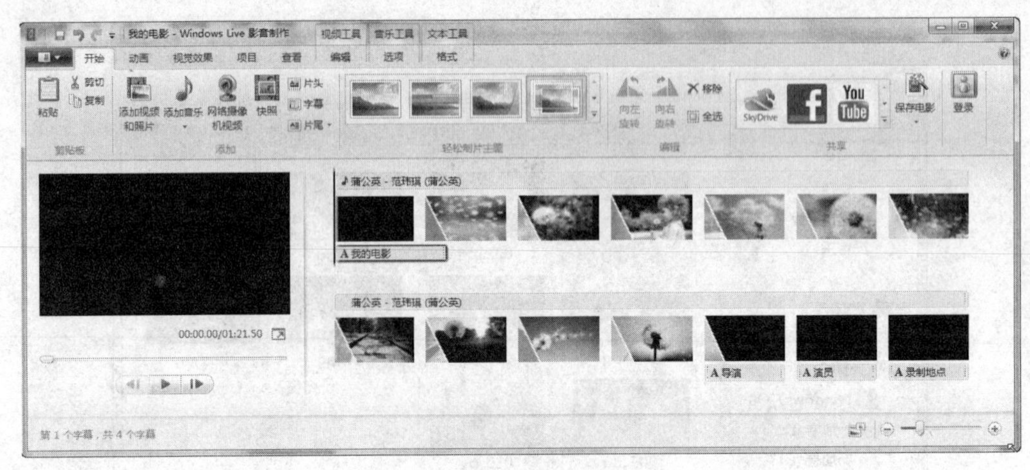

图 1-9 “淡化”主题窗口

提示： Windows Live 影音制作还提供了几款主题，有怀旧型的，有现代气息的，也有平淡型的，使用主题可以为每张照片单独添加效果，主题会自动添加效果。同时也可以在视觉效果下选择不同的视觉效果，也可以自己添加过渡效果。

（6）添加字幕。使用 Windows Live 可以很方便地添加字幕，只要选中照片或者场景单击“开始”选项卡中的“字幕”按钮即可添加字幕，写好字幕后，可以选择字幕切换和出现的动画效果。打开素材文件夹中的歌词，添加到影片中，双击字幕选区，修改字体格式及其大小，设置字幕播放时长。效果如图 1-10 所示。

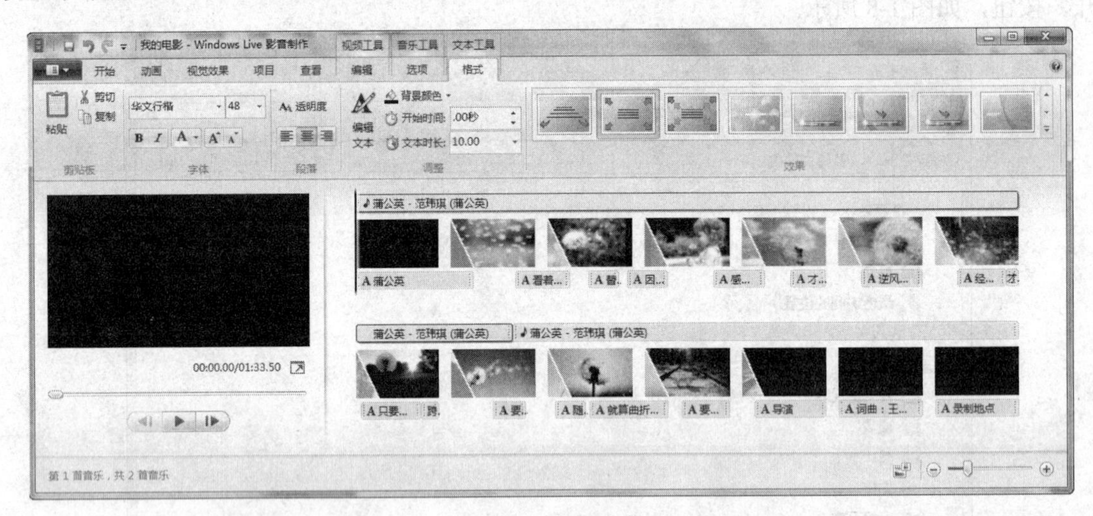

图 1-10 添加字幕

（7）添加片头和片尾。切换到“开始”选项卡中单击“片头”和“片尾”按钮即可添加。在片头和片尾的字幕中输入相应的文字，并选择字幕的动画效果以及片头片尾的颜色。

（8）切换到“项目”选项卡下选择 16:9 模式。

（9）切换到“音频工具”选项卡，在“音频”选项组中，设置淡化淡出的时间。

（10）切换到“查看”选项卡，单击“全屏预览”按钮或按 F11 键，进行预览播放。

（11）保存、输出和刻录。首先保存项目，然后选择保存电影。切换到“开始”选项卡，单击“保存电影”下拉按钮，单击推荐设置中的“建议该项目使用”命令，在弹出的“保存电影”对话框中，输入文件名，文件类型为“*.WMV”，单击“保存”按钮即可，如图 1-11 所示。这样一个漂亮的 MTV 视频就做完了。

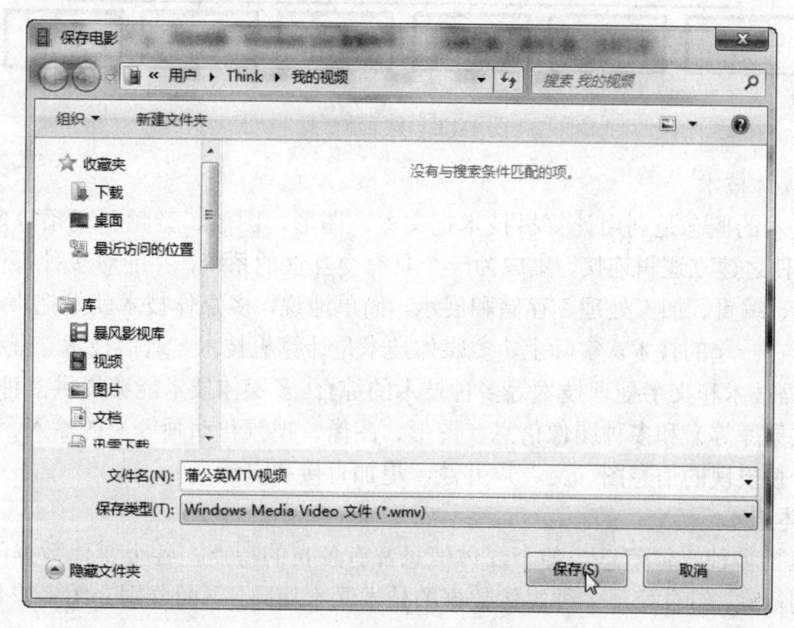

图 1-11 “保存电影”对话框

知识点拓展

1. 什么是多媒体

（1）媒体

媒体（如图 1-12 所示）是多媒体的核心词，是英文 Media（Medium）的音译，意为“介质”、“媒质”、“媒介”或“媒体”，是日常生活和工作中经常会用到的词汇，如我们经常把报纸、广播、电视等称为新闻媒介。报纸通过文字、广播通过声音、电视通过图像和声音来传送信息。信息需要借助于媒体来传播，所以说媒体就是信息的载体，是人们为表达思想或感情所使用的手段、方式或工具。

图 1-12 不同类型的媒体

（2）多媒体

多媒体（Multimedia）这一概念通常兼指多媒体信息和多媒体技术。

所谓多媒体信息是指集文本、图形、图像、动画、音频和视频为一体的综合媒体信息（如图 1-13 所示）。要将两种或多种媒体进行组合，往往需要利用计算机系统来实现，这是由于计算机系统具有很强的数字化及交互处理能力，从这个意义上来说，多媒体更多的含义是指一种将多种媒体综合起来处理的技术。

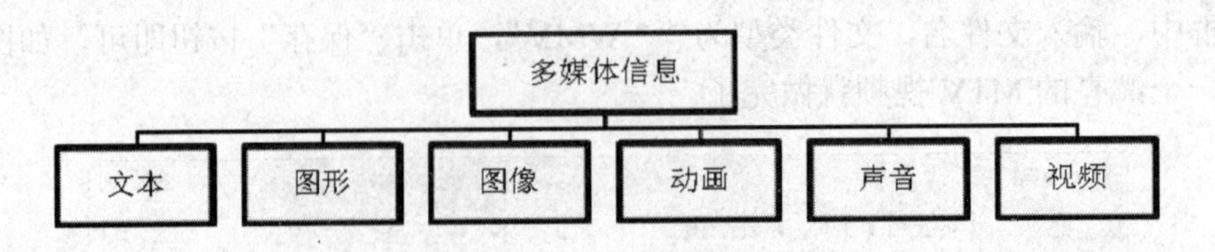

图 1-13 多媒体信息

（3）多媒体技术

多媒体技术的概念是利用计算机技术把文本、图形、图像、音频和视频等多种媒体信息综合一体化，使之建立逻辑连接，集成为一个具有交互性的系统，并能对多种媒体信息进行获取、压缩编码、编辑、加工处理、存储和展示。简单地说，多媒体技术就是把声、文、图、像和计算机结合在一起的技术。实际上，多媒体技术是计算机技术、通信技术、音频技术、视频技术、图像压缩技术和文字处理技术等多种技术的综合。多媒体技术能够提供多种文字信息（文字、数字和数据库等）和多种图像信息（图形、图像、视频和动画等）的输入、输出、传输、存储和处理，使表现的信息图、文、声并茂，更加直接和自然。

2. 多媒体技术

多媒体包括多种媒体信息。各个媒体信息都有各自的特点，各个媒体数据的存储格式、数据量等差别很大，组合处理多种媒体数据的技术又不相同。下面分别介绍多媒体数据的特点和多媒体技术的特点。

（1）多媒体数据的特点

1）数据量大

除文本信息之外的其他媒体形式如声音、经常使用的图像、视频等数据量都很庞大。图像和视频影像数据都相当庞大。

2）数据类型多

多媒体数据是多种媒体形式综合在一起的信息，多媒体中的“多”就表示了这一特征。如果没有多种媒体类型结合在一起，也就谈不上多媒体了。由于多媒体中的声音、图像和视频等各种各样的媒体格式各自不同，造成它们在处理手段、输入输出形式和表现方式上存在很大的差异，如文本以字符为单位，图像以像素为单位，而视频是以帧为单位。

3）相关性强、同步性高

多媒体数据中的多媒体类型之间有明显区别，通常具有一定的关系，如信息上的关联，并通过一定的方式组合在一起以表示出事物的特点。如何使多种媒体协同工作并且保持同步，从而形成个有机的整体，这是人们面临的一个主要问题。

4）动态性强

多媒体信息中的声音、图像和视频媒体通常是随着时间的变化而变化的，即在一个动态的过程中表示和反映事物的特点，如一段影片或一段电视节目。动态性正是多媒体具有吸引力的地方之一，如果没有了动态性，恐怕也不会有多媒体繁荣的今天。

（2）多媒体技术的特点

1）集成性

传统的信息处理设备具有封闭性、独立性和不完整性，而多媒体技术综合利用了多种设备（如计算机、照相机、录像机、扫描仪、光盘刻录机和网络等）对各种信息进行表现和集成。

2）多维性

传统的信息传播媒体只能传播文字、声音和图像等一种或两种媒体信息，给人的感官刺激是单一的。多媒体综合利用了视频处理技术、音频处理技术、图形处理技术、图像处理技术和网络通信技术，扩大了人类处理信息的自由度。多媒体作品带给人的感官刺激是多维的。

3）交互性

人们在与传统的信息传播媒体打交道时，总是处于被动状态。多媒体是以计算机为中心，具有很强的交互性，借助于键盘、鼠标、声音和触摸屏等，人们通过计算机程序就可以控制各种媒体的播放。因此，在信息处理和应用过程中，人具有很大的主动性，这样可以增强人对信息的理解力和注意力，延长信息在人脑中的保留时间，并从根本上改变了以往人类所处的被动状态。

4）数字化

与传统的信息传播媒体相比，多媒体系统对各种媒体信息的处理、存储过程是全数字化的。数字技术的优越性使多媒体系统可以高质量地实现图像与声音的再现、编辑和特技处理，使真实的图像和声音、三维动画以及特技处理实现完美的结合。

3. 多媒体技术的发展

（1）多媒体技术的发展历史

多媒体技术的发展总览图，如图 1-14 所示。

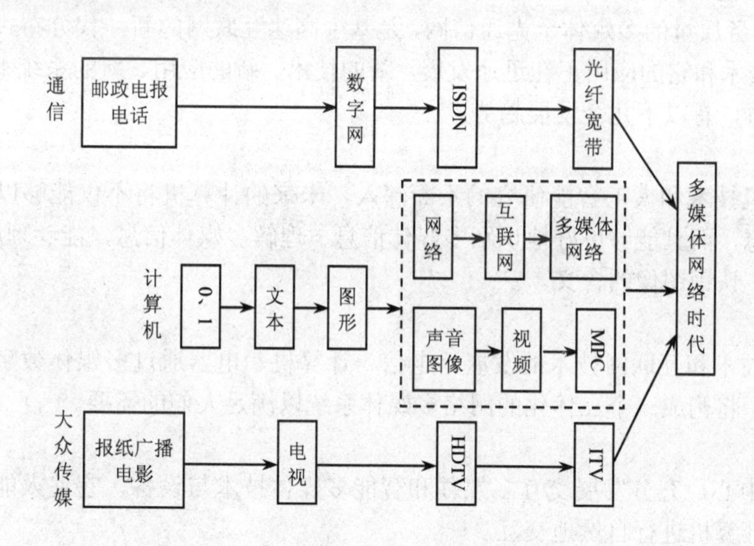

图 1-14　多媒体技术的发展总览图

多媒体技术最早起源于 20 世纪 80 年代中期。1984 年美国 Apple 公司研制了 Macintosh 计算机，使得计算机具有统一的图形处理界面，增加了鼠标，完善了人机交互的方式，更加方便用户的操作，从而使人们告别了计算机的黑白显示风格。

1985 年，Microsoft 公司推出了 Windows，它是一个多用户的图形操作环境。Windows 发展到现在已是一个具有多媒体功能、用户界面友好的多层窗口操作系统。同期美国 Commodore 公司推出世界上第一台多媒体计算机 Amiga。Amiga 计算机具有自己专用的操作系统，它能够处理多任务，并具有下拉菜单、多窗口、图符以及对图形、声音和视频信息处理等功能。

1985 年 10 月，IEEE 计算机杂志首次出版了完备的“多媒体通信”的专集，是文献中可以找到的有关多媒体通信的最早的出处。

1986 年，Philips 公司和 Sony 公司联合研制并推出 CD-I（Compact Disc Interactive，交互式紧凑光盘系统），CD-I 的出现为存储声音、文字、图形和音频等高质量的数字化媒体提供了有效手段。

1987 年，Apple 公司开发的“超级卡（HyperCard）”应用程序使 Macintosh 计算机成为用户可以方便使用和处理多种信息的计算机，即多媒体计算机最早的形式。

1987 年，美国无线电公司 RCA 首次公布了交互式数字视频（Digital Video Interactive，DVI）技术的研究成果，这就是多媒体技术的雏形。这个技术是将编、解码器置于微机中，由微机控制完成计算的，且将彩色电视技术与计算机技术融合在了一起。1988 年被 Intel 购买，并于 1989 年与 IBM 公司合作，推出了第一代 DVI 技术产品，随后在 1991 年推出了第二代产品。

1991 年，在美国拉斯维加斯国际计算机博览会上，多媒体产品的首次亮相引起了巨大的轰动。同年，IBM 和 Apple 公司联合开发多媒体技术，正是这个时候，人们开始意识到多媒体时代即将到来。随着多媒体技术的发展，特别是多媒体技术向产业化发展时，各个公司竞相推出了自己的多媒体产品，并成立了“多媒体计算机市场协会”，同时，标准化问题成为多媒体技术实用化的关键。

（2）多媒体技术的发展趋势

现在多媒体技术及应用正在向更深层次发展，下一代用户界面将是基于内容的多媒体信息检索，保证服务质量的多媒体全光通信网，是基于高速互联网的新一代分布式多媒体信息系统等。多媒体技术和它的应用正在迅速发展，新的技术、新的应用、新的系统不断涌现。从多媒体应用方面看，有以下几个发展趋势：

1）智能化

随着计算机技术和人工智能研究的不断深入，未来的计算机将不仅能够以多媒体的形式表达和传递信息，而且能够更好地识别多媒体信息、理解多媒体信息，能够理解语言的含义，识别人的感情，认识图像的含义。

2）立体化

随着通信技术和互联网技术的发展，电信、计算机、电器通过多媒体数字化技术相互渗透、相互融合，将构成一个立体化的网络多媒体系统以满足人们的需要。

3）个性化

以用户为中心，充分发展交互多媒体和智能多媒体技术与设备，它使人能用日常的感知和表达技能与计算机进行自然地交互。

（3）多媒体技术的应用

多媒体技术的应用丰富多彩，新的技术不断地被开发和应用。目前已经应用在工业、农业、商业、金融、教育、娱乐、旅游导览和房地产开发等各行各业中，在信息查询、产品展示和广告宣传等方面正得到越来越广泛的应用。从近阶段来看，多媒体技术主要应用在以下几个方面。

1）办公自动化

随着多媒体技术的出现，带来了各种各样多媒体管理系统，使办公由原来复杂的纸质内容转变成电子查询信息的方式，由原来的人工通知转变为现在的电子邮件和电子公告牌。传统的办公手段和设施在多媒体计算机的统一管理下有机地融为一体，为社会创造了更多的财富。

2）家庭娱乐

多媒体技术将电话、电视、图文传真、音响、摄像机、打印机和扫描仪等消耗类电子产品与计算机融为一体，通过计算机来实现音频、视频信号的采集、压缩和解压缩、音则视频的特效处理和多媒体的网络传输，形成新一代家电类的消费。

3）视频点播

视频点播（Video On Demand，VOD）是近年来新兴的一种网络传媒方式，根据用户自己的需要来点播节目。该技术是计算机技术、网络通信技术、多媒体技术、电视技术和数字压缩技术等多学科、多领域融合交叉的产物。

4）医疗自动化

多媒体技术的发展使得区疗越来越信息化和自动化，医务人员可以通过多媒体计算机充分利用各种形式的真实媒体资源来提高医疗效率和质量。最重要的一项就是可以实现远程医疗，使得一些缺少医生的偏远地区可以得到更多的医疗服务。

5）计算机辅助教学

多媒体能够产生出一种新的图文并茂、丰富多彩的人机交互方式，而且可以立即反馈。采用这种交互方式，学习者可按自己的学习基础、兴趣来选择自己所要学习的内容，主动参与。多媒体技术将会改变教学方式、教学内容、教学手段、教学方法，最终引导整个教育思想、教育理论甚至教育体制的根本变革。

4. 常见多媒体存储格式

（1）常见的声音文件存储格式

声音文件一般包括音乐、解说和音效。常见的声音文件有WAV、MP3、MIDI等，它们各有相应的特点和适用范围。用户可以上网搜索并试听WAV、MP3和MDI文件。

音频文件的常见格式如下：

1）WAV文件（.WAV）：Windows平台的音频格式。

2）MIDI 文件（.MIDI）：数字乐器接口文件格式的标准。它不是一段声音，而是一段记录声音方法的信息，具体由声卡完成，文件极小，但不能表达语言。

3）CD Audio文件（.CDA）：CD音轨，音质好、文件大。CD光盘中的声音文件是以音轨的形式存放，不能直接复制，只能通过特殊的方法才能将声音音轨抓取下来。

4）Read Audio文件（.RA、.RM、.RMX）：流媒体文件，高压缩、小失真，主要应用于网络上。

5）Mpeg文件（.mp3）：mp3是一种压缩技术，能在音质丢失很小的情况下把它压缩到极小的程序，是最流行的音乐格式，适用于网络上传播。

通常情况下，一种格式就有一种特定的播放器，现在一般的播放器都可同时支持大多数格式（有时需安装插件或解码器）。

（2）常见的视频文件存储格式

常见视频文件的格式如下：

1）AVI视频：Windows标准视频格式，文件体积大，效果好。

2）MOV、QT视频：Apple公司的Quick Time格式，用于网上传输。

3）MPG（MPEG）视频：高压缩比，有3种标准，即MPG-1：VCD所用；MPG-2：DVD所用；MPG-4：ASF网络格式。

4）Read Video格式视频：视频流，高压缩，可窄带传输。

5）DIVX视频编码格式视频：用CD-ROM可享受DVD的高质量视频、被称为DVD的“杀手”。

6）WMV 是微软推出的一种流媒体格式，它是在“同门”的 ASF（Advanced Stream Format）格式升级延伸得来。在同等视频质量下，WMV 格式的体积非常小，因此很适合在网上播放和传输。AVI 文件将视频和音频封装在一个文件里，并且允许音频同步于视频播放。与 DVD 视频格式类似，AVI 文件支持多视频流和音频流。

视频编辑的常用软件有：Adobe Premiere（专业影像制作软件）、会声会影（专业影像制作软件）。

（3）常见的图像文件格式

常用的存储格式有 PNG、GIF、BMP、JPEG 和 TIFF 等。

1）PNG（Portable Network Graphic）

PNG 格式是 Web 图像中最通用的格式。它是一种无损压缩格式，但是如果没有插件支持，有的浏览器会不支持这种格式。PNG 格式最多可以支持 32 全颜色，但是不支持动画。

2）GIF（Graphics Interchange Format）

GIF 是 Web 上最常见的图像格式，它可以用来存储各种图像文件。GIF 文件非常小，它形成的是一种压缩的 8 位图像文件，所以最多只支持 256 种不同的颜色。GIF 支持动画图和透明图。

3）BMP（Windows Bitmap）

BMP 格式使用的是索引色彩，它的图像具有极其丰富的色彩，可以使用 16M 色彩渲染图像。此格式一般用在多媒体演示和视频输出等情况下。

4）JPEG（Joint Photographic Experts Group）

JPEG 图像文件格式是目前应用范围非常广泛的一种文件格式，它使用有损压缩方式去除冗余的图像和彩色数据，但是这种损失很小，它的压缩比高达 48:1。JPEG 的图像有一定的失真，不支持透明图和动画图。

5）TIFF（Tag Image File Format）

TIFF 格式是对色彩通道图像来说最有用的格式，支持 24 个通道，非常适合印刷和输出。

6）TGA（Targa）

TGA 格式与 TIFF 格式相同，都可以用来处理高质量的色彩通道图形。

实践与思考

一、选择题

1．多媒体的关键特性主要包括信息载体的多样化、交互性和（　）。

A．活动性　　B．可视性　　C．规范化　　D．集成性

2．以下（　）不是数字图形、图像的常用文件格式。

A．.BMP　　B．.TXT　　C．.GIF　　D．.JPG

3．所谓媒体是指（　）。

A．表示和传播信息的载体　　B．各种信息的编码

C．计算机输入与输出的信息　　D．计算机屏幕显示的信息

4．用下面（　）可将图片输入到计算机。

A．绘图仪　　B．数码照相机　　C．键盘　　D．鼠标

5．目前多媒体计算机中对动态图像数据压缩常采用（　）。

A．JPEG　　B．GIF　　C．MPEG　　D．BMP

6．多媒体技术发展的基础是（　　）。

A．数字化技术和计算机技术的结合　B．数据库与操作系统的结合

C．CPU 的发展　D．通信技术的发展

7．多媒体 PC 是指（　　）。

A．能处理声音的计算机

B．能处理图像的计算机

C．能进行文本、声音、图像等多种媒体处理的计算机

D．能进行通信处理的计算机

8．（　　）不是多媒体中的关键技术。

A．光盘存储技术　B．信息传输技术

C．视频信息处理技术　D．声音信息处理技术

9．下面属于多媒体关键特性的是（　　）。

A．实时性　B．交互性　C．分时性　D．独占性

10．多媒体计算机系统的两大组成部分是（　　）。

A．多媒体器件和多媒体主机

B．音箱和声卡

C．多媒体输入设备和多媒体输出设备

D．多媒体计算机硬件系统和多媒体计算机软件系统

11．视频信息的最小单位是（　　）。

A．比率　B．帧　C．赫兹　D．位（bit）

12．下面（　　）不是计算机多媒体系统具有的特征。

A．媒体的多样性　B．数字化和影视化

C．集成性和交互性　D．形式的专一性

13．多媒体计算机中的媒体信息是指（　　）。

A．数字、文字　B．声音、图形

C．动画、视频　D．上述所有信息

14．多媒体的特性判断，以下（　　）属于多媒体的范畴。

A．有声图书　B．彩色画报

C．文本文件　D．立体声音乐

15．多媒体技术未来的发展方向是（　　）。

A．高分辨率、高速度化　B．简单化，便于操作

C．智能化，提高信息识别能力　D．以上全部

16．在（　　）时，需要使用 MIDI。

A．没有足够的硬盘存储波形文件　B．用音乐作背景效果

C．采样量化位数　D．压缩方式

17．以下（　）不是常用的声音文件格式。

A．JPEG 文件　B．WAV 文件　C．MIDI 文件　D．VOC 文件

18．下面（　　）不是图像和视频编码的国际标准。

A．JPEG　B．MPEG-1　C．ADPCM　D．MPEG-2

19．DVD 动态图像标准是指（　　）。

A．MPEG-1　　B．JPEG　　C．MPEG-4　　D．MPEG-2

20．专门的图形图像设计软件是（　　）。

A．Photoshop　　B．ACDSee　　C．HyperSnap-DX　　D．WinZip

二、操作题

1．在 Windows 自带的“画图”程序中，综合运用多个工具绘制几朵小花和几棵小草，并输入学校和姓名。保存图片大小为 400×300 像素，文件格式为 JPEG。

2．利用 Windows Live 影片制作软件制作一个电子相册，并添加音乐和文字，最后输出为影片，影片类型为 WMV。

任务 4　计算机及文档的日常使用与维护

学习目标

- 了解计算机的使用环境
- 了解硬件的安全使用与维护
- 掌握数字文档的创建规则与管理方法

任务导入

小王作为某培训学校的计算机房管理员，参加了计算机日常使用与管理培训，要求必须懂得计算机像花草需要修枝一样，也需要维护，合理维护可以使得计算机的使用寿命延长，掌握计算机房对使用环境的要求极为必要，包括适宜的温度、湿度等要求。也掌握了非常实用的数字文档建立、备份与管理的有效方法。

小王的主管领导在培训方面工作了 20 年，工作电子文档包括办公文档、科研文档和培训文档等，为了规范存储，快速查询各类报批文件和工作文档，安排小王进行规范整理。

任务实施

一、计算机房环境温度、湿度、洁净度和噪声监测

计算机机房、中控机房环境需要适宜的温度和湿度，以保证设备长期稳定工作。以下是机房环境的参照标准：

温度：机房温度一般在 20±2℃（冬季），22±2℃（夏季）。

相对湿度：适宜的湿度可以防止静电危害并降低浮尘，一般情况下空气湿度应保持在 40%RH～60%RH 之间。

洁净度：符合标准 ASHRAE52-76，空气中 0.5nm 的尘粒数少于 18000 粒/升。

噪声：关闭主设备的条件下，工作人员正常办公位置处测量不高于 68dB（A）（GB）。

二、机房环境监测中的综合监测

漏水监测：主要监测地板下面、空调等是否有漏水现象，当有漏水发生时，及时报警。

防火报警：当监测到烟雾达到一定浓度时，烟感器自动报警，会启动闪光报警及软件报警等。

防盗监测：配置红外探测器、玻璃破碎探测器等，用于监测非法侵入报警。

电力监测：包括强电/弱电的电流、电压、功率等参数监测。在计算机附近避免磁场干扰和强电设备的开关动作。因此房间内应避免使用电视、电炉、手机或其他强电设备。

电源监测：用于监测强电/弱电的供应情况，当发生电源故障时，发出报警。在使用计算机时，避免频繁开关机器，并且要经常使用，不要长期闲置不用。

UPS 监测：对 UPS 的电量、工作状态、故障等方面进行监测。

视频监测；对于重要的设备和位置提供 24 小时视频录相。可选用通用型摄像头，也可选用变倍、调焦的球机，以满足更高性能监控要求。通过视频监控软件，可全方位监测机房各个角落的状态，支持按事件/按时间等条件查询记录。

对于开关报警信号如漏水报警、红外报警、烟雾报警、电源故障报警、UPS 报警等采用报警指示灯形式显示，以指示灯闪烁并改变颜色来报警，对于开关类信号生成报警报表，可查询某一时间段内的报警记录。

三、硬软件的正常使用与维护

计算机机房的管理人员要做好定期的设备检查和监测，认真记录。

1. 开机与关机

先开设备电源（包括显示器、打印机等外围设备），后开主机电源；关机正好相反。关机后到下一次开机时间间隔至少要 1 分钟。在开机时，除 USB 设备外，禁止带电插拔外部设备。

2. 硬盘与移动硬盘

硬盘容量大，存取速度快，关机后数据不会丢失，很多大型文件的存取可以直接通过硬盘或移动硬盘进行，定期备份数据，但不应把硬盘当作永久的数据存储，重要文件一定要在别的盘中做好备份。避免硬盘的振动，计算机工作时不要移动主机，防止磕碰。

3. 显示器、打印机等其他外设

避免将显示器亮度调得太高，显示器与操作者之间要保持适当的距离；工作时不要用湿布擦拭；不要让强磁场接近显示器，不要让化学试剂粘染显示器，保持显示器通风口的畅通。保持环境的清洁，定期对各外设部件进行检修和维护。

4. 软件的维护

保证操作系统及其他系统软件的正常工作，经常使用防病毒软件，防止病毒侵入计算机。管理好磁盘，及时清除磁盘上的无用数据，充分有效地利用磁盘空间。

5. 计算机病毒的预防

计算机病毒：在计算机程序中插入的破坏计算机功能或者破坏数据，影响计算机使用并且能够自我复制的一组计算机指令或者程序代码被称为计算机病毒（Computer Virus）。

计算机病毒特点：具有非授权可执行性、隐蔽性、破坏性、传染性、可触发性。

对计算机病毒以预防为主，防止病毒的入侵要比病毒入侵后再去发现和排除要好得多。

切断计算机病毒入侵的途径有：

- 定期检查硬盘及所用到的 U 盘和移动硬盘等，及时发现病毒，消除病毒。
- 慎用公用软件和共享软件。
- 给系统盘和文件加以写保护。

- 不用外来移动硬盘引导机器。
- 尽量限制网络中程序的交换。

为了减少新病毒的出现，加强自身的社会责任感，不从事制造和改造计算机病毒的犯罪行为。

四、电子文件创建规则、档案备份和管理方法

1. 工作用电子文件的分类和目录树的确定

小王认真分析了工作内容和单位性质，为方便文档的管理，将工作用相关的电子文件按办公、培训、科研、教学、文化进行一级分类，按年份进行二级分类，三级分类再按具体需求建立，汇总建立如下目录树：

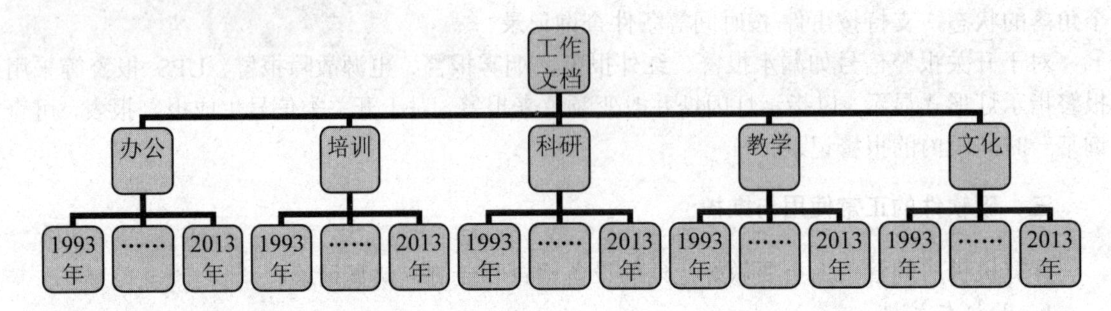

2. 工作用电子文件的重新命名

文件的命名采用“年月日+文件名称”，如果涉及同一文件的不同修改版，按文件名后加数字“1、2、3、……”的方式建立文件名称，以方便查找时间、日期和稿件修改情况。

例如：20110125 工作计划任务书－1.doc
　　　20110125 工作计划任务书－2.doc

知识点拓展

1. 防火墙

防火墙是在内部网与 Internet 之间所设的安全防护系统，是在两个网络之间执行访问控制策略的系统（软件、硬件或者两者兼有）。它在内部网络与外部网络之间设置屏障，以阻止外界对内部资源的非法访问，也可以防止内部对外部的不安全访问。它能允许“同意”的人和数据进入网络，同时将“不同意”的人和数据拒之门外，最大限度地阻止网络中的黑客来访问网络，防止他们更改、复制、毁坏重要信息。

防火墙主要用于实现访问控制、授权控制、安全检查和加密等功能。

2. 入侵检测系统（Intrusion Detection System）

入侵检测系统（简称 IDS）是一种对网络传输进行即时监视，在发现可疑传输时发出警报或者采取主动反应措施的网络安全设备。它与其他网络安全设备的不同之处在于，IDS 是一种积极主动的安全防护技术。IDS 最早出现在 1980 年 4 月。1980 年代中期，IDS 逐渐发展成为入侵检测专家系统（IDES）。1990 年，IDS 分化为基于网络的 IDS 和基于主机的 IDS，后又出现分布式 IDS。目前，IDS 发展迅速，已有人宣称 IDS 可以完全取代防火墙。一个形象的比喻：假如防火墙是一幢大楼的门卫，那么 IDS 就是这幢大楼里的监视系统。一旦小偷爬窗进入大楼，或内部人员有越界行为，只有实时监视系统才能发现情况并发出警告。

3. 黑客（Hacker）与骇客（Cracker）

黑客最早源自英文hacker，早期在美国的电脑界是带有褒义的。但在媒体报导中，黑客一词往往指那些"软件骇客"（software cracker）。黑客一词，原指热心于计算机技术，水平高超的电脑专家，尤其是程序设计人员。但到了今天，黑客一词已被用于泛指那些专门利用电脑网络搞破坏或恶作剧的家伙。对这些人的正确英文叫法是Cracker，有人翻译成"骇客"。

骇客是"Cracker"的音译，就是"破解者"的意思。从事恶意破解商业软件、恶意入侵别人的网站等事务。与黑客近义，其实黑客与骇客本质上都是相同的，闯入计算机系统/软件者。黑客和骇客并没有一个十分明显的界限，但随着两者含义越来越模糊，公众对待两者含义已经显得不那么重要了。

4. 电子文件的概念和特征

电子文件是文件的一个种类，它是随着计算机的应用而出现的一种新的定义，是指人们在各种活动中以电子计算机为工具，产生的一类数字化形式的记录。它在现代数字设备及环境中形成，以数码形式存储于磁带、磁盘、光盘等载体，需要依赖计算机等数字设备阅读、处理，并可在通信网络上传送。

电子文件的特征：

- 信息的非人工识读性。
- 信息与载体的相分离性。
- 易于存储和管理。
- 信息存储的高密度性。
- 信息的可变性。
- 内容传输的网络共享性。
- 多媒体集成性。

5. 电子文件的形成与分类

电子文件的形成一般包括创建、流转、传输三类活动。电子文件的创建是指在计算机系统中拟制文件或接收外单位来文的过程。它是电子文件管理关键时期中的关键，主要进行为文件命名、确定文件存储格式、对电子文件进行分类和价值鉴定、集中存储、形成元数据等管理活动。流转是电子文件由机构内部多个部门、多个人员处理生效的过程，也是可借助信息系统规范业务流程、大幅提高效率的阶段。传输是指电子文件在不同机构之间的传递过程。由于电子文件是利用电子计算机生成和处理，因此，电子文件也称为"数字文件"。从逻辑上说，电子文件是"数字信息"和"文件"两个概念的交集，它是具有文件特征的数字信息，又是以数字信息为特征的文件。根据信息媒体类型划分，电子文件主要包括文本文件、程序文件、图形文件、图像文件、影像文件、声音文件等。

6. 电子文件管理的目标和方法要点

（1）管理目标

1）完整性

电子文件的完整性是指电子文件的内容、结构、背景信息和元数据等没有缺损。它包括完整地收集、归档记录社会活动真实面貌所产生的全部电子文件和完整地收集每一份电子文件内容全部信息及相关元数据、背景信息。这是因为，一方面，电子文件的制作是由各部门或个人独立完成的，其分布分散化。另一方面，电子文件信息不是固定在特定的物理位置上，"文件实体"的概念不再存在。这种分散化和非实体化特征，使得对电子文件完整性的把握不像纸质文件那样直观。因此，在电子文件管理的各个环节，要采取相应措施，确保其完整齐全。不仅存储在电子文件介质上的信息要完整，与其相关的程序、软件以及纸质文件也应完整无缺。

2）可用性

可用性与长久保存、有效性、可靠性、安全等有直接关系，是指电子文件应具备可理解性和可被利用性。它包括载体的完好性、信息可识别性、存储系统的可靠性、载体兼容性。随着计算机硬件、软件的不断更新换代，新设备对旧设备有时也不具有兼容性。由于电子文件在存储和识读方面对系统的依赖性，脱离了赖以支持的软、硬件系统后，有些电子文件就会无法还原输出，不能被识别和读取，变成无法识读的“死文件”、“死信息”，海量的电子文件就可能成为“电子垃圾”，这时，无论电子文件信息的价值有多大，都失去了其存在的意义。

3）可靠性

可靠性即安全性，电子文件的安全性是指电子文件所依赖的系统的安全、运转过程的安全，以及自身数据安全。它是电子档案内容真实、完整和准确的直接保障。由于电子文件易于修改且不留痕迹，文件的签署以及进入网络后信息的控制需要专门技术等原因，电子文件的证据性、可靠性受到质疑，其参考、凭证作用大大削弱。为此，有必要制定相关的认定规范，相应的文件、档案工作的保障制度，采取各种技术措施对电子档案进行全过程管理。不仅应确保归档文件和进馆档案的真实有效，还应注意在整理、鉴定、复制、调阅等各个环节遵守操作规程，建立必要的备份等，以防止信息的丢失和失真，维护电子档案的可靠性。

4）可信性

电子文件的可信性即真实性，是指电子文件在历经形成、传输、拷贝、迁移等操作过程后，其内容、结构、背景信息和显示形态与形成时的原始状况一致。即不论电子文件是由业务部门管理，还是由档案人员管理，它自身的文件内容和相应的元数据、背景信息都与刚办结时的情况完全一致（管理时形成的新的元数据和背景信息除外），内容上没有被非法修改，形式上也没有发生改变。真实性是保证电子文件行政有效性和法律证据性的基础，是电子文件反映历史面貌，得以作为工作记录、社会记忆长久保存的前提。电子文件形成过程中的真实性，主要依靠包括身份认证、数字签名、权限控制等技术手段和配套管理制度来保证；对于文件形成之后的真实，主要采用事前控制存储格式、完整保存电子文件信息、全过程记录跟踪文件形成和管理过程、事后审计的方法来维护。

（2）管理原则

1）全过程控制、统一管理原则

对电子文件实行全过程统一管理是指对电子文件管理工作实行统筹规划，统一管理制度，对具有保存价值的电子文件实行集中管理。实行全过程管理与监控电子文件的形成、收集、积累、鉴定、归档、保管、利用等，保证管理工作的连续性，确使电子文件始终处于受控状态。归档电子文件的管理不仅注重每个阶段的结果,也重视每一项工作的具体过程。并把这些过程一一记录下来，形成一张与电子文件紧密相连的电子文件生命周期表。

有保管价值的电子文件怎样转化为电子档案并发挥其应有作用，需要档案部门通过“前端控制”对电子档案进行全程控制管理。即在电子文件的形成阶段就必须对其中的信息予以保护，通过把保护电子档案信息安全、可靠、完整、可读的措施附加于电子文件形成阶段，可以有效地防止电子文件信息在运行和利用过程中遭到损伤和破坏。前端控制建立在文件全生命周期、文档一体化管理理念之上，是全程管理的重要保证。它不仅保证了文件内容的完整，而且文件离开原有环境还是具有有效的法律效力。

2）融合管理原则

在微观上，将电子文件管理活动融入业务流程；在宏观上，将电子文件管理责任与制度融入业务制度；在操作上，将电子文件管理功能嵌入电子政务和电子商务系统；在战略上，将电子文件管理纳入信息化战略和电子化业务系统。

它不仅需要文件档案管理人员、业务人员、信息技术人员、安全保密人员对电子文件管理系统的有效管理和维护，还需要法律政策及法律监管、用户的多方配合。

3）规范标准管理原则

制定统一标准和规范，对电子文件实行规范化管理。一是便于利用，二是安全保密。规范性是确保电子档案信息可用性的基本条件。它要求所有电子档案信息必须按照规定的技术模式、文本格式和工作标准进行，并尽可能采用国际通用标准。并且，为减低因存储格式和软件平台的不同而进行转换所造成的资源浪费，提高信息存储传输的效率，对网上档案信息的组织与传递必须采取各方统一认可的规范与标准。

7. 电子文件的鉴定

对电子文件的鉴定主要包括：鉴定保存价值、划定保管期限、鉴定内容是否齐全、划定使用范围、销毁鉴定等在内的内容鉴定，除此之外，还要对电子文件的利用价值是否处于可利用的状态进行硬件、软件技术鉴定。

电子文件鉴定的目的主要是判断文件价值，区分原件与复制件。档案部门所保管的电子档案，应当是电子文件的原件或真实的电子文件，否则，电子档案就失去了凭证价值。档案部门应当将电子文件的隐形条码与该文件一同归档，以维护电子文件的权威性，并作为电子文件原始性、凭证性和依据性的基础。归档的电子文件复制件应注明原制发单位和复制人，使之与原件相区别。此外，还应对电子文件的完整性进行鉴定。主要包括电子文件内容的完整性、文件制发法律手续的完整性、法律依据的完整性、文件办理过程的完整性等。

8. 电子文件的归档

（1）电子文件与电子档案

电子文件的归档，就是赋予有保存价值的电子文件以档案身份的过程。电子文件归档后就成为电子档案。归档具体来讲，就是指经过鉴定，具有保存价值的已归档的电子文件及相应的支持软件产品和软、硬件说明以及相关管理信息、其他载体形式的文件、纸质或缩微拷贝等。它是通过对数字化信息存档而形成的，以化学磁性或光性材料为载体，利用计算机技术形成的，以代码形式存贮于特定介质，依赖计算机系统读写、存取并可在通信网络上进行传输的档案，又称机读档案或数字式档案，主要包括文本文件、数据文件、图形文件、图像文件、影像文件、声音文件、命令文件。电子文件经过形成且处理完毕，即进入归档管理，即电子档案管理。

（2）电子文件的归档流程

鉴定后需要归档的电子文件均应编制归档文件顺序号，确定文件的保管期限，打印出文件移交目录，以便办理文件移交手续。电子文件的归档方式，有存储载体传递归档和网络传输置换归档两种方式。存储载体传递归档按优先顺序依次采用只读光盘、一次写光盘、磁带、可擦写光盘、硬磁盘等。这些磁盘要进行编号，以便于双方查验。网络之中的电子文件在移交前应通知档案部门做好文件接收的置换工作，然后由文件管理部门通过网络系统向档案部门传送归档文件，并将文件管理权向档案部门移交。网络中的电子文件归档也应打印出文件目录以备交接查存。鉴于电子文件载体和信息技术的不稳定性，以及电子文件的易修改性，有必要将重要的电子文件制成硬拷贝存档，以确保数据的安全。目前，电子文件、纸质文件转化为档案一般采取“双轨制”，归档内容形成“两套制”，即纸介质和磁、光介质两种文件一起归档，形成内容相同的两套档案。

9. 电子文件的著录和开发利用

电子文件的著录，是指获取、核对、分析、组织和记录关于文件内容、结构、背景和管理过程的信息，以准确描述电子文件的过程。著录所描述的对象具体包括文件内容、结构、背景和文件在形成后所经历的整个管理过程。在此基础上著录可以有多种用途，除了挑选具有检索意义的著录信息编制检索工具之外，还包括保障电子文件的真实、完整、可读等。根据 2008 年 3 月国家档案局公布的《电子文件元数据标准》征求意见稿，较传统的著录标准而言，内容类著录项目与传统的著录标准基本一致，都包括题名、分类号、主题词、关键词等项目；结构类著录项目增加了为电子文件著录所独有的项目；背景类著录项目细化，增加了有助于确认电子文件历史原貌的项目；另外，还增加了管理过程类著录项目，这对于回溯电子文件历史原貌非常关键。

检索是对电子文件最重要的开发利用工作，查全率、查准率的高低是决定用户满意度的关键因素。电子文件的检索工作，应实现目录体系的标准化，并按用户的使用方式，提供多种检索途径，还应该能够展现从文件集合到单份文件的层次结构，让用户获得所需文件的完整的背景信息。

10. 电子档案的存储

（1）电子档案存储的含义与要求

电子档案的保存或存储，包括了保护、管理和贮藏三层含义。“保护”要求保证电子档案的安全性，保持其在保管期限内的真实、完整和可靠；“管理”指使用科学的方法对电子档案进行一定的技术处理，使其易于查找利用；“贮藏”是指存储，以尽可能地延长其使用寿命，发挥最大的价值。总的来说，它是利用多样化的存储格式对海量数据的长期保存。任何数据的储存，首先应根据系统存储量的需求、数据的特点、保存的目的、安全管理的基本要求以及应用访问的速度等因素来选择储存介质。其次是选择适合各类数字档案信息的存储系统和访问方式及其他适合电子档案自身特性的特殊要求。

（2）电子档案的存储介质

电子档案信息能否长期存取与存储介质息息相关，一旦存储介质受损，其数据也将不复存在。因此，挑选优质的设备是确保信息安全的第一步，要针对电子档案信息自身的特殊性，来选择储存介质。传统纸质档案的载体材料是纸张，而电子档案的载体主要是磁性或光性物质材料，如磁带和磁带库、光盘和光盘塔及光盘库、硬磁盘和磁盘阵列、缩微胶片、网络化存储设备等。

（3）电子档案信息的备份

备份是确保电子档案信息安全、有效和可用的最佳选择，是信息存储的重要环节。为了防止因操作失误、硬盘损坏、计算机病毒及自然灾害等造成的数据丢失，必须有计划地开展备份工作。通过备份来确保电子档案信息的安全，实现异地存储，进行灾难恢复等。在档案管理工作中必须做到连续备份、定期检查、保证电子档案信息的有效性，才能达到备份的目的。

（4）电子档案的存储安全

电子档案的存储安全是指确保保存在计算机系统中的信息、数据不因意外或恶意原因遭到破坏、更改、泄露，进而实现电子档案的保密性、完整性、可用性、真实性。

电子档案的安全维护，贯穿于文件整个生命周期之中，它无法像手工保管那样，仅仅通过载体保护的方法来维护数字信息。电子档案存储管理的基本任务是为电子文件信息选择合适的存储设备（即载体）、存储方式和存储系统架构，并对载体实施保护，以达到电子档案安全存储的真实性、完整性、可靠性、可扩展性、可读性、可识别性、可恢复性的目标。

由于使用电子档案的最终目的是实现其内容信息的有效利用，因此在保证安全存储的同时，还要确保不影响电子文档的可控性。应该在电子档案的整个运转过程中引入控制机制，实现前端控制和全过程监控，全方位实施安全控制和环境控制。为存储设备选择配备防火、防腐、防潮、避免机械震动，远离磁场和释放有害气体的工厂、能定时通风的安全场所。通过设备或软件控制对电子档案的访问、修改或删除；控制对电子档案信息管理系统的物理访问，制定各种档案移交、对存储介质使用及访问过程的控制与检测、为备份拷贝及灾难恢复提供辅助存储设备等安全政策，选择能够长期保存的电子档案格式等。为解决在电子档案管理过程中面临的问题，还需要依靠数据拷贝更新、数据迁移、仿真、再生、建立计算机软硬件技术档案馆等先进的信息存储技术实现电子档案的长久保存。

实践与思考

1．如何预防计算机病毒？
2．电子文件的特征有哪些？
3．为什么要通过“前端控制”对电子档案进行全程控制管理？
4．电子档案的分类包括哪些？
5．如何保障电子档案的存储安全？
6．谈谈你对电子档案长期保存的思考和建议。

项目二　操作系统的功能和使用

任务1　初识 Windows 7 操作系统

学习目标

- 了解 Windows 7 操作系统的功能及基本配置
- 掌握 Windows 7 操作系统视图切换、小工具的使用
- 掌握 Windows 7 操作系统数学输入面板及记事本的使用

任务导入

在安装 Windows 7 系统后，请完成以下几个任务：

（1）显示出常用的系统图标。

（2）将背景修改为“人物”主题，并将窗口修改为“淡紫色”。背景可以是个人收集的数字图片、Windows 提供的图片、纯色或带有颜色框架的图片。

（3）通过“视图”按钮切换显示内容至缩略图模式。

（4）将打开的窗口调整至“浏览堆栈”模式。

（5）请在桌面上添加“日历”小工具。

（6）建立数学公式 $x=\frac{-b\pm\sqrt{b^2-4ac}}{2a}$。

（7）建立一个名为 j2-1.txt 的记事本文件。

任务实施

一、显示常用系统图标

（1）在桌面上单击鼠标右键，在弹出的快捷菜单中选择“个性化”选项，如图 2-1 所示。

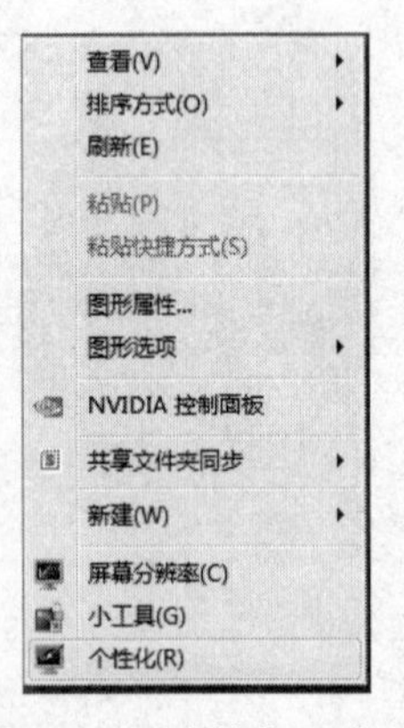

图 2-1　“个性化”选项

（2）在“个性化”窗口左侧窗格中单击“更改桌面图标”按钮，如图 2-2 所示。

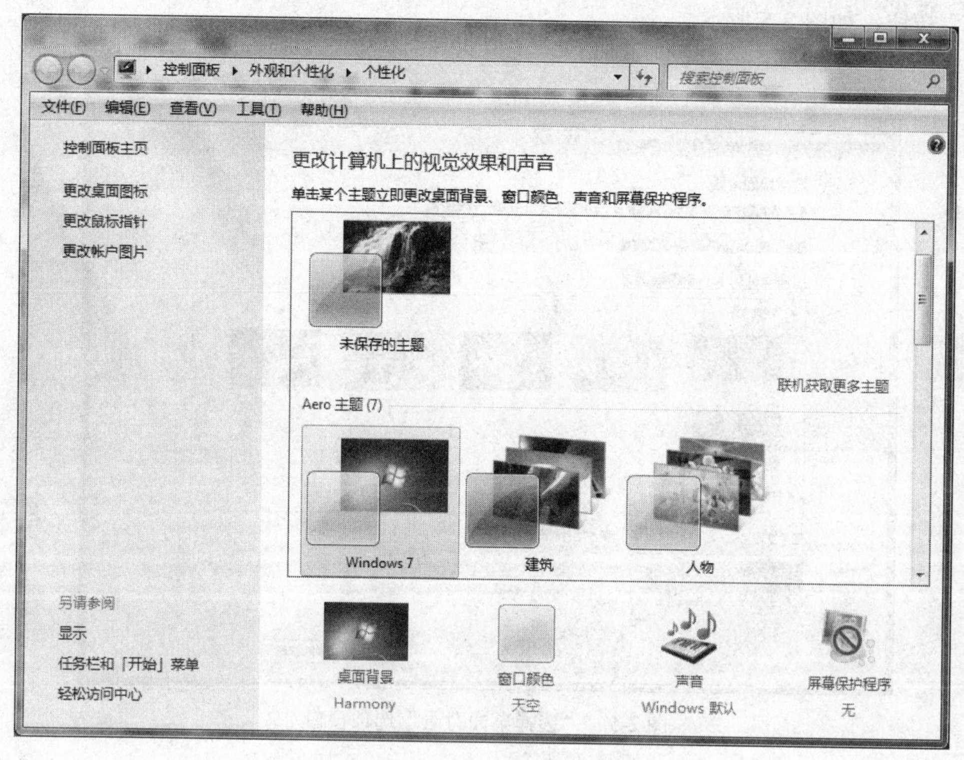

图 2-2　“个性化”选项窗口

（3）在弹出的“桌面图标设置”对话框中，选中需要显示的桌面图标，如图 2-3 所示；单击“确定”按钮，效果如图 2-4 所示。

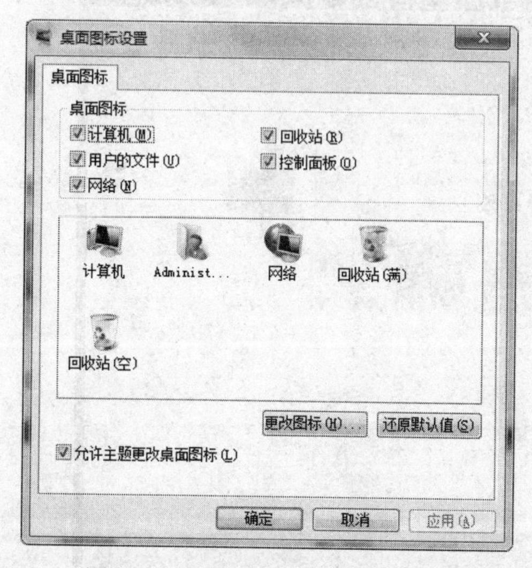

图 2-3　“桌面图标设置”对话框

图 2-4　设置后的桌面

二、将背景修改为“人物”主题，并将窗口修改为“淡紫色”

（1）在“桌面”上单击鼠标右键，在弹出的快捷菜单中选择“个性化”选项，在“个性化”窗口中单击“桌面背景”按钮，在“选择桌面背景”中选择 “人物”图标，并单击“保存修改”按钮，如图 2-5 所示。

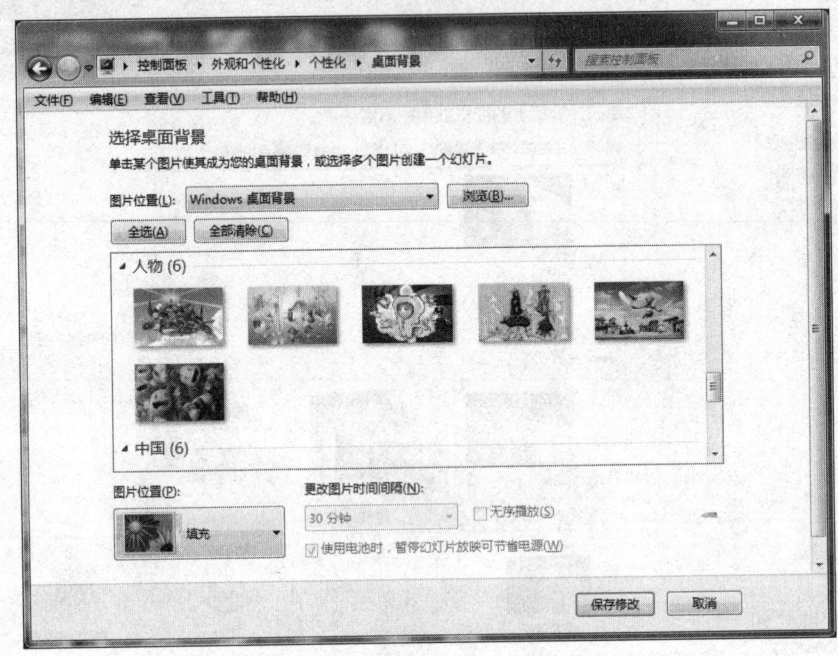

图 2-5 “选择桌面背景”选项窗口

（2）在“个性化”窗口中单击“窗口颜色”按钮，找到选项中的淡紫色，完成设置，如图 2-6 所示。

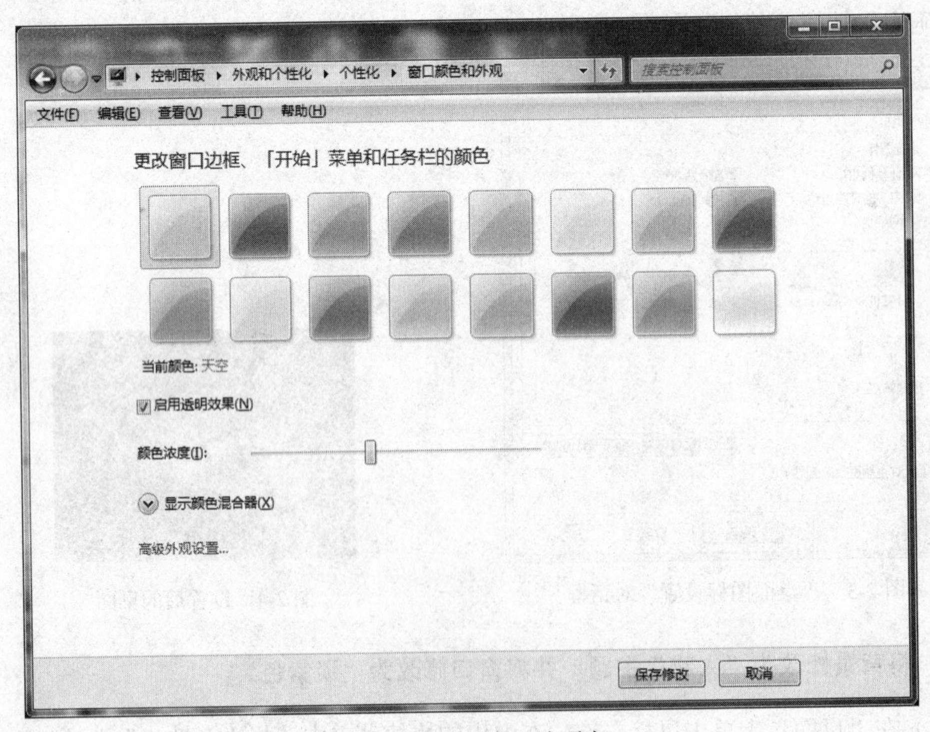

图 2-6 “窗口颜色”选项窗口

三、通过“视图”按钮切换显示内容至缩略图模式

（1）在桌面上双击“计算机”图标，打开“资源管理器”窗口。

（2）单击工具栏上“更改您的视图”按钮的下拉箭头，如图 2-7 所示。

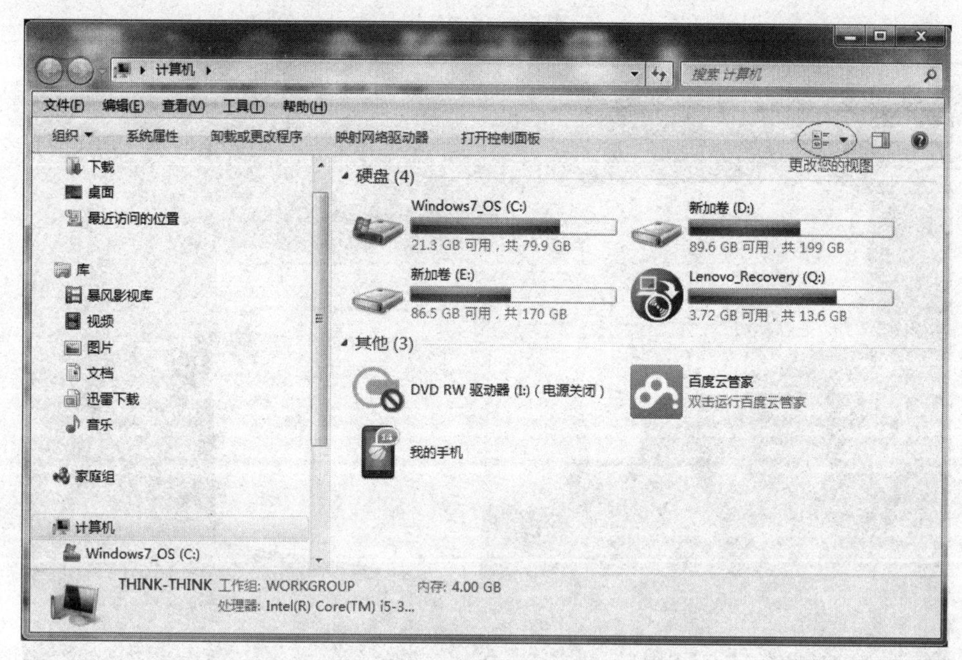

图 2-7　文件夹窗口

（3）单击某个视图或移动滑块，可以更改文件和文件夹的外观。可以将滑块移动到某个特定视图（如“列表”视图），或将滑块移动到小图标和超大图标之间的任何点微调图标大小，如图 2-8 所示。

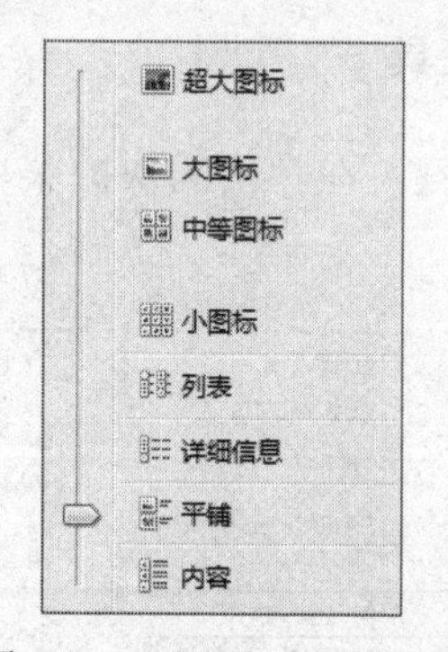

图 2-8　“视图列表”选项

四、将打开的窗口调整至“浏览堆栈”模式

（1）在桌面上打开多个窗口，如图 2-9 所示。

（2）按 Ctrl+Windows 徽标键+Tab 组合键，在窗口间循环切换，如图 2-10 所示。

提示： 还可以按“向右键”或“向下键”向前循环切换窗口，或者按“向左键”或“向上键”向后循环切换窗口。

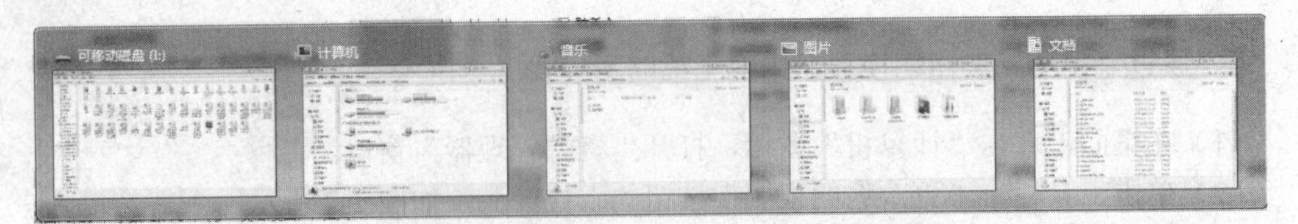

图 2-9 多窗口

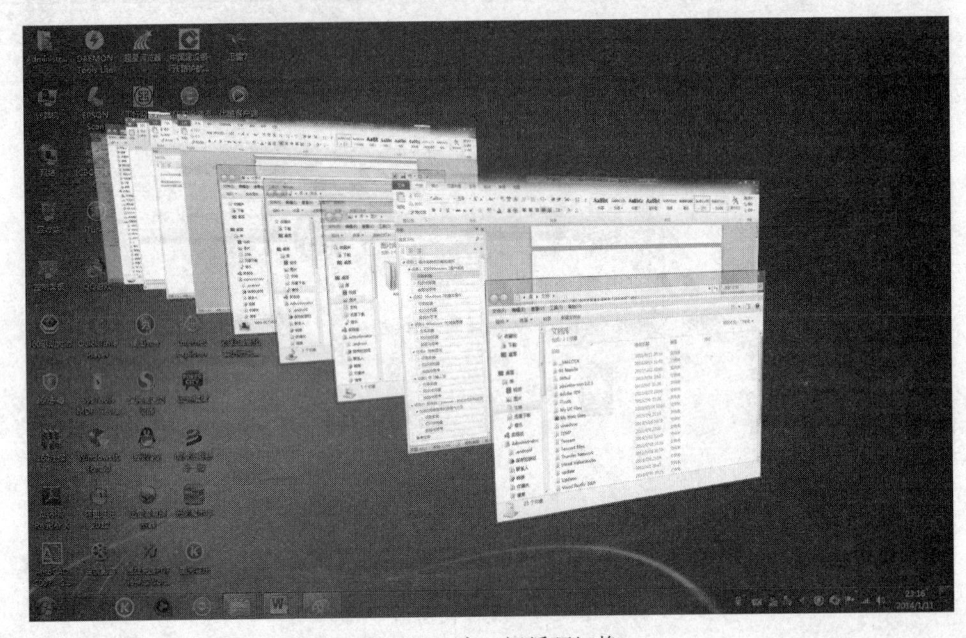

图 2-10 窗口间循环切换

（3）单击堆栈中的某个窗口，显示该窗口；或单击堆栈外部，关闭三维窗口的切换（不切换窗口）。此外，还可以滚动鼠标滚轮在打开的窗口间快速循环切换。

五、在桌面上添加“日历”小工具

（1）在桌面空白处单击鼠标右键，在弹出的快捷菜单中单击“小工具”选项，如图 2-11 所示。

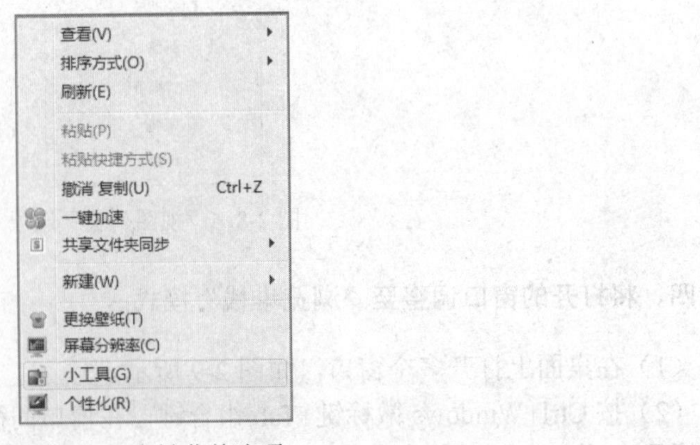

图 2-11 右键菜单选项

（2）弹出“小工具”对话框，右击“日历”按钮，在快捷菜单中选择“添加”按钮，如

图 2-12 所示。

图 2-12　“小工具”窗口

（3）完成后，桌面图标显示如图 2-13 所示。

图 2-13　桌面右侧显示状态

六、建立数学公式 $x=\dfrac{-b\pm\sqrt{b^2-4ac}}{2a}$

（1）单击“开始”按钮，在“开始”菜单中选择“附件”，单击“数学输入面板”。在面板区域写出公式内容。

（2）单击“数学输入面板”右侧的“选择和更正”，在输入区域选取显示有错误的部分，即可弹出相应的修正选项，从中选取正确的显示内容，还可以重新输入内容，即可成功修正公式显示错误问题。

（3）若要使用该公式时，在“历史记录”中单击该公式，即可在数学输入面板显示和使用。新建一个 Word 文档，单击“数学输入面板”中的“插入”按钮，公式就能够直接插入到 Word 文档中，如图 2-14 所示。

提示：记事本文件中不能插入公式，它是 Windows 操作系统中的一个简单的文本编辑器，只支持纯文本，其存储文件的扩展名为.txt。

七、建立一个名为 j2-1.txt 的记事本文件

单击“开始”按钮，在“开始”菜单中选择“附件”，单击“记事本”命令。在打开的“记

事本”窗口中输入文字，单击“文件”菜单，选择“另存为”按钮，文件命名为 j2-1，文件类型为“文本文档（*.txt）”，单击“保存”按钮，如图 2-15、图 2-16 所示。

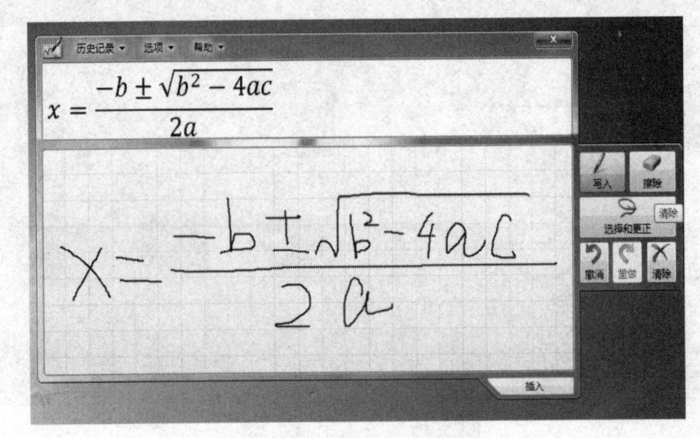

图 2-14　数学输入面板

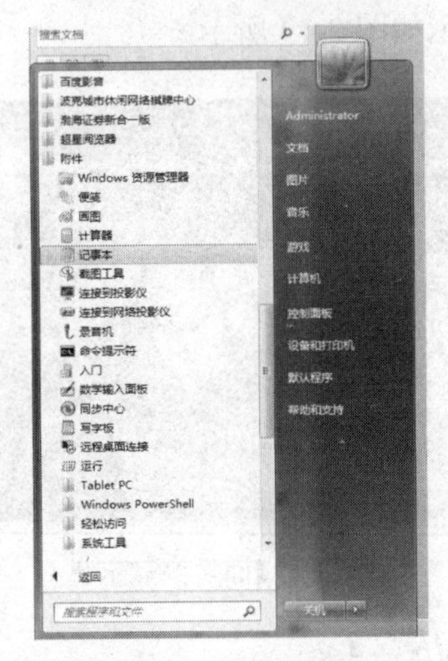

图 2-15　打开记事本

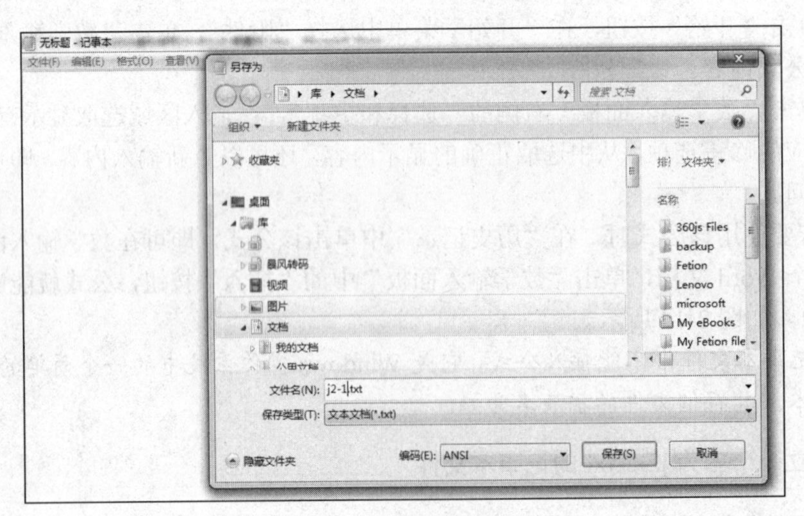

图 2-16　保存记事本

知识点拓展

1. 桌面图标

桌面是打开计算机并登录到 Windows 之后看到的主屏幕区域。就如实际的桌面一样，它是工作的区域，打开程序或文件夹即显示在桌面上。此外，还可以将一些项目（如文件和文件夹）放在桌面上，并且随意排列。

从更广义上讲，桌面有时包括任务栏。任务栏位于屏幕的底部，显示正在运行的程序，并可以在它们之间切换。任务栏还包含一些功能按钮，使用该按钮可以访问程序、文件夹和计算机设置。

桌面主要包括桌面图标、桌面背景和任务栏。

（1）桌面图标。主要包括系统图标和快捷图标两部分。其中，系统图标指可执行与系统相关操作的图标；快捷图标指应用程序的快捷启动方式，其主要特征是图标左下角有一个小箭头标识，双击快捷图标可以快速启动相应的应用程序。

（2）任务栏。任务栏主要包括"开始"按钮、快速启动区、语言栏、系统提示区与"显示桌面"按钮等部分。默认状态下，任务栏位于桌面的最下方。

- 任务栏中包括"开始"按钮：用于打开"开始"菜单。
- 中间部分：显示已打开的程序和文件，并可以在它们之间快速切换。
- 通知区域：包括时钟以及一些告知特定程序和计算机设置状态的图标（小图片）。

任务栏通常位于桌面的底部，可以将其移动到桌面的两侧或顶部。移动任务栏之前，需要解除任务栏锁定。

（3）解除任务栏锁定。右键单击任务栏上的空白空间。如果"锁定任务栏"旁边有复选（将删除该复选标记）可以解除任务栏锁定。

（4）移动任务栏。单击任务栏上的空白空间，然后按下鼠标按钮并拖动任务栏到桌面的四个边缘之一。当任务栏出现在所需位置时，释放鼠标按钮。

提示：若要锁定任务栏，可右键单击任务栏上的空白区域，然后选择"锁定任务栏"选项，以便出现复选标记。锁定任务栏可防止无意中移动任务栏或调整任务栏大小。

（5）添加图标。找到要创建快捷方式的项目。右键单击该项目，选择"发送到"→"桌面快捷方式"选项，该快捷方式图标出现在桌面上。

（6）删除图标。右键单击桌面上的某个图标，选择"删除"选项，单击"是"按钮。如果系统提示输入管理员密码或进行确认，键入该密码或提供确认。

（7）添加或删除常用桌面图标。可以添加或删除特殊的 Windows 桌面图标，包括"回收站"和"控制面板"的快捷方式。如果从视图中删除这些特殊图标中的任何一个图标，可以随时将其还原回来。

（8）打开"个性化"对话框。在左窗格中单击"更改桌面图标"选项。在"桌面图标"下面选中想要添加到桌面的图标的复选框，或清除想要从桌面上删除的图标的复选框，单击"确定"按钮。

（9）显示、隐藏桌面图标，调整桌面图标的大小。

利用桌面上的图标可以快速访问应用程序。可以选择显示所有图标，如果喜欢干净的桌面，也可以隐藏所有图标，还可以调整图标的大小。

1）显示桌面图标。右键单击桌面，选择"查看→显示桌面图标"选项。

2）隐藏桌面图标。右键单击桌面，选择“视图→显示桌面图标”选项，清除复选标记。

注意：隐藏桌面上的所有图标并不会删除它们，只是隐藏，直到再次选择显示它们。

3）调整桌面图标的大小。右键单击桌面，选择“查看”选项，然后单击“大图标”、“中图标”、“小图标”。

提示：也可使用鼠标上的滚轮调整桌面图标的大小。在桌面上，滚动滚轮的同时按住 Ctrl 键，可放大或缩小图标。

2. 视图功能

（1）若要在视图之间快速切换，可单击“视图”按钮（不是旁边的箭头）。每单击一次，文件夹会切换到五个视图之一：列表、详细信息、平铺、内容和大图标。

（2）使用库时，可以通过“排列方式”列表及“视图”按钮以不同方式排列文件和文件夹，然后用“视图”按钮更改视图时，可以通过单击“排列方式”列表中的“清除更改”返回默认视图。

（3）窗口。窗口是用户使用 Windows 操作系统的主要工作界面。打开一个文件或启动一个应用程序时，将打开该应用程序的窗口。用户对系统中各种信息的浏览和文件处理基本上都在窗口中进行。中文版 Windows 7 系统有各种应用程序窗口，大部分窗口包含相同的组件。关闭一个窗口即终止该应用程序的运行。

（4）对话框。对话框是一种特殊窗口，常用于需要人机对话进行交互操作的场合。对话框也有一些与窗口相似的元素，如标题栏、关闭按钮等；但对话框没有菜单，大小不能改变，也不能最大化或最小化。

（5）在文件打开情况下，Windows 7 同样可以在“显示预览窗格”中浏览文件中的内容。方法为：

1）在资源管理器中打开文件所在的文件夹。

2）单击“显示预览窗格”按钮。

3）单击需要预览的文件。

3. 小工具功能

Windows 桌面小工具是 Windows 操作系统新增功能，可以方便用户使用。其中，一些小工具需要联网才能使用，一些小工具不用联网。

由于微软公司希望用户关注最新版 Windows 的各种新功能，因此，Windows 网站不再提供小工具库。

（1）添加小工具。

刚刚安装 Windows 7 时，桌面上会有三个默认小工具：时钟、幻灯片放映和源标题。如果要在桌面上添加小工具，可以在小工具库中双击要添加的小工具，被双击的小工具显示在桌面上。

（2）设置小工具：如果想更改小工具，可以把鼠标拖到小工具上，然后单击像扳手那样的图标，即可进入设置页面。可以根据需要设置小工具，单击“确定”按钮保存。

（3）如何卸载小工具。

1）右键单击桌面，选择“小工具”。

2）右键单击小工具，选择“卸载”。

若需要卸载 Windows 附带的小工具，可以按以下步骤将其还原到桌面小工具库中，然后在搜索框中键入“还原小工具”。单击“还原 Windows 上安装的桌面小工具”。

实践与思考

1．通过“预览窗格”查看到的文件，可以修改吗？

2．怎样设置“只显示图标，从不显示缩略图”？

3．“记事本”中可以插入多媒体素材（如图片、声音）吗？

4．请利用“数学输入面板”功能输入手写的：$a^2+b^2=c^2$？

5．什么是远程桌面？怎样使用远程桌面？

任务 2　Windows 7 的基本操作

学习目标

- 了解掌握 Windows 资源管理器的操作方法
- 掌握文件和文件夹的新建、重命名、删除等操作
- 掌握文件和文件夹的复制、移动等操作
- 掌握 Windows 7 的搜索功能

任务导入

打开“资源管理器”，在资源管理器的界面在 D 盘建立一个 D:\j2-2 文件夹，在该文件夹中建立一个目录树，结构如下图所示，并在目录树中完成以下操作：

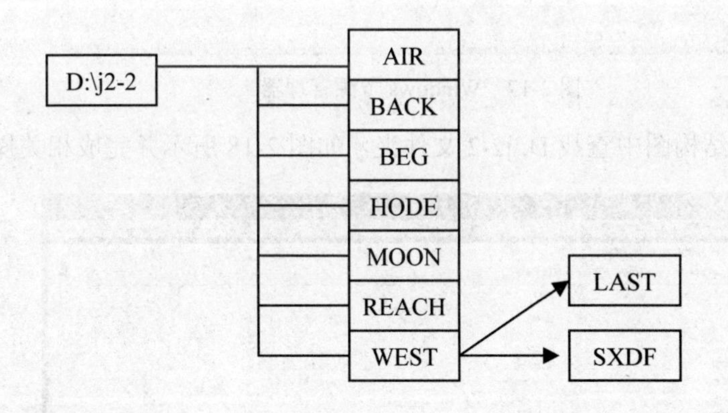

（1）将 D:\j2-2 文件夹下“REACH”文件夹中的文件“SUNDAY”移动到“MOON”文件夹中。

（2）将 D:\j2-2 文件夹下“WEST”文件夹中的“LAST”文件夹设置为存档和隐藏属性。

（3）将 D:\j2-2 文件夹下“HODE”文件夹中的文件“BLUE”复制到“AIR”文件夹中。

（4）将 D:\j2-2 文件夹下“BEG”文件夹中的文件“FIRE”更名为“APPLE”。

（5）将 D:\j2-2 文件夹下“BACK”文件夹中的文件“OUR”删除。

（6）在 D:\j2-2 文件夹下查找出文件名中含有“X”的文件并删除。

任务实施

一、在 Windows 资源管理器左侧树状结构图中找出 D:\j2-2 文件夹

（1）打开 Windows 7 资源管理器的方法有三种：

- 右键单击“开始”按钮，选择“打开 Windows 资源管理器”选项。
- 单击“开始”按钮，选择“附件→Windows 资源管理器”。
- 在桌面上单击“计算机”或者任何一个文件夹，都可以打开 Windows 7 资源管理器。

（2）打开之后的界面如图 2-17 所示。

图 2-17 Windows 资源管理器

（3）在左侧树状结构图中查找 D:\j2-2 文件夹，如图 2-18 所示并完成相关操作。

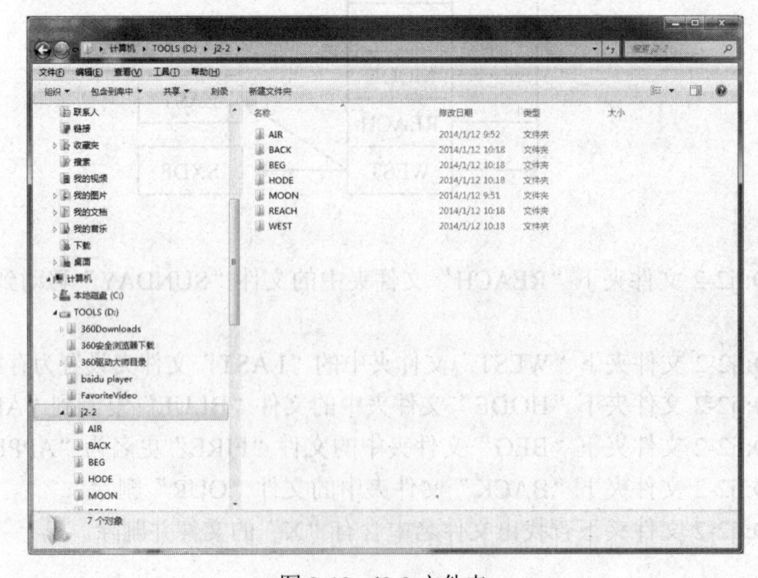

图 2-18 j2-2 文件夹

二、在文件夹中完成相关复制、移动、粘贴及删除操作

（1）打开 D:\j2-2 文件夹下的“REACH”文件夹，如图 2-19 所示“剪切”文件“SUNDAY”。

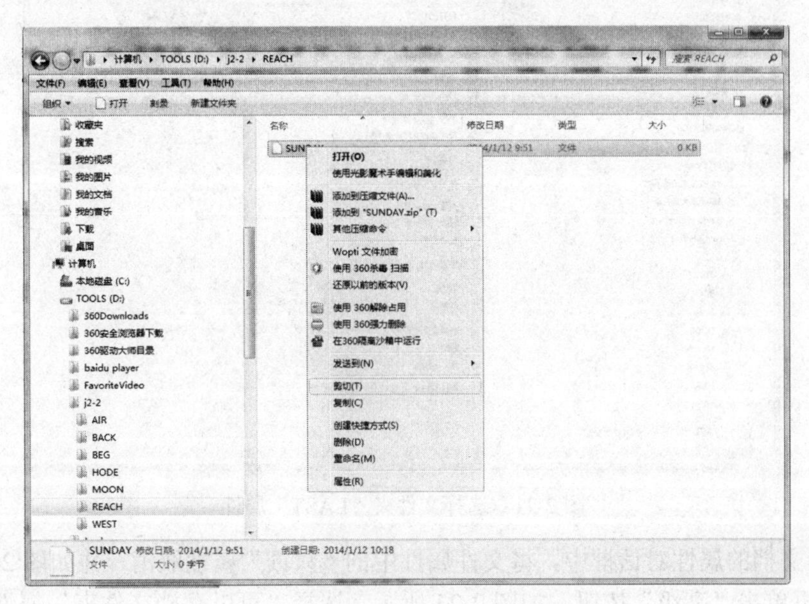

图 2-19　“剪切”文件“SUNDAY”

（2）再打开 D:\j2-2 文件夹下的“MOON”文件夹，如图 2-20 所示，单击右键选择“粘贴”文件“SUNDAY”。

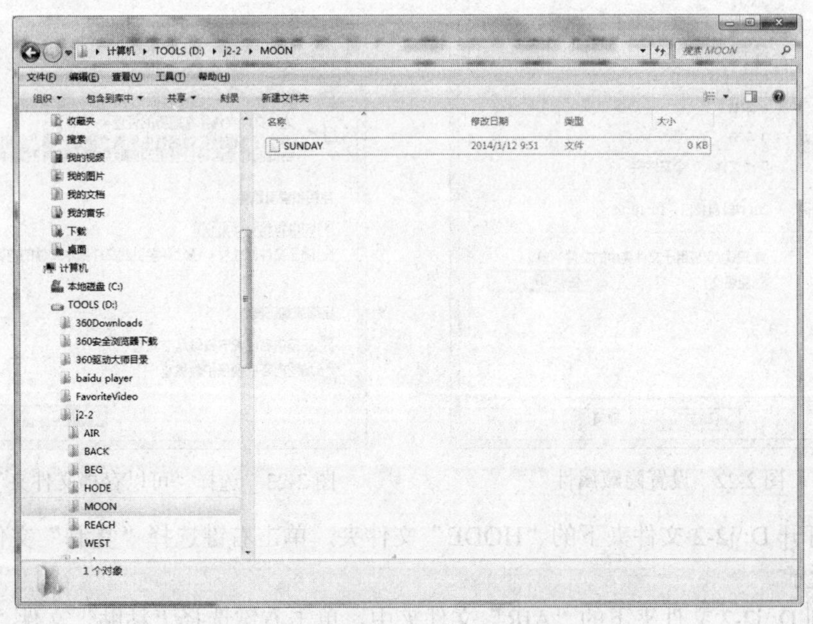

图 2-20　“粘贴”文件“SUNDAY”

（3）打开 D:\j2-2 文件夹下的“WEST”文件夹，如图 2-21 所示，右键单击“LAST”文件夹，选择“属性”。

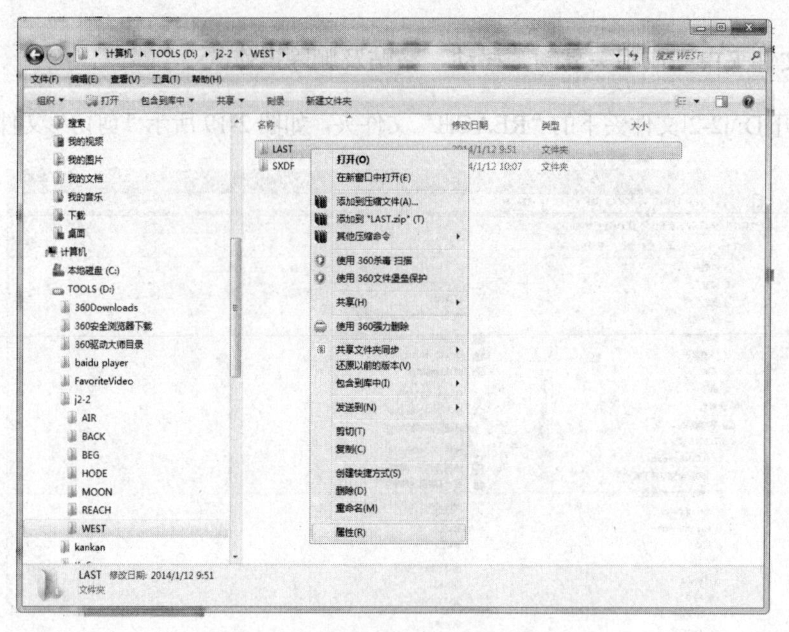

图 2-21　选择文件夹“LAST”属性

（4）在文档的属性对话框中，将文件属性中的“只读”属性取消，并如图 2-22 所示设置隐藏属性，再单击“高级”按钮，如图 2-23 所示，选择“可以存档文件夹”属性。

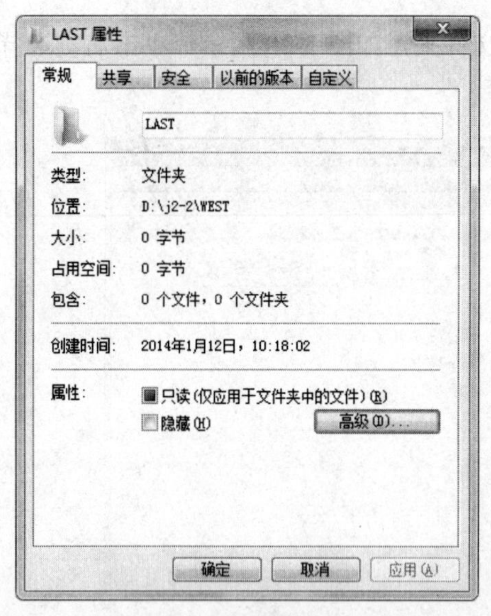

图 2-22　设置隐藏属性

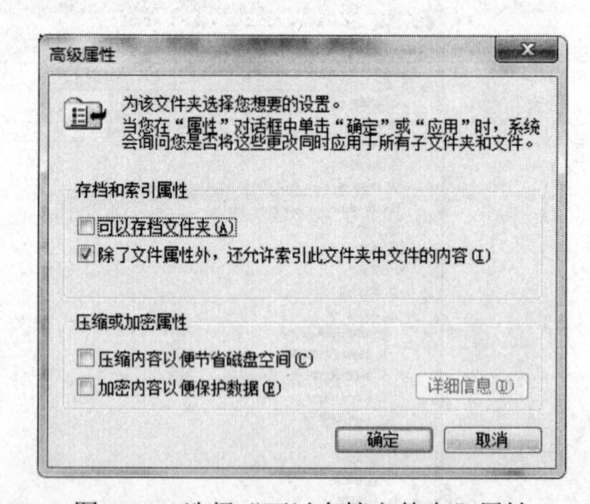

图 2-23　选择“可以存档文件夹”属性

（5）打开 D:\j2-2 文件夹下的“HODE”文件夹，单击右键选择“复制”文件“BLUE”，如图 2-24 所示。

（6）到 D:\j2-2 文件夹下的“AIR”文件夹中，单击右键选择“粘贴”文件“BLUE”，如图 2-25 所示。

（7）打开 D:\j2-2 文件夹下“BEG”文件夹，单击右键选择“重命名”文件“FIRE”，如图 2-26 所示。

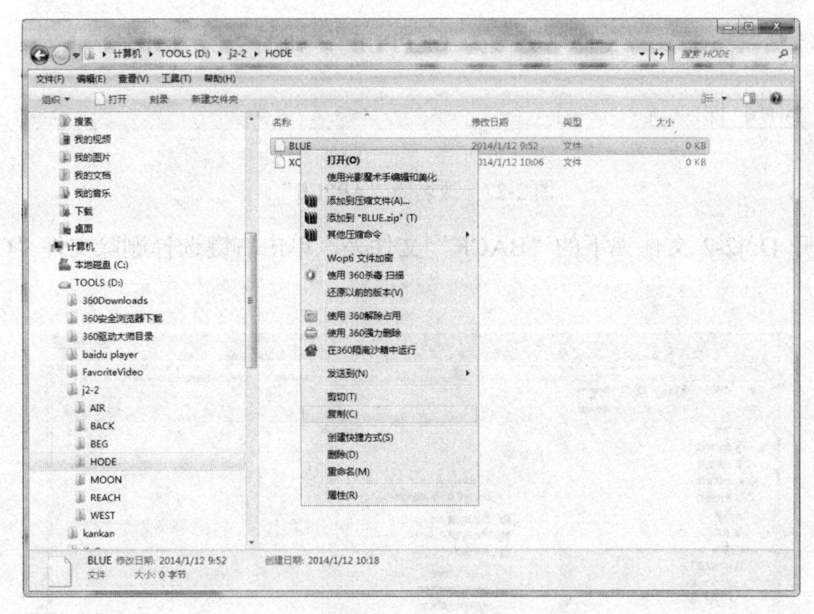

图 2-24　复制文件

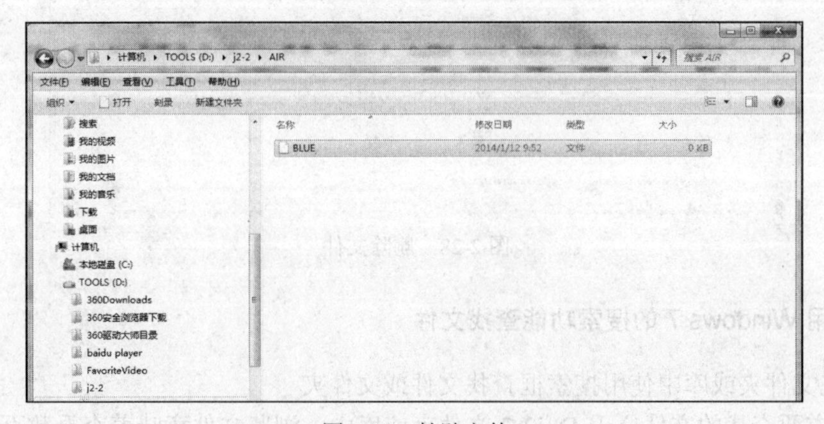

图 2-25　粘贴文件

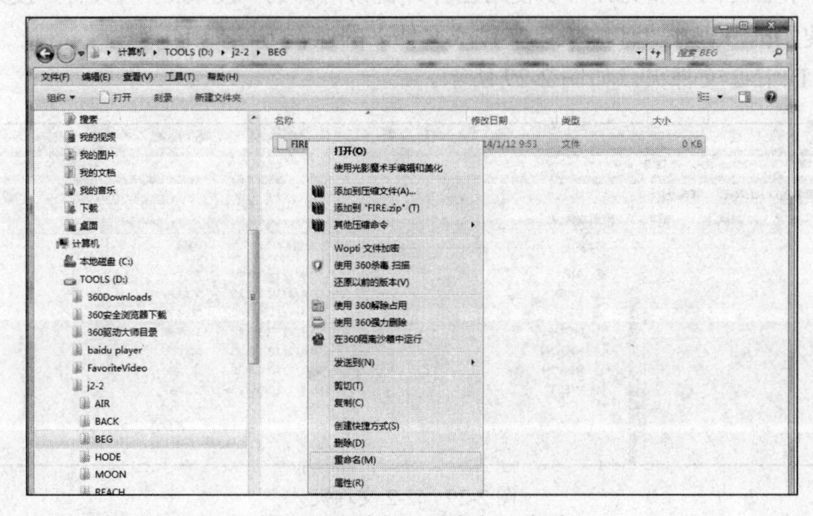

图 2-26　选择“重命名”选项

（8）在激活状态下，将文件名更改为“APPLE”，如图 2-27 所示。

图 2-27　改名为“APPLE”

（9）打开 D:\j2-2 文件夹下的“BACK”文件夹，单击右键选择删除文件“OUR”，如图 2-28 所示。

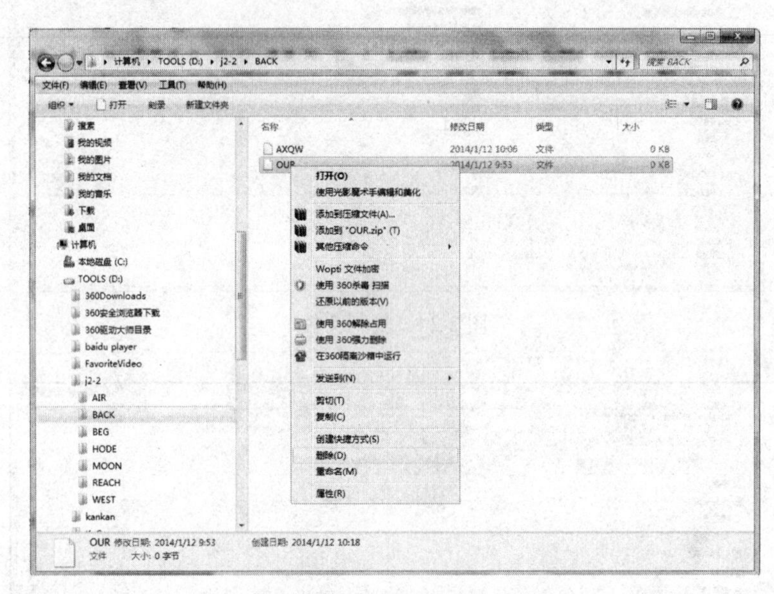

图 2-28　删除文件

三、利用 Windows 7 的搜索功能查找文件

（1）在文件夹或库中使用搜索框查找文件或文件夹

用户知道要查找的文件位于 D:\j2-2 文件夹或库中，浏览文件意味着查看数百个文件和子文件夹。为了节省时间和精力，可以使用已打开窗口顶部的“搜索框”（又称“搜索浏览器”）。

通过“搜索框”查找“计算机”文件或文件夹的操作方法如下：

1）打开 D:\j2-2 文件夹，如图 2-29 所示。

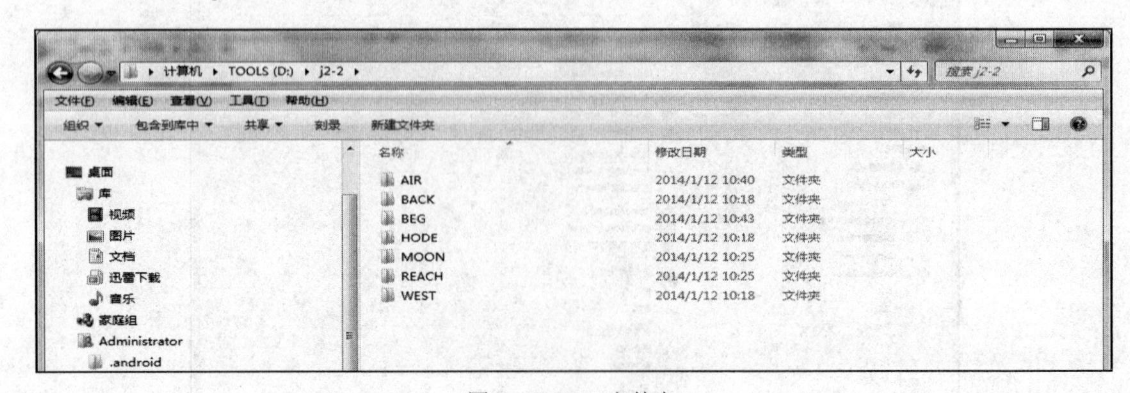

图 2-29　j2-2 文件夹

2）在“搜索框”输入“*X*.*”，搜索结果如图 2-30 所示。

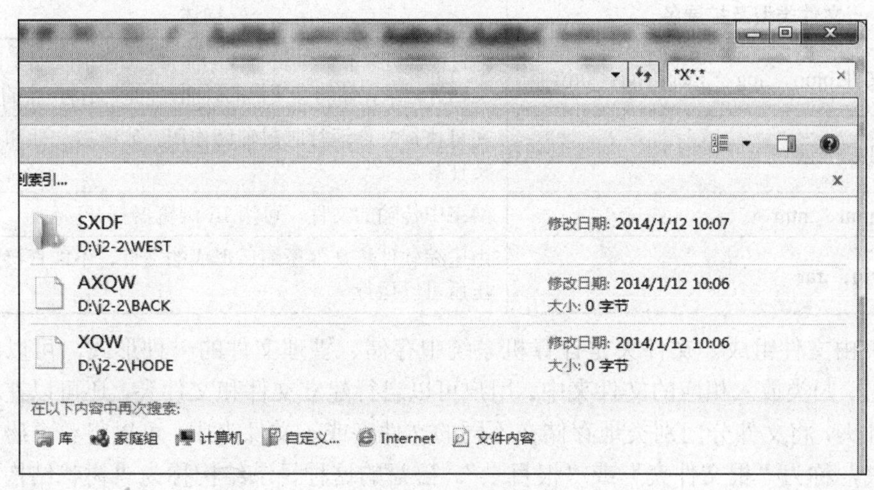

图 2-30 搜索结果

（2）还可以利用“开始”菜单项搜索相关文件，例如搜索关于“计算机”的文件夹和文件。

1）单击“开始”按钮，在“搜索框”中键入“计算机”。

2）键入后，与键入文本相匹配的项将出现在“开始”菜单。

搜索基于文件名中的文本、文件中的文本、标记以及其他文件属性。由于显示位置的限制，还有很多选项没有显示出来，这时单击“查看更多结果”按钮，可查看更多搜索结果。

知识点拓展

1. Windows 7 的资源管理及组织结构

（1）文件的组织管理

在 Windows 7 中，文件的存储、组织与管理采用层次结构，又称树状结构。所谓的树状结构，是把文件采用分类、分级、分层的方式一层套一层地排列，就像一个倒置的树，根在上，枝叶在下，形成有一定规律的组织结构，易于管理。用户可以通过鼠标或键盘的方式进行文件地浏览、选择和切换。

（2）文件和文件夹概念

计算机文件是以计算机硬盘为载体，存储在计算机上的信息集合。文件可以是文本文档、图片、程序等。文件类型一般以扩展名标识。计算机通过文件名对文件进行管理，计算机中的所有信息都存放在文件中。

在 Windows 7 系统中，文件按照文件中的内容类型分类，主要类型见表 2-1。

表 2-1 常见的文件类型

文件类型及扩展名	描述
可执行文件.exe、.com、.bat	可直接运行，例如应用程序文件、系统命令文件和批处理文件等
文本文件.txt、.doc	是用文本编辑器生成的，如纯文本文件、Word 文档等
音频文件.mp3、mid、.wav、wma	以数字形式记录存储的声音、音乐信息的文件

续表

文件类型及扩展名	描述
图形图像文件.bmp、.jpg、.jpeg、.gif、.tiff	通过图像处理软件编辑生成的文件，如画图文件、Photoshop 文档等记录存储动态变化的画面，同时支持声音的文件
支持文件.dll、.sys	在可执行文件运行时起辅助作用，如链接文件和系统配置文件等。
网页文件.html、.htm	网络中传输的文件，可用 IE 浏览器打开
压缩文件.zip、.rar	由压缩软件将文件压缩后形成的文件，不能直接运行，解压后可以运行

文件夹由文件组成。文件夹是计算机系统中存储、管理文件的一种形式，可以将不同的文件夹分组、归类放入相应的文件夹中。用户可以自行建立文件和文件夹，还可以在文件夹中建立子文件夹，将文件分门别类地存储在不同的文件夹或子文件夹中。可以将整个磁盘看作一个大文件夹，称为“根文件夹”或“根目录”。磁盘的这种目录结构称为“树状结构”或“层次结构”。

（3）文件和文件夹的命名规则

文件是计算机系统中基本的组织单位，计算机以文件名来区分不同的文件。文件和文件夹是计算机中最重要的资源，它们都通过文件夹进行管理。

1）文件的命名规则

- 一个完整的文件名由文件名和扩展名两部分组成。两者中间用一个圆点（分隔符）分开。Windows 7 支持长文件名，文件名可以长达 260 个字符。命名文件时，文件名中的字符可以是汉字、字母、数字、空格和特殊字符，但不能是\ / : * ? ” <> | 等 9 个在英文状态下的英文字符。
- 文件名中，最后一个圆点后是文件扩展名（可以省略），圆点前面是主文件名。扩展名通常由三或四个字符组成，用于标识不同的文件类型和创建文件的应用程序。主文件名一般用描述性的名称，以帮助用户记忆文件的内容和用途。
- 在 Windows 7 中，窗口中显示的文件包括一个图标和文件名，同一种类型的文件具有相同的图标。

2）文件夹的命名规则

- 文件夹的命名规则与文件名相似，但一般不需要加扩展名。双击某一个文件夹图标，即可打开该文件夹，查看其中的所有子文件夹。子文件夹里还可以包含文件夹。
- 存储在磁盘中的文件或文件夹通过路径识别。路径由磁盘驱动器符号（或称盘符）、文件夹、子文件夹和文件名组成。

提示：同一个文件夹中不能有名称相同的两个文件，即文件名具有唯一性。文件或文件夹不区分英文字母大小写。Windows 7 系统通过文件名（文件夹名）存储、管理文件和文件夹。

（4）回收站

回收站主要用来存放用户临时删除的文档资料，用好和管理好回收站、打造富有个性功能的回收站，可以更加方便日常的文档维护工作。

用户删除文档后，被删除的内容放入“回收站”中。在桌面上双击“回收站”图标，打开“回收站”窗口，其中列出了用户删除的内容，并且可以看出它们原来所在的位置、被删除的日期、文件类型和大小等。

若需要恢复已经删除到回收站的文件，可以使用“还原”功能。操作方法如下：

- 双击“回收站”图标，在“回收站任务”栏中单击“还原所有项目”选项，系统把存放在“回收站”中的所有项目全部还原到原位置。
- 双击“回收站”图标，选取还原的项目，在“回收站任务”栏中单击“还原此项目”选项，系统将还原所选的项目。

（5）文件或文件夹的移动、复制与发送

移动是将选定的文件或文件夹转移到其他位置，新的位置可以是不同的文件夹、不同的磁盘驱动器，也可以是网络上不同的计算机。移动包含“剪切”与“粘贴”两个操作。移动文件或文件夹后，原来的文件夹或文件被删除。文件夹或文件的移动不保留原文件或文件夹。

复制包含“复制”与“粘贴”两个操作。复制操作后，原文件或文件夹仍保留在原位置。为了防止丢失数据和文件，对重要的文件要进行备份，即将文件复制一份存放在其他位置或外部存储设备中。文件或文件夹的复制保留原文件或文件夹。

（6）文件或文件夹复制的快捷键

文件或文件夹的复制除可以用鼠标操作外，还可以使用快捷键：Ctrl+C（复制）、Ctrl+V（粘贴），复制和粘贴是配套使用的。

（7）文件或文件夹移动的快捷键 Ctrl+X（移动）、Ctrl+V（粘贴），移动和粘贴是配套使用的。

（8）隐藏文件或文件夹，假如要隐藏“实验文件夹”文件夹，方法如下：

- 右键单击“实验文件夹”选择“属性”，在“实验文件夹属性”对话框中选择“常规”选项卡，选中“隐藏”复选框，单击“确定”按钮。
- 在“组织”菜单中选择“文件夹和搜索选项”，或者在“工具”菜单中选择“文件夹选项”。
- 在“文件夹选项”对话框中选择“查看”选项卡，在“高级设置”列表的“隐藏文件和文件夹”选项组中单击“不显示隐藏文件、文件夹或驱动器”单选框。

（9）删除和命名文件夹（文件）的快捷键

- 删除的快捷建：选定要删除的文件夹（文件），按 Delete 键。这种方法删除文件夹（文件）后，还可以从回收站里找回删除的文件夹（文件）。如果在选定删除的文件夹（文件）后按住 Shift 键，再按 Delete 键，可以彻底删除文件，删除的文件夹（文件）不经过回收站，而是直接从存储器上删除。一旦采取这种方式删除后，删除的文件很难找回，因此，操作时一定要慎重。
- 重命名的快捷键：选定要删除的文件夹（文件），按 F2 键，输入新的文件名。

（10）选择文件夹或文件的方法

- 选择一组连续的文件或文件夹：单击第一项，按住 Shift 键，然后单击最后一项。
- 选择相邻的多个文件或文件夹：拖动鼠标指针，在包括所有需要项目外围划一个框。
- 选择不连续的文件或文件夹：按住 Ctrl 键，逐个单击要选择的每个项目。
- 选择窗口中的所有文件或文件夹，在工具栏上单击“组织”，然后单击“全选”。如果要从选择中排除一个或多个项目，可按住 Ctrl 键，然后单击这些项目。
- 全部选定：按 Ctrl+A 组合键，或使用鼠标拖动全选。

选择文件或文件夹后，可以执行许多常见任务，例如复制、删除、重命名、打印和压缩。只需右键单击选择的项目，然后单击相应的选项即可。

（11）剪贴板

剪贴板是 Windows 操作系统提供的一个暂存数据的共享区域，又称数据中转站。剪贴板在后台起作用，是操作系统在内存中设置的一个存储区域，利用剪贴板可以完成复制、粘贴操作。

2. Windows 7 搜索相关操作

Windows 7 在输入第一个字符时就开始搜索相关的文件和文件夹。随着在“搜索框”中输入的文字越多，搜索的精确度也越高。

（1）使用通配符搜索

通配符是指用来代替一个或多个未知字符的特殊字符，常用的通配符有以下两种：

- 星号（*）：可以代表文件中的任意字符串。
- 问号（?）：可以代表文件中的一个字符。

例如，要搜索所有 JPG 文件，只需在搜索栏中输入“*.jpg”即可。

（2）使用自然语言搜索

有时可能要搜索的文件需要多个筛选条件，可以利用自然语言搜索功能来一次完成筛选。例如，要想搜索计算机中 docx 格式或 xlsx 格式的文件，只需在搜索框中输入“*.docx or *.xlsx”，即搜索出所有 docx 格式和 xlsx 格式的文件。

以下是一些常用的关系运算词：

- AND：搜索内容中必须包含由 AND 相连的所有关键词。
- OR：搜索内容中包含任意一个含有由 OR 相连的关键词。
- NOT：搜索内容中不能包含指定关键词。

提示：要使用自然语言搜索功能，必须先在“文件夹选项”对话框的“搜索方式”里选中“使用自然语言搜索”，确认后才可以使用。

实践与思考

1. 无法删除文件夹或文件的原因有哪些？
2. 查询相关资料，若非常重要的文件夹或文件被删除了，怎么办？
3. 总结文件或文件夹新建、删除、重命名的其他方法。
4. 回收站还原后，文件夹或文件存放到磁盘上的哪里？
5. U 盘、TF 卡等辅助外部存储设备上的文件被删除后，会放在回收站吗？
6. 回收站是硬盘上的一块区域，还是内存上的一块区域？
7. 在同文件夹中移动文件夹或文件，应该怎么操作？
8. 在同文件夹中复制文件夹或文件，应该怎么操作？
9. Alt+PrintScreen 组合键和 PrintScreen 键的作用分别是什么？
10. 查询相关资料，重启 Windows 7 资源管理器的方法。

任务 3　Windows 7 的磁盘管理

学习目标

- 了解磁盘管理工具
- 掌握磁盘基本分区及磁盘格式化的方法

● 掌握磁盘清理、扫描工具及磁盘碎片的整理方法

任务导入

请打开系统管理窗口，查看磁盘管理情况。并将 E:\磁盘分区划分成两个分区。通过磁盘清理工具，清理磁盘 D:\中的相关临时文件及缓存文件，查看磁盘文件系统错误及硬件磁盘扇区错误，并修复。同时打开磁盘碎片整理程序，调整 D:\磁盘碎片位置，提速系统。

任务实施

一、磁盘分区

打开磁盘管理窗口，查看磁盘分配情况。并将 E 盘划分成两个区域，并将新分区格式设为 NTFS。操作步骤如下：

（1）在桌面右下角单击“开始”菜单，在弹出的菜单中找到“计算机”，单击鼠标右键选择“管理”命令，弹出“计算机管理”窗口，在左侧窗格中，选择“存储”选项中的“磁盘管理”命令，则可以查看到相关系统磁盘信息，如图 2-31、图 2-32 所示。

图 2-31　开始菜单中的磁盘管理

（2）在右侧窗格找到 E 盘分区，单击右键，在弹出的快捷菜单中选择“压缩卷”命令，如图 2-33 所示。

（3）单击后等待计算机自动压缩 E 盘空间，自动压缩完成后会有确认窗口，如图 2-34 所示。

（4）不改变“输入压缩空间量（MB）”中的值，单击压缩，系统会将 E 盘压缩为默认的最佳状态，这个数值不能再缩小。单击压缩后将看到 E 盘现有的容量和后边未划分的区域，如图 2-34 所示。

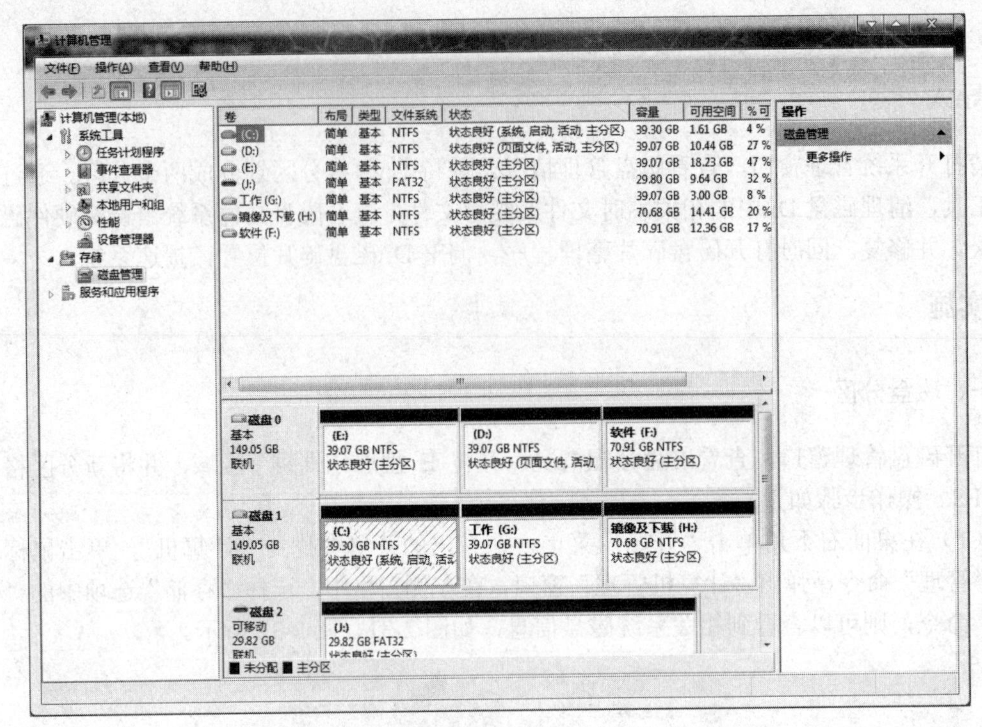

图 2-32 “计算机管理”窗口的磁盘管理

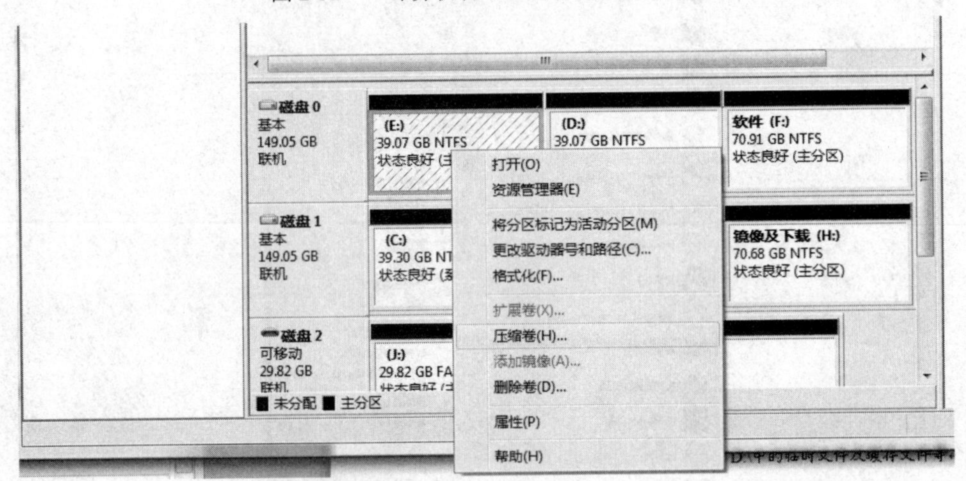

图 2-33 压缩卷

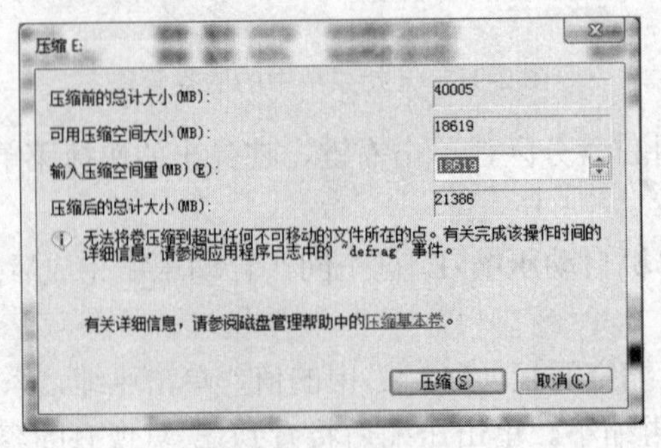

图 2-34 压缩提示

图 2-35　出现未分配磁盘

（5）在未分配区域单击右键，选择“新建简单卷”，输入要划分区域的大小，如图 2-36 所示。

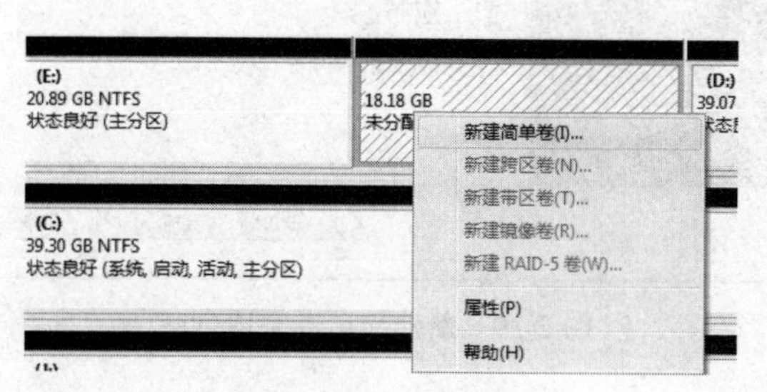

图 2-36　右键菜单

（6）单击完成，创建出第二个分区，如图 2-37 所示。（如果选择分区数量较多请重复新建简单卷这一步来完成剩余容量的划分。）

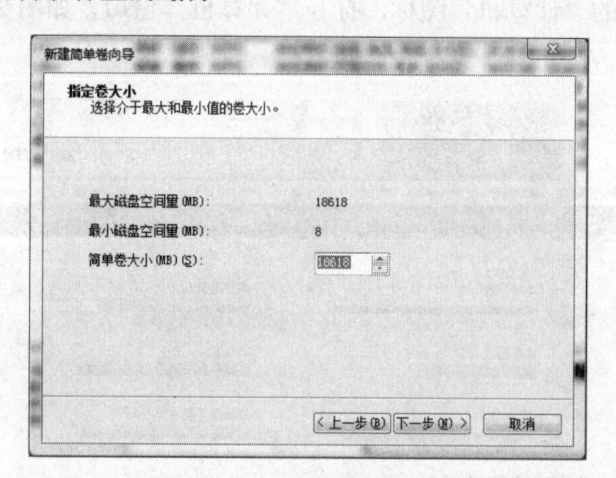

图 2-37　新建简单卷向导

（7）选择“NTFS”格式作为分区格式，如图 2-38、图 2-39 所示。

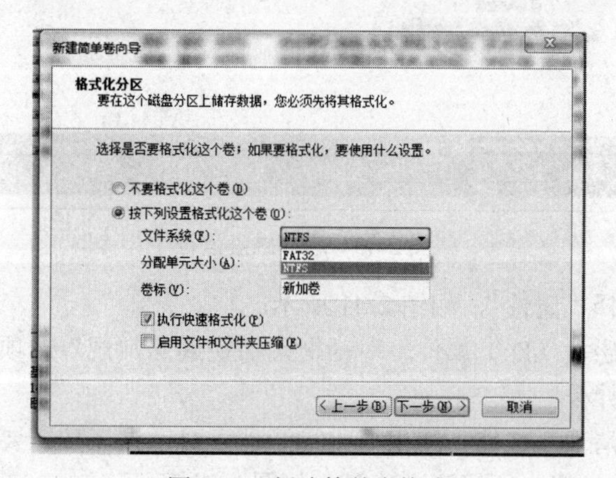

图 2-38　新建简单卷格式

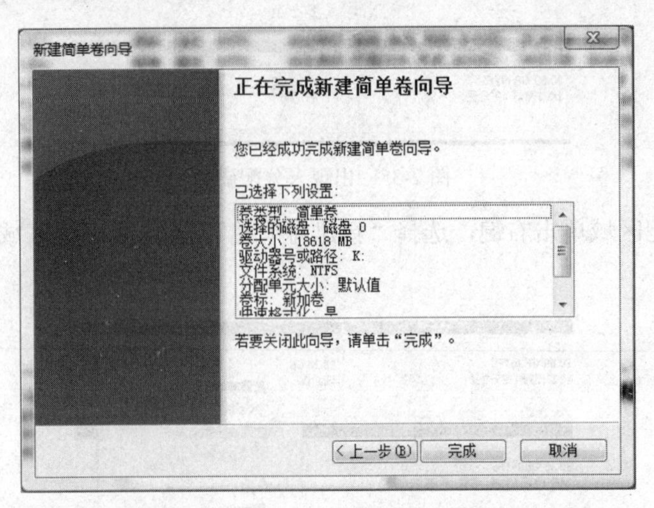

图 2-39　新建简单卷完成创建

二、磁盘清理

通过磁盘清理工具，清理 D:中的临时文件及缓存文件等，操作步骤如下：

（1）双击桌面中的“计算机”图标，打开“计算机”窗口，如图 2-40 所示，找到需要清理的磁盘盘符 D:。

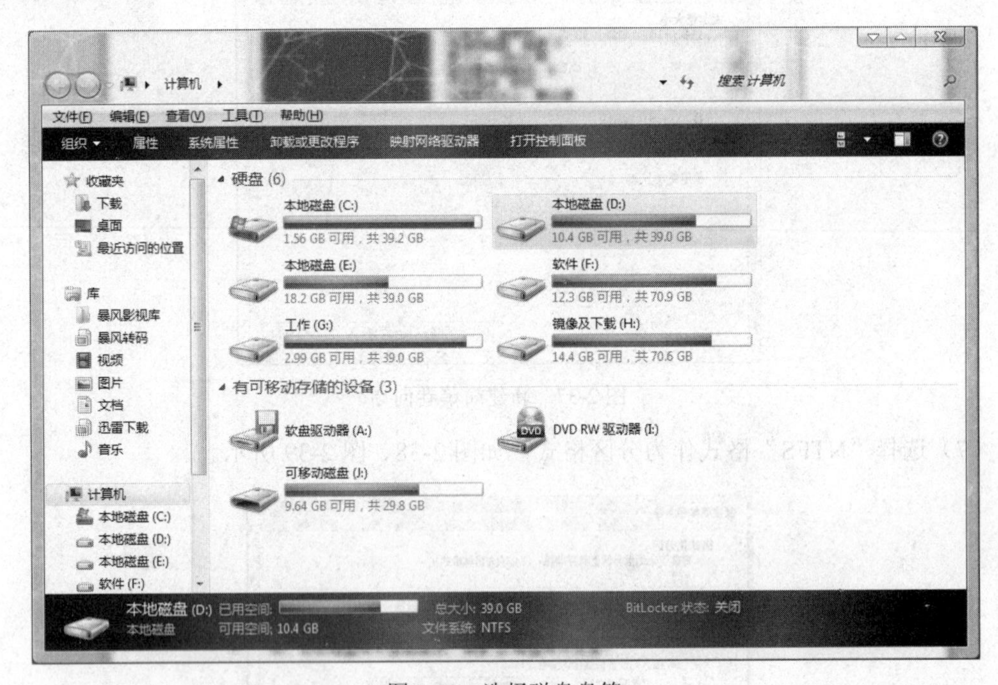

图 2-40　选择磁盘盘符

（2）单击右键选择“属性”，如图 2-41 所示。

（3）弹出“本地磁盘（D:）属性”对话框，切换到“常规”选项卡上即可找到“磁盘清理”入口，如图 2-42 所示。

（4）单击“磁盘清理”按钮，弹出“磁盘清理”对话框，按需要勾选清理的磁盘项目即可，直接单击“确定”按钮，即可清理磁盘，如图 2-43 所示。

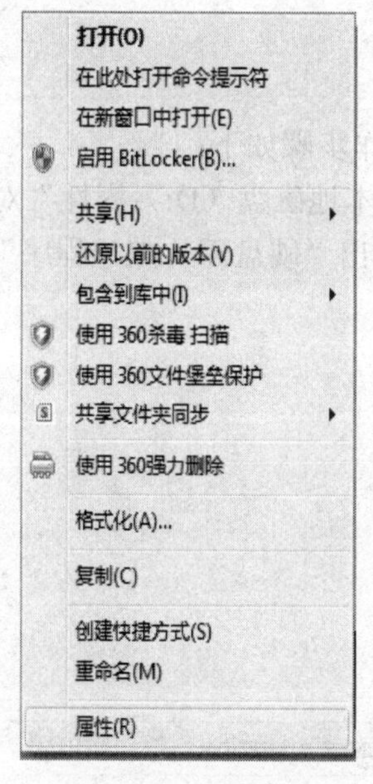

图 2-41 右键菜单

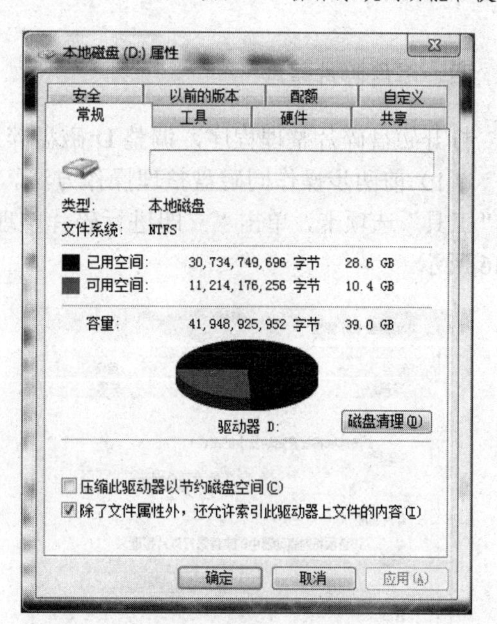

图 2-42 “常规”选项卡

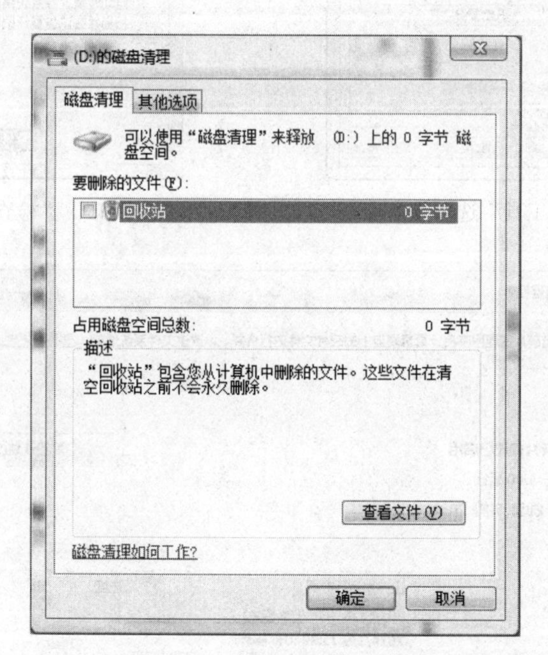

图 2-43 “磁盘清理”对话框

三、磁盘扫描

使用磁盘扫描工具，查看 D:磁盘文件系统错误及硬件磁盘扇区错误，操作步骤如下：

（1）前两步操作同磁盘整理操作方法。之后弹出“本地磁盘（D:）属性”对话框，切换到“工具”选项卡上即可找到有“磁盘扫描”入口，单击“开始检查”按钮，如图 2-44 所示。

（2）弹出“检查磁盘本地磁盘（D:）”对话框，如图 2-45 所示，选择相应检查内容，单击“开始”按钮，可以对软件系统和硬盘扇区进行检查。

四、磁盘碎片整理

打开磁盘碎片整理程序，调整 D:磁盘碎片位置，操作步骤如下：

（1）前两步操作同磁盘整理操作方法。之后弹出“本地磁盘（D:）属性”对话框，切换到“工具”选项卡，单击“立即进行碎片整理”按钮，弹出“硬盘碎片整理程序”窗口，如图 2-46 所示。

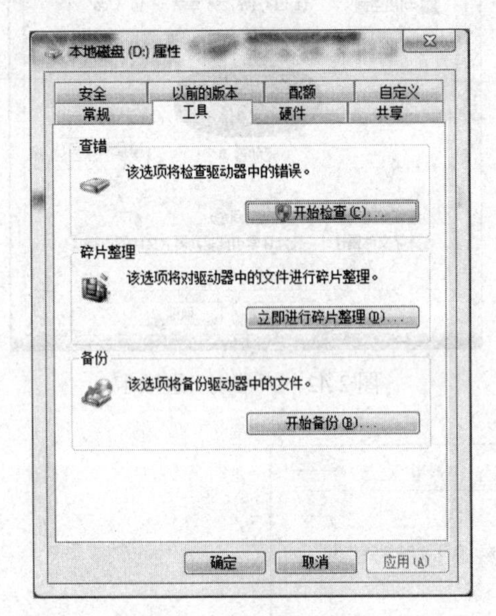

图 2-44 “工具”选项卡

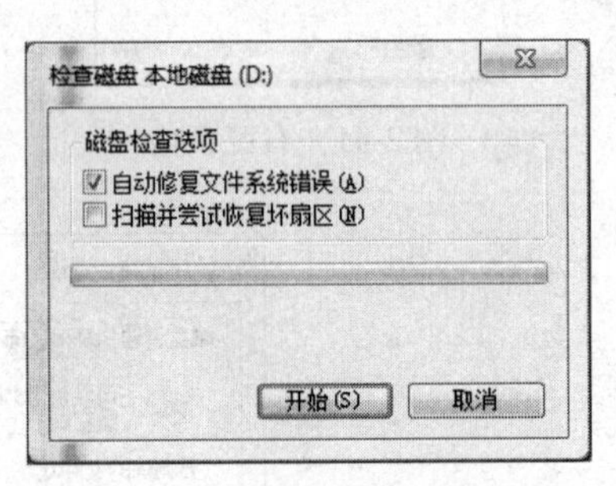

图 2-45 “检查磁盘”对话框

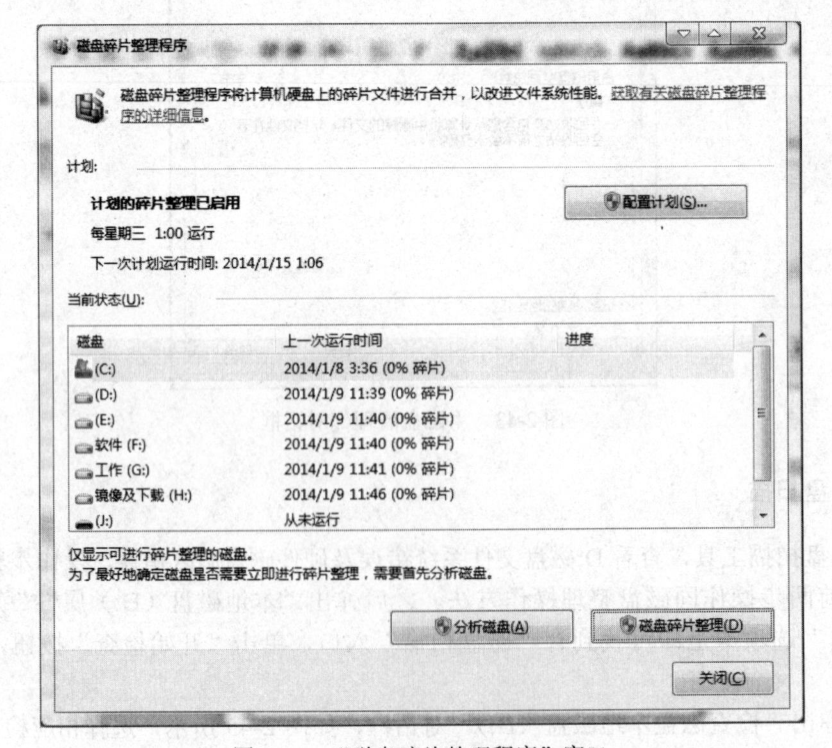

图 2-46 “磁盘碎片整理程序”窗口

（2）选择“D:”后，单击“磁盘碎片整理”按钮开始进行碎片整理，如图 2-47 所示，整理完成系统会给出相关整理后的结果（包括碎片量等信息）。整理完后，单击“关闭”按钮。

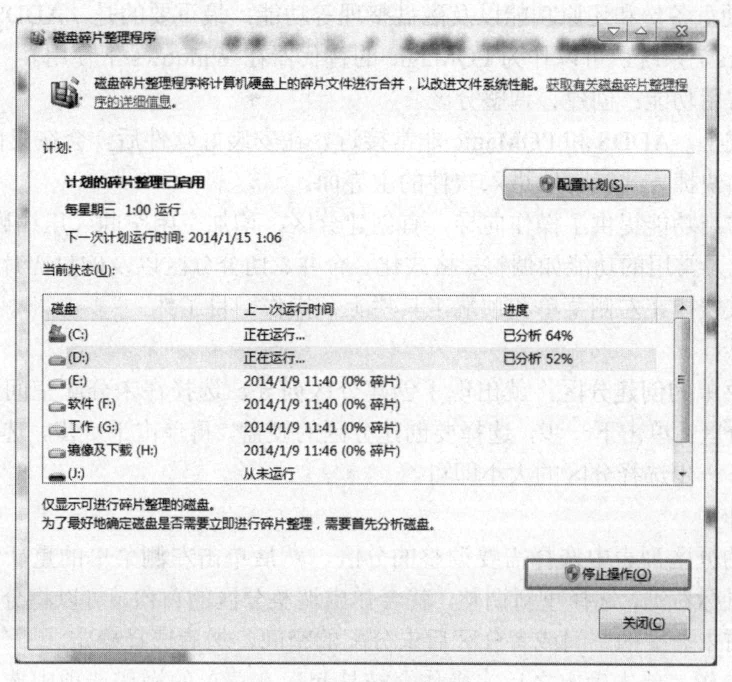

图 2-47 开始碎片整理

知识点拓展

1. Windows 7 的磁盘管理及 ADDS 软件功能介绍

（1）使用 Windows 7 磁盘管理工具删除分区

如果要删除磁盘上的某个分区，可在直接需要删除的分区上单击鼠标右键选择“删除卷”，如图 2-48 所示。

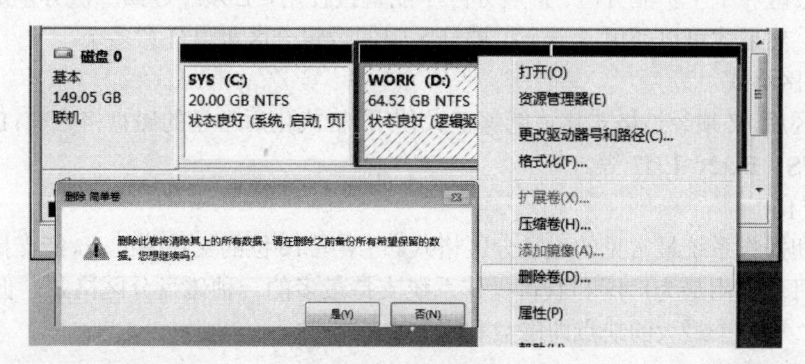

图 2-48 删除卷

然后在弹出的警告窗口中选择“是”（注意：一定要确认此分区上的数据不需要或已备份才可操作），删除分区操作就完成了，删除后该分区空间将变成可用空余空间。

（2）ADDS 软件功能介绍

除了 Windows 7 自带的磁盘管理工具以外，ADDS 是一款 Windows 平台下功能强大的磁盘管理软件，全图形操作界面，具备 PQMagic 的全部功能，支持管理分区和在不损失资料的情况下对硬盘进行重新分区或调整，可以修复损坏或删除的分区中的数据。此外，它同样具有类似 Ghost 的硬盘备份和还原功能以及磁盘整理等功能。最重要的是，ADDS 支持 Windows Vista 和 Windows 7 系统，可以作为 PQMagic 的替代器在 Windows 下使用。

ADDS 的常用功能：创建、调整分区。

在操作方式上，ADDS 和 PQMagic 非常接近，在安装好软件后，会在桌面生成 ADDS 的快捷方式，双击快捷方式就可以进入软件的主界面。

ADDS 为常用功能提供了操作向导，有创建分区、增加空闲空间（压缩磁盘）、复制分区和恢复分区，以及常用的功能如调整、格式化、合并、切分分区以及磁盘碎片整理等，都以图标和选项的形式安排在左侧菜单和顶端工具栏上，操作一目了然。

1）创建分区

单击左侧菜单的创建分区，就出现了创建分区向导，选择在未分配空间还是即有分区的空闲空间新建分区。单击下一步，选择要创建分区的硬盘，再单击下一步，选择需要创建分区的空间，单击下一步选择分区的大小即可。

2）调整分区

先在右侧的分区列表中选择需要调整的分区，然后单击左侧菜单的重新调整或者在选定的分区上单击鼠标右键，选择重新调整，就会弹出调整分区的窗口，可以将分区的容量前后拖动，确定分区前未分配的空间或者分区后未分配的空间，然后选择确定。

在选择了操作，单击确定之后，操作会被挂起，在菜单的操作选项中选择提交，所有的操作才会真正进行，并且软件会提示操作的进程，如果要重启也会有提示。此外，ADDS 还有分区合并、切分、复制、恢复等功能，操作也比较简单。

2. 硬盘分区的基本类型及规则

（1）磁盘分区

在一个 MBR 分区表类型的硬盘中最多只能存在 4 个主分区。如果一个硬盘上需要超过 4 个以上的磁盘分块，就需要使用扩展分区了。如果使用扩展分区，那么一个物理硬盘上最多只能有 3 个主分区和 1 个扩展分区。扩展分区不能直接使用，必须经过第二次分割成为一个一个的逻辑分区，然后才可以使用。一个扩展分区中的逻辑分区可以任意多个。

（2）分区格式

磁盘分区后，必须经过格式化才能够正式使用，格式化后常见的磁盘格式有：FAT（FAT16）、FAT32、NTFS、Ext2、Ext3 等。

- FAT16

这是早期操作系统最常见的磁盘分区格式。它采用 16 位的文件分配表，能支持最大为 2GB 的硬盘，是目前应用最为广泛和获得操作系统支持最多的一种磁盘分区格式。但是在 FAT16 分区格式中，有一个最大的缺点即磁盘利用效率低。

- FAT32

这种格式采用 32 位的文件分配表，使其对磁盘的管理能力大大增强，突破了 FAT16 对每一个分区的容量只有 2 GB 的限制。FAT32 具有一个最大的优点：可以大大减少磁盘的浪费，提高磁盘利用率。支持这一磁盘分区格式的操作系统有 Win97、Win98 和 Win2000。这种分区格式的缺点：运行速度比采用 FAT16 格式分区的磁盘要慢。另外，由于 DOS 不支持这种分区格式，所以采用这种分区格式后，就无法再使用 DOS 系统。

- NTFS

它的优点是安全性和稳定性极其出色，在使用中不易产生文件碎片。它能对用户的操作进行记录，通过对用户权限进行非常严格的限制，使每个用户只能按照系统赋予的权限进行操作，充分保护了系统与数据的安全。支持这种分区格式的操作系统已经很多，从 Windows NT 和 Windows 2000 直至 Windows Vista 及 Windows 7。

（3）分区类型

硬盘分区之后，会形成 3 种形式的分区状态；即主分区、扩展分区和非 DOS 分区。

- 非 DOS 分区

在硬盘中非 DOS 分区（Non-DOS Partition）是一种特殊的分区形式，它是将硬盘中的一块区域单独划分出来供另一个操作系统使用，对主分区的操作系统来讲，是一块被划分出去的存储空间。只有非 DOS 分区的操作系统才能管理和使用这块存储区域。

- 主分区

主分区则是一个比较单纯的分区，通常位于硬盘的最前面一块区域中，构成逻辑 C 磁盘。其中的主引导程序是它的一部分，此段程序主要用于检测硬盘分区的正确性，并确定活动分区，负责把引导权移交给活动分区的 DOS 或其他操作系统。此段程序损坏将无法从硬盘引导，但从软驱或光驱引导之后可对硬盘进行读写。

- 扩展分区

扩展分区的概念是比较复杂的，极容易造成硬盘分区与逻辑磁盘混淆；分区表的第四个字节为分区类型值，正常可引导的大于 32MB 的基本 DOS 分区值为 06，扩展的 DOS 分区值是 05。如果把基本 DOS 分区类型改为 05 则无法启动系统，并且不能读写其中的数据。

如果把 06 改为 DOS 不识别的类型如 efh，则 DOS 认为该分区不是 DOS 分区，当然无法读写。很多人利用此类型值实现单个分区的加密技术，恢复原来的正确类型值即可使该分区恢复正常。

3. 其他常用的硬盘、系统清理程序

可以借助一些第三方的软件，如 Acronis Disk Director Suite、PQMagic、DM、FDisk 等来实现分区，也可以使用由操作系统提供的磁盘管理平台来进行。在 Windows 操作系统中，还可以使用 diskpart 通过指令调整磁盘分区参数。

Acronis 出品的一款功能强大的磁盘无损分区工具，支持 Windows 7 系统。使用它可以改变磁盘容量大小、复制、移动硬盘分割区并且不会遗失数据。

提示：整个过程中千万不能断电，否则系统盘上的 Windows 7 系统和数据很可能会全部丢失。所以建议用户在进行分区操作前保证笔记本电脑的电池是处于充满电状态。

4. 磁盘碎片的产生和整理

当应用程序所需的物理内存不足时，一般操作系统会在硬盘中产生临时交换文件，用该文件所占用的硬盘空间虚拟成内存。虚拟内存管理程序会对硬盘频繁读写，产生大量的碎片，这是产生硬盘碎片的主要原因。其他如 IE 浏览器浏览信息时生成的临时文件或临时文件目录的设置也会造成系统中形成大量的碎片。文件碎片一般不会在系统中引起问题，但文件碎片过多会使系统在读文件的时候来回寻找，引起硬盘性能下降，严重的还要缩短硬盘寿命。

硬盘就像屋子一样需要经常整理，要整理磁盘就要用到“磁盘碎片整理程序”，磁盘碎片整理程序可以对使用文件分配表（FAT）文件系统、FAT32 文件系统和 NTFS 文件系统格式化的卷进行碎片整理。磁盘碎片整理其实就是把硬盘上的文件重新写在硬盘上，以便让文件保持

连续性。

实践与思考

1．磁盘管理包括哪些功能？

2．硬盘分区的类型有哪些？格式包括哪几种？

3．磁盘清理、扫描工具及磁盘碎片的处理周期是多久？

任务 4 控制面板

学习目标

- 了解用户账户管理，掌握用户账户的建立及密码设置
- 了解显示器设置，掌握显示器的屏幕保护程序、分辨率、颜色及屏幕刷新频率的调整
- 了解和掌握系统日期和时间的设置方法
- 掌握如何添加、删除程序
- 了解输入法的设置及调整方式

任务导入

（1）新建用户名为 student 的标准账户，设置用户权限隶属于 USERS，并设置密码为 123456。

（2）打开显示器设置窗口，设置屏幕保护程序为“变换线”。分辨率为 1440*900，屏幕的刷新频率设置为 60Hz，颜色为真彩色 32 位。

（3）设置系统日期及时间为“当前系统时间”，卸载 QQ 程序。

（4）添加中文郑码输入法、删除全拼输入法。

任务实施

一、创建用户账户

新建用户名为 student 权限隶属于 USERS 的标准账户，并设置密码为 123456，操作步骤如下：

（1）单击“开始”按钮，选择“控制面板”，如图 2-49 所示。

（2）打开控制面板后，选择“用户账户和家庭安全”中的“添加或删除用户账户”，如图 2-50 所示，打开“用户账户添加删除功能”。

（3）单击“创建一个新账户”，选择账户类型为标准账户，设置密码为“123456”，如图 2-51、图 2-52 所示。

二、设置屏幕保护程序及分辨率

设置屏幕保护程序为“变换线”。分辨率为 1440*900，屏幕刷新频率为 60Hz，颜色为真彩色 32 位。操作步骤如下：

（1）在打开的控制面板窗口上选择“更改主题”选项，如图 2-53 所示。

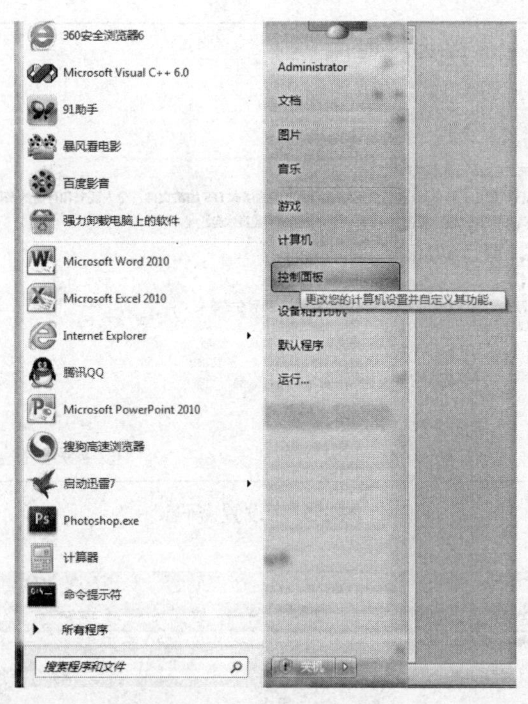

图 2-49　“开始”菜单

图 2-50　添加或删除用户账户

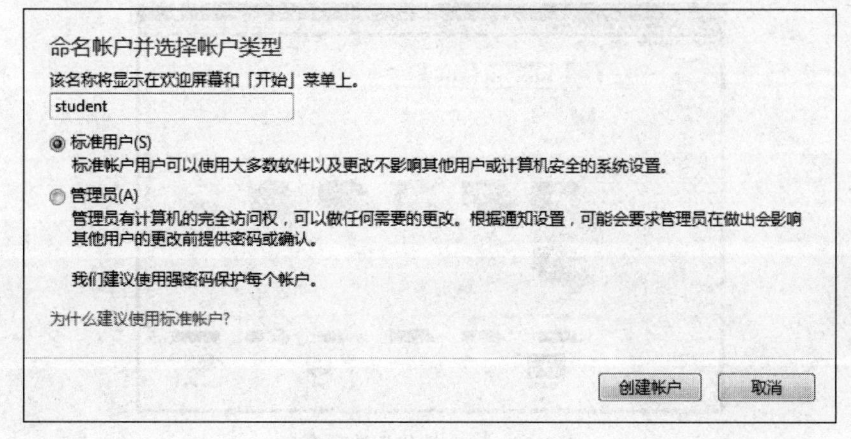

图 2-51　账户类型选择

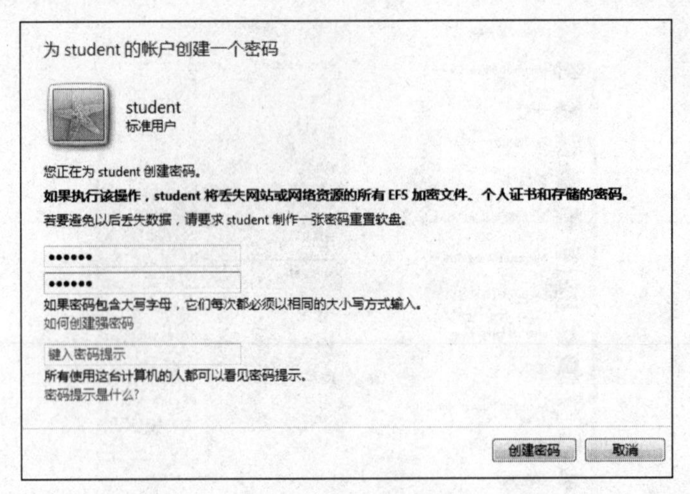

图 2-52　设置密码

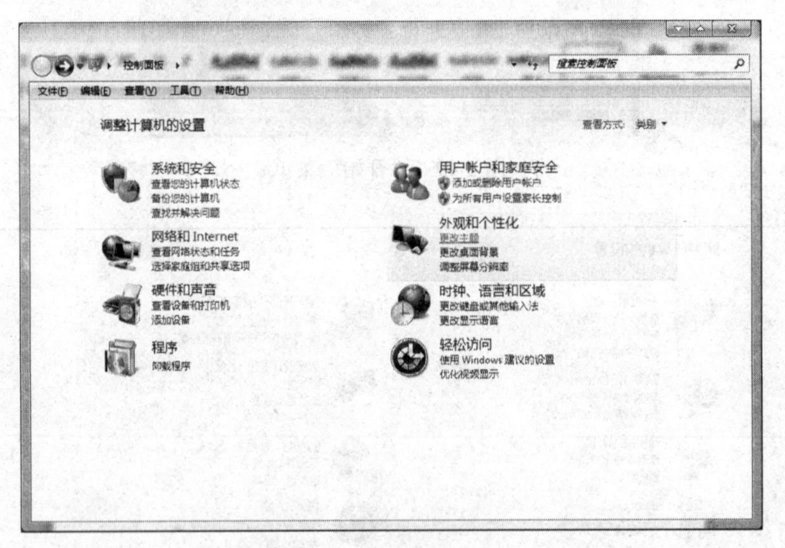

图 2-53　“控制面板”窗口

（2）在“个性化”窗口右下角单击“屏幕保护程序”，如图 2-54 所示。

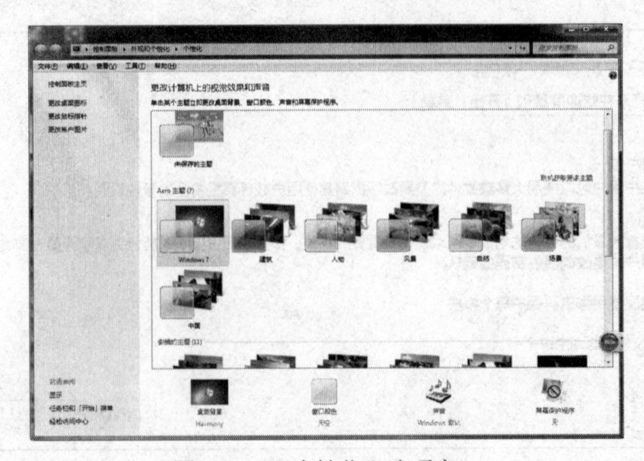

图 2-54　“个性化”选项窗口

（3）打开“屏幕保护程序”对话框，设置类型为“变换线”，并单击确定即可，如图 2-55 所示。

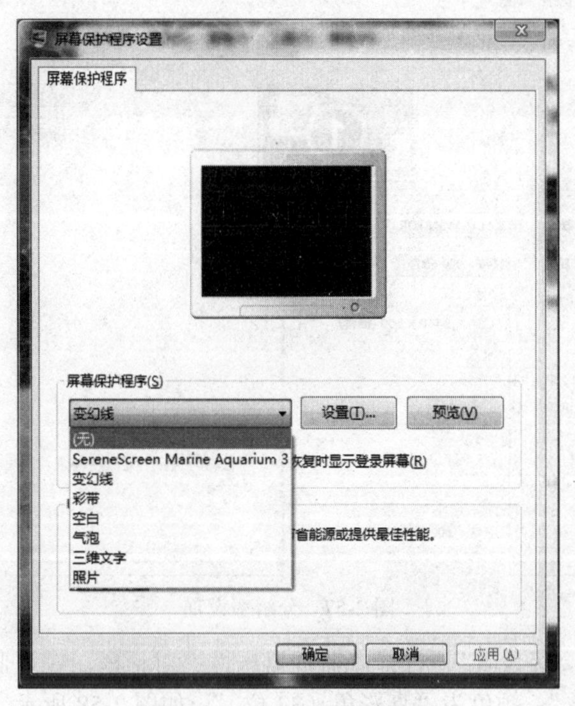

图 2-55　屏幕保护程序设置

（4）在图 2-54 所示的窗口左侧选择“显示”，并单击“调整分辨率”，如图 2-56 所示，打开“屏幕分辨率”设置窗口，如图 2-57 所示。

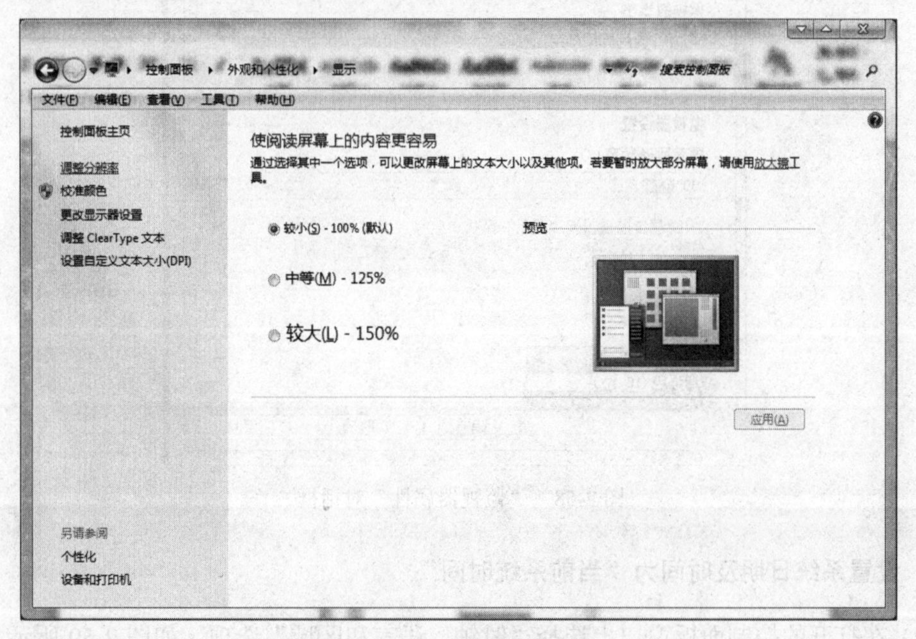

图 2-56　显示属性窗口

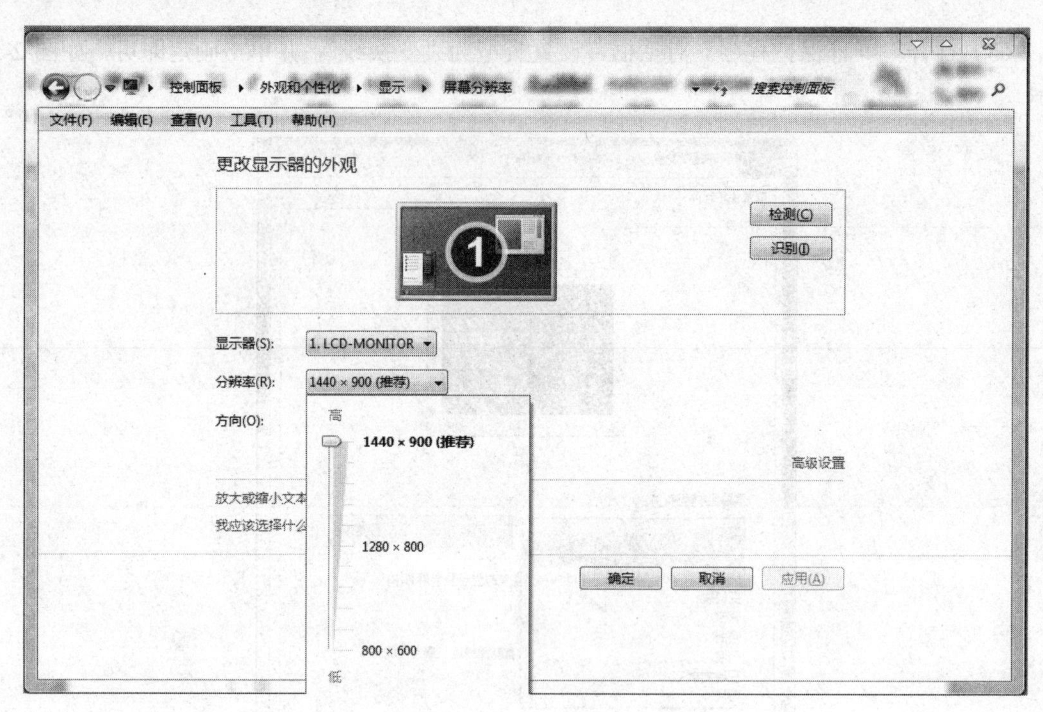

图 2-57 分辨率设置

（5）单击右侧“高级设置”，打开“监视器属性”对话框，在“监视器”选项卡中，设置刷新频率为“60 赫兹”，颜色为“真彩色（32 位）”，如图 2-58 所示。

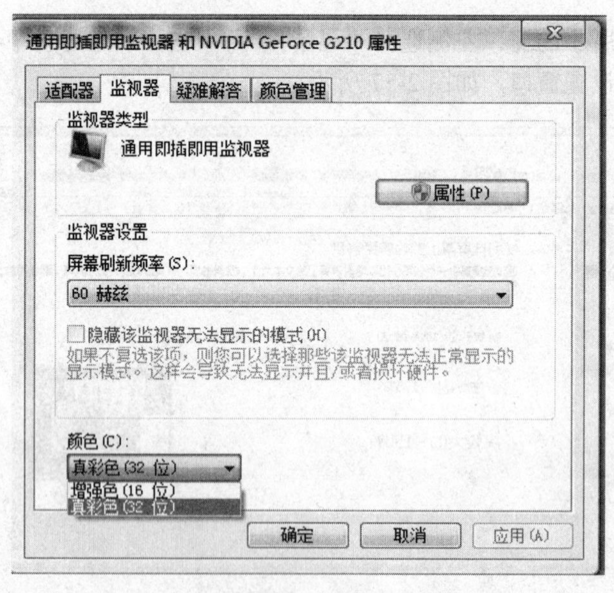

图 2-58 “监视器属性”对话框

三、设置系统日期及时间为“当前系统时间”

（1）在打开的控制面板窗口上选择“时钟、语言和区域”选项，如图 2-59 所示。

（2）打开该选项，选择设置日期和时间，如图 2-60、图 2-61 所示，设置日期和时间为当前标准时间。

图 2-59　“时钟、语言和区域”选项

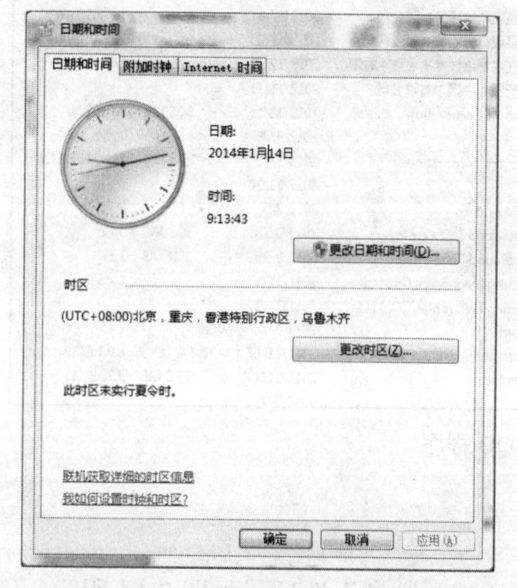

图 2-60　“日期和时间”对话框

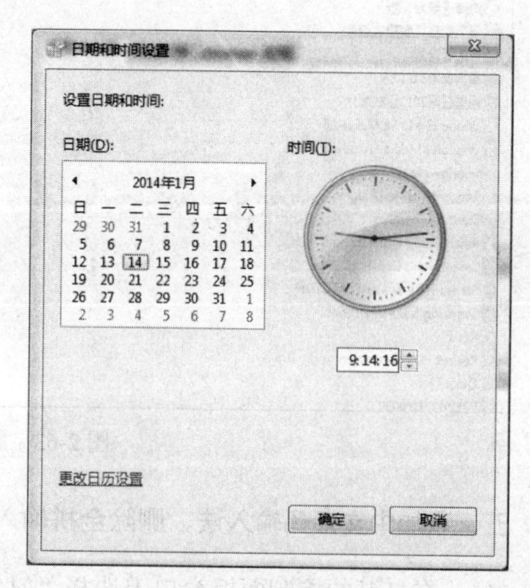

图 2-61　更改时间和日期

四、卸载 QQ 程序

（1）在打开的“控制面板”窗口上选择“卸载程序”选项，如图 2-62 所示。

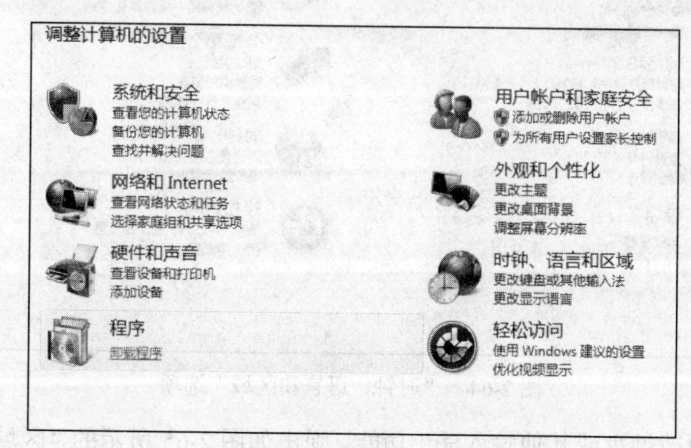

图 2-62　“卸载程序”选项

（2）在列表中找到 QQ 程序，单击右键将其卸载，如图 2-63 所示。

组织 ▾ 卸载

名称	发布者	安装时间	大小	版本
系统维护工具箱	系统维护工具箱	2011/11/17	29.0 MB	2011
网信365	赛昂科技	2013/4/2		6.33
腾讯QQ2013	腾讯科技(深圳)有限公司	2013/11/20	185 MB	1.99.8820.0
搜狗拼 卸载(U)	Sogou.com	2013/9/28		6.7.0.0499
搜狗高速浏览器 3.1.0.3818	Sogou.com	2012/1/4	3.90 MB	3.1.0.3818
联动优势密码控件IE版 1.0.0.1	联动优势	2013/6/27		1.0.0.1
快播 5.19.178	Shenzhen Qvod Technology Co...	2014/1/13		5.19.178
酷狗音乐2012	酷狗音乐	2013/5/30		7.4.7.9773
金山词霸2012	Kingsoft Corporation	2013/5/14		2013.05.07.029
光盘刻录大师 7.0	北京锐动天地信息技术有限公司	2013/2/1		7.0.0.1
分区助手专业版5.2	成都傲梅科技有限公司	2013/3/7	19.7 MB	
飞信2012	China Mobile	2012/2/17		2012
渤海证券新合一版		2013/5/21		
渤海证券合一版		2013/3/6		
暴风影音页面播放组件	北京暴风科技股份有限公司	2013/12/1		5.29.0926.2285
暴风看电影	北京暴风科技股份有限公司	2013/12/20		1.23.1115.1143
百度影音3.6.1.15	百度在线网络技术（北京）有限...	2013/12/30		3.6.1
阿里旺旺2012正式版SP2	阿里巴巴（中国）有限公司	2012/11/21		
Windows Movie Maker 2.6	Microsoft Corporation	2012/11/16	8.81 MB	2.6.4037.0
Windows Media Encoder 9 Series		2012/9/28		
Windows Live Mail	Microsoft Corporation	2013/3/12	27.4 MB	14.0.8089.0726
Tencent QQMail Plugin		2013/11/20		
StartNow Toolbar	StartNow.com	2012/3/6		2.4.0
SmartSound Quicktracks 5	SmartSound Software Inc.	2012/9/28	49.1 MB	5.1.6
SmartSound Common Data	SmartSound Software Inc.	2012/9/28	13.4 MB	1.1.0
Samsung Universal Scan Driver	Samsung Electronics Co., Ltd.	2011/11/17		1.2.5.0
Samsung SCX-4x21 Series	Samsung Electronics CO.,LTD	2011/11/17		
Recuva	Piriform	2013/3/7		1.45
Realtek High Definition Audio Driver	Realtek Semiconductor Corp.	2011/11/17		6.0.1.6482
QuickTime	Apple Inc.	2011/11/17	73.2 MB	7.71.80.42
PPLite 1.0.0.0090		2012/3/2		

图 2-63 删除 QQ 程序

五、添加中文郑码输入法、删除全拼输入法

（1）在打开的控制面板窗口上选择“时钟、语言和区域”选项，如图 2-64 所示。

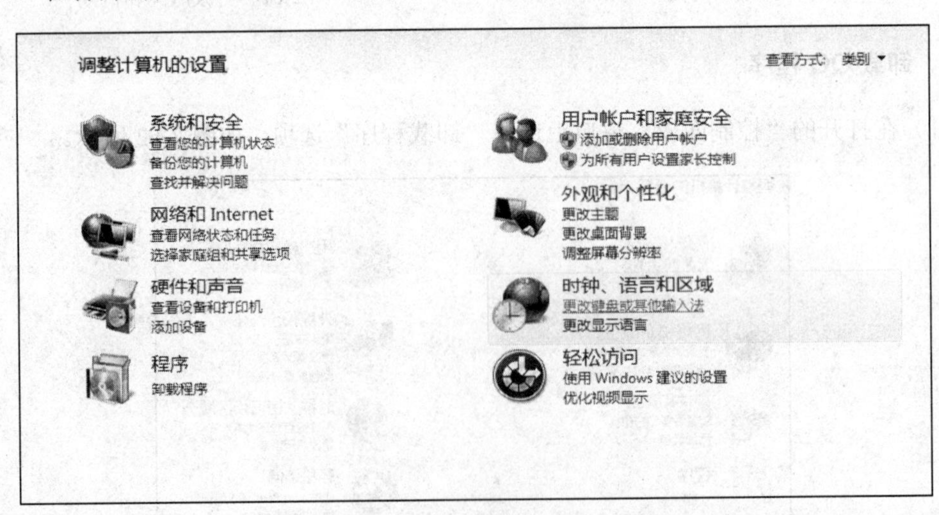

图 2-64 “时钟、语言和区域”选项

（2）选择“更改键盘或其他输入法”功能。弹出如图 2-65 所示的“区域和语言”对话框，单击“更改键盘”按钮，弹出“文本服务和输入语言”对话框，如图 2-66 所示。

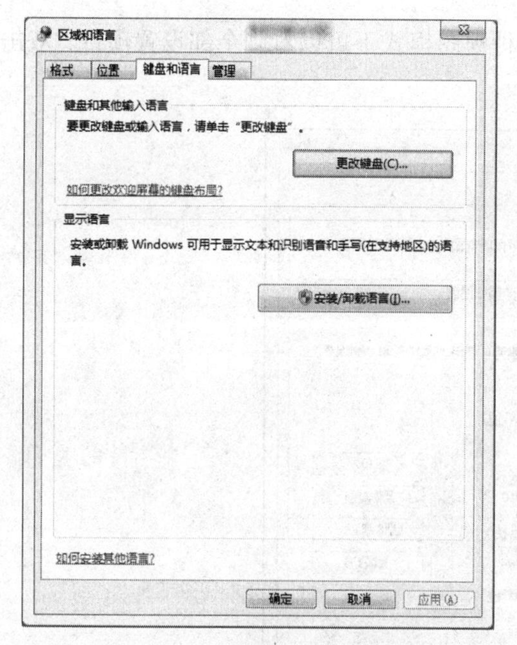

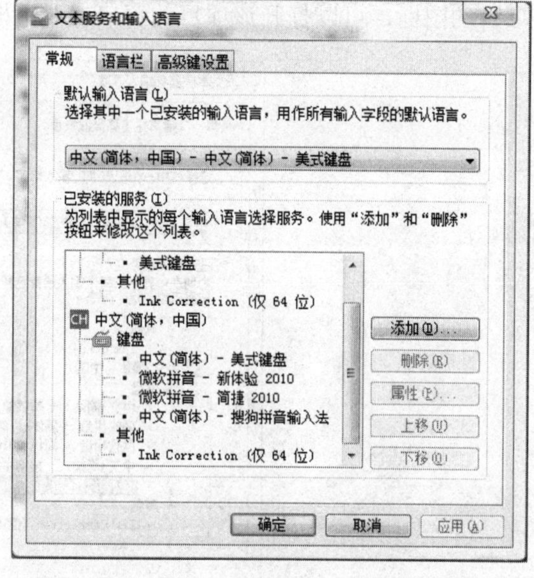

图 2-65　“区域和语言”对话框　　　图 2-66　“文本服务和输入语言”对话框

（3）在右侧单击“添加”，选择中文郑码输入法，再从“已安装的服务”窗口中单击“中文全拼输入法”，选择“删除”，如图 2-67、图 2-68 所示。

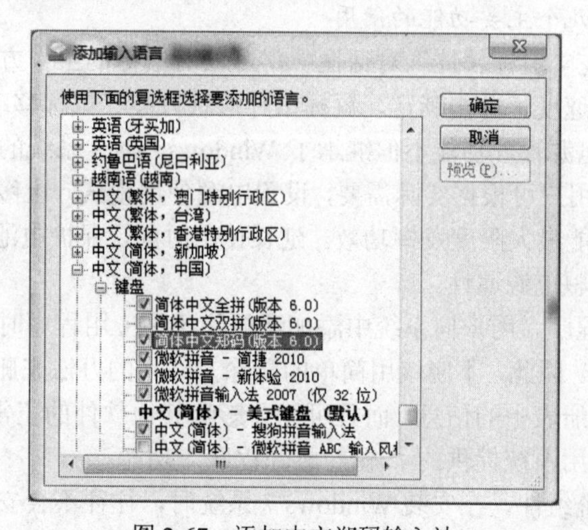

图 2-67　添加中文郑码输入法

知识点拓展

1. 控制面板介绍

（1）“控制面板”提供了丰富的工具，可以帮助用户调整计算机设置。Windows 7 的控制面板采用了类似于 Web 网页的方式，并且将 20 多个设置按功能分为 8 个类别。

（2）打开“控制面板”窗口的方法

单击“开始”→“控制面板”命令，或在“计算机”窗口中单击“控制面板”按钮，都可以打开“控制面板”窗口。

（3）“控制面板”的分类视图，在窗口右上方单击“大图标”或“小图标”选项，即可转换为经典视图。在“大图标”和“小图标”两种视图模式下可以看到全部设置项目。双击某个项目的图标，可以打开该项目的窗口或对话框。

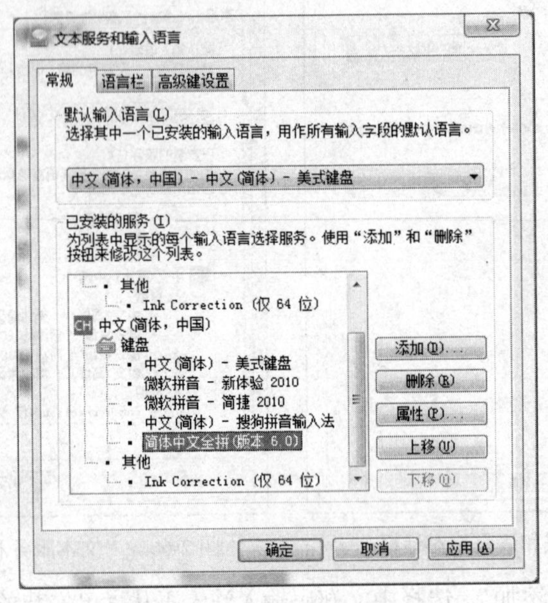

图 2-68 删除中文全拼输入法

2. “控制面板”中几个主要功能的使用

（1）鼠标设置。在“鼠标属性”对话框中，可以对鼠标的工作方式进行设置，设置内容包括鼠标键配置、双击速度、单击锁定、鼠标指针形状方案、鼠标移动踪迹等属性。

（2）电源设置。电源管理功能不但继承了 Windows Vista 系统的特色，还在细节上更加贴近用户的使用需求。用户可根据实际需要，设置电源使用模式，让移动计算机用户在使用电池续航的情况下，依然能最大限度发挥功效。延长使用时间，保护电池寿命。使用户更快、更好、更方便地设置和调整电源属性。

（3）添加、删除程序。用户向系统中添加和删除各种应用程序时，它们的一些安装信息会写入到系统的注册表。因此，不应该用简单的删除文件夹的办法来删除软件。因为简单的删除并不能删除软件在注册表中的信息，而且可能会影响其他软件的正常运行。因此，需要添加和删除程序时，应该使用系统提供的“添加/删除程序”功能。

1）添加或删除系统组件。在安装 Windows 7 系统时，往往不会安装所有的系统组件，以节省硬件空间。如果需要使用未安装的组件，可以利用 Windows 7 系统盘进行安装。对于不用的组件，可以将其删除。添加或删除组件的操作方法如下：

双击“程序”图标，在“程序”窗口中单击“程序和功能”下的“打开或关闭 Windows 功能”按钮，将弹出“Windows 功能”窗口。

在“打开或关闭 Windows 功能”列表框中勾选要添加的组件；如果要删除原来安装过的组件，就将组件名称前面“□”内的“√”取消掉，确认完自己的选择以后，单击右下角的“确定”按钮，系统将按照用户的选择执行组件的安装或删除操作。

2）删除应用程序。在“卸载或更改程序”窗口中右击要删除的程序图标，在弹出的菜单中选择“卸载/更改”命令，系统就将运行与该程序相关的卸载向导，引导用户卸载相应的应用程序。

3）添加新程序。从安装向导上可以看到，添加新程序分两类：从 CD 或 DVD 安装程序将光盘插入计算机，然后按照屏幕上的说明操作。如果系统提示输入管理员密码或进行确认，请键入该密码或提供确认。

（4）从 Internet 安装程序，在 Web 浏览器中单击指向程序的链接。执行下列操作之一：

- 若要立即安装程序，单击“打开”或“运行”，然后按照屏幕上的指示进行操作。如果系统提示输入管理员密码或进行确认，键入该密码或提供确认。
- 若要以后安装程序，可单击“保存”，然后将安装文件下载到自己的计算机上。做好安装该程序的准备后，双击该文件，并按照屏幕上的指示进行操作。这是比较安全的选项，因为可以在继续安装前扫描安装文件中的病毒。

提示：从 Internet 下载和安装程序时，应确保该程序的发布者以及提供该程序的网站是值得信任的。

实践与思考

1．如果想要删除程序组中的某个应用程序，可用哪些方法来实现？
2．如何用“控制面板”调整显示器中的分辨率和显示的颜色位数？
3．举例分别说明本地打印机和网络打印机应该如何添加到系统中？

项目三　Word 2010 的功能和使用

任务 1　使用 Word 2010 制作开会通知

学习目标

- Word 文档的新建和保存
- 文字的录入和常规格式设置
- 插入符号和段落的常规设置

任务导入

新建一个文件名称为“通知”的 Word 文档，将下面框中文字录入到 Word 文档中，并按照要求编辑“通知”文档。

> 国务院关于成立中国纺织总会的通知
> 国发[1993]29 号
> 各省、自治区、直辖市人民政府，国务院各部委、各直属机构：
> 根据第八届全国人民代表大会第一次会议原则批准的国务院机构改革方案，撤消纺织工业部，成立中国纺织总会，为国务院直属事业单位。
> 国务院
> 一九九三年四月二十二日

要求：

（1）将标题“国务院关于成立中国纺织总会的通知”设置为四号、宋体、加粗、居中。

（2）将文号“国发[1993]29 号”设置为五号、宋体、居中。

（3）将主送机关“各省、自治区、直辖市人民政府，国务院各部委、各直属机构：”设置为五号、宋体，段前间距为 1 行，段后间距为 0.5 行。

（4）将正文“根据……为国务院直属事业单位。”设置为五号、宋体，首行缩进 2 字符，1.5 倍行距。

（5）将发文机关和日期设置为右对齐，并适当利用空格调整位置。

任务实施

一、新建并保存文档

选择“开始”→“所有程序”→“Microsoft Office”→“Microsoft Word 2010”命令，新建一个 Word 文档。单击“文件”选项卡，在弹出的菜单中选择“保存”命令，打开“另存为”

对话框。选择保存的路径，并在“文件名”文本框中输入“通知”，单击“保存”按钮，保存 Word 文档，如图 3-1 所示。

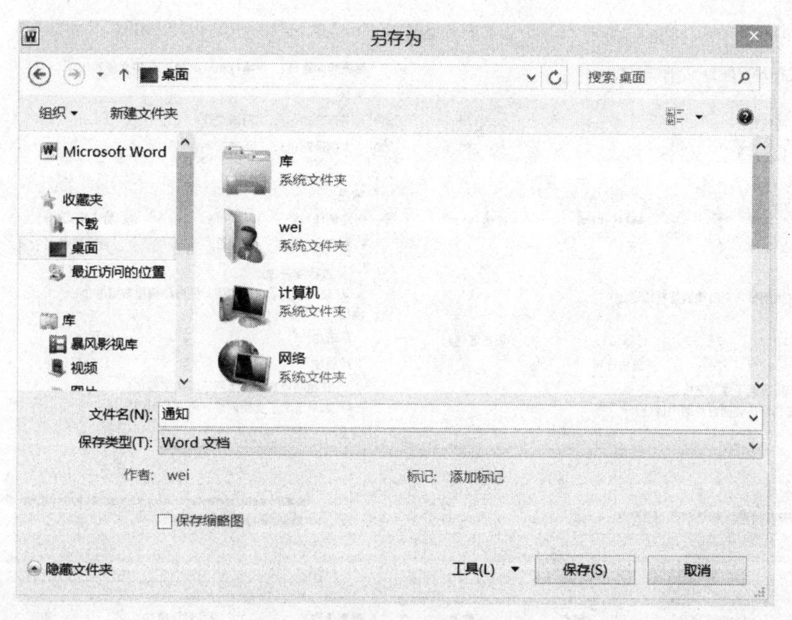

图 3-1　“另保存”对话框

二、设置文件格式

（1）按框内文字样式录入通知内容。

（2）选中标题文本，执行“开始”选项卡，在“字体”组中，将字体设置为宋体，字号设置为四号，单击“加粗”按钮，如图 3-2 所示，在“段落”组中，单击“居中”按钮，如图 3-3 所示。

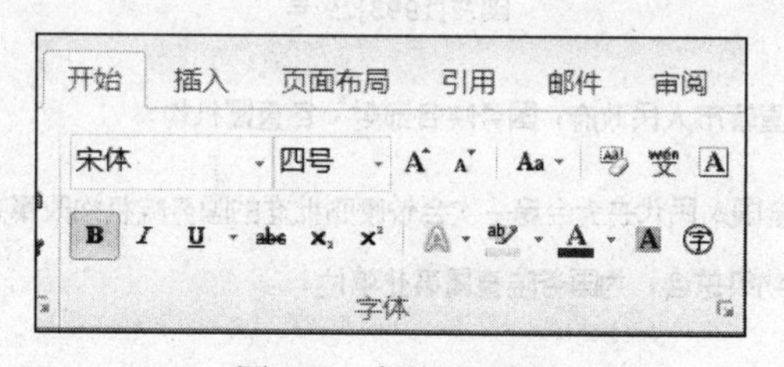

图 3-2　字体选项组

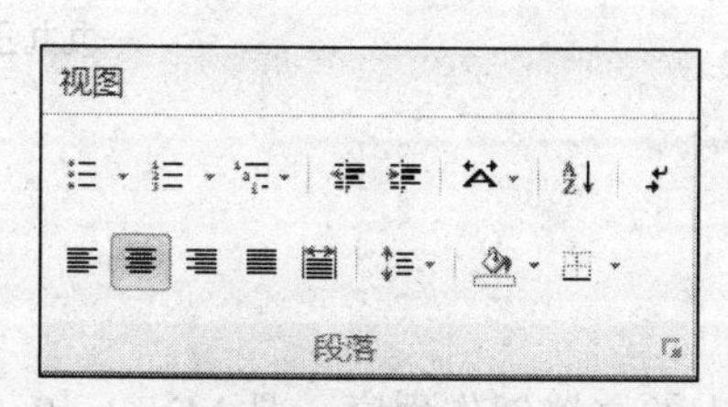

图 3-3　段落选项组

（3）选中文号文本，根据步骤（2）类似操作，将文字设置为五号、宋体、居中。

（4）选中主送机关文本，设置为五号、宋体，在“段落”组中，单击“对话框启动器”，设置段前间距为 1 行，段后间距为 0.5 行，如图 3-4 所示。

（5）选中正文文本，设置为五号、宋体，在“段落”组中，单击“对话框启动器”，设置首行缩进 2 字符，1.5 倍行距，如图 3-5 所示。

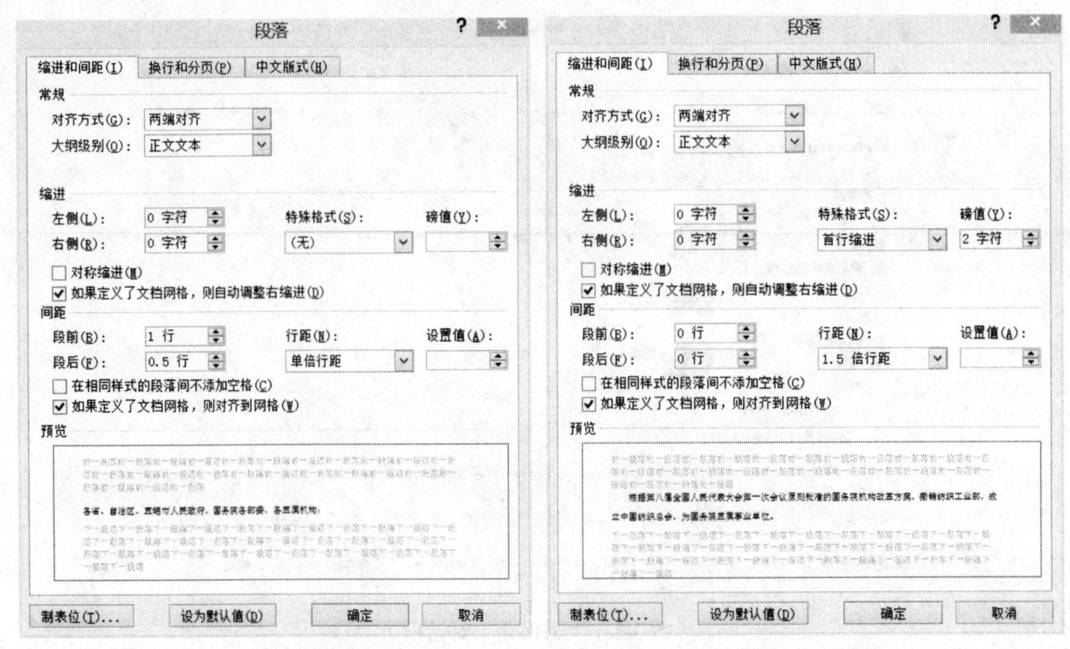

图 3-4 设置段落格式　　　　图 3-5 设置缩进和行距

（6）选中发文机关文本和日期文本，段落设置为右对齐，并按“空格”键调整位置，编辑后效果如下。

国务院关于成立中国纺织总会的通知

国发[1993]29 号

各省、自治区、直辖市人民政府，国务院各部委、各直属机构：

根据第八届全国人民代表大会第一次会议原则批准的国务院机构改革方案，撤销纺织工业部，成立中国纺织总会，为国务院直属事业单位。

国 务 院

一九九三年四月二十二日

知识点拓展

1. Word 2010 功能概述

Word 2010 是一个功能强大的文档创作程序，是 Microsoft 公司开发的 Office 2010 办公组件之一。Word 2010 充分利用 Windows 的图形界面，让用户轻松地处理文字、图形和数据，其增强后的功能可创建专业水准的文档，可以更加轻松地与他人协同工作并可在任何地点访问该文件。

主要功能有：

（1）创建各种专业文档。

（2）修饰和美化文档。

（3）文档管理功能

（4）网页制作功能。

（5）邮件合并功能。

2. Word 2010 的启动和退出

（1）Word 2010 的启动

1）常规启动

常规启动是在 Windows 操作系统中最常用的启动方式，即通过“开始”菜单启动。执行“开始”→“所有程序”→“Microsoft Office”→“Microsoft Office Word 2010”命令，即可启动 Word 2010。

2）通过创建新文档启动

在桌面或“计算机”窗口中的空白区域右击，在弹出的快捷菜单中，选择“新建”→“Microsoft Word 文档”命令，即可创建一个 Word 文档文件，然后双击文件图标，即可打开新建的 Word 2010 文件。

3）通过现有演示文稿启动

用户在创建并保存 Word 文档后，可以通过已有的 Word 文档启动 Word 2010。可以分为两种方式：直接双击 Word 文档图标和通过打开旧的 Word 2010 文件中启动。

（2）Word 2010 的退出

单击窗口右上方的“关闭”按钮或选择“文件”菜单上的“退出”命令。

3. 用户界面

（1）界面组成

Word 2010 的界面由标题栏、功能区、状态栏等组成，如图 3-6 所示。

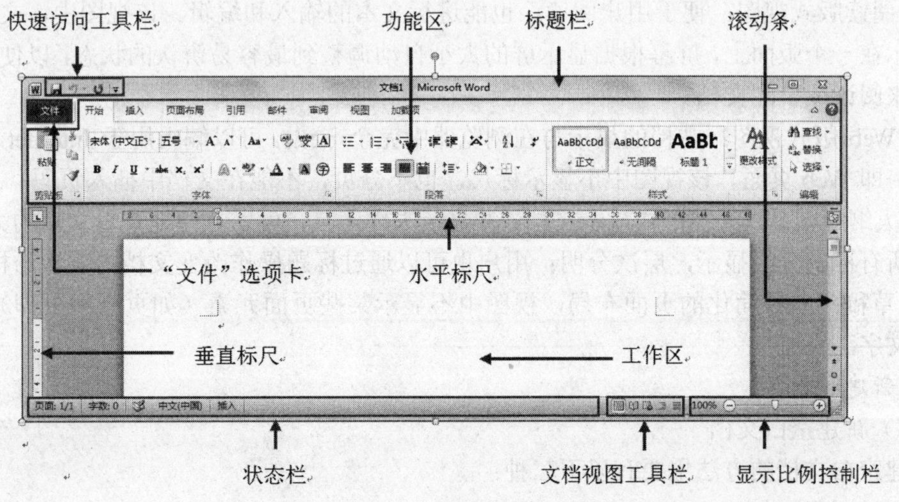

图 3-6　Word 界面

1）标题栏：显示当前应用程序名（Microsoft Word）和当前应用文档的文件名。

2）“文件”选项卡：基本命令（如“新建”、“打开”、“关闭”、“另存为...”和“打印”）位于此处。

3）快速访问工具栏：常用命令位于此处，例如“保存”和“撤消”。用户可以根据需要自定义快速访问工具栏。

4）状态栏：显示当前文档的编辑信息，如页面、字数、插入/改写状态、视图切换按钮、显示比例等。

5）功能区：在 Word 2010 窗口上方看起来像菜单的名称其实是功能区的名称，当单击这些名称时并不会打开菜单，而是切换到与之相对应的功能区面板。每个功能区根据功能的不同又分为若干个组。

（2）视图模式

视图是文档窗口的显示方式。视图不会改变页面格式，但能以不同的形式来显示文档页面内容，以满足不同编辑状态下的需要。Word 2010 提供了多种视图模式供用户选择使用，用户可以选择“视图”选项卡，然后在“文档视图”组中选择相应的按钮即可改变视图模式，如图 3-7 所示。

图 3-7 “文档视图”功能组

1）页面视图：文档编辑中最常用的视图，可以看到图形、文本的排列方式。能显示页的分隔、页边距、页码、页眉和页脚，显示结果与打印出来的效果一样，适用于进行绘图、插入图表和排版操作。

2）阅读版式视图：便于用户阅读，也能进行文本的输入和编辑。该视图中，文档每相连两页显示在一个版面上，屏幕根据显示屏的大小自动调整到最容易辨认的状态，以便利用最大的空间来阅读或批注文档。

3）Web 版式视图：文档的显示与在浏览器中完全一致，可以编辑用于 Internet 网站发布的文档，即 Web 页面。该视图中不显示标尺，也不分页，不能在文档中插入页码。

4）大纲视图：以大纲形式显示文档，并显示大纲工具，可以方便地查看文章的大纲层次，文章的所有标题分级显示，层次分明：用户也可以通过标题操作改变文档的层次结构。

5）草稿：一种简化的页面布局，视图中不显示某些页面元素（如页眉和页脚），以便快速编辑文字。

4. 新建和保存

（1）新建空白文档

创建空白文档的方法主要有以下三种：

1）启动创建

在启动 Word 2010 后，系统会自动创建一个名为“文档 1”的空白文档。再次启动 Word 2010，将以“文档 2”、“文档 3”……这样的顺序命名新文档。

2）利用“文件”选项卡

如果用户已经启动 Word 2010，可以执行“开始”选项卡，在下拉列表中选择“文件”选项，在打开的“新建”命令面板，用户可以看到丰富的文档类型，包括“空白文档”、“博客文章”、“书法字帖”等 Word 2010 内置的文档类型。用户还可以通过 Office.Com 提供的模板新建诸如“报表”、“标签”、“会议议程”、“贺卡”等实用型 Word 文档，如图 3-8 所示。

图 3-8　新建空白文档

3）快捷键

用户可以使用 Ctrl + N 组合键新建一个空白文档。

（2）保存文档

编辑好文档后，需要将文档保存起来，以便以后使用。保存文档可以分为以下三种情况：

1）保存新建文档

执行“文件”选项卡，在下拉列表中选择“保存”选项。在打开的“另存为”对话框中，设置“保存位置”、“文件名”、“保存类型”等选项。

2）保存原有文档

对于已经保存过的文档，再次保存的时候不会弹出“另存为”对话框，而是直接覆盖前次保存的文档。如果需要将文档保存为另一个文件，可以执行“文件”选项卡，在下拉列表中选择“另存为”选项。

3）另存为其他文档

在打开的“另存为”对话框的“保存类型”下拉列表中可以选择将 Word 2010 文档保存为其他格式文档，如可以直接保存为 PDF 格式、兼容格式等，如图 3-9 所示。

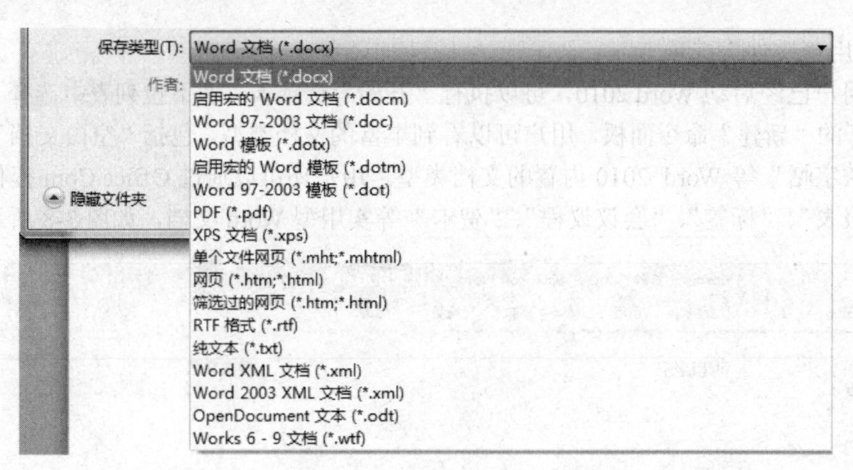

图 3-9　保存文件类型

（3）文本的输入和选定

1）文本的输入

输入文本是 Word 中最基本的操作，现将要点归纳如下：

- 闪烁的光标位置称之为“插入点”，文本的输入从插入点处开始。
- 选择合适的输入法进行输入。
- 根据纸张大小和左右缩进自动换行，段落结束时才需按“回车”键，不必每行结束都按“回车”键。
- 输入错误，可以按“退格”键删除插入点左边的字符，按“Del”键删除插入点右边的字符。

2）插入标点符号

单击输入法状态栏中的中英文标点切换按钮或者按 Shift 键进行切换。

3）文本的选定

文本的编辑需要先选定操作对象， 然后进行编辑。选定的方法：按住鼠标左键，在文本上拖动进行任意选定。先将几种特殊选定归纳如下：

- 选定一行：将光标移动到该行前，当光标变成方向空心箭头时，单击选定一行。
- 选定一段：将光标移动到该行前，当光标变成方向空心箭头时，双击选定一段。
- 选定整篇：将光标移动到该行前，当光标变成方向空心箭头时，单击三次选定整篇。
- 不连续选定：按住 Ctrl 键不放，即可选中不连续文本。

4）插入特殊符号

通常，我们首选通过键盘输入文字、数字、字母和一些符号，如果键盘不能满足需求，可以考虑应用输入法软键盘输入，如果这两种方法都不能满足需求，可以通过以下方法插入：

- 插入符号：执行“插入”选项卡，在“符号”组中，单击“符号”按钮，在下拉列表选择“其他符号”选项，在打开的“符号”对话框中，选择需要的符号单击插入，如图 3-10 所示。

提示：如果想要插入上划线，如 $\overline{A}$，可以执行“插入”选项卡，在“文本”组中，单击“文档部件”按钮，在下拉列表中选择“域”选项，在打开的“域”对话框中，单击“公式”，输入“eq \x\to(A)”，eq 和\x 之间有一空格，框中原有的等号要删除。

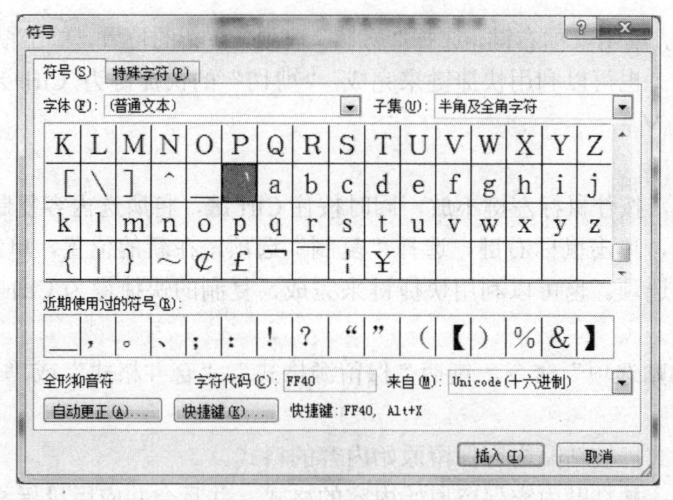

图 3-10 “符号”对话框

- 插入文字：如果选择使用拼音输入法，遇到不认识的文字时，可以通过输入板输入。首先，切换到“微软拼音输入法”，单击“开启/关闭输入板”按钮，在打开的输入板左侧手写区域录入汉字，并在右侧选择对应的汉字，单击选择的汉字即可输入，如图 3-11。

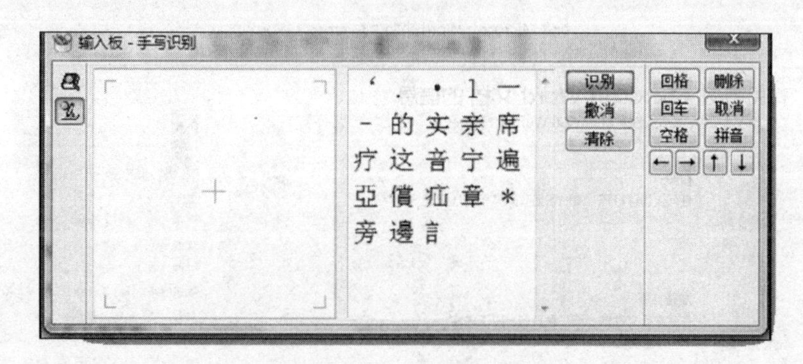

图 3-11 手写输入板

- 插入公式：执行“插入”选项卡，在“符号”组中，单击“公式”按钮，在下拉列表选择公式插入。也可以选择“插入新公式”选项，使用“公式工具/设置”选项卡创建公式，如图 3-12 所示。

图 3-12 “设置”选项卡

（4）移动、复制和粘贴

1）移动：既要复制内容，又要删除原件。

- 选定文本，按住鼠标左键不放，将所选内容拖动到新的位置。

- 选定文本，单击鼠标右键，选择“剪切”选项，在新的位置，单击鼠标右键，选择“粘贴”选项。也可以利用快捷键来完成，“剪切”的快捷键为 Ctrl+X，“粘贴”的快捷键为 Ctrl+V。

2）复制：

- 选定文本，按住鼠标左键不放，同时按住 Ctrl 键，将所选内容复制到新的位置。
- 选定文本，单击鼠标右键，选择“复制”选项，在新的位置，单击鼠标右键，选择“粘贴”选项。也可以利用快捷键来完成，复制的快捷键为 Ctrl+C，粘贴的快捷键为 Ctrl+V。

3）粘贴：“粘贴选项”命令，包括“保留源格式”、“合并格式”或“仅保留文本”三个命令。

- 保留源格式：被粘贴内容保留原始内容的格式。
- 合并格式：被粘贴内容保留原始内容的格式，并且合并应用目标位置的格式。
- 仅保留文本：被粘贴内容清除原始内容和目标位置的所有格式，仅仅保留文本。

（5）文件选项

1）“文件”按钮是一个类似于菜单的按钮，位于 Word 2010 窗口左上角。单击“文件”按钮可以打开“文件”面板，包含“保存”、“另存为”、“打开”、“关闭”、“最近所用文档”、“新建”、“打印”、“保存并发送”、“帮助”等常用命令，如图 3-13 所示。

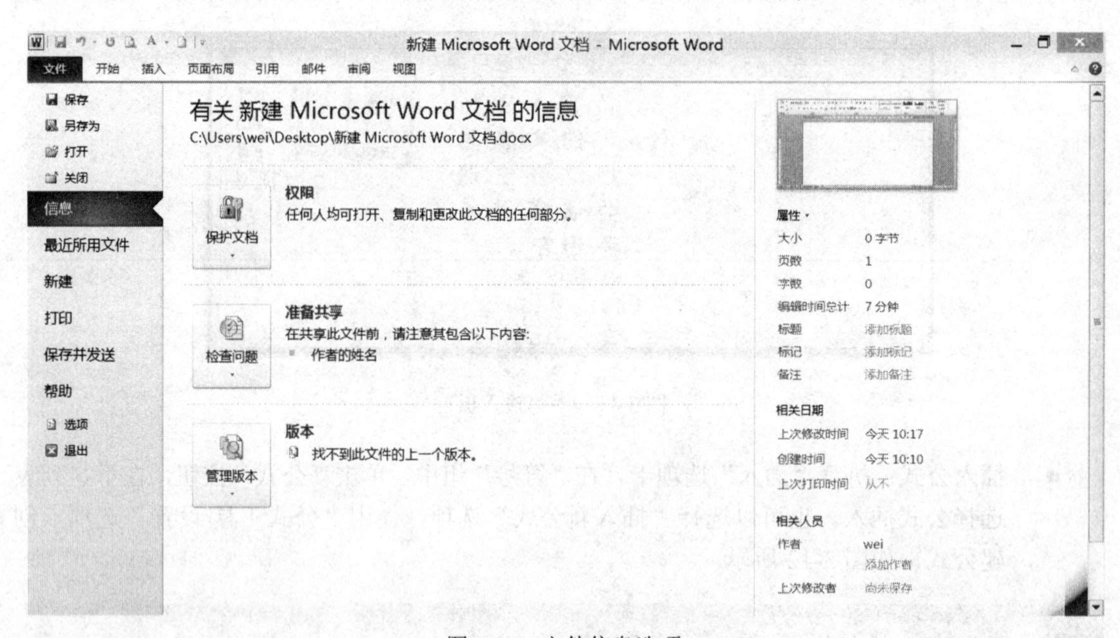

图 3-13 文件信息选项

2）在默认打开的“信息”命令面板中，用户可以进行旧版本格式转换、保护文档（包含设置 Word 文档密码）、检查问题和管理自动保存的版本，如图 3-14 所示。

3）打开“最近”命令面板，在面板右侧可以查看最近使用的 Word 文档列表，用户可以通过该面板快速打开使用的 Word 文档。在每个历史 Word 文档名称的右侧含有一个固定按钮，单击该按钮可以将该记录固定在当前位置，而不会被后续历史 Word 文档名称替换，如图 3-15 所示。

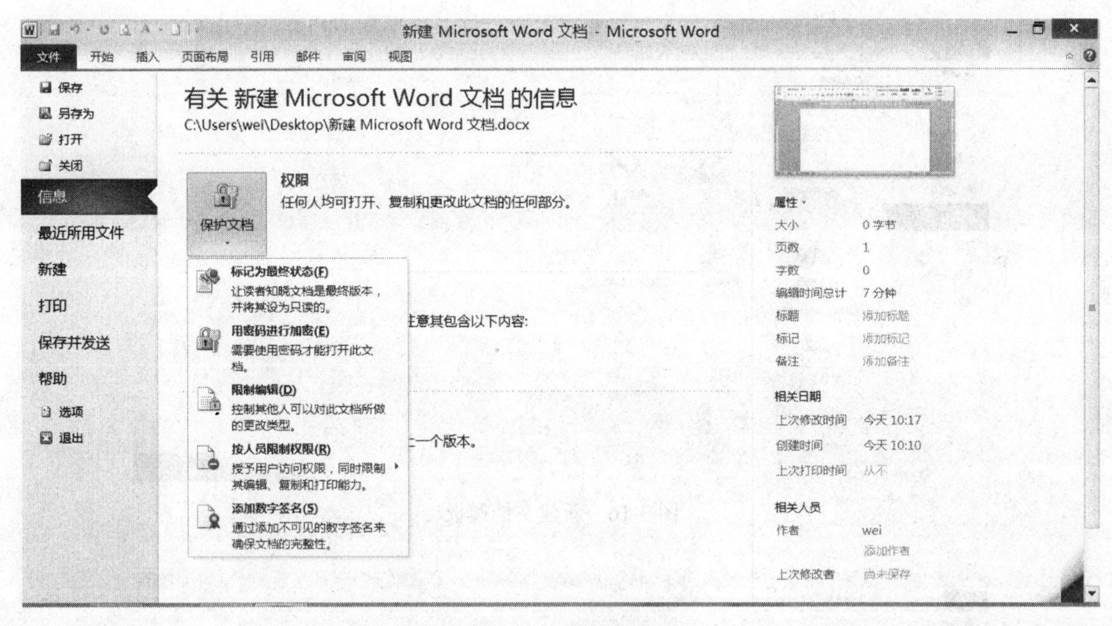

图 3-14　保护文档

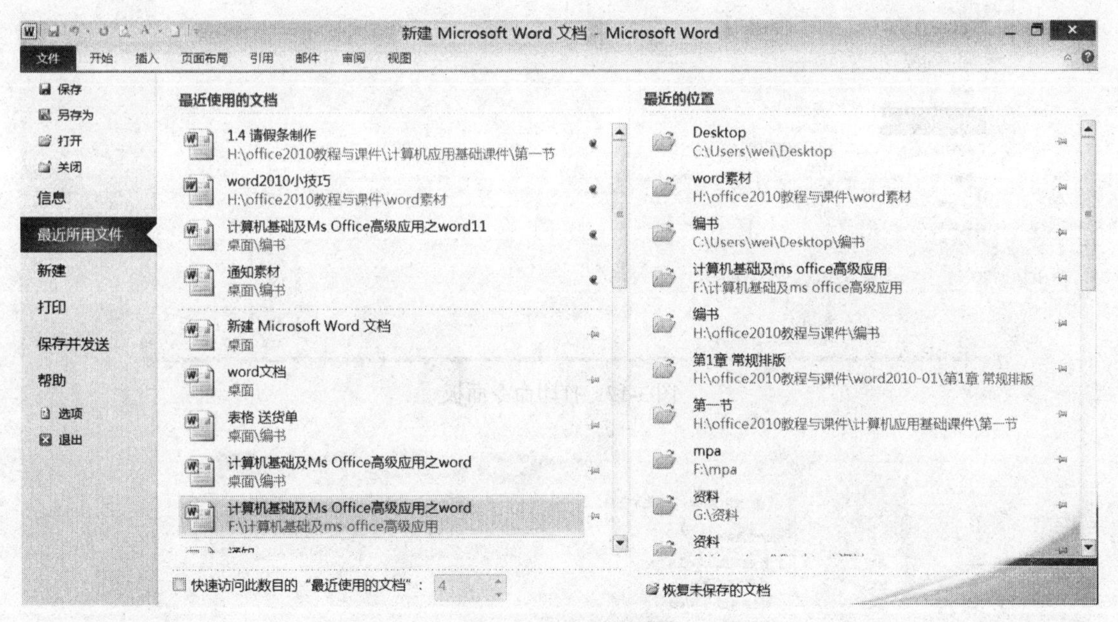

图 3-15　最近所用文件

4）打开“新建”命令面板，用户可以看到丰富的 Word 2010 文档类型，包括“空白文档”、“博客文章”、“书法字帖”等 Word 2010 内置的文档类型。用户还可以通过 Office.com 提供的模板新建诸如“报表”、“标签”、“会议议程”、“贺卡”等实用 Word 文档，如图 3-16 所示。

5）打开“打印”命令面板，在该面板中可以详细设置多种打印参数，例如双面打印、指定打印页等参数，从而有效控制 Word 2010 文档的打印结果，如图 3-17 所示。

6）选择“文件”选项卡中的“选项”命令，可以打开“Word 选项”对话框。在“Word 选项”对话框中可以开启或关闭 Word 2010 中的许多功能或设置参数，如图 3-18 所示。

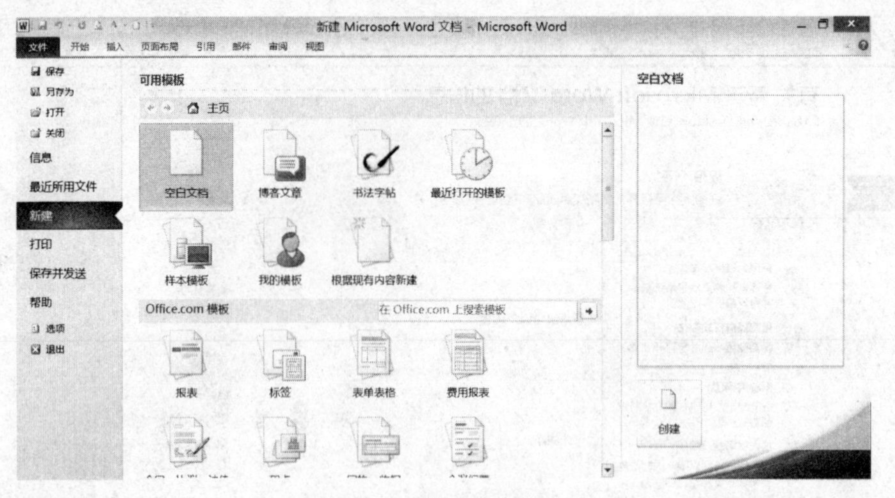

图 3-16 新建文档模板

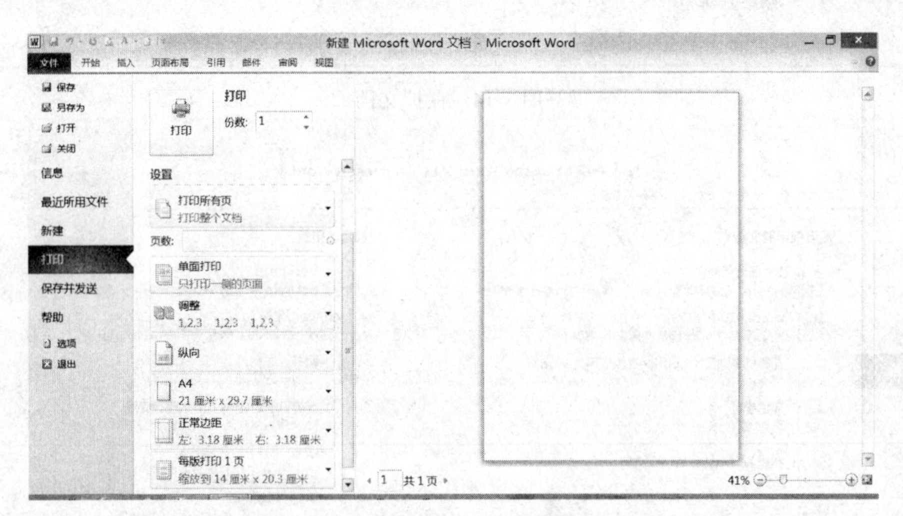

图 3-17 打印命令面板

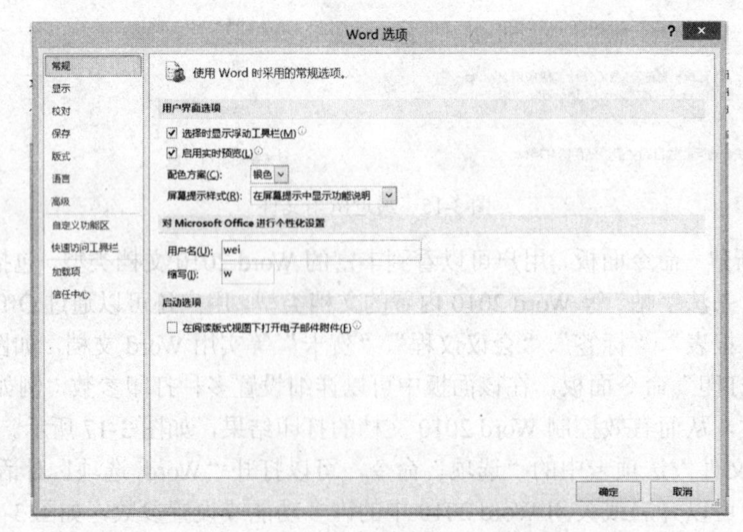

图 3-18 “Word 选项”对话框

（6）文字的设置

1）利用功能区直接设置

设置字体、字号、加粗、倾斜、下划线等可直接利用功能区按钮进行设置，如图 3-19 所示。

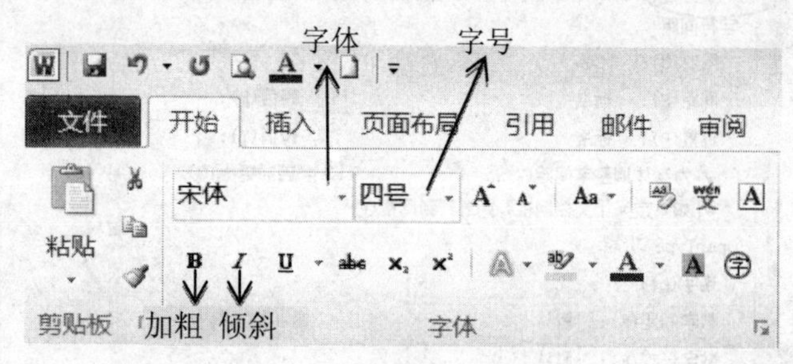

图 3-19　字体格式设置

2）利用字体对话框设置

Word 2010 的字体对话框除了可以方便地设置 Word 文档中的字体、字号等，还可以设置字符间距、文字效果等选项，具体操作步骤如图 3-20 所示。

- 单击对话框启动器，弹出字体对话框。

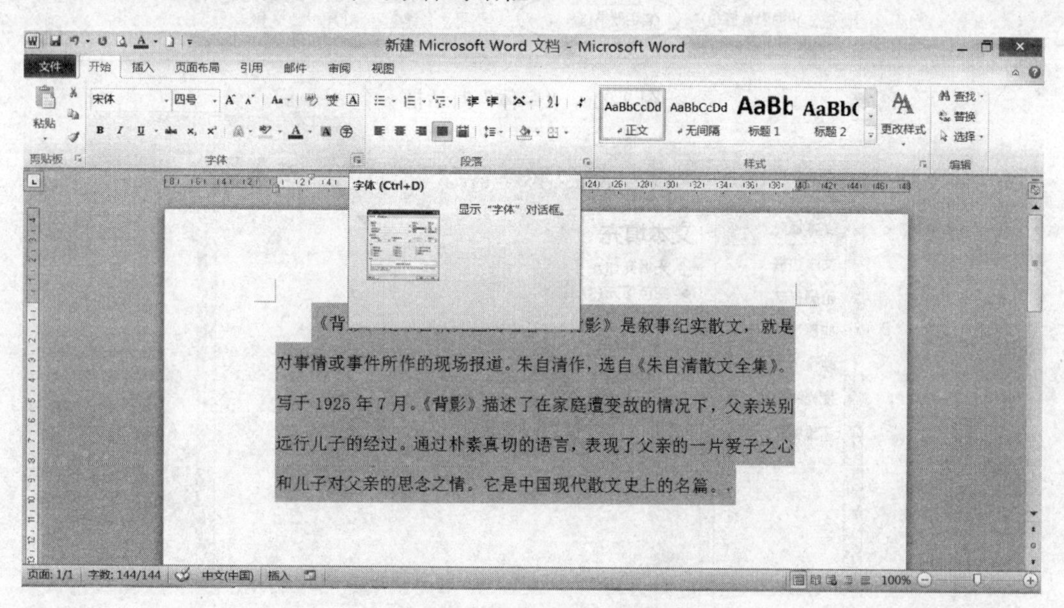

图 3-20　字体对话框启动器

- 在字体对话框中，选择高级选项卡，如图 3-21 所示。
- 单击“文字效果”按钮，弹出“设置文本效果格式”对话框，可以进行文本边框和底纹等设置，如图 3-22 所示。

3）更改大小写：Word 2010 中的更改大小写功能，可以灵活转换英文的大小写状态，具体操作步骤如下所示。

选中需要更改大小写的英文文本。执行“开始”选项卡，在“字体”组中，单击“更改大小写”按钮，在下拉列表中，选择合适选项。每个选项的具体含义如下：

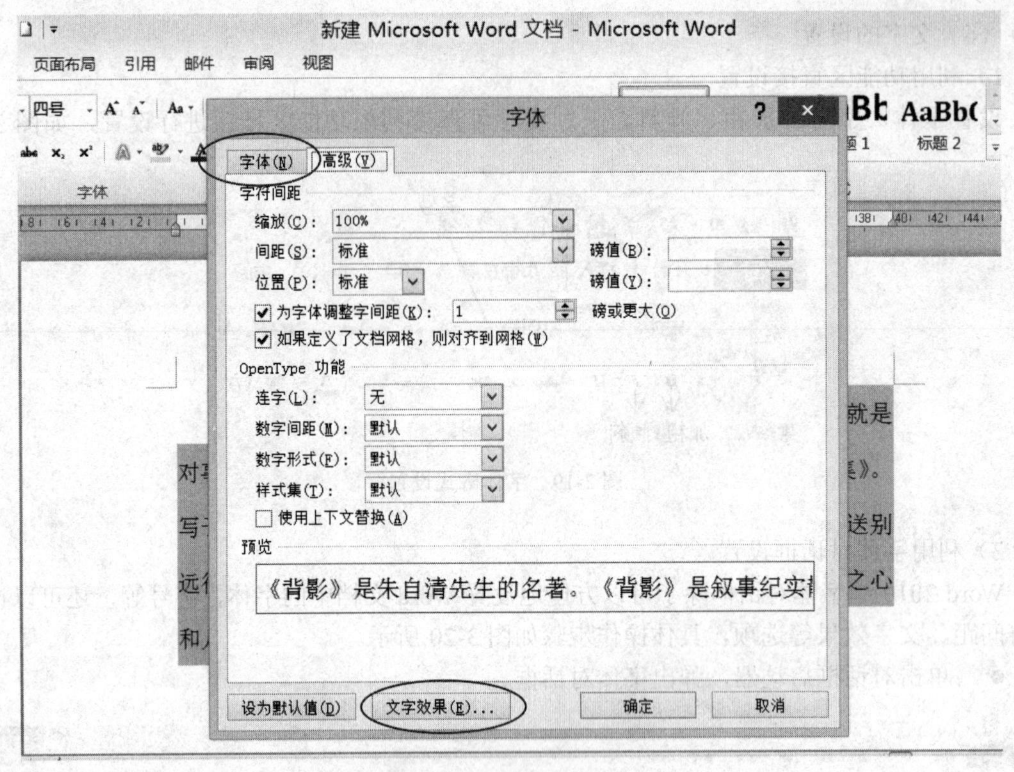

图 3-21 “字体”对话框

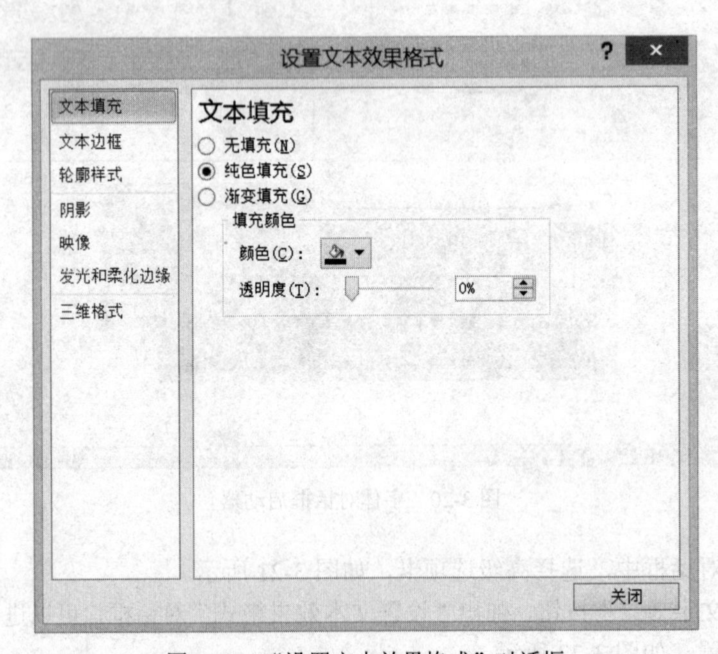

图 3-22 “设置文本效果格式”对话框

- 句首字母大写：每个句子的第一个字母大写。
- 全部小写/全部大写：所选文本的英文字符全部小写/全部大写。
- 每个单词首字母大写：所选文本的每个单词的首字母大写。
- 切换大小写：将所选文本的英文字符在大写和小写两种状态间切换。

（7）段落的设置

1）利用功能区直接设置

设置行间距、段间距、文字对齐方式可直接利用功能区按钮进行设置，如图 3-23 所示。

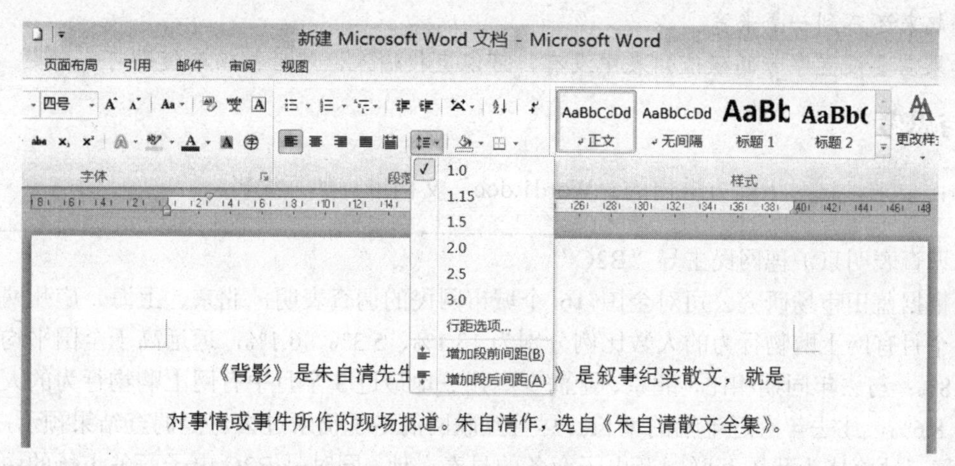

图 3-23　段落功能区

2）利用段落对话框设置

设置左右缩进、首行缩进、段前后间距和行间距，在“段落”组中单击对话框启动器，弹出“段落”对话框，如图 3-24 所示。

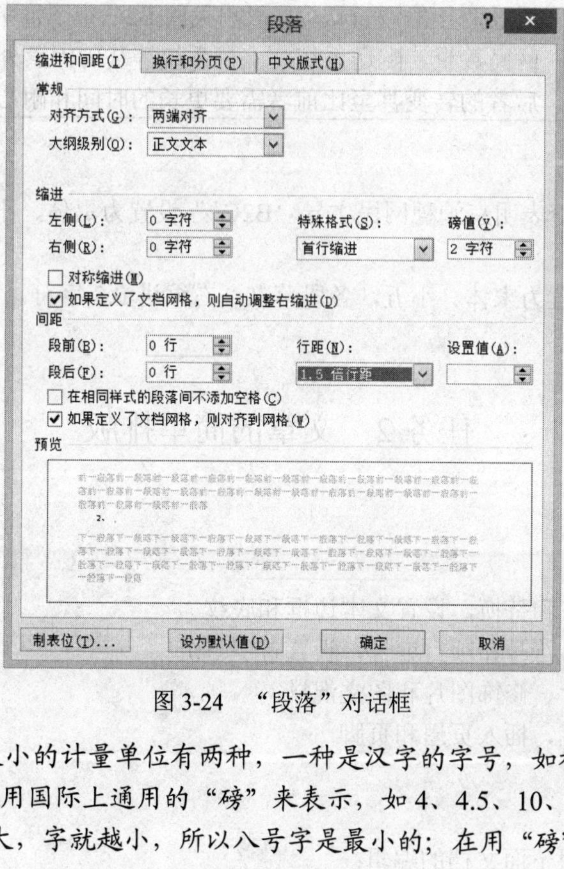

图 3-24　“段落”对话框

提示：表述字体大小的计量单位有两种，一种是汉字的字号，如初号、小初、一号、…七号、八号；另一种是用国际上通用的“磅”来表示，如 4、4.5、10、12、…48、72 等。中文字号中，“数值”越大，字就越小，所以八号字是最小的；在用“磅”表示字号时，数值越小，字符的尺寸越小，数值越大，字符的尺寸越大。

在 Word 2010 中，中文字号有十六种，而用“磅”表示的字号却很多，其磅值的数字范围为 1～1638，也就是说最大的字号可以是 1638，约 58 厘米见方，最小的字号为 1，三个这样的字加起来还不到一毫米宽。

如果需要设置字号的磅值列表中没有，可以直接输入，然后按回车键即可。

实践与思考

按照要求，试对下面方框内的“Word1.doc”文档进行如下编辑。

调查表明京沪穗网民主导“B2C”

根据蓝田市场研究公司对全国 16 个城市网民的调查表明，北京、上海、广州网民最近 3 个月有网上购物行为的人数比例分别为 13.1%、5.3%、6.1%，远远高于全国平均水平的 2.8%；与去年同期相比，北京、上海、广州三地最近 3 个月中有网上购物行为的人数比例为 8.6%，比去年有近半幅的增长。尽管互联网的冬季仍未过去，但调查结果预示，京、沪、穗三地将成为我国互联网及电子商务的早春之地，同时是 B2C 电子商务市场的中心地位，并起着引导作用，足以引起电子商务界的关注。

调查还发现，网民中网上购物的行为与城市在全国的中心化程度有关，而与单纯的经济发展水平的关联较弱。深圳是全国人均收入最高的地区，大连也是人均收入较高的城市，但两城市网民的网上购物的人数比例分别只有 1.1%、1.9%，低于武汉、重庆等城市。

蓝田市场研究公司通过两年的调查认为，影响我国 B2C 电子商务的发展的因素，除了经常提到的网络条件、网民数量、配送系统、支付系统等基础因素外，还要重视消费者的购物习惯、购物观念，后者的转变甚至比前者需要更长的时间和耐心。

具体要求如下：

1. 将标题段“调查表明京沪穗网民主导‘B2C’”设置为黑体、小二、红色、居中对齐，设置段后间距为 1 行。

2. 将正文各段设置为宋体、小五，各段落左、右缩进 0.5 字符，首行缩进 2 字符，行距 18 磅。

任务 2 文章的简单排版

学习目标

- 学会使用查找和替换，设置文本边框和底纹
- 学会使用项目符号和项目编号，设置首字下沉
- 学会插入图片、修饰图片和图文混排
- 学会设置分栏，插入页眉和页脚

任务导入

根据要求，完成对下面文档的编辑：

赵洲桥

赵洲桥，又名安济桥，位于河北赵县洨河上，它是世界上现存最早、保存最好的巨大石拱桥，距今已有 1400 多年历史，被誉为“华北四宝之一”。建于隋大业（公元 605-618）年间，是著名匠师李春建造。桥长 50.82 米，跨径 37.02 米，券高 7.23 米，是当今世界上跨径最大、建造最早的单孔敞肩型石拱桥。因桥两端肩部各有二个小孔，不是实的，故称敞肩型，这是世界造桥史的一个创造。

这么浅的桥基简直令人难以置信，梁思成先生 1933 年考察时还认为这只是防水流冲刷而用的金刚墙，而不是承纳桥券全部荷载的基础。他在报告中写道：“为要实测券基，我们在北面券脚下发掘，但在现在河床下约 70～80 厘米，即发现承在券下平置的石壁。石共五层，共高 1.58 米，每层较上一层稍出台，下面并无坚实的基础，分明只是防水流冲刷而用的金刚墙，而非承纳桥券全部荷载的基础。因再下 30～40 厘米便即见水，所以除非大规模的发掘，实无法进达我们据学理推测的大座桥基的位置。”

1979 年 5 月，由中国科学院自然史组等四个单位组成联合调查组，对赵洲桥的桥基进行了调查，自重为 2800 吨的赵洲桥，而它的根基只是有五层石条砌成高 1.55 米的桥台，直接建在自然砂石上。

建造技术创造性

桥址选择比较合理，使桥基稳固牢靠。

赵洲桥的砌置方法新颖、施工修理方便。

赵洲桥的桥台独具特色。

要求：

（1）将标题“赵洲桥”设置为三号、楷体、居中对齐，并为其添加 1 磅、深蓝色、单实线边框和黄色底纹。

（2）将文中“赵洲桥”全部替换为“赵州桥”。

（3）为文中最后三行添加项目符号“●”。

（4）设置文章第一段首字下沉，下沉行数为 2 行，距正文 0.5 厘米。

（5）为文章设置楷体、蓝色、半透明、水平文字水印“样例”。

（6）在第一段插入图片“赵州桥.jpg”，图片位置设置为水平绝对位置“3.4 厘米”，垂直绝对位置“0.3 厘米”，文字环绕方式为“四周型”，图片大小为高度绝对值“3 厘米”，宽度绝对值为“4 厘米”。

（7）将文中第二段分成两栏，栏宽相等，并添加分隔线。

（8）为文章添加页眉，上面输入文字“赵州桥”，添加页脚，插入日期。

任务实施

一、新建并保存文档

选择“开始”→“所有程序”→“Microsoft Office”→“Microsoft Word 2010”命令，新建一个 Word 文档。输入“赵洲桥”这篇文件，单击“文件”选项卡，在弹出的菜单中选择“保存”命令，打开“另存为”对话框。选择保存的路径，并在“文件名”文本框中输入“赵州桥”，单击“保存”按钮，保存 Word 文档。

二、添加边框和底纹

（1）选中标题“赵洲桥”，在“字体”组中，设置字体和字号分别为“楷体”、“三号”，在“段落”组中，设置文字对齐方式为“居中”。单击“边框”下三角按钮，并在边框菜单中选择“边框和底纹”命令，如图 3-25 所示。

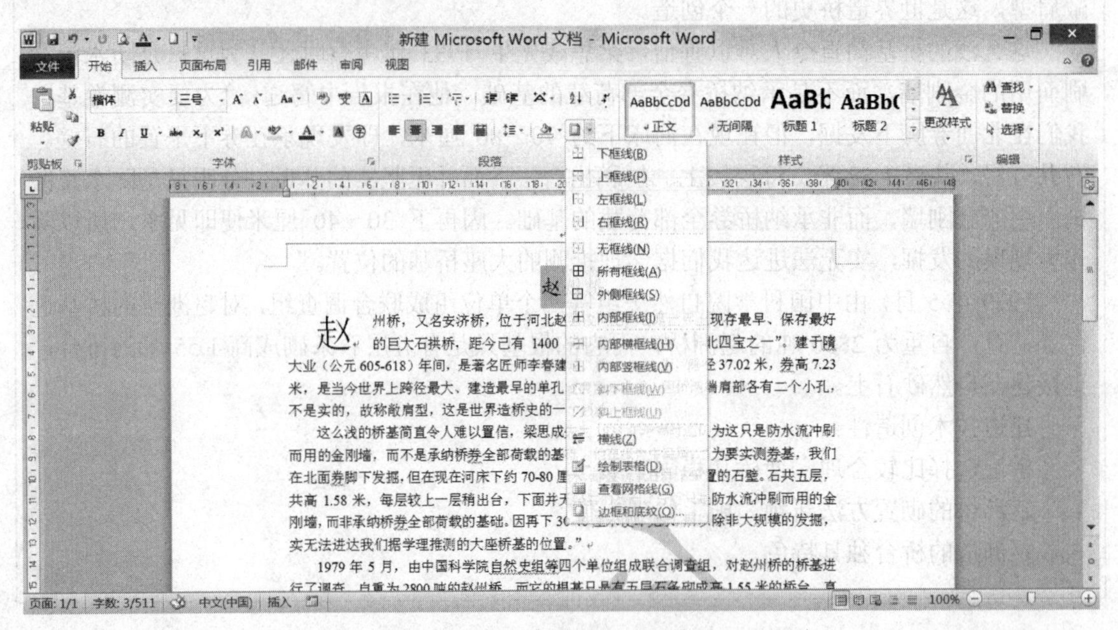

图 3-25　边框下拉菜单

（2）在打开的“边框和底纹”对话框中切换到“边框”选项卡，选择“方框”选项，样式为“单实线”、颜色为“深蓝色”、宽度为“1.0 磅”、应用于“文字”，如图 3-26 所示。

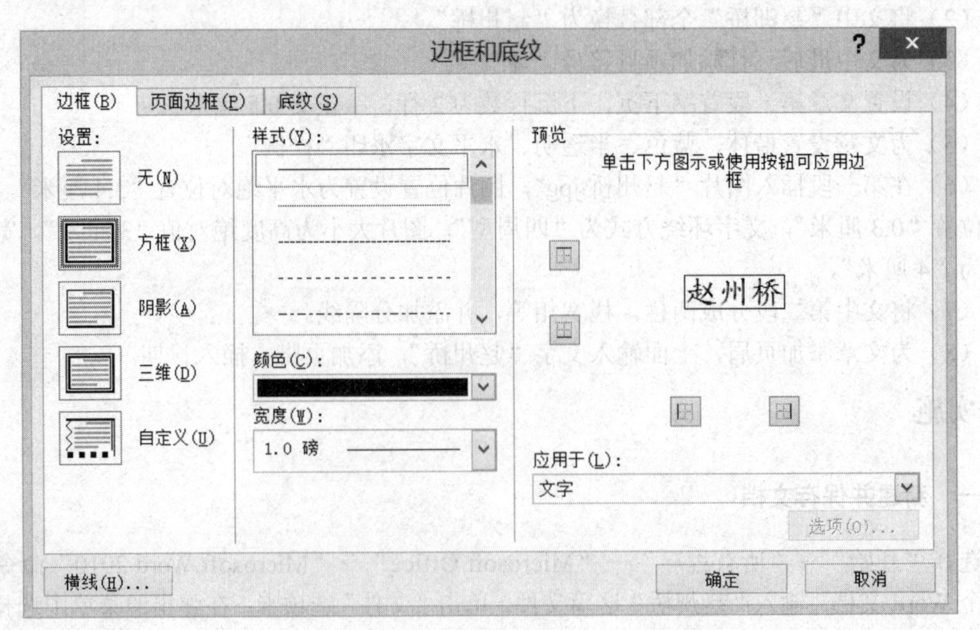

图 3-26　设置边框

（3）切换到“底纹”选项卡，设置填充颜色为“黄色”，应用于“文字”，如图 3-27 所示。

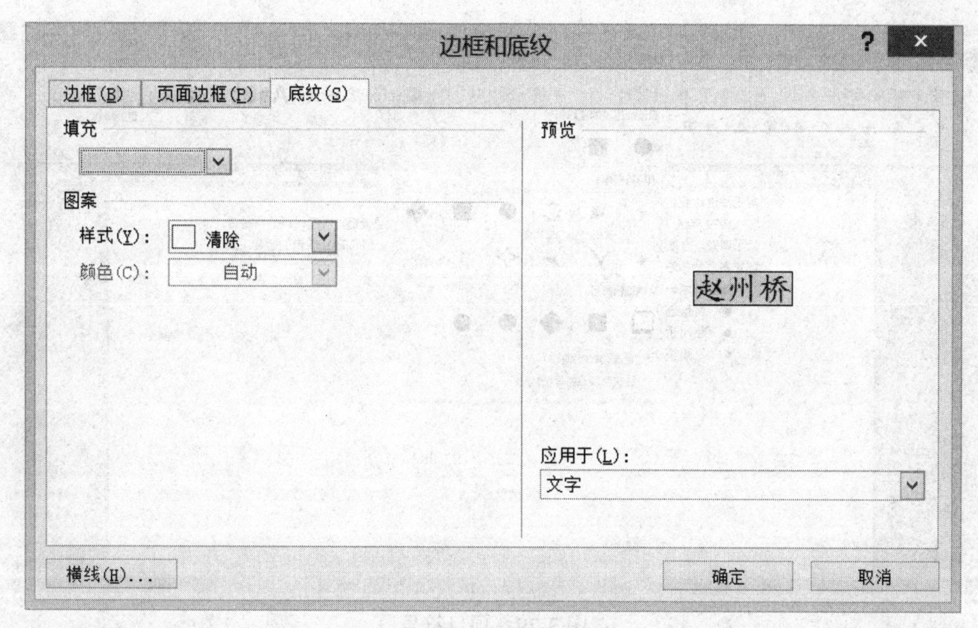

图 3-27　设置底纹

三、查找和替换

执行“开始”选项卡，在“编辑”组中，单击“替换”按钮，打开“查找和替换”对话框，在“查找内容”处输入“赵洲桥”，在“替换为”处输入“赵州桥”，单击“全部替换”按钮，如图 3-28 所示。

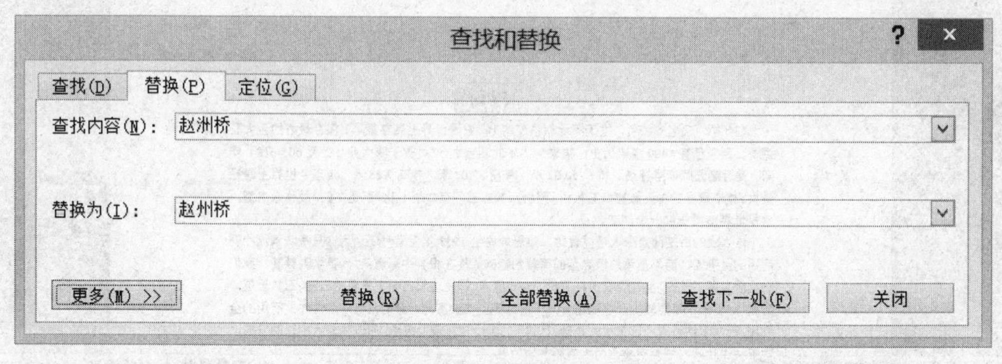

图 3-28　查找和替换

四、添加项目符号

选中文中最后三段，在“段落”组中，单击“项目符号”下三角按钮，在文档项目符号列表中选择“●”，如图 3-29 所示。

五、设置首字下沉

（1）将光标定位于第一段中，执行“插入”选项卡，在“文本”组中，单击“首字下沉”

按钮，在首字下沉菜单中选择“首字下沉选项”，如图 3-30 所示。

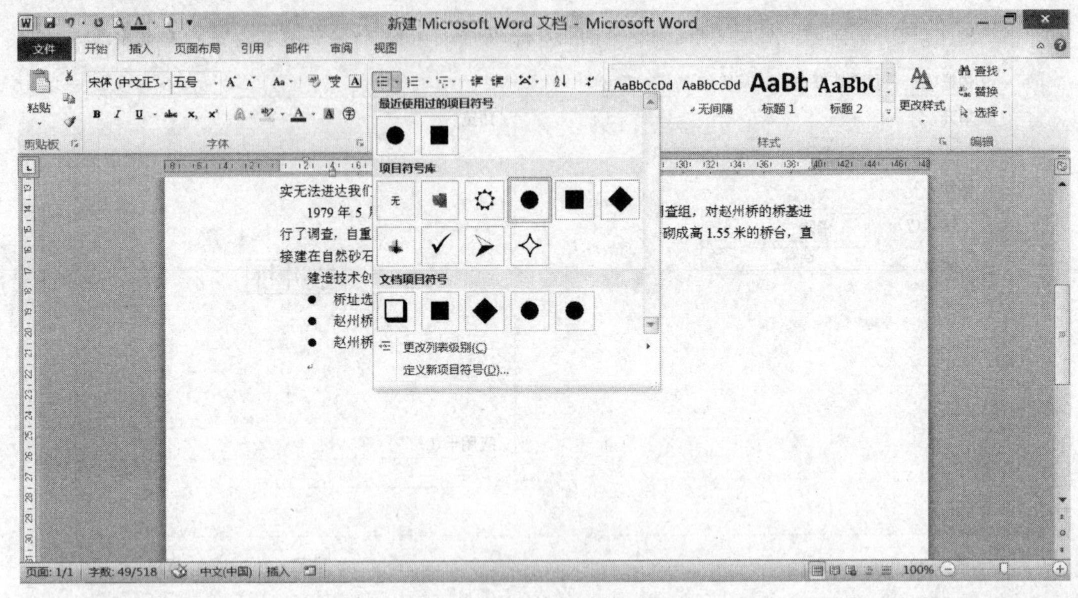

图 3-29　项目符号

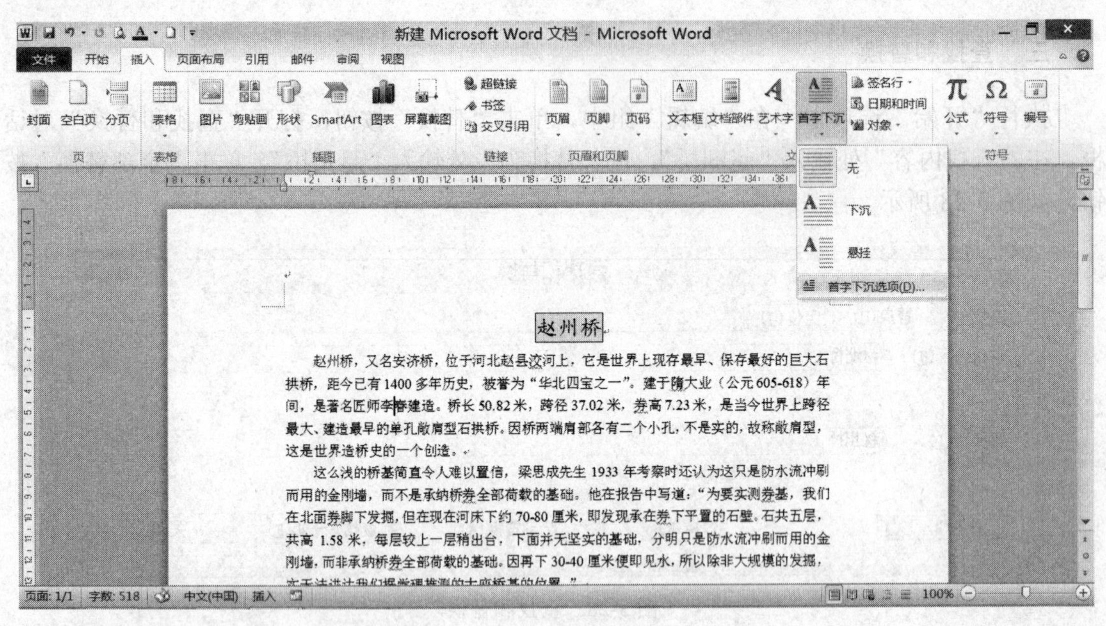

图 3-30　“首字下沉选项”命令

（2）在打开的“首字下沉”对话框中，位置选择“下沉”，下沉行数设置为“2”，距正文设置为“0.5 厘米”，单击“确定”按钮，如图 3-31 所示。

六、制作水印

（1）执行“页面布局”选项卡，在“页面背景”组中，单击“水印”按钮，在水印菜单中选择“自定义水印”，如图 3-32 所示。

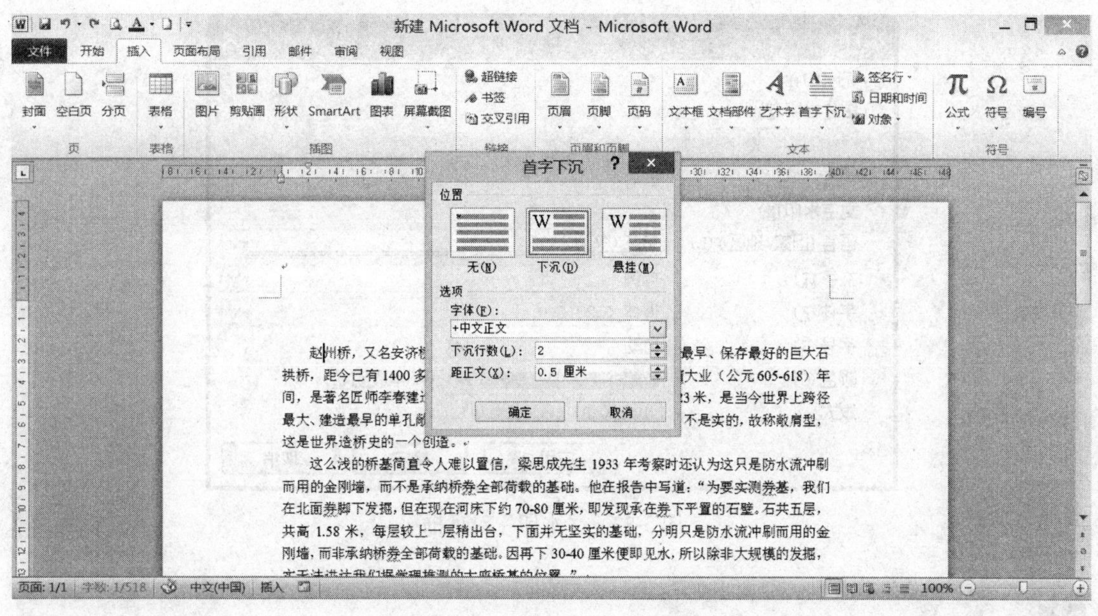

图 3-31　“首字下沉”对话框

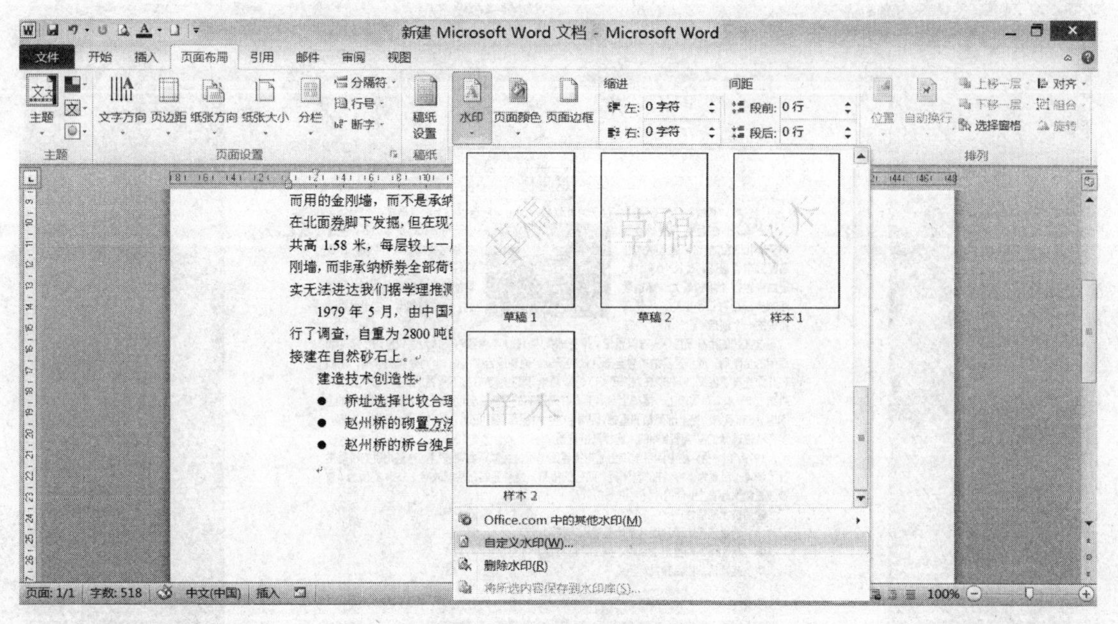

图 3-32　添加水印效果

（2）打开“水印”对话框，在“文字”选项处选择“样例”，字体设置为“楷体”，颜色设置为“蓝色”，版式设置为“水平”、“半透明”，单击“确定”按钮，如图 3-33 所示。

七、设置图片排列方式

执行“插入”选项卡，在“插图”组中，单击“图片”按钮，在指定位置选择插入图片“赵州桥.jpg”。选中图片，执行“图片工具”→“格式”选项卡，在“排列”组中，单击“自动换行”按钮，在下拉菜单中，选择“其他布局选项”，如图 3-34 所示。

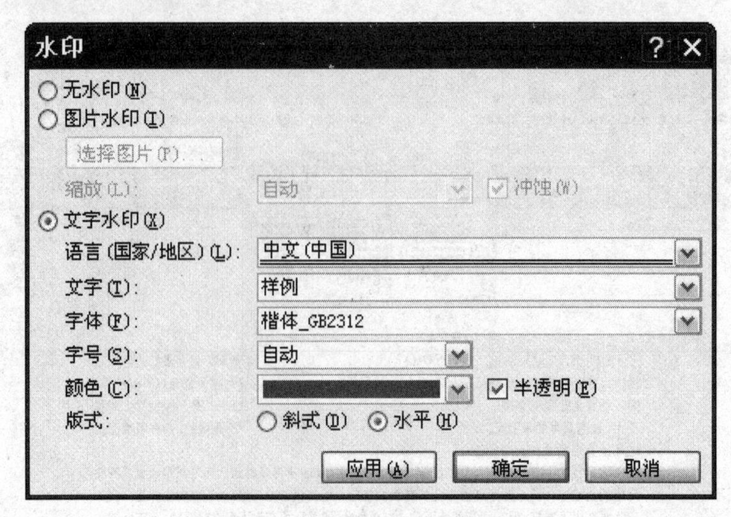

图 3-33 “水印”对话框

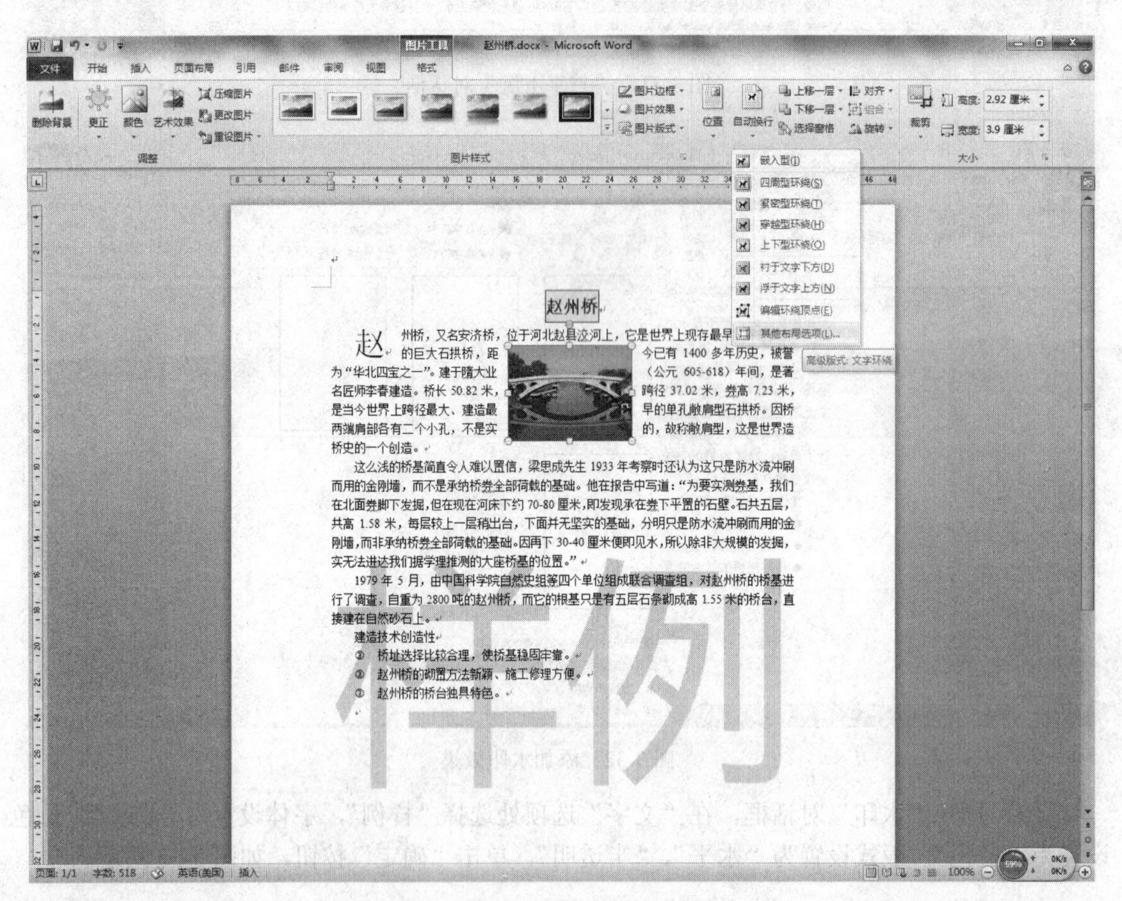

图 3-34 图片“自动换行”选项按钮

八、设置文字环绕方式

在打开的“布局”对话框中，切换到“文字环绕”选项卡，设置环绕方式为“四周型”，然后分别切换到“位置”和“大小”选项卡，设置图片为水平绝对位置“3.4 厘米”，垂直绝对位置“0.3 厘米”，图片大小为高度绝对值“3 厘米”，宽度绝对值为“4 厘米”，单击“确定”按钮，如图 3-35 所示。

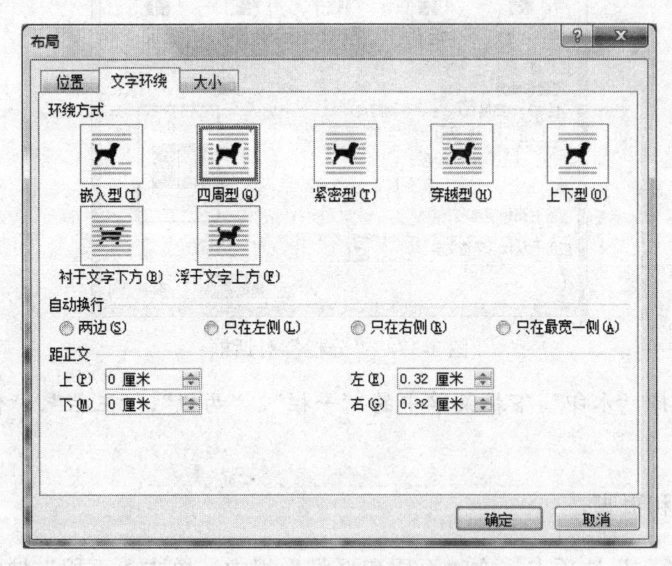

图 3-35　“布局”对话框

九、制作分栏效果

（1）选中第二段，执行“页面布局”选项卡，在“页面设置”组中，单击“分栏”按钮，在下拉菜单中选择“更多分栏”，如图 3-36 所示。

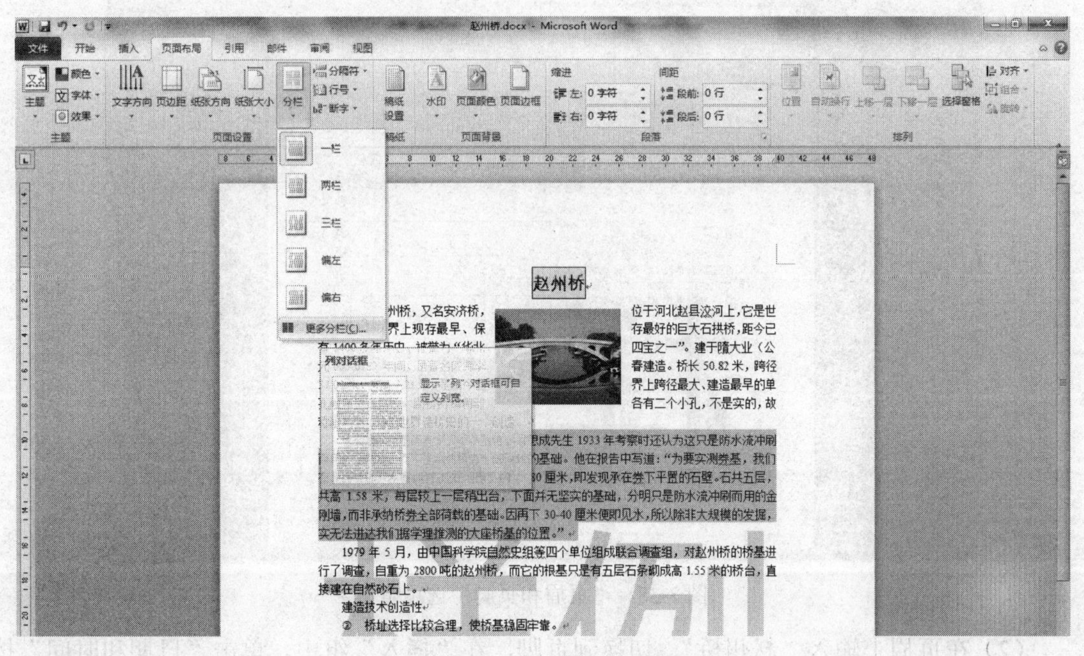

图 3-36　“分栏”选项组

（2）在打开的“分栏”对话框中，设置为“两栏”、“分割线”、“栏宽相等”，如图 3-37 所示。

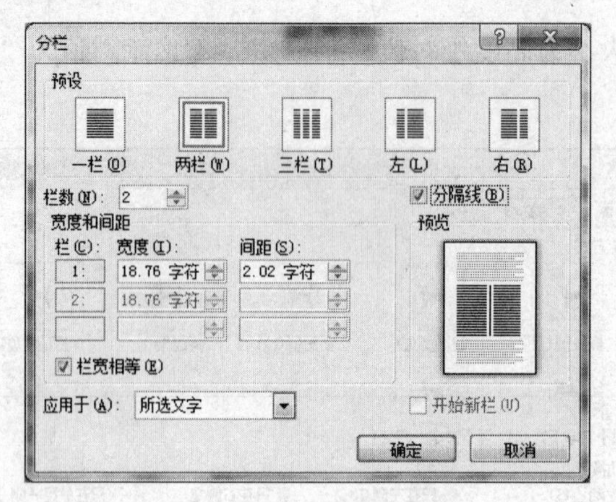

图 3-37 “分栏”对话框

提示：可以选择“水印”下拉菜单中的“一栏”、“两栏”、“三栏”、“偏左”、“偏右”命令直接分栏。

十、插入页眉和页脚

（1）执行“插入”选项卡，在“页眉和页脚”组中，单击“页眉”按钮，在内置样式中选择“空白”，如图 3-38 所示。

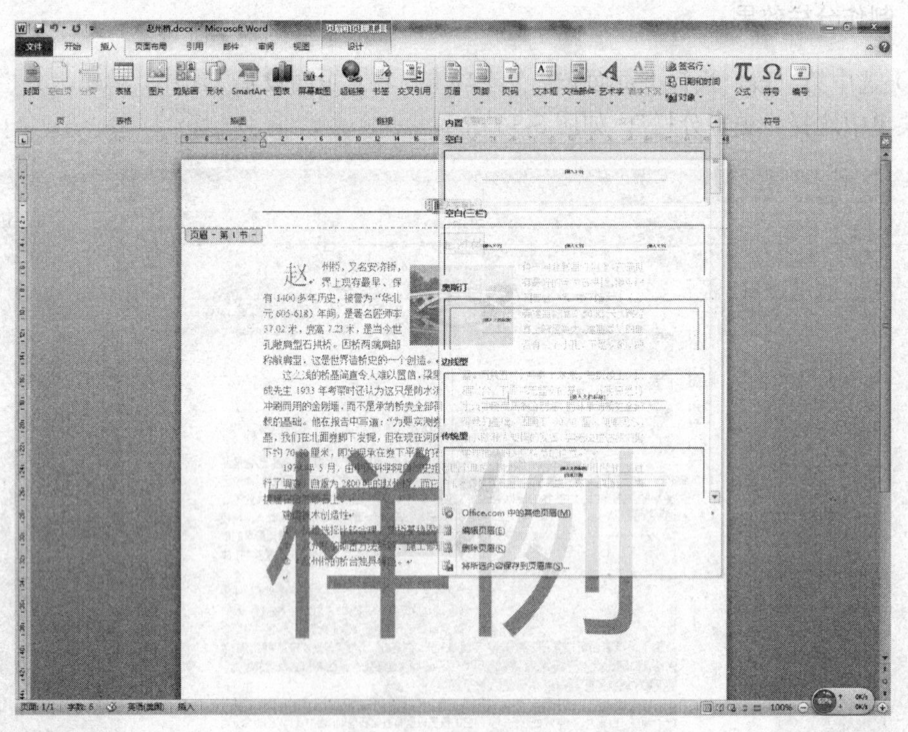

图 3-38 “页眉和页脚”选项组

（2）在页眉上输入“赵州桥”，切换到页脚，在“插入”组中，单击“日期和时间”按钮，设置居中对齐，如图 3-39 所示。

编辑后效果如图 3-40 所示。

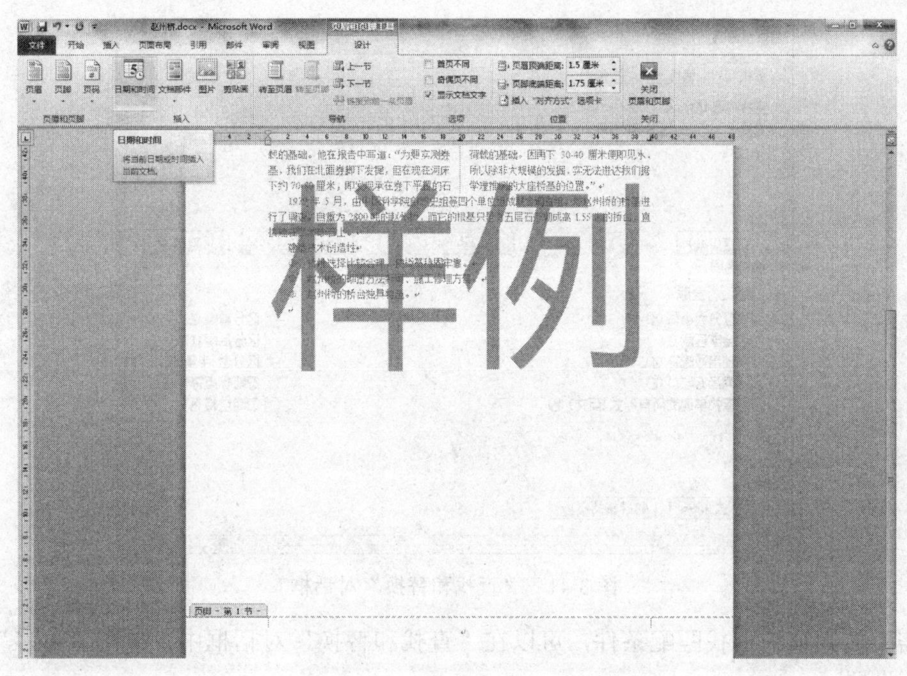

图 3-39　“日期和时间”选项

图 3-40　效果图

知识点拓展

1. 查找和替换

（1）查找文本

执行“开始”选项卡，在“编辑”组中，单击“查找”按钮，在下拉列表中选择“高级查找”选项，打开“查找和替换”对话框，如图 3-41 所示，在“查找内容”处输入要查找的文本。

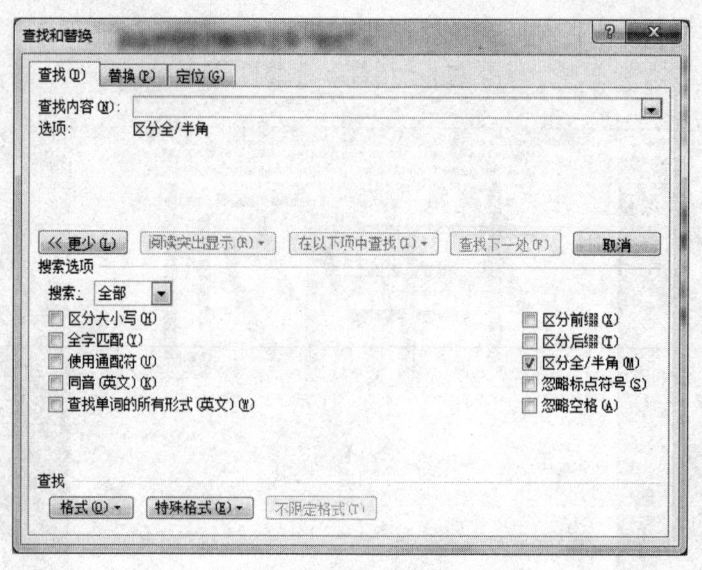

图 3-41 “查找和替换”对话框

若需要更详细的查找匹配条件，可以在“查找和替换”对话框中，单击“更多”按钮，进行相应设置：

- “搜索”下拉列表：可以选择搜索的方向，即从当前插入点向上或向下查找。
- “区分大小写”复选框：查找大小写完全匹配的文本。
- “全字匹配”复选框：仅查找一个单词，而不是单词的一部分。
- “使用通配符”复选框：在查找内容中使用通配符。
- “区分全/半角”复选框：查找全角、半角完全匹配的字符。

（2）替换文本

执行“开始”选项卡，在“编辑”组中，单击“替换”按钮，打开“查找和替换”对话框，在“查找内容”处输入要查找的文本，在“替换为”处输入替换内容。单击“替换”按钮后，Word 将移至该文本的下一个出现位置。单击“全部替换”按钮，替换文本的所有出现位置。

（3）查找并突出显示文本

在“查找内容”处输入要查找的文本，单击“阅读突出显示”按钮，选择“全部突出显示”选项即可。如果取消突出显示，单击“阅读突出显示”按钮，选择“清除突出显示”选项。

（4）查找和替换特定格式

使用 Word 2010 的查找和替换功能，不仅可以查找和替换字符，还可以查找和替换字符格式（例如查找或替换字体、字号、字体颜色等格式），具体操作步骤如下：

1）打开“查找和替换”对话框，单击“更多”按钮以展开对话框。

2）查找特定格式的文本，在“查找内容”处输入文本，然后单击“格式”按钮，在展开的菜单中选择要查找的格式。如果仅查找格式，“查找内容”处保留空白。

3）在“替换为”处输入替换内容，然后单击“格式”按钮，设置格式。

2. 边框和底纹

（1）添加边框

执行“开始”选项卡，在“段落”组中，单击“下框线”按钮，在弹出的下拉列表中选择“边框和底纹”对话框，默认打开“边框”选项卡，在“设置”区域选择边框类型，在“样式”列表选择边框线型，在“颜色”列表选择边框颜色，在“宽度”列表选择边框宽窄，设置完成后单击“确定”按钮即可，如图 3-42 所示。

图 3-42 “边框和底纹”对话框

（2）添加底纹：在打开的“边框和底纹”对话框中，切换到“底纹”选项卡，设置填充颜色和图案样式，设置完成后单击“确定”按钮即可。

3. 项目符号和编号

添加项目符号和项目编号时，可以先输入文字内容，在添加项目符号或项目编号，也可以先创建项目符号和项目编号，再输入文字内容，自动实现编号。

（1）项目符号

项目符号就是放在文本或列表前用以添加强调效果的符号。操作步骤如下：

1）将光标定位在要创建列表的开始位置。

2）执行“开始”选项卡，在“段落”组中，单击“项目符号”按钮右侧的下三角按钮，在项目符号库下拉列表中，选择项目符号。如果不能满足需求，可以选择“定义新项目符号”选项，弹出“定义新项目符号”对话框，如图 3-43 所示。

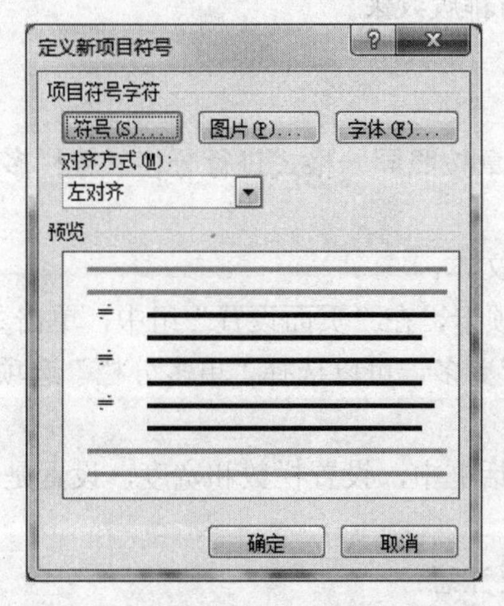

图 3-43 “定义新项目符号”对话框

3）在打开的“定义新项目符号”对话框中，设置项目符号样式，单击“符号”、“图片”、“字体”选项，均可弹出相应对话框，设置对齐方式，最后单击“确定”按钮。

（2）项目编号

和项目符号类似，只是编号列表用数字替换了符号。合理使用项目符号和编号，可以使文档的层次结构更清晰、更有条理，具体操作步骤如下：

1）将光标定位在要创建列表的开始位置。

2）执行“开始”选项卡，在“段落”组中，单击“编号”按钮右侧的下三角按钮，在编号库下拉列表中，选择项目编号。如果不能满足需求，可以选择“定义新编号格式”选项，弹出“定义新编号格式”对话框，如图 3-44 所示。

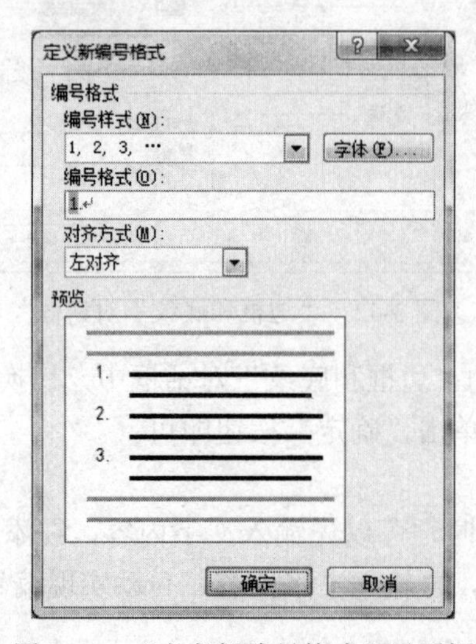

图 3-44 “定义新编号格式”对话框

3）在打开的“定义新编号格式”对话框中，设置编号样式和格式，设置对齐方式，最后单击“确定”按钮。

提示：如果取消 Word 2010 中的自动项目编号，可以按组合键 Ctrl+Z。如果按“退格”键，可以删除第二行中的项目编号，并不能消除第一行中的项目编号形式，继续输入文字后，自动项目编号就会直接影响文档的排版效果。

4. 分栏和首字下沉

（1）分栏

Word 2010 中，可以对文章按照同一格式进行分栏。分栏多用于版面的编辑，具体操作步骤如下：

1）选定设置分栏格式的文本。

2）执行“页面布局”选项卡，在“页面设置”组中，单击“分栏”按钮，在下拉列表中，选择分栏格式。如果需要设置更多，可以选择“更多分栏”选项，弹出“分栏”对话框，如图 3-45 所示。

3）在打开的“分栏”对话框中，设置栏数和宽度，设置是否添加分隔线，最后单击“确定”按钮。

创建分栏后，有几点需要注意：

- 取消分栏：将原来的分栏栏数设置为“一栏”即可。

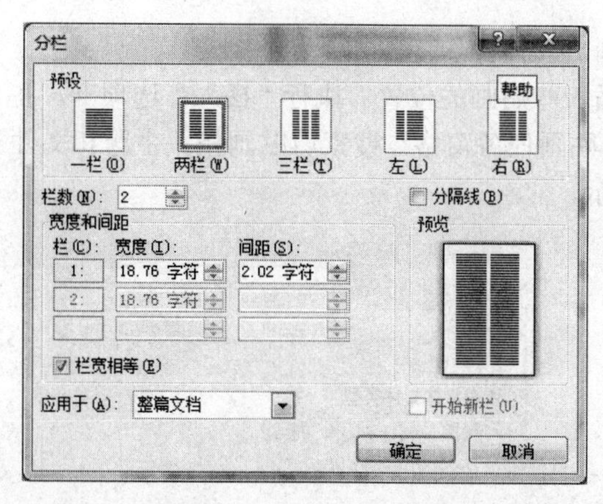

图 3-45　“分栏”对话框

- 分栏符：如果要在文档指定位置处强制分栏或者均等栏长，可以插入“分隔符”中的“分栏符”，调整分栏符后面文字到下一栏。

（2）首字下沉

Word 2010 文档中，可以把段落的第一个字符放大，进行下沉和悬挂设置，达到强调的效果，具体操作步骤如下：

1）将光标定位到需要设置首字下沉的段落中任意位置。

2）执行“插入”选项卡，在“文本”组中，单击“首字下沉”按钮，在下拉列表中，选择“下沉”或“悬挂”选项，设置首字下沉或首字悬挂效果。如果需要设置其他格式，选择“首字下沉选项”，弹出“首字下沉”对话框，如图 3-46 所示。

图 3-46　“首字下沉”对话框

3）在打开的“首字下沉”对话框中，选择“下沉”或“悬挂”后，即可设置字体、下沉行数和距离正文位置，最后单击“确定”按钮。

5. 图片的编辑

（1）插入图片

在 Word 2010 中，可以方便的插入 Word 2010 提供的图片，也可以插入文件中的图片，具体操作步骤如下：

将光标定位在需要插入图片的位置。执行“插入”选项卡，在“插图”组中，单击“图片”按钮，在打开的“插入图片”对话框中，选择图片所在位置，单击“确定”按钮即可插入。

如果插入的是剪贴画，具体操作步骤如下：

将光标定位在需要插入剪贴画的位置。执行“插入”选项卡，在“插图”组中，单击“剪贴画”按钮，在打开的剪贴画任务窗格，搜索剪贴画相关主题和文件类型，单击“搜索”按钮即可插入，如图 3-47 所示。

图 3-47 “剪贴画”窗格

（2）编辑图片

1）调整图片大小：调整图片大小的方法主要有两种，快速调整和精确调整。

快速调整图片的方法：选中要调整大小的图片，图片周围出现 8 个控制点，这时将光标移动到图片周围的控制点上，此时光标变成双向箭头，按住鼠标左键并拖动，当大小合适时释放鼠标即可。

精确调整图片大小的具体操作步骤如下：

- 选中需要调整大小的图片。
- 执行“图片工具/格式”选项卡，在“大小”组中，直接设置图片宽和高。也可以单击对话框启动器，在打开的“布局”对话框中进行设置，如图 3-48 所示。
- 选中“锁定纵横比”复选框，可使图片的高度和宽度保持相同的尺寸比例放大或缩小，选中“相对原始图片大小”可使图片的大小相对于图片的原始大小进行调整。

2）调节图片的亮度和对比度：如果感觉插入的图片亮度、对比度、清晰度没有达到自己的要求，可以执行“图片工具/格式”选项卡，在“调整”组中，单击“更正”按钮，在弹出的效果缩略图中选择自己需要的效果。同理，单击“颜色”按钮，可以调节颜色饱和度、色调或者为图片重新着色。

图片文字环绕方式：设置图片的环绕方式，可以使图片的周围环绕文字，实现图文混排。具体操作步骤如下：

选中需要设置的图片。执行“图片工具/格式”选项卡，在“排列”组中，单击“位置”按钮，在下拉列表中选择需要的方式，如图 3-49 所示。还可以单击“自动换行”按钮，在下拉列表中选择需要的方式，如图 3-50 所示。

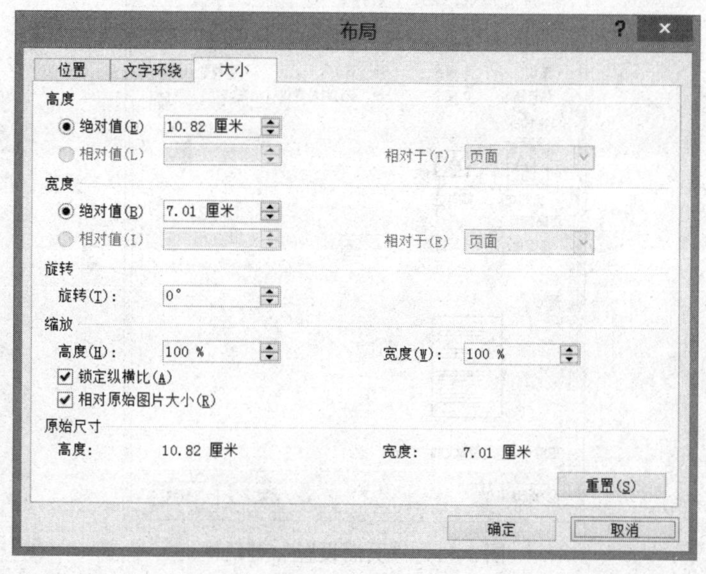

图 3-48　“布局”对话框

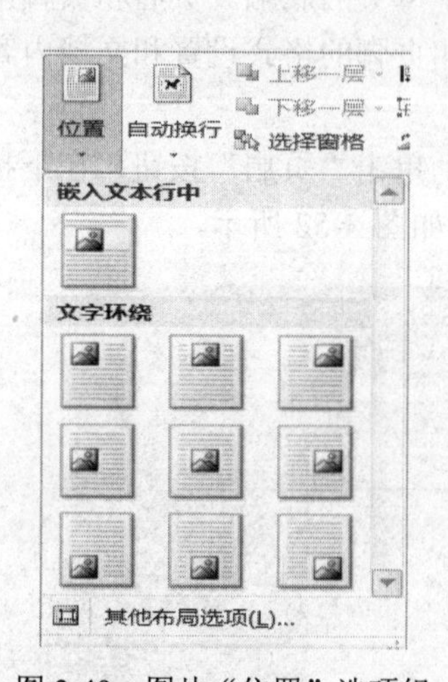

图 3-49　图片“位置”选项组

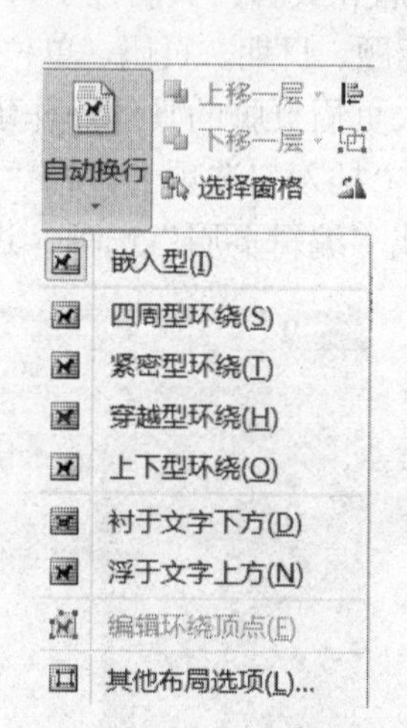

图 3-50　图片“自动换行”选项组

6. 页面设置

（1）页边距：页边距是页面周围的空白区域。设置页边距能够控制文本的宽度和长度，如果文档需要装订，还可以设置装订线与边界的距离，具体操作步骤如下：

1）执行“页面布局”选项卡，在“页面设置”组中，单击“页边距”按钮，在下拉列表中选择合适的页边距。如果不能满足需求，选择“自定义边距”，弹出“页面设置”对话框，如图 3-51 所示。

2）默认显示“页边距”选项卡，设置上、下、左、右页边距，如果需要装订，设置装订线和装订线的位置，单击“确定”按钮即可。

（2）纸张方向和大小：Word 2010 默认的纸张方向是纵向，大小是 A4。设置纸张方向和纸张大小可以通过“页面设置”组中，“纸张方向”和“纸张大小”按钮设置，也可以通过打开的“页面设置”对话框来设置，方法同上。

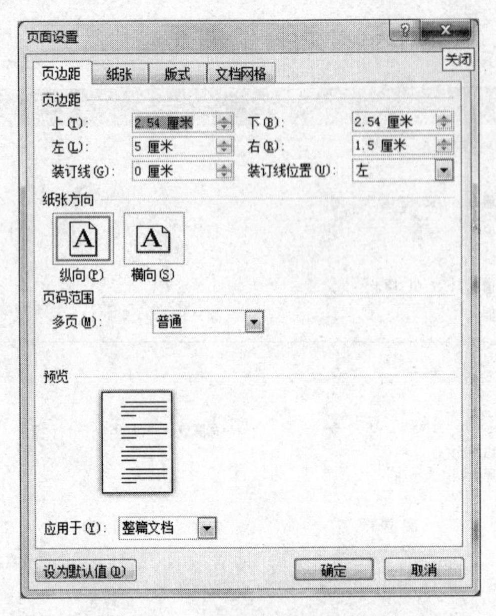

图 3-51 “页面设置”对话框

（3）页眉和页脚：页眉位于每页的顶端，页脚位于每页的底端。页眉和页脚用来显示文件名、章节标题、日期、页码、单位名称等信息。页眉和页脚的格式设置和文档内容的设置方法一样，插入页眉页脚的具体操作步骤如下：

1）执行“插入”选项卡，在“页眉和页脚”组中，单击“页眉”按钮，在下拉列表中选择页眉样式或“编辑页眉”选项，进入页眉编辑状态，如图 3-52 所示。

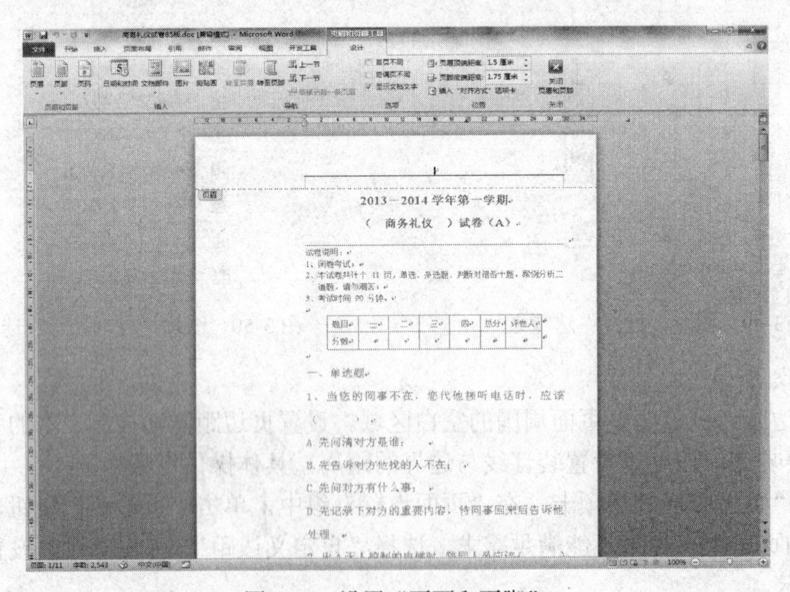

图 3-52 设置“页面和页脚”

2）在页眉编辑区输入页眉内容，编辑页眉格式。

3）在出现的“页眉和页脚工具/设计”选项卡“导航”组中，单击“转至页脚”按钮，切换到页脚编辑区。

4）编辑完成后，单击“关闭页眉和页脚”按钮即可。

提示：删除页眉文字下面横线，先将光标定位在要删除横线的页眉处，打开“边框和底纹”对话框中，将边框设置为“无”，即可删除。

实践与思考

1．按照要求，试对下框内“Word2.doc”文档进行如下编辑：

> 上万北京市民云集人民大会堂聆听新年音乐
>
> 上万北京市民选择在人民大会堂——这个象征着国家最高权力机关所在地度过了本世纪最后的时光。
>
> 在人民大会堂宴会厅——这个通常举行国宴的地方，当新世纪钟声敲响的时候，数千名参加“世纪之约”大型新年音乐舞会的来宾停住了他们的舞步，欢呼声响彻七千多平方米的富丽堂皇的宴会大厅。
>
> 一年一度的北京新年音乐会今晚早些时候在人民大会堂能容纳约万人的大会议厅举行。人们坐在拆除了表决器的坐椅上，欣赏威尔第、柴可夫斯基的名曲，而这些坐椅通常是为全国人大代表商讨国家大事时准备的。
>
> 新年音乐会汇集了强大的演出阵容，在著名指挥家汤沐海、陈燮阳、谭利华轮流执棒下，中央歌剧舞剧院交响乐团、北京交响乐团、上海交响乐团联手向观众奉上了他们的经典演出。

具体要求如下：

（1）将标题段文字“上万北京市民云集人民大会堂聆听新年音乐”设置为黑体、三号、蓝色、加粗、居中并添加红色底纹和着重号。

（2）将正文各段文字“上万北京市民选择在……他们的经典演出”设置为仿宋、小四，第一段悬挂缩进 2 字符，第二段段前添加项目符号“◆”。

（3）将正文第三段“一年一度的……国家大事时准备的。”分成等宽的两栏。

2．按照要求，试对下框内“Word3.doc”文档进行如下编辑：

> 专家预测大型 TFT 业经显示器市场将复苏
>
> 人型 TFT 业经市场已经开始趋向饱和，产品供大于求，价格正在下滑。不过，据美国 DisplaySearch 研究公司的研究结果显示，今年第四季度将迎来大型 TFT 业经显示器市场的复苏。
>
> 美国 DisplaySearch 研究公司宣布了一项调查结果，结果显示今年下半年，全球范围内大型 TFT 业经显示器的供应量将比整体需求量高出不到百分之十。第三季度期间，TFT 业经显示器的价格下降幅度将有所缓慢。到第四季度，10 寸和 15 寸业经显示器的价格将会有轻微上扬的可能。
>
> DisplaySearch 研究公司的总部设在美国德克萨斯的奥斯汀，该公司还预测由于更多的生产商转向小型 TFG 业经显示器的生产，而市场需求量并没有人们期望的那么高。世界小型 TFT 业经显示器市场将出供过于求的现象，供应量将超出需求量 20%左右。

具体要求如下：

（1）将文中所有错词“业经”替换为“液晶”，将标题段文字“专家预测大型 TFT 业经显示器市场将复苏”设置为楷体、小三、红色、加粗、居中并添加黄色边框。

（2）将正文各段文字“大型 TFT 业经市场……超出需求量 20%左右。”的中文文字设置为宋体、小四，英文文字设置为 Arial 字体、小四，各段左右各缩进 0.5 字符，首行缩进 2 字符。

（3）将正文第二段“美国 DisplaySearch 研究公司……轻微上扬的可能。”分成等宽的两栏，栏宽设置为 18 字符。

任务 3　表格的制作和编辑

学习目标

- 设置字体和段落格式
- 应用文档样式和主题
- 调整页面布局等排版操作
- 字体格式设置、段落格式设置、文档页面设置、文档背景设置和文档分栏等排版技术

任务导入

请参照下图式样，制作并保存课程表，并按照要求对其美化：

课程表

<table>
<tr><td colspan="2"></td><td>一</td><td>二</td><td>三</td><td>四</td><td>五</td></tr>
<tr><td rowspan="2">上午</td><td>1-2</td><td>英语</td><td>商务谈判</td><td>会计</td><td>VB 编程</td><td></td></tr>
<tr><td>3-4</td><td>体育</td><td>网站设计</td><td>数学</td><td></td><td>英语</td></tr>
<tr><td colspan="2">中　午</td><td colspan="5">12:30—14:00　午休</td></tr>
<tr><td rowspan="2">下午</td><td>5-6</td><td>数学</td><td>数据库</td><td>C 语言</td><td></td><td></td></tr>
<tr><td>7-8</td><td>C 语言</td><td></td><td>计算机基础</td><td>市场营销</td><td></td></tr>
<tr><td colspan="2">晚　上</td><td colspan="5">19:30—21:30　晚自习</td></tr>
</table>

要求：

（1）将标题“课程表”设置为黑体、二号、红色、加粗、居中。

（2）将表格第一行行高设置成 1.2 厘米，第 2、3、5、6 行行高设置成 1 厘米，第 4、7 行行高设置为 0.6 厘米，适当调整表格列宽。

（3）表格内所有文字设置为宋体、五号、加粗、水平居中。

（4）设置表格的外框线为 1.5 磅红色粗细双实线，内框线为 0.5 磅红色单实线。

（5）为表格的第一行添加黄色底纹。

任务实施

一、新建“课程表”文件并保存

选择“开始”→“所有程序”→“Microsoft Office”→“Microsoft Word 2010”命令，新建一个 Word 文档。单击“文件”选项卡，在弹出的菜单中选择“保存”命令，打开“另存为”

对话框。选择保存的路径，并在“文件名”文本框中输入“课程表”，单击“保存”按钮保存 Word 文档。

二、设置字体和段落格式

打开文件，输入标题“课程表”并选中，执行“开始”选项卡，在“字体”组设置字体“黑体”、字号“二号”、颜色“红色”、加粗，在“段落”组设置对齐方式“居中”。

三、插入 7×7 表格

执行“插入”选项卡，在“表格”组中单击“表格”按钮，在弹出的下拉菜单中选择“插入表格”选项，在打开的“插入表格”对话框中，设置表格尺寸列数为“7”，行数为“7”，单击“确定”按钮，如图 3-53 所示。

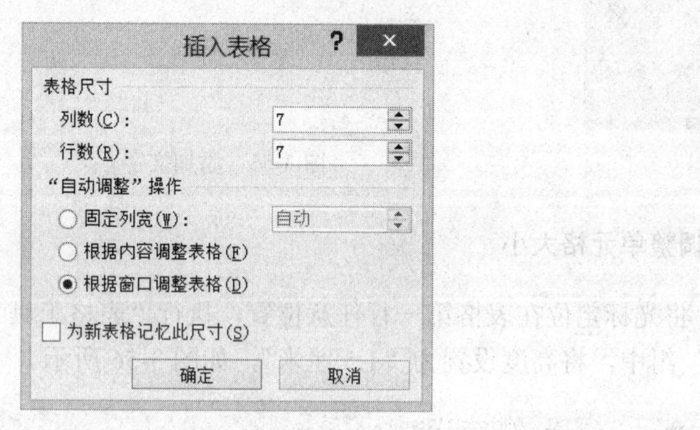

图 3-53　“插入表格”对话框

四、合并单元格

（1）选中需要进行合并的单元格，执行“表格工具”→“布局”选项卡，在“合并”组中，单击“合并单元格”按钮，参照所给式样，进行合并，如图 3-54 所示。

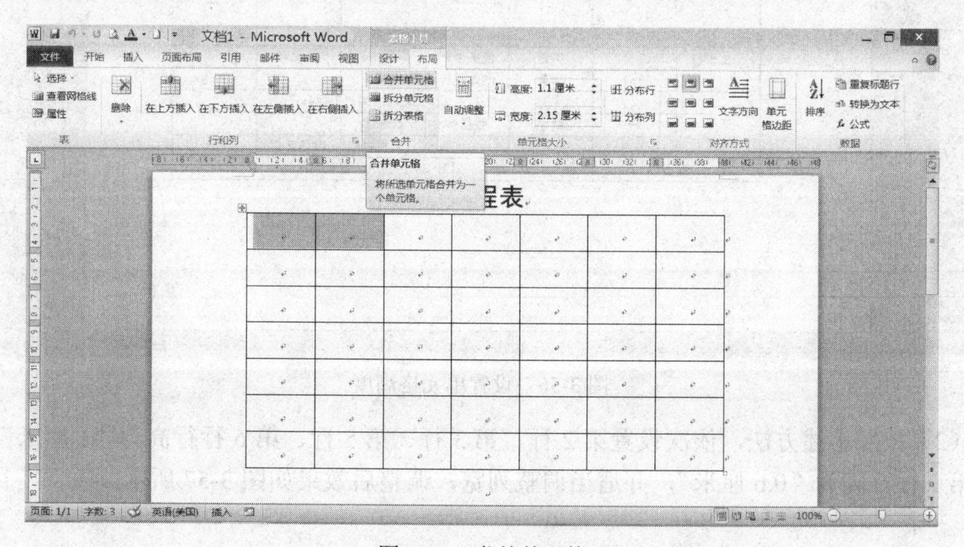

图 3-54　合并单元格

（2）在表格内输入文字后效果如图 3-55 所示。

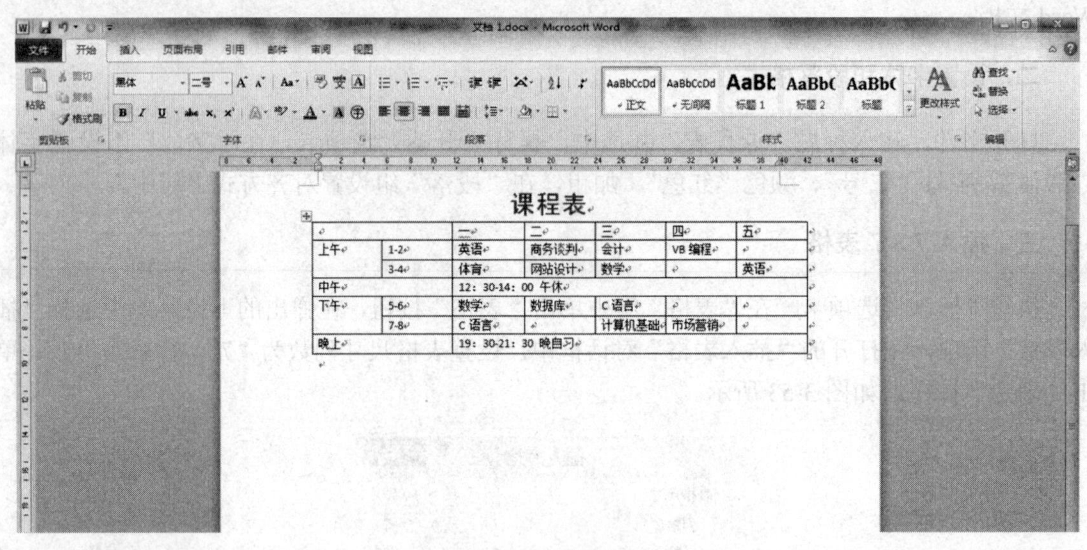

图 3-55　添加文字

五、调整单元格大小

（1）将光标定位在表格第一行任意位置，执行“表格工具”→“布局”选项卡，在“单元格大小”组中，将高度设置为“1.5 厘米”，如图 3-56 所示。

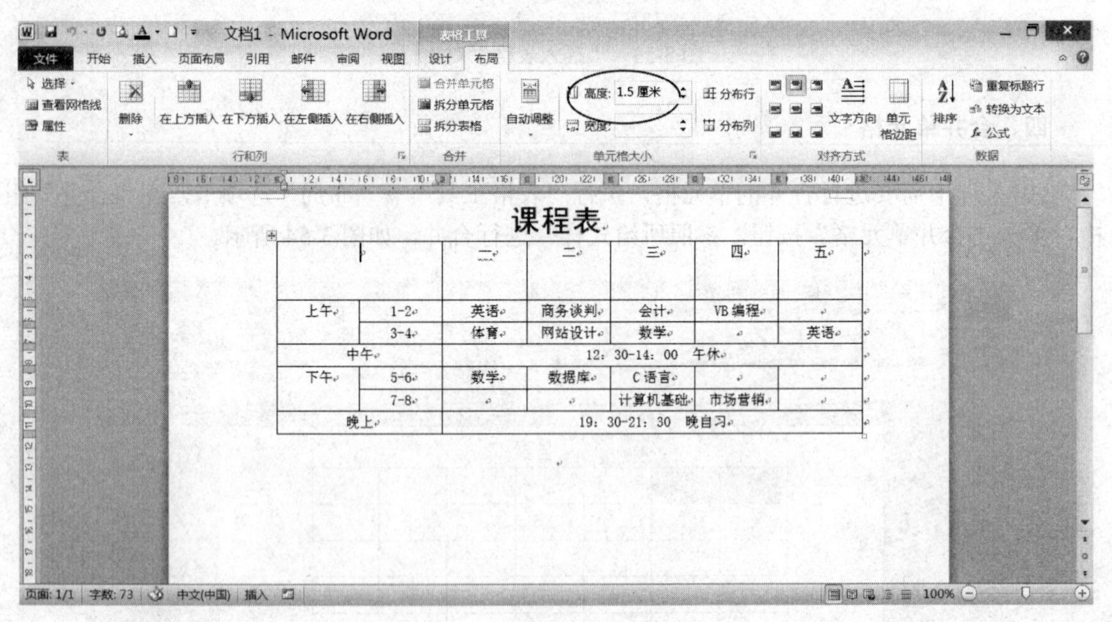

图 3-56　设置单元格高度

（2）按照上述方法，依次设置第 2 行、第 3 行、第 5 行、第 6 行行高为“1 厘米”，第 4 行、第 7 行行高为“0.6 厘米”，并适当调整列宽，调整后效果如图 3-57 所示。

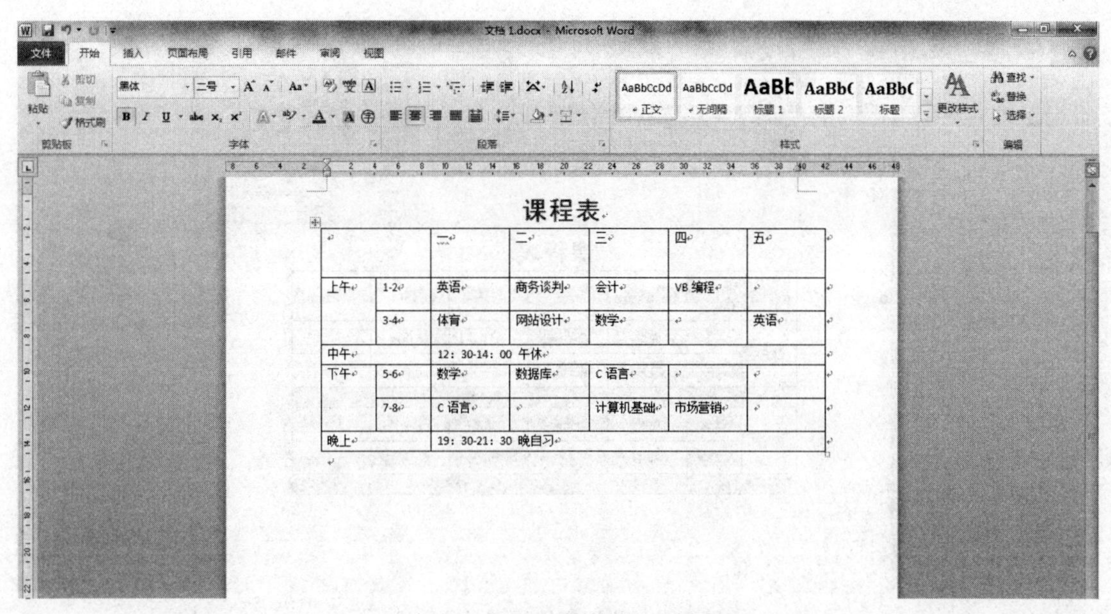

课程表

		一	二	三	四	五
上午	1-2	英语	商务谈判	会计	VB 编程	
	3-4	体育	网站设计	数学		英语
中午		12：30-14：00 午休				
下午	5-6	数学	数据库	C 语言		
	7-8	C 语言		计算机基础	市场营销	
晚上		19：30-21：30 晚自习				

图 3-57 单元格大小调整后的效果

六、添加斜线表头

执行“开始”选项卡，在“段落”组中，单击“边框”下三角按钮，选择“斜下框线”，之后在对应位置输入“星期”和“时间”，如图 3-58 所示。

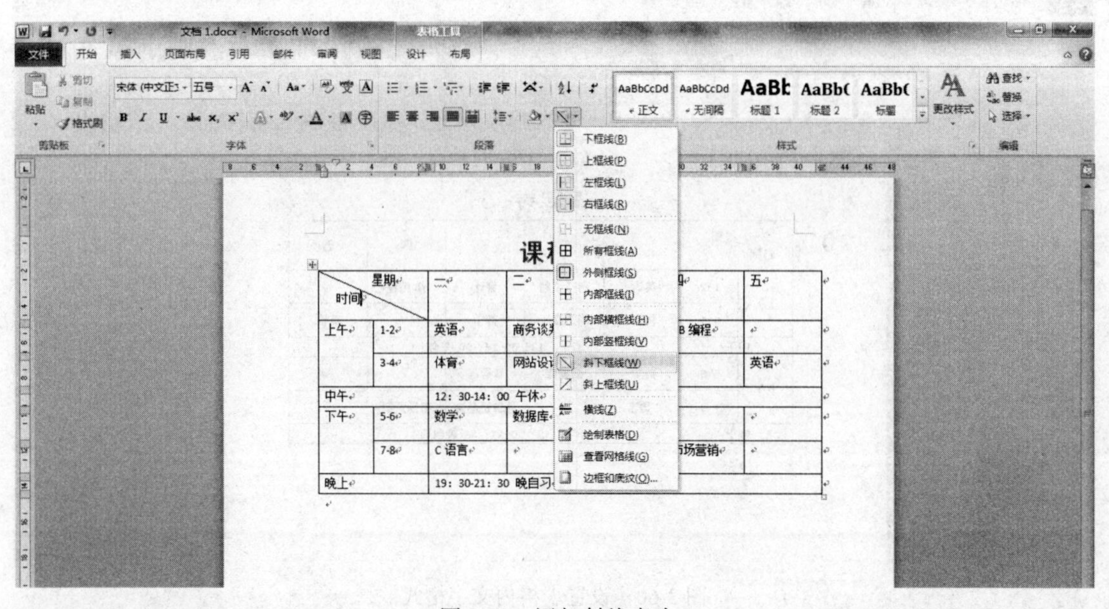

图 3-58 添加斜线表头

七、调整表格对齐方式

选中表格，执行“表格工具”→“布局”选项卡，在“对齐方式”组中，选择“水平居中”对齐方式，如图 3-59 所示。

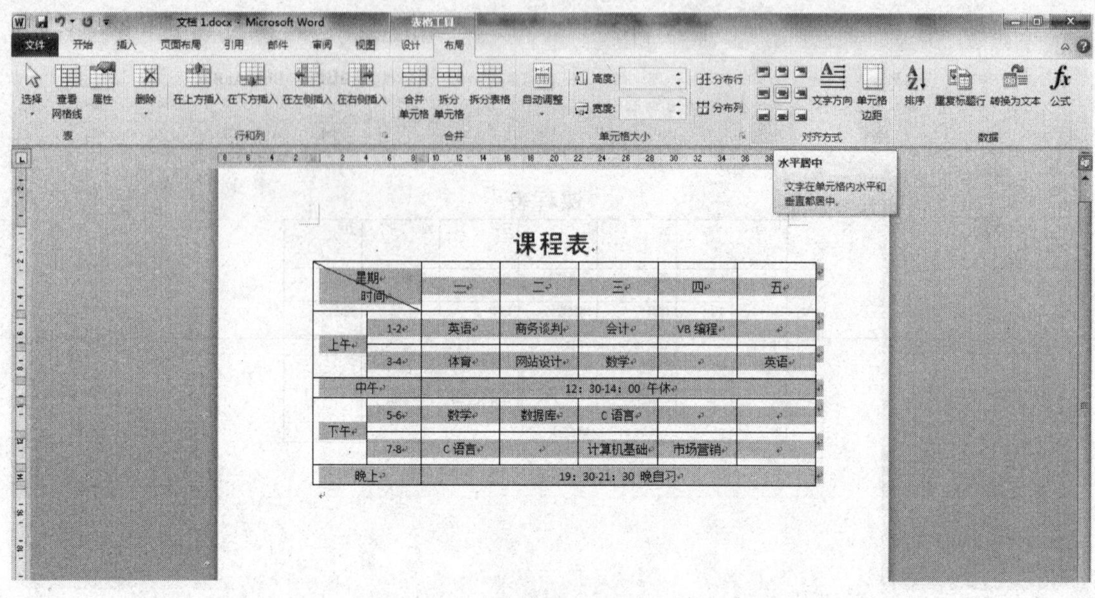

图 3-59 设置表格文字对齐方式

八、设置表格内文字格式

设置表格内文字字体为“宋体”，字号为“五号”，“加粗”，设置后效果如图 3-60 所示。

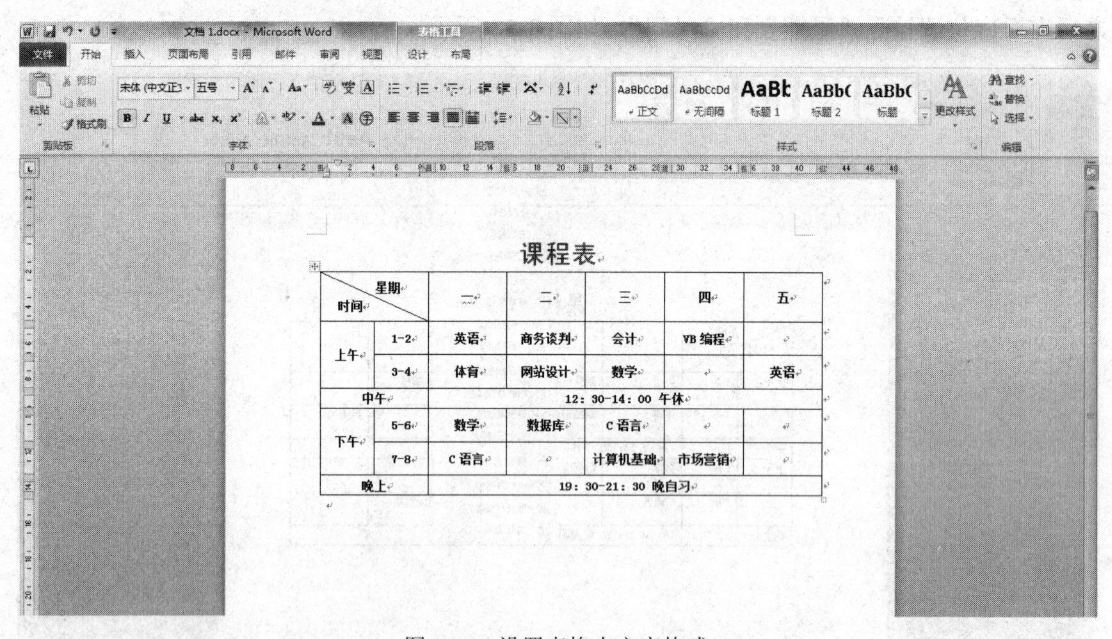

图 3-60 设置表格内文字格式

九、设置表格边框样式、颜色和宽度

（1）选中表格，执行“表格工具”→“设计”选项卡，在“表格样式”组中，单击“边框”下拉按钮，选择“边框和底纹”选项，如图 3-61 所示，在打开的“边框和底纹”对话框中，设置边框样式、颜色和宽度，如图 3-62 所示。

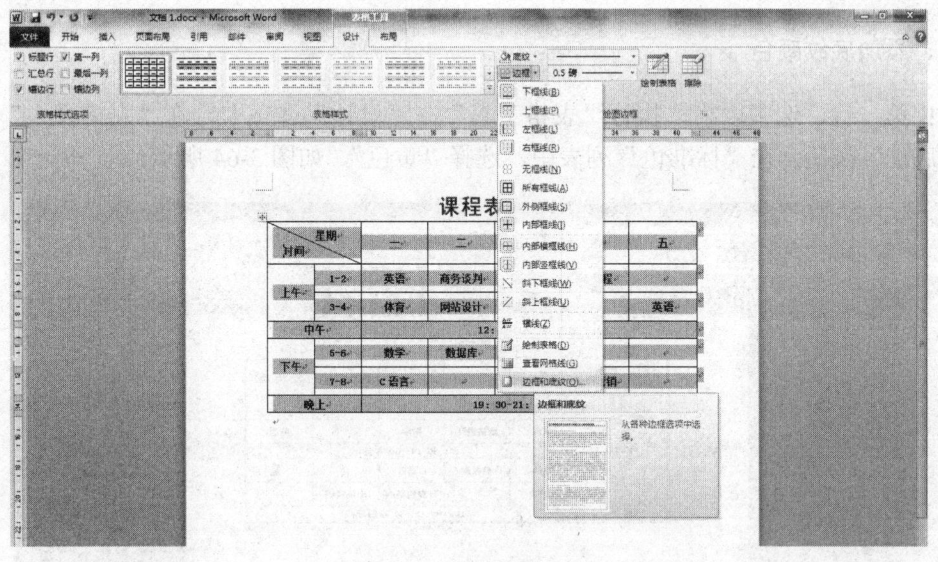

图 3-61　设置表格样式

图 3-62　设置外边框

（2）按照同样方法，设置内边框，如图 3-63 所示。

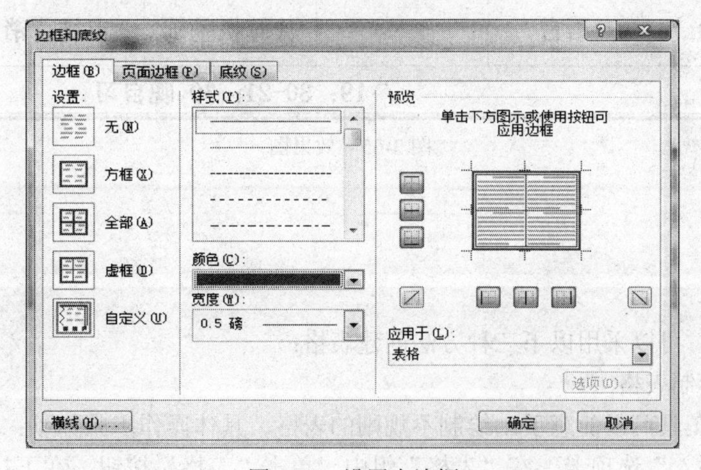

图 3-63　设置内边框

十、添加底纹颜色

选中第一行，选中表格，执行“表格工具”→“设计”选项卡，在“表格样式”组中，单击“底纹”按钮，在“标准色”列表中，选择“黄色”，如图 3-64 所示。

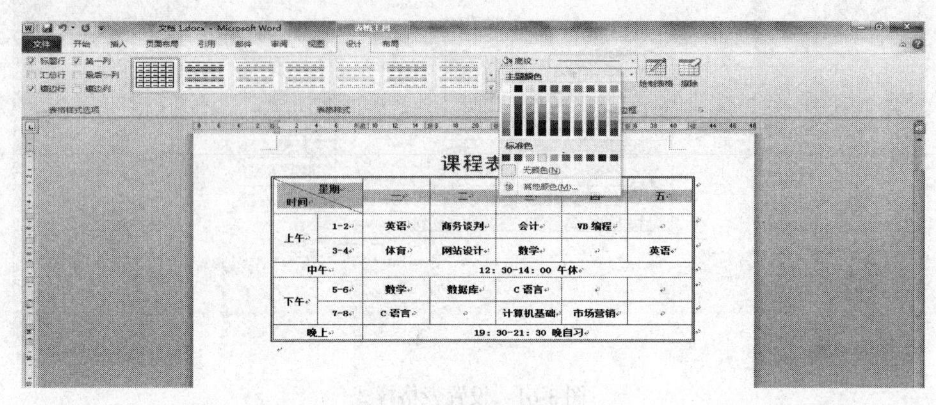

图 3-64　设置底纹颜色

设置完成后效果如图 3-65 所示。

课程表

星期 时间		一	二	三	四	五
上午	1-2	英语	商务谈判	会计	VB 编程	
	3-4	体育	网站设计	数学		英语
中午		12：30-14：00 午休				
下午	5-6	数学	数据库	C 语言		
	7-8	C 语言		计算机基础	市场营销	
晚上		19：30-21：30 晚自习				

图 3-65　效果图

知识点拓展

1. 创建表格

通常情况下，可以采用以下三种方法创建表格：

（1）手动绘制表格

用绘制表格工具可以随意手动绘制不规则的表格，具体操作步骤如下：

1）执行“插入”选项卡，在“表格”组中，单击“表格”按钮，在下拉列表中选择“绘制表格”选项，如图 3-66 所示。

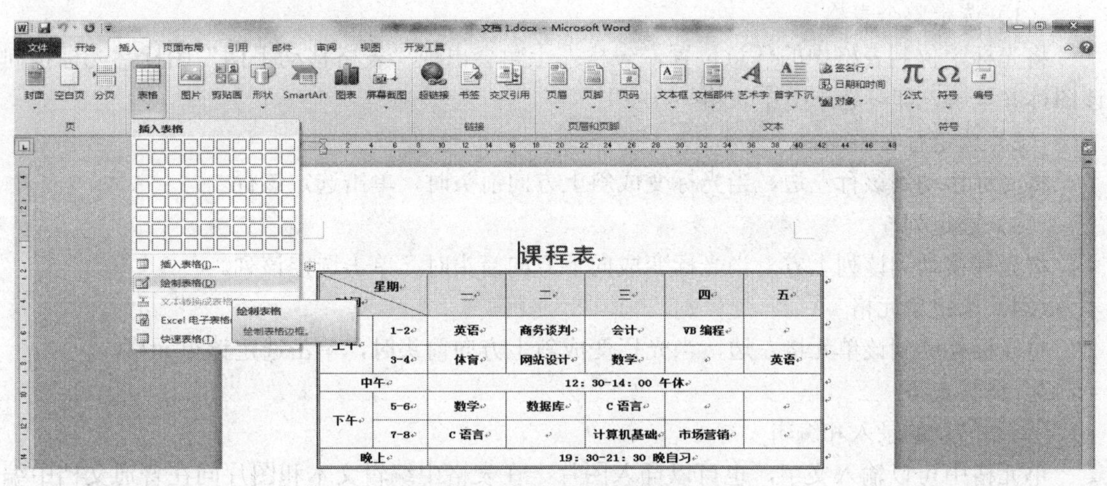

图 3-66 “插入表格”选项组

2）光标移动到“插入表格”处，按住鼠标左键并拖动绘制表格。

3）如果要擦除绘制表格的边框线，可以执行“表格工具/设计”选项卡，在“绘图边框”组中，单击“擦除”按钮。光标变成“橡皮”形状时，按住鼠标左键并拖动经过要删除的边框线，即可成功删除。

（2）利用“表格选择框”创建

将光标定位到插入表格位置，如图 3-66 所示，拖动鼠标在“表格选择框”选择表格的行数和列数，单击鼠标左键即可在指定位置插入。

（3）利用“插入表格”对话框创建

1）将光标定位到插入表格的位置。

2）执行“插入”选项卡，在“表格”组中，单击“表格”按钮，在下拉列表中选择“插入表格”选项，如图 3-66 所示。

3）在打开的“插入表格”对话框中，设置表格列数和行数，设置“自动调整”操作，如图 3-67 所示。

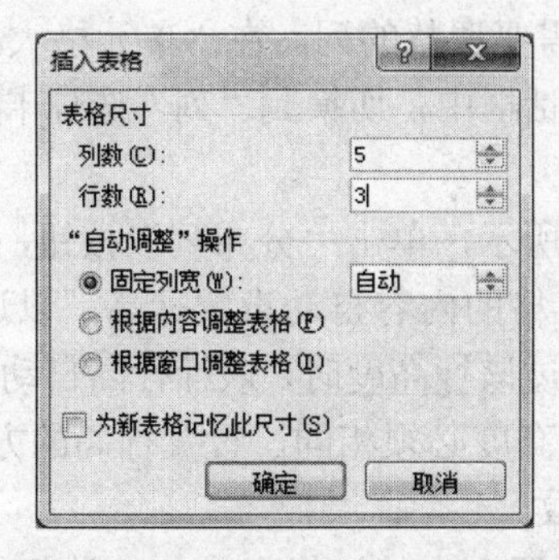

图 3-67 “插入表格”对话框

- 固定列宽：设置表格的固定列宽尺寸。
- 根据内容调整表格：单元格宽度会根据输入的内容自动调整。
- 根据窗口调整表格：表格宽度将会充满当前页面的宽度。

2. 选定表格

（1）选定整个表格

将光标定位到表格中的任意位置，表格左上角会出现“表格移动手柄”图标，光标指向该图标并单击，即可选中整个表格。

（2）选定行

将光标移动到该行左边，当光标变成斜上方向箭头时，单击选定该行。

（3）选定列

将光标移动到该列上方，当光标变成向下方向箭头时，单击选定该列。

（4）选定单元格

将光标移动到该单元格左边，当光标变成斜上方向箭头时，单击选定该单元格。

3. 编辑表格

（1）信息的录入和编辑

单元格中可以输入文字，也可以插入图片。在表格中编辑文本和图片同在普通文档中编辑文本和图片方法一样。

（2）调整表格的列宽和行高

通常调整表格列宽的方法有三种：

1）利用鼠标调整：将光标移到需要调整列的框线上，当指针变成双向箭头时，按住鼠标左键左右拖动列的框线，调整结束后释放鼠标。

2）直接输入列宽：选中需要调整的列，执行“表格工具/布局”选项卡，在“单元格大小”组中“宽度”一栏直接输入列宽，如图 3-68 所示。

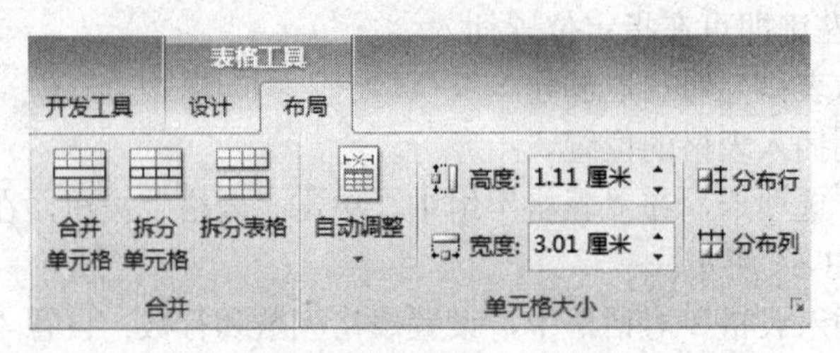

图 3-68 “单元格大小”功能组

3）表格属性对话框：选中需要调整的列，在“单元格大小”组中，单击右下角对话框启动器，在打开的“表格属性”对话框中，切换到“列”选项卡，在“指定宽度”一栏中设置列宽，如图 3-69 所示。

4）分布列按钮：如图 3-68 所示，单击“分布列”按钮，平均分布所选各列宽度。

一般情况下，系统根据单元格的内容自动设置行高，以适应该行中各个单元格所包含的内容。当单元格中输入的内容超过该行高度时，该行行高自动增加。表格中各行的高度可以不相同，但同一行中所有单元格的高度必须相同。设置行高的方法和设置列宽的方法基本相同。

（3）设置表格的边框和底纹

设置表格的边框和底纹同设置文本的边框和底纹方法相似：选中设置区域，执行“表格工具/设计”选项卡，在“表格样式”组中，单击“边框”按钮，如图 3-70 所示。在打开的下拉列表中选择“边框和底纹”选项，在打开的“边框和底纹”对话框中进行设置，方法参考任务 2 知识点拓展的边框和底纹设置。

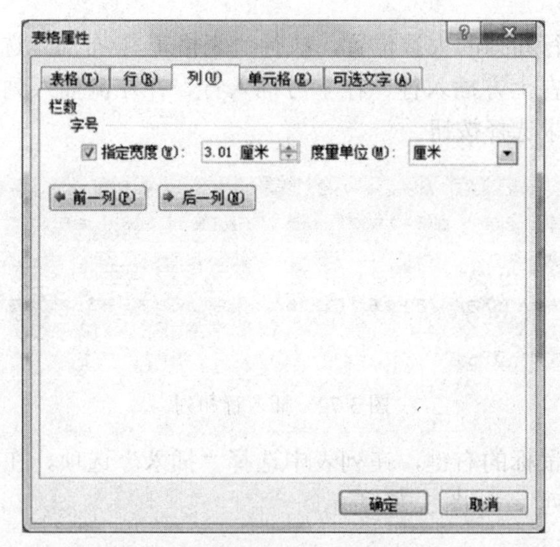

图 3-69　设置表格列宽

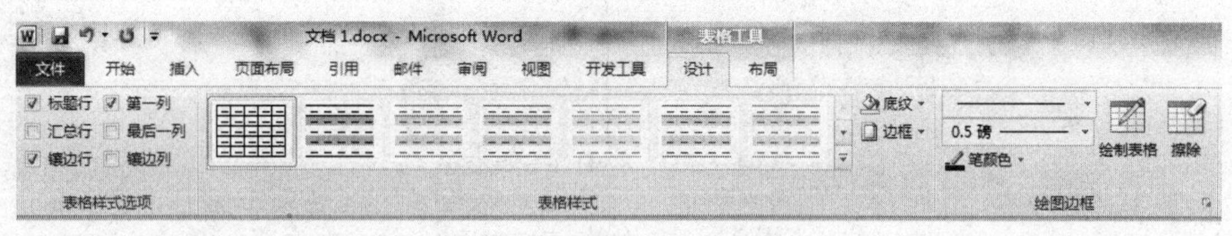

图 3-70　“表格工具”选项卡

（4）设置表格的对齐方式

可以利用“边框和底纹”对话框设置表格对齐方式：选中整个表格，在打开的“边框和底纹”对话框中，切换到“表格”选项卡，在下列五种对齐方式中选择，如图 3-71 所示。

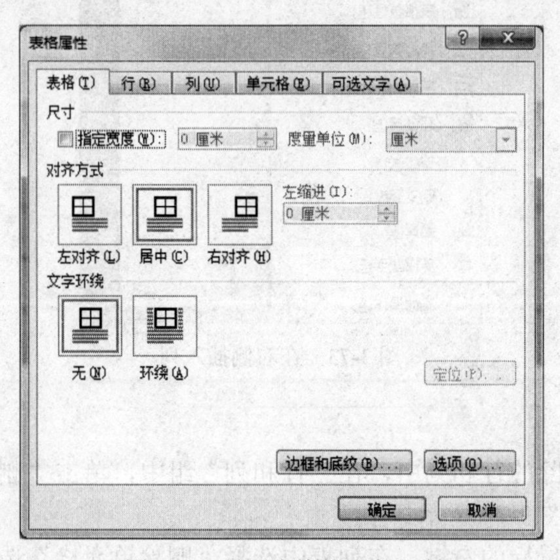

图 3-71　设置表格的对齐方式

4. 插入和删除

（1）插入行和列

将光标定位在插入行和列的大致位置，执行“表格工具/布局”选项卡，在“行和列”组中，有四个按钮选择：在上方插入行、在下方插入行、在左侧插入列、在右侧插入列，如图 3-72 所示。根据实际需求选择按钮。

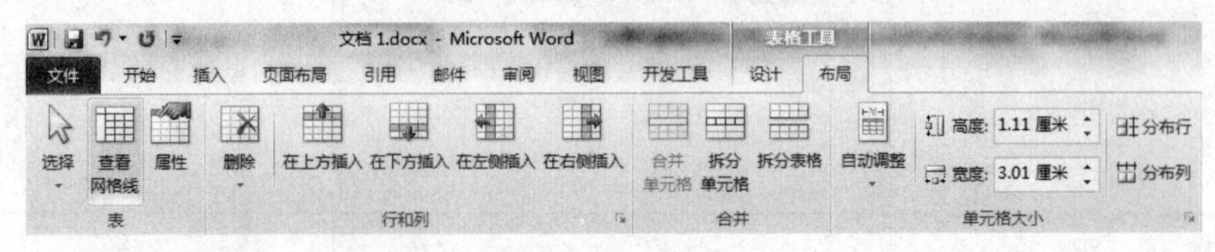

图 3-72　插入行和列

同时，还可以单击鼠标的右键，在列表中选择“插入”选项，在列表中选择具体插入方式，例如“在右侧插入列”，如图 3-73 所示。

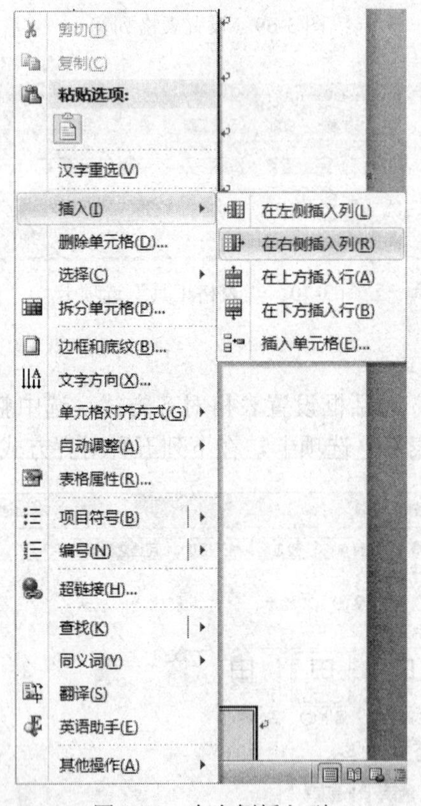

图 3-73　在右侧插入列

（2）删除行和列

将光标定位在要删除的行和列中，在“行和列”组中，单击“删除”按钮，在下拉列表中选择合适的选项，如图 3-74 所示。

同时，还可以单击鼠标的右键，在列表中选择“删除单元格”选项，在打开的“删除单元格”对话框中，选择合适的选项，如图 3-75 所示。

（3）删除整个表格

在删除行和列的第一种方法中，有“删除表格”选项，如图 3-74 所示。

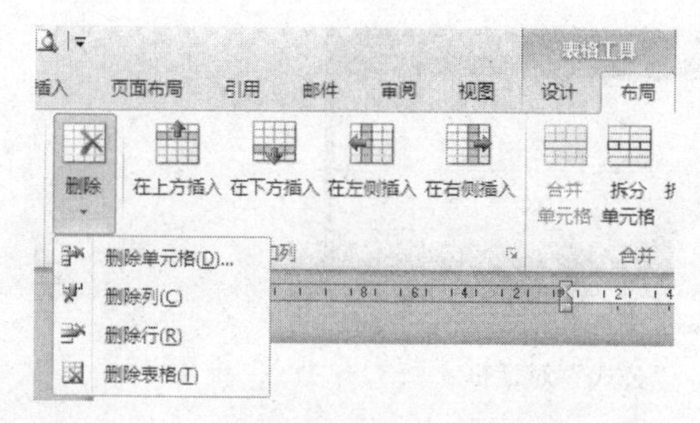

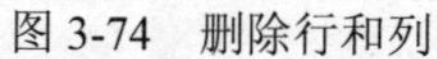

图 3-74　删除行和列

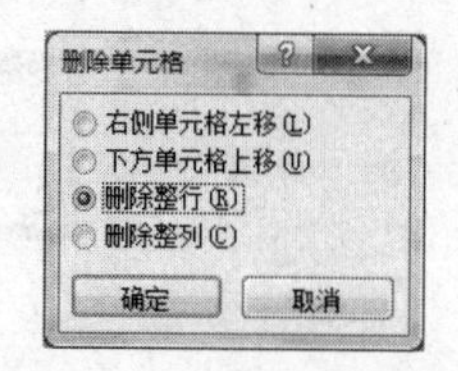

图 3-75　删除单元格

提示：选中整个表格，按键盘上的“Backspace”键，删除整个表格；按键盘上的 Del 键，删除表格内容。

5. 合并和拆分

（1）合并单元格

建立不规则表格时，经常需要将多个单元格合并为一个单元格。具体操作步骤如下：

1）选中要合并的多个单元格。

2）执行“表格工具/布局”选项卡，在“合并”组中，单击“合并单元格”按钮，即可将所选单元格合并为一个单元格。

（2）拆分单元格

同时，还可以将一个单元格拆分成多个。具体操作步骤如下：

1）选定要拆分的一个或几个单元格。

2）执行“表格工具/布局”选项卡，在“合并”组中，单击“拆分单元格”按钮，在打开的拆分单元格对话框中，设置拆分后的列数和行数，如图 3-76 所示。

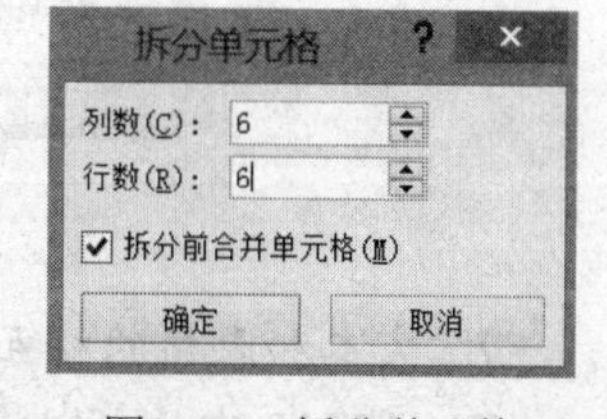

图 3-76　拆分单元格

（3）拆分表格

有时候需要将一个表格拆分成两个表格，具体操作步骤如下：

1）将光标定位在拆分所在行的任意单元格中。

2）执行“表格工具/布局”选项卡，在“合并”组中，单击“拆分表格”按钮，将表格拆分成两个，光标所在的行成为新表格的首行。

6. 表格的计算

Word 2010 表格中可以进行简单的计算，还可以对数据进行排序。以学生成绩表为例，具体操作步骤如下：

（1）数据计算

1）将光标定位到需要计算的单元格中。

2）执行“表格工具/布局”选项卡，在“数据”组中，单击“公式”按钮，打开“公式”对话框，在粘贴函数下拉列表中选择计算所需函数，如图 3-77 所示。

3）表格计算中的公式以等号开始，后面可以是各种运算符组成的表达式，也可以在“粘贴函数”列表框中选择函数。被计算的数据可以直接输入，还可以通过数据所在的单元格间接引用数据。“ABOVE”表示对当前单元格上面（同一列）的数据求和，“LEFT”表示对当前单元格左侧（同一行）的数据求和。

提示：在 Word 表格中，函数也可以复制粘贴。但是粘贴后要按 F9 键更新数据。

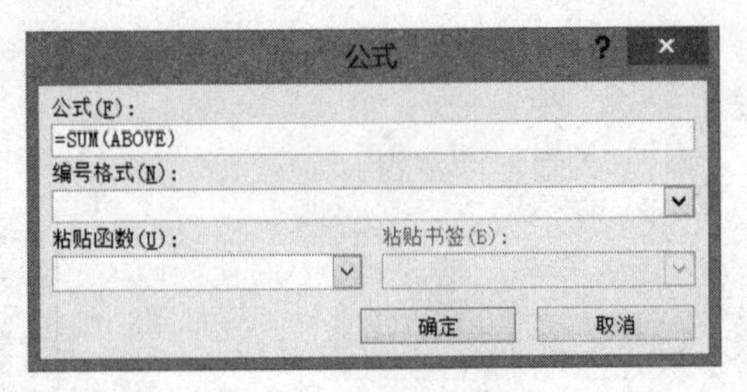

图 3-77 “公式”对话框

（2）数据排序

1）将光标定位在要排序的表格中。

2）执行“表格工具/布局”选项卡，在“数据”组中，单击“排序”按钮，在打开的排序对话框中，设置主要关键字、次要关键字等，如图 3-78 所示。

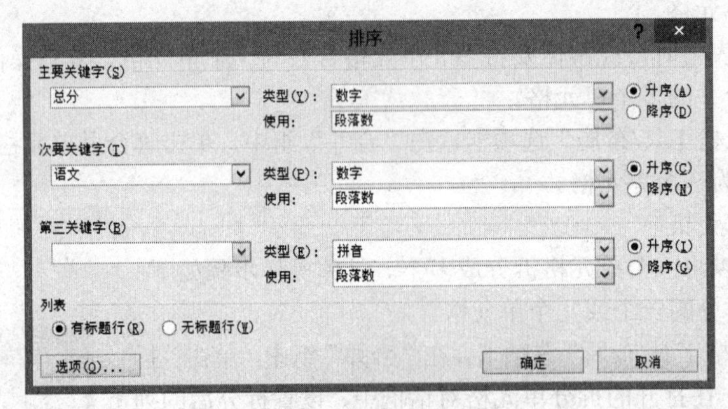

图 3-78 “排序”对话框

7. 文本和表格的相互转换

Word 2010 中，可以将用某些特定字符（如段落标记、逗号、制表符、空格等）间隔开的文本转化为表格，也可以将表格转换成文本，具体操作步骤如下：

（1）文本转换成表格

1）选中需要转换成表格的文本。

2）执行“插入”选项卡，在“表格”组中，单击“表格”按钮，在下拉列表中选择“文本转换成表格”选项，弹出“将文字转换成表格”对话框，如图 3-79 所示。

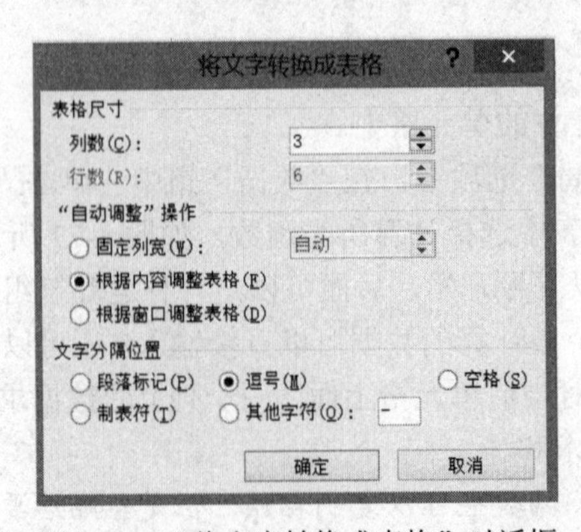

图 3-79 “将文字转换成表格”对话框

3）在打开的“将文字转换成表格”对话框中，一般情况下已经默认设置好列数和行数。设置表格“自动调整”操作和文字分隔位置，单击“确定”按钮即可，转换后效果如图 3-80 所示。

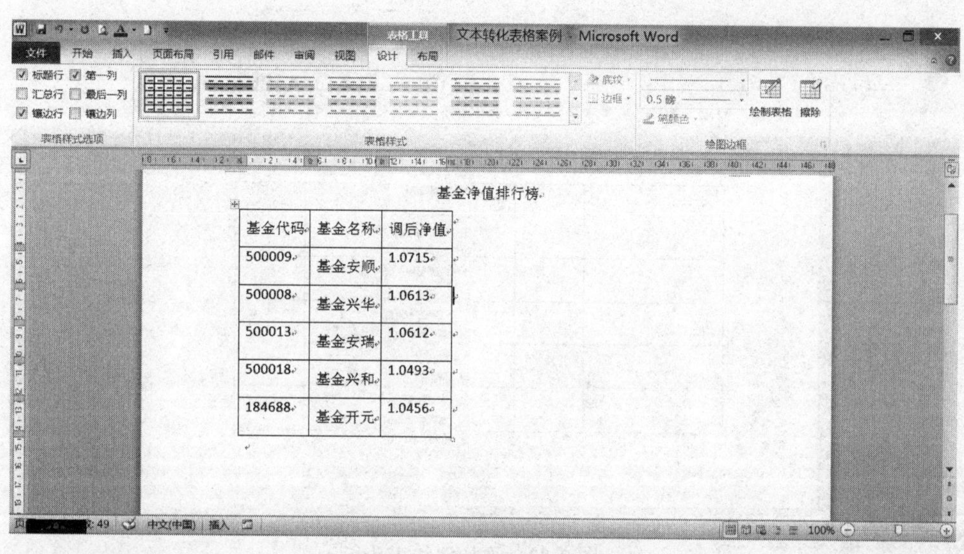

图 3-80　文字转换成表格的效果

（2）表格转换成文本

1）选中需要转换成文本的表格。

2）执行“表格工具/布局”选项卡，在“数据”组中，单击“转换为文本”按钮，如图 3-81 所示。

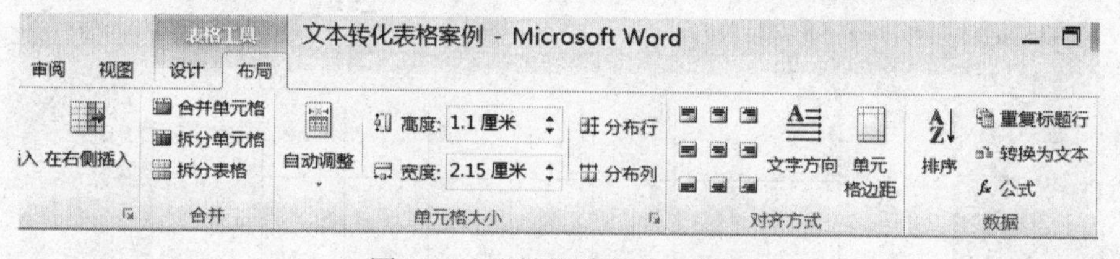

图 3-81　“转换为文本”按钮

3）在打开的“表格转换成文本”对话框中，设置文字分隔符，单击“确定”按钮即可，如图 3-82 所示。

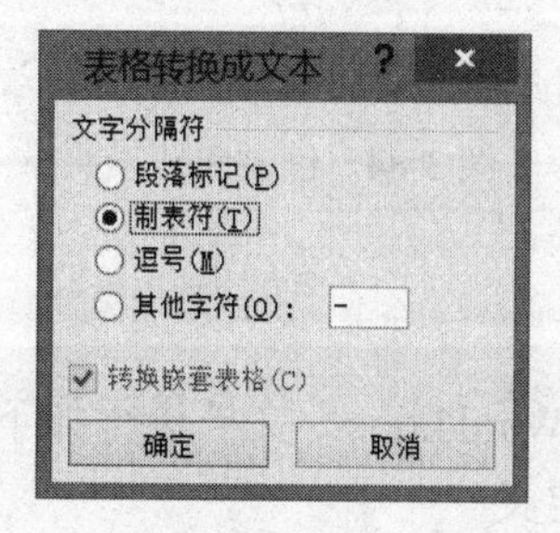

图 3-82　“表格转换成文本”对话框

8. 斜线表头的制作

Word 2003 版本可以通过菜单设置斜线表头，Word 2010 版本取消了这个功能，可以通过边框按钮和绘制表格手动设置斜线表头。

（1）利用边框设置：将光标放置在绘制斜线表头的单元格，在边框下拉列表中选择“斜下框线”选项，如图 3-83 所示。

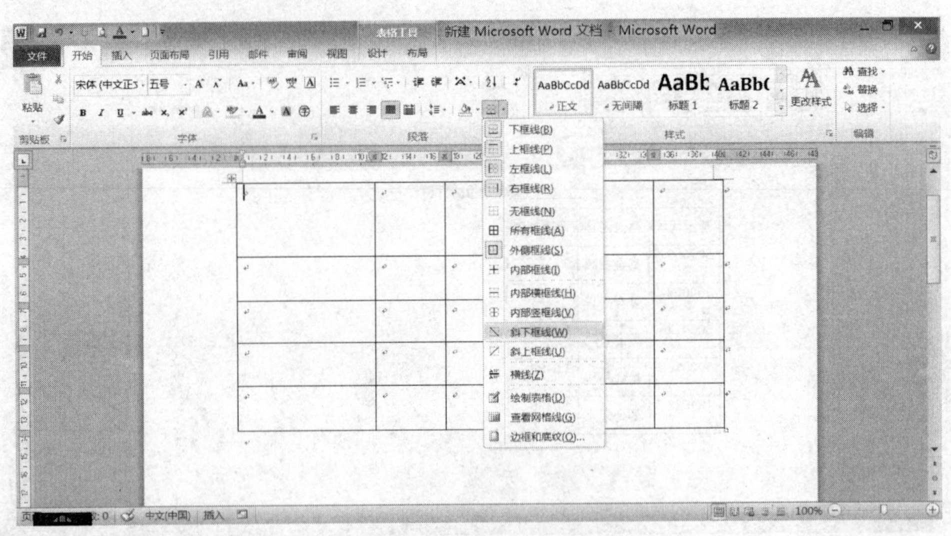

图 3-83　添加斜线表头

（2）利用绘制表格设置：利用手动绘制表格选项，绘制一条斜线表头即可，如图 3-84 所示。

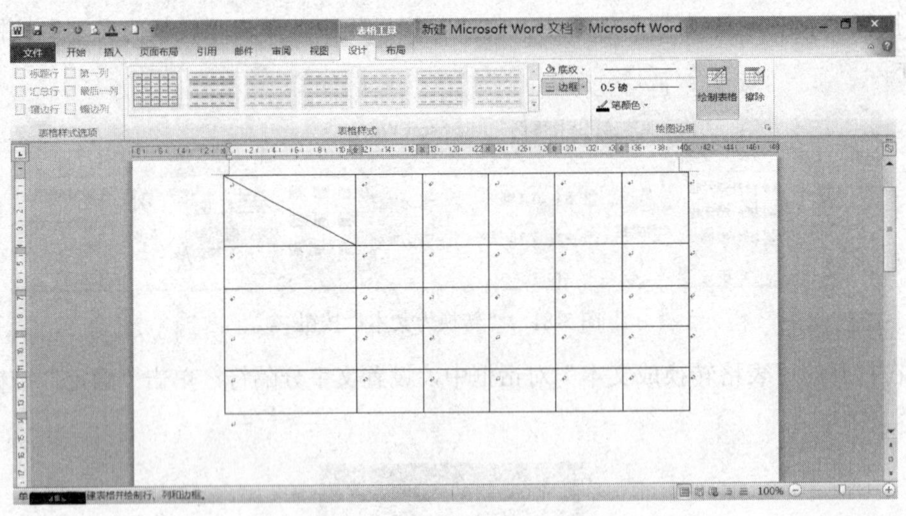

图 3-84　绘制斜线表头

实践与思考

1．按照要求，试对下面的“Word4.doc”文档进行如下编辑。

索引的概念和索引表的类型定义

索引查找（Index Search）又称分级查找。它在日常生活中有广泛的应用。例如，要在《数据结构》一书中查找“二叉树”的内容，则先在目录中查找到对应章节的页码，然后再到该页码的正文中去查找相应内容；在这里整本书就是索引查找的对象，章节的正文是教材的主要内容，被称之为主表；目录是为了便于查找主表而建立的索引，被称之为索引表。索引表可以有多级。

在计算机中为索引查找而建立的主表和各级索引表，其主表只有一个，索引表的级数和数量不受限制，可根据具体需要确定。例如，一个学校的教师登记表如下表所示，此表可看作为按记录前后位置顺序排列的线性表，若以每个记录的“职工号”作为关键字，则线性表（假定用 LA 表示）可简记为：

LA=(JS001,JS002,JS003, JS004,DZ001,DZ002,DZ003,JJ001,JJ002,HG001,HG002,HG003)

职工登记表

职工号	姓名	单位	职称	工资
JS001	王大明	计算机	教授	680
JS002	吴进	计算机	讲师	440
JS003	邢怀学	计算机	讲师	460
DZ001	赵利	电子	助教	380
DZ002	刘平	电子	讲师	480
DZ003	张卫	电子	副教授	600
JJ001	安晓军	机械	讲师	450
JJ002	赵京华	机械	讲师	440
HG001	孙亮	化工	教授	720
HG002	陆新	化工	副教授	580
HG003	王方	化工	助教	400

具体要求：

（1）将标题段“索引的概念和索引表的类型定义”文字设置为楷体、四号、红色，绿色边框、黄色底纹并居中。

（2）设置正文各段落“索引查找（Index Search）……HG001，HG002，HG003”右缩进 1 字符、行距为 1.2 倍，各段落首行缩进 2 字符，将正文第一段“索引查找（Index Search）……索引表可以有多级。”分三栏且栏宽相等，首字下沉 2 字符。

（3）设置页眉为“第 7 章查找”，字体大小为小五号。

（4）将文中后 12 行文字转换为一个 12 行 5 列的表格。设置表格居中，表格第 1 列至第 4 列列宽为 2 厘米，第 5 列列宽为 1.5 厘米，行高为 0.8 厘米，表格中所有文字水平居中。

（5）删除表格的第 8、第 9 两行，排序依据主要关键字为“工资”列，“数字”类型降序对表格进行排序，设置表格所有框线为 1 磅红色单实线。

2．按照要求，试对下面的“Word5.doc”文档进行如下编辑。

PART 系统的运作基础—— extranet 技术

波音在其已搭建的 intranet（企业内联网）基础上，进一步利用 Internet 技术扩展而成自己的 extranet（企业外联网）。这一举措把其 intranet 的潜在利用价值充分挖掘出来，为 PART 系统的良好运作奠定了必不可少的技术基础。

Intranet 把公司内部的服务器、终端相连接，形成数据库和应用程序的共享，并运用防火墙技术起到保护作用，把这些公司内部的敏感信息与外部的公众用户相隔离。可以说，intranet 在网络上形成了一个虚拟的公司，它把雇员与雇员、雇员与公司之间的距离缩短为零，每个雇员都可以在自己的权力范围内了解公司的实际运作情况。公司的采购、库存、发货等工作能得以更高效的进行。除此之外，雇员还可以共享软件应用、技术支持，在内部网上获得公司培训，或是加强彼此之间的沟通联系，增进团队精神。

某企业第一季度销售业绩统计表

一月份　二月份　三月份　季度合计

部门 A　12000　8000　11000

部门 B　20000　9000　18000

部门 C　11000　8500　15000

部门 D　14000　9500　12700

具体要求：

（1）将标题段“PART 系统的运作基础—extranet 技术”文字设置为楷体、三号字、加粗、居中并添加红色底纹。

（2）设置正文各段落“波音在其已搭建的……增进团队精神。”左右各缩进 0.5 厘米、首行缩进 2 字符，行距设置为 1.25 倍并将所有“intranet”加蓝色波浪线。

（3）将正文第二段“Intranet 把公司内部的服务器……增进团队精神。”分为等宽的两栏，栏宽为 19 字符，栏中间加分隔线。

（4）先将文中后 5 行文字设置为五号，然后转换成一个 5 行 5 列的表格，选择“自动重调尺寸以适应内容”。计算“季度合计”的值，设置表格居中、行高 0.8 厘米，表格中所有文字靠上居中。

（5）设置表格外框线为 3 磅单实线，内框线为 1 磅单实线，但第一行的下框线为 3 磅单实线。

任务 4　利用自选图形绘制奖状

学习目标

- 学会插入自选图形、设置自选图形格式
- 掌握自选图形的组合和分布
- 学会插入文本框、掌握页面设置

任务导入

利用自选图形绘制学校奖状。

任务实施

一、新建“奖状”文件并保存

选择“开始”→“所有程序”→“Microsoft Office”→“Microsoft Word 2010”命令，新建一个 Word 文档。单击“文件”选项卡，在弹出的菜单中选择“保存”命令，打开“另存为”对话框。选择保存的路径，并在“文件名”文本框中输入“奖状”，单击“保存”按钮保存 Word 文档。

二、设置纸张方向、大小及边距

执行“页面布局”选项卡，在“页面设置”组中，单击“纸张方向”按钮，在下拉菜单选择“横向”，单击“纸张大小”按钮，在下拉菜单选择“A4”，单击“页边距”按钮，在下拉菜单选择“自定义边距”，在打开的“页面设置”对话框中，设置上、下、左、右页边距均为“3 厘米”，单击“确定”按钮，如图 3-85 所示。

三、设置显示比例大小

执行“视图”选项卡，在“显示比例”组中，单击“显示比例”按钮，在打开的 “显示比例”对话框中，将百分比设置为“50%”，单击“确定”按钮，如图 3-86 所示。

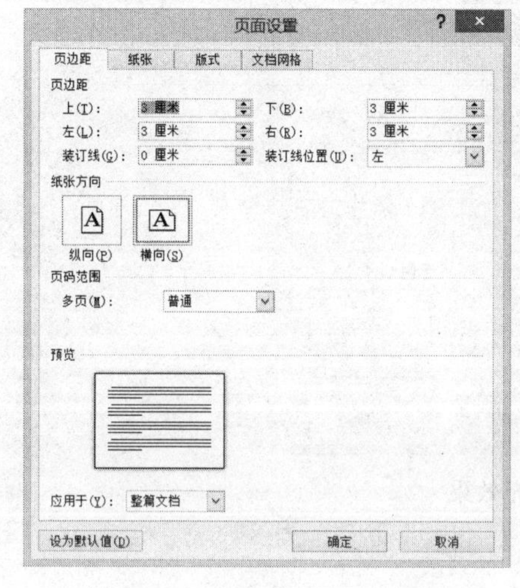

图 3-85　“页面设置”对话框

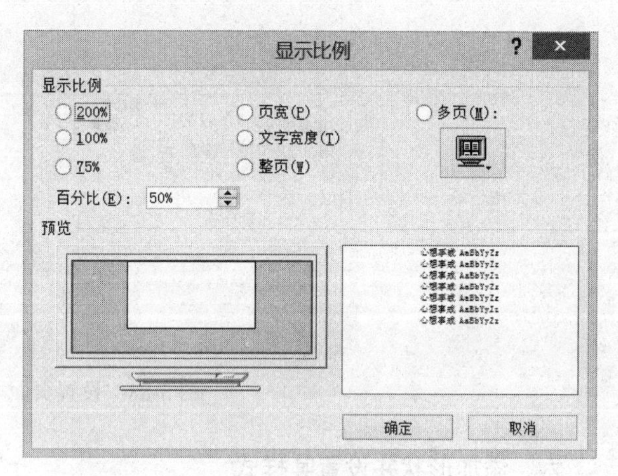

图 3-86　设置显示比例

四、设置页面边框

执行“页面布局”选项卡，在“页面背景”组中，单击“页面边框”按钮，在打开的“边框和底纹”对话框中，设置艺术型为“红花”，宽度为“12 磅”，单击“确定”按钮，如图 3-87 所示。

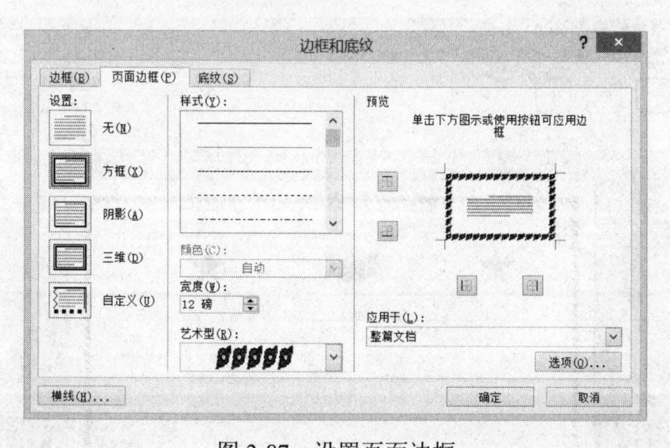

图 3-87　设置页面边框

五、设置页面填充效果

执行“页面布局”选项卡，在“页面背景”组中，单击“页面颜色”按钮，在下拉菜单中选择“填充效果”，在打开的“填充效果”对话框中，切换到“图案”选项卡，设置图案为“轮廓式菱形”，前景颜色为“橙色，强调文字颜色 6，淡色 40%”单击“确定”按钮，如图 3-88 所示。

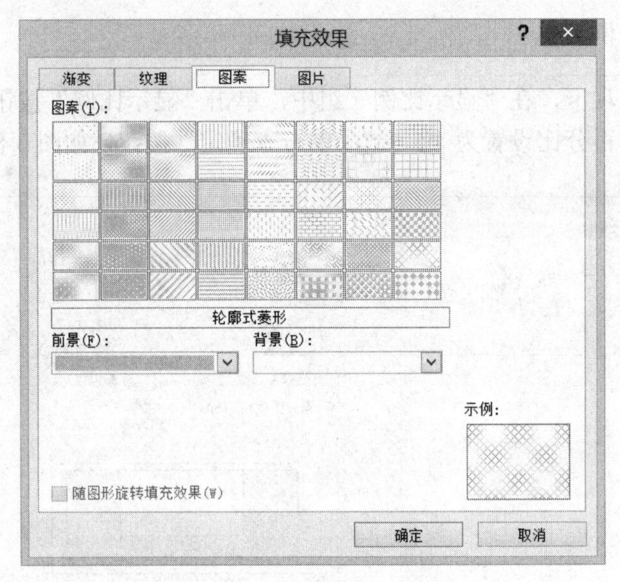

图 3-88　设置页面填充效果

六、添加形状并设置其样式

执行“插入”选项卡，在“插图”组中，单击“形状”按钮，在下拉列表中选择星与旗帜组中的五角星，然后单击鼠标左键即可插入。同理再插入一个五角星和星与旗帜组中的“前凸带形”。选中图形，执行“绘图工具”→“格式”选项卡，在“形状样式”组中，单击“形状填充”按钮，设置填充颜色为“红色”，单击“形状轮廓”按钮，设置颜色为“白色”，如图 3-89 所示。

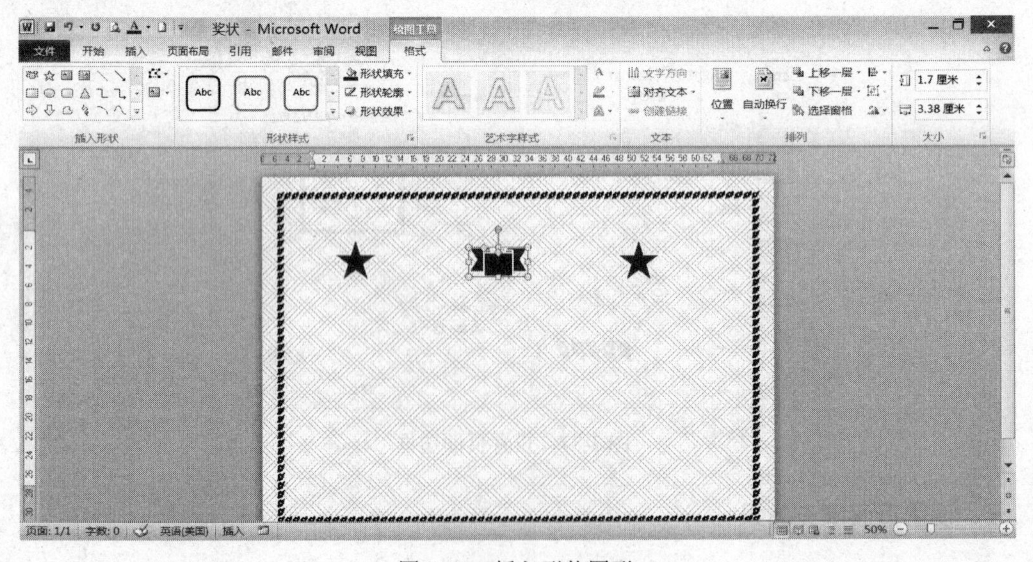

图 3-89　插入形状图形

七、调整形状大小

选中前凸带形，执行“绘图工具”→“格式”选项卡，在“大小”组中，设置高度为“2.5 厘米”，宽度为“8.5 厘米”，并适当调整三个图形位置，如图 3-90 所示。

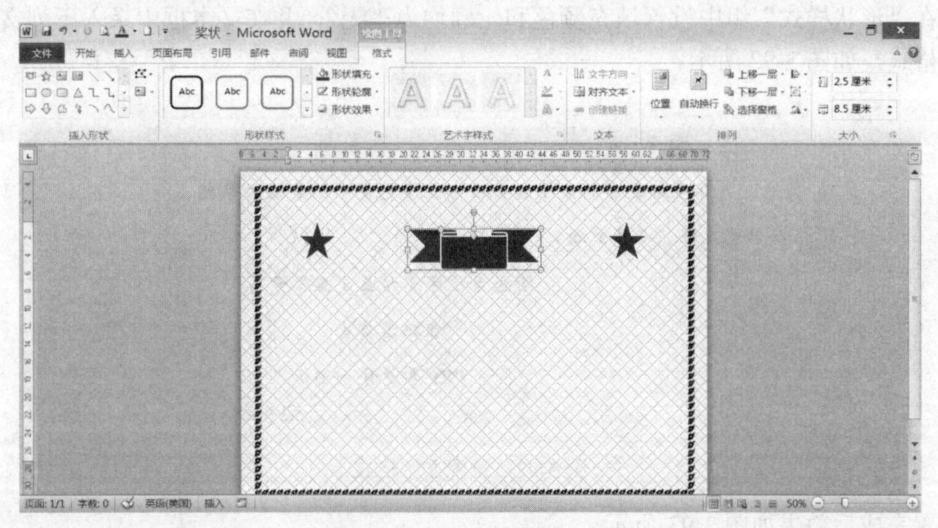

图 3-90　设置形状图形大小

八、为形状添加文字，并调整字体格式

选中前凸带形，单击鼠标右键，选择“添加文字”，并设置文字为“初号”、“楷体”、“白色”、“加粗”。

九、对齐形状图形

按住 Ctrl 键，同时选中三个图形，执行“绘图工具”→“格式”选项卡，在“排列”组中，单击“对齐”按钮，在下拉菜单中，选择“对齐所选对象”、“顶端对齐”、“横向分布”，如图 3-91 所示。

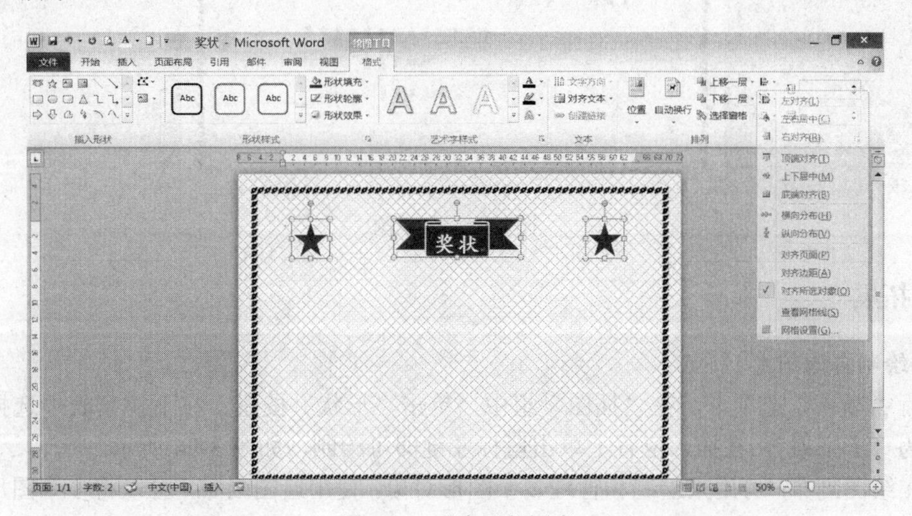

图 3-91　对齐形状图形

十、添加文本框，输入文字并设置其格式

执行“插入”选项卡，在“插图”组中，单击“形状”按钮，在下拉列表中选择“基本情况”组中的“文本框”，并利用鼠标适当调整文本框大小。执行“绘图工具”→“格式”选项卡，在“形状样式”组中设置填充颜色和轮廓均为“无”，并在文本框中录入下列文字，设置文字格式，如图 3-92 所示。

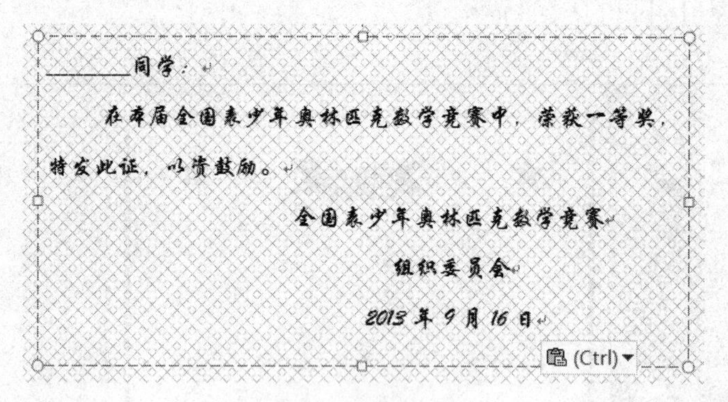

图 3-92　设置文字格式

设置完成后效果如图 3-93 所示。

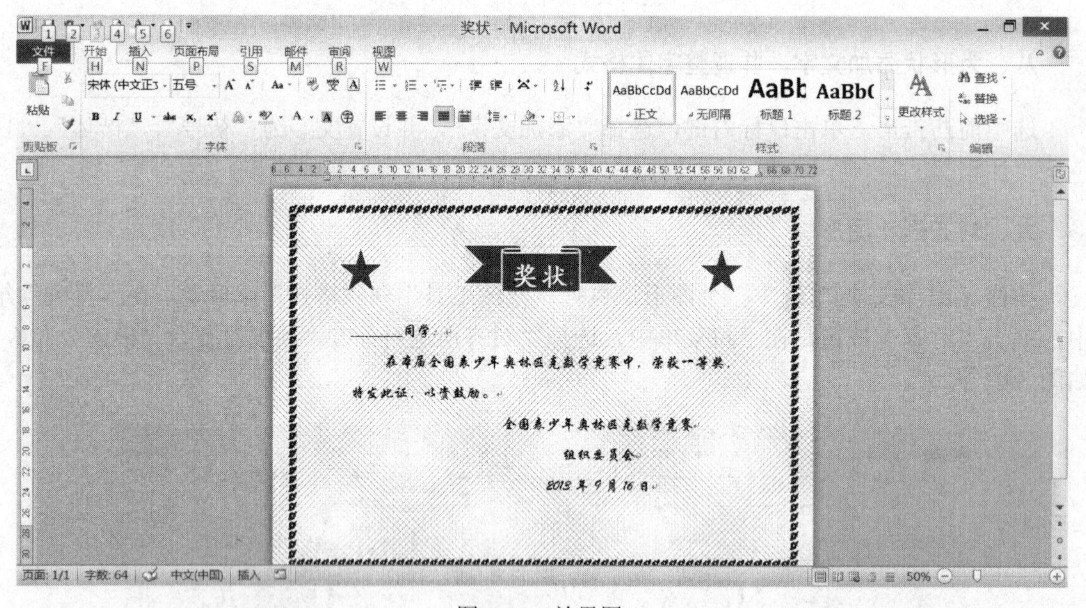

图 3-93　效果图

知识点拓展

1. 绘制自选图形

执行“插入”选项卡，在“插图”组中，单击“形状”按钮，在下拉列表中选择形状，此时变为“十字型”，在插入位置上单击鼠标左键即可绘制，如图 3-94 所示。

- 绘图画布：可用来绘制和管理多个图形对象。使用绘图画布，可以将多个图形对象作为一个整体，在文档中移动、调整大小或设置文字绕排方式。也可以对其中的单个图

形对象进行格式化操作，且不影响绘图画布。绘图画布内可以放置自选图形、文本框、图片、艺术字等多种不同的图形。

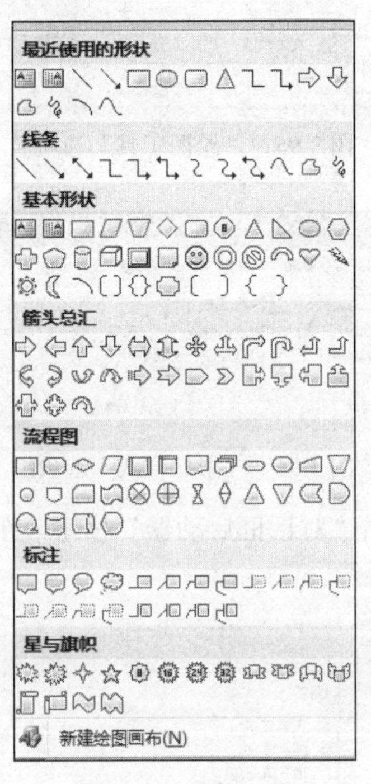

图 3-94　形状工具

- 文本框：既可以通过“插入”选项卡“文本”组中“文本框”按钮插入文本框，也可以通过“形状”按钮的下拉列表“基本形状”类里插入文本框。可以把文本框看作是一个容器，用于放置所需文本。文本框中的文本可以向文档中的文本一样被移动、复制和删除，并可以被设置格式。

2. 编辑自选图形

（1）为自选图形添加文字：光标指向自选图形，当光标变成四向箭头时单击鼠标右键，在弹出的快捷菜单中选择“添加文字”选项，图形中会出现插入点，即可输入文字，单击图形任意处即可停止添加文字。

提示：这些文字是自选图形的一部分，会跟随自选图形一起移动，但不能跟随自选图形旋转或翻转。

（2）组合自选图形：对于多个自选图形，可以对其进行组合设置。组合可以将不同的部分合成一个整体，便于图形的操作和移动，具体操作步骤如下：

1）选中要组合的自选图形。

2）执行“绘图工具”选项卡，在“排列”组中，单击“组合”按钮，即可对选中的自选图形进行组合，如图 3-95 所示。

（3）设置形状样式：可以对自选图形设置填充效果、三维效果、阴影效果对自选图形进行美化修饰，具体操作步骤如下：

1）选中需要设置的自选图形。

2）执行“绘图工具”选项卡，在“形状样式”组中，可以设置样式、填充效果、轮廓和效果，如图 3-96 所示。

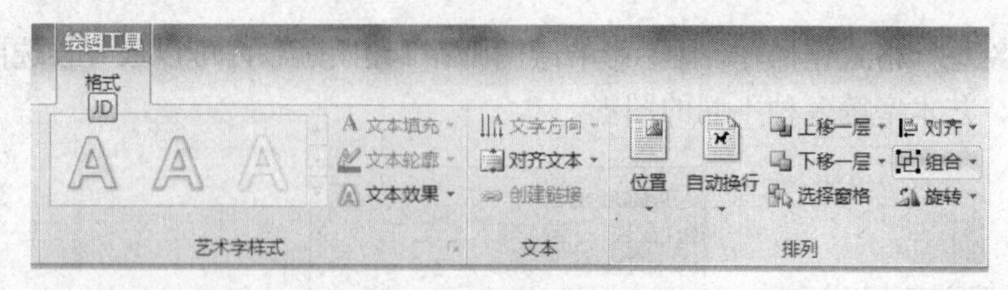

图 3-95 “绘图工具”选项卡

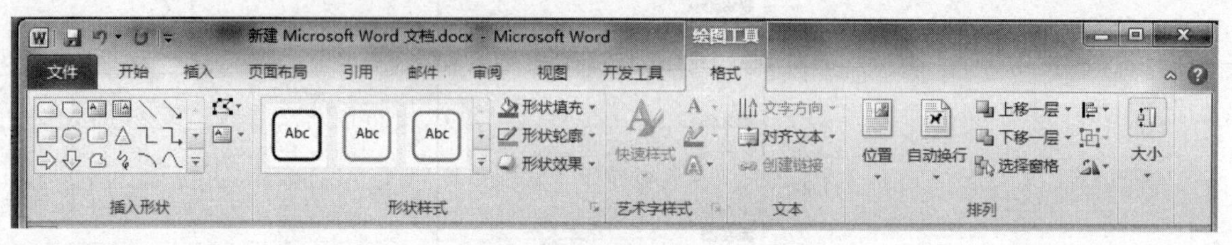

图 3-96 “形状样式”选项组

3）如果需要更多设置，单击“对话框启动器”按钮，在打开的“设置形状格式”对话框中，提供更多设置，如图 3-97 所示。

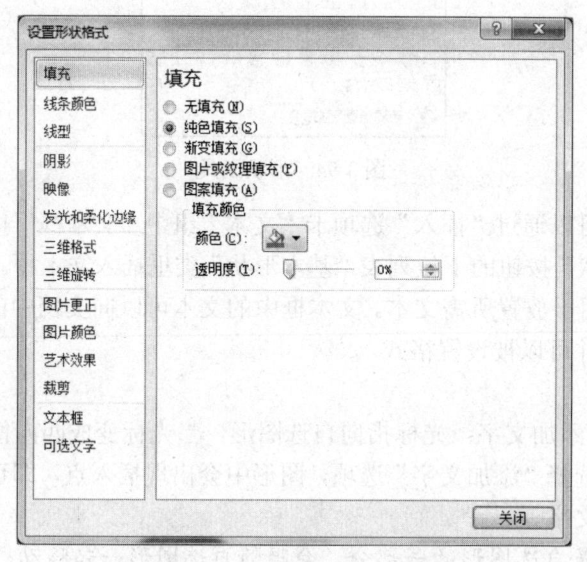

图 3-97 “设置形状格式”对话框

（4）设置叠放顺序：绘制的自选图形位置重叠时，需要调整自选图形的叠放顺序，具体操作步骤如下：

1）选定需要调整叠放顺序的自选图形。

2）执行“绘图工具”选项卡，在“排列”组中，通过“上移一层”和“下移一层”按钮，调整自选图形的叠放层次，如图 3-98 所示。

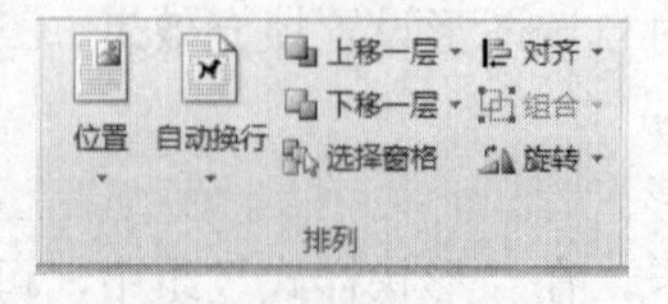

图 3-98 “排列”选项组

（5）设置对齐方式：绘制多个自选图形，可以设置图形的对齐和分布，具体操作步骤如下：

1）选中需要对齐的自选图形。

2）在“排列”组中，单击“对齐”按钮，在下拉列表中选择合适的对齐方式，如图 3-97 所示。

提示：所谓分布图形就是平均分配各个图形之间的间距，用户可以分布三个或三个以上图形之间的间距，或者分布两个或两个以上图形相对于页面边距之间的距离。

3. SmartArt 图形

SmartArt 图形是 Word 2007 和 Word 2010 新增加的一种图形功能。

（1）插入 SmartArt 图形

1）执行“插入”选项卡，在“插图”组中，单击“SmartArt”按钮，弹出“选择 SmartArt 图形”对话框。

2）在打开的“选择 SmartArt 图形”对话框中，单击左侧的类别名称选择合适的类别，然后在对话框右侧单击选择需要的 SmartArt 图形，单击“确定”按钮即可，如图 3-99 所示。

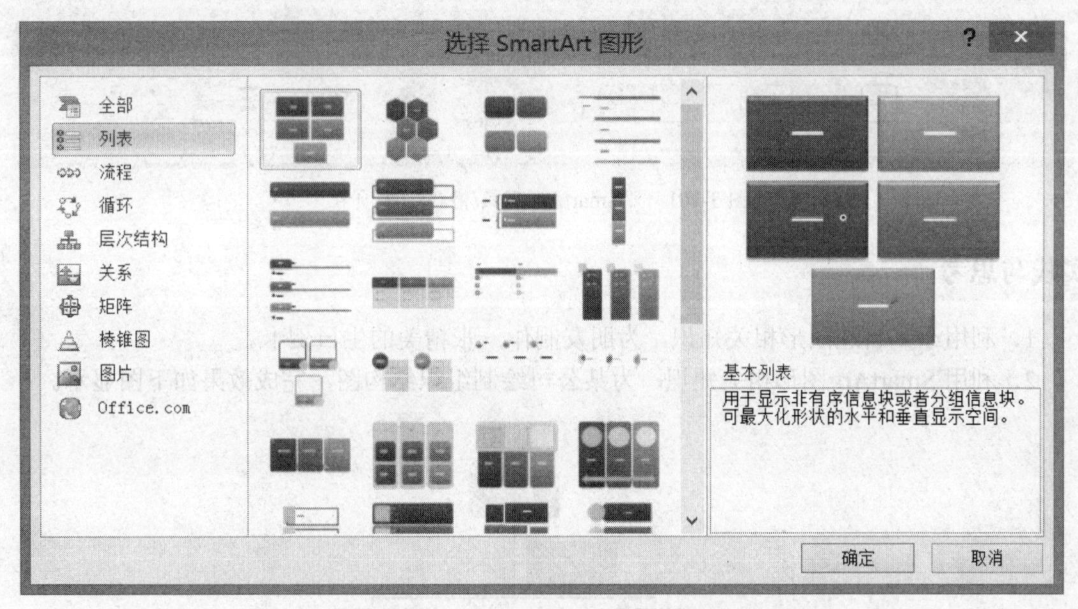

图 3-99　“选择 SmartArt 图形”对话框

3）返回 Word 2010 文档窗口，在插入的 SmartArt 图形中输入合适的文字。

（2）编辑 SmartArt 图形

1）添加形状：执行“SmartArt 工具/设计”选项卡，在“创建图形”组中，单击“添加形状”下三角按钮，在下拉选项中选择插入形状的位置，如图 3-100 所示。

图 3-100　“SmartArt 工具/设计”选项卡

添加形状有五个选项，具体含义如下：

- 在后面添加形状：在选中形状的右边或下方添加级别相同的形状。
- 在前面添加形状：在选中形状的左边或上方添加级别相同的形状。
- 在上方添加形状：在选中形状的左边或上方添加更高级别的形状，如果当前选中的形状处于最高级别，则该命令无效。
- 在下方添加形状：在选中形状的右边或下方添加更低级别的形状，如果当前选中的形状处于最低级别，则该命令无效。
- 添加助理：仅适用于层次结构图形中的特定图形，用于添加比当前选中的形状低一级别的形状。

2）删除形状：选中要删除的形状，当光标变成四向箭头时，按 Del 键即可。

3）布局和样式："SmartArt 工具/设计"选项卡的"布局"组和"SmartArt 样式"组中，可以更改布局和样式的设置。

4）形状和形状样式："SmartArt 工具/格式"选项卡的"形状"组和"形状样式"组，可以对图形样式进行相关设置，如图 3-101 所示。

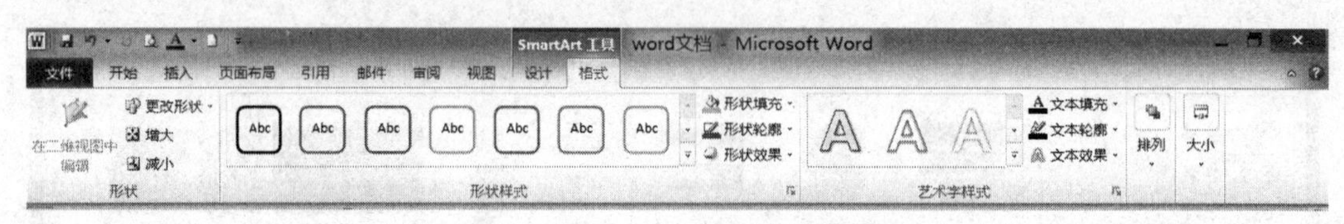

图 3-101　"SmartArt 工具/格式"选项卡

实践与思考

1．利用绘制自选图形相关知识，为朋友制作一张精美的生日贺卡。

2．利用 SmartArt 图形相关知识，为某公司绘制组织结构图，完成效果如下图显示。

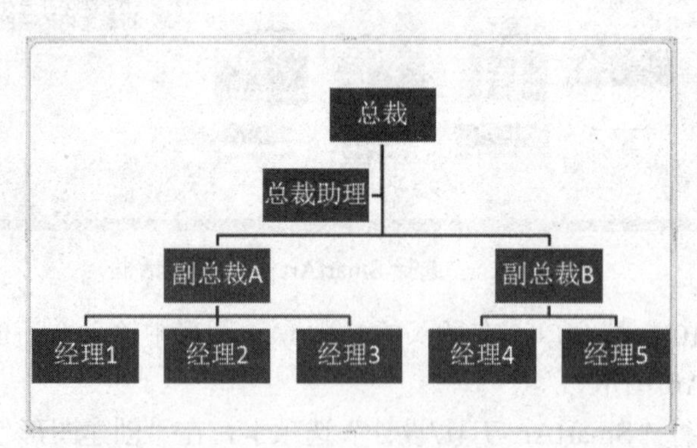

任务 5　综合应用——制作电影宣传海报

学习目标

- 表格、文字、图片、艺术字综合应用
- 文本框和文档部件的使用

任务导入

利用所学知识，设计并制作电影宣传海报。

任务实施

一、新建“电影海报”文件，并保存

选择“开始”→“所有程序”→“Microsoft Office”→“Microsoft Word 2010”命令，新建一个 Word 文档。单击“文件”选项卡，在弹出的菜单中选择“保存”命令，打开“另存为”对话框。选择保存的路径，并在“文件名”文本框中输入“电影海报”，单击“保存”按钮保存 Word 文档。

二、设置纸张方向及页边距

执行“页面布局”选项卡，在“页面设置”组中，单击“纸张方向”按钮，设置纸张方向为“横向”，单击“页边距”按钮，设置页边距样式为“窄”。

三、插入表格，并设置单元格大小

执行“插入”选项卡，在“表格”组中，单击“表格”按钮，插入 5 行 6 列表格。并对表格行高和列宽做如下设置：第 1 行行高 1.5 厘米，第 2 行行高 0.5 厘米，第 3 行行高 2.2 厘米，第 4 行和第 5 行行高 3.5 厘米。第 1 列列宽 6 厘米，第 2 列 0.5 厘米，第 3 列和第 5 列 4 厘米，第 4 列和第 6 列 5 厘米。按照下图合并单元格，如图 3-102 所示。

图 3-102 绘制表

四、插入图片并设置图片大小及添加文字

按照图 3-102 所示，在表格指定位置，执行“插入”选项卡，在“插图”组中，单击“图片”按钮，并对图片大小进行设置：“夺宝熊兵”设置为高 4.5 厘米，宽 3.19 厘米，其余图片设置为高 3 厘米，宽 2.18 厘米。添加文字，并设置合适的字号和字形，为插入图片全部设置为靠上居中对齐。

图 3-103　向表格内添加文字和图片

五、调整图片样式，添加艺术字

按照图片样式，将部分边框设置为“无”，将部分边框设置为“白色，背景一，深色 35%”。将第一行背景设置为黑色，并添加艺术字“假期上映”，样式为“橙色，强调文字颜色 6，内部阴影”，一号，黑体，对其方式为“中部居中”，完成后效果如图 3-104 所示。

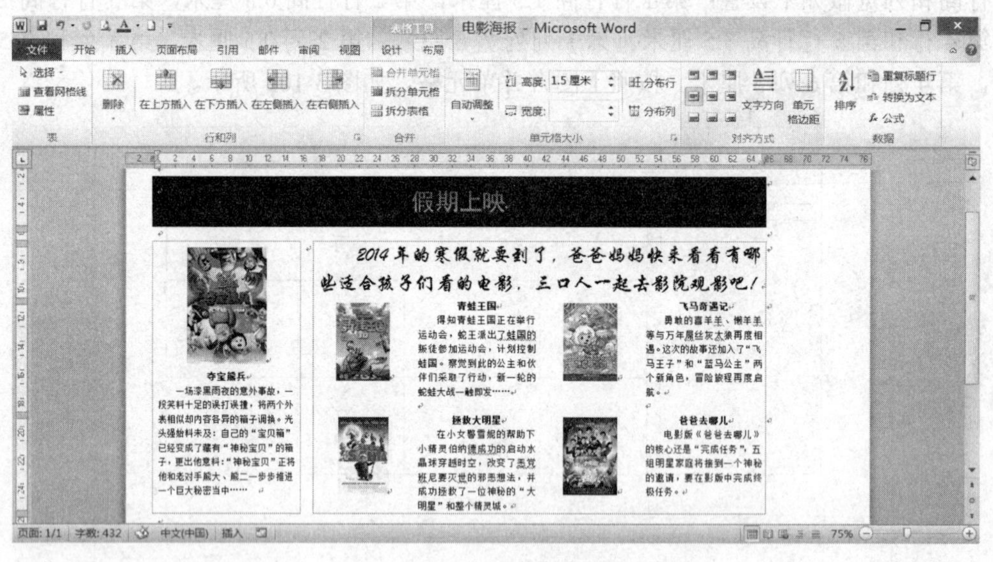

图 3-104　电影海报效果图

知识点拓展

1. 屏幕截图

通过 Word 2010 的“屏幕截图”功能，用户可以方便地将已经打开且未处于最小化状态的窗口截图插入到当前 Word 文档中。需要注意的是，“屏幕截图”功能只能应用于文件扩展名为.docx 的 Word 2010 文档中，在文件扩展名为.doc 的兼容 Word 文档中是无法实现的。具体做法是：将准备插入到 Word 2010 文档中的窗口处于非最小化状态，然后打开 Word 2010 文档窗口，切换到“插入”功能区。在“插图”组中单击“屏幕截图”按钮，打开“可用视窗”面板，Word 2010 将显示智能监测到的可用窗口，单击需要插入截图的窗口即可。PrintScreen 复制当前屏幕上内容到剪切板（图形），即拷贝整个屏幕；Alt+PrintScreen 复制当前活动窗口内容到剪切板（图形），即拷贝单个窗口。

2. 分节符

通过在 Word 2010 文档中插入分节符，可以将 Word 文档分成多个部分。每个部分可以有不同的页边距、页眉页脚、纸张大小等不同的页面设置。分节符有以下几个类型：

（1）下一页：插入分节符并在下一页上开始新节。

（2）连续：插入分节符并在同一页上开始新节。

（3）偶数页：插入分节符并在下一偶数页上开始新节。

（4）奇数页：插入分节符并在下一奇数页上开始新节。

实践与思考

请利用前面所学的知识，为自己制作一份带照片的求职简历。

任务 6　批量制作成绩通知书

学习目标

- 学会利用邮件合并，批量快速合并文档

任务导入

临近寒假，教务处小唐要为每个学生家里邮寄一份成绩单，学生成绩单样式如下图所示，利用邮件合并功能为每个同学制作一份成绩单。

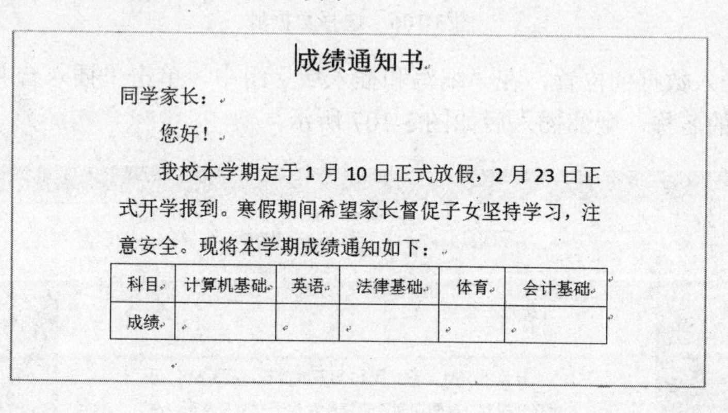
成绩通知书

同学家长：

您好！

我校本学期定于 1 月 10 日正式放假，2 月 23 日正式开学报到。寒假期间希望家长督促子女坚持学习，注意安全。现将本学期成绩通知如下：

科目	计算机基础	英语	法律基础	体育	会计基础
成绩					

任务实施

一、制作邮件合并主文档

（1）新建名为“成绩通知单”的空白文档，并保存到合适位置。

（2）按照上图所示，录入文字并插入表格。

（3）设置文字和表格格式。

二、创建数据源

可用 Word 表格创建数据源，也可以在 Excel 或 Access 中创建数据源。本案例使用 Excel 文件“学生成绩”作为数据源。

三、选择数据源

（1）执行“邮件”选项卡，在“开始邮件合并”组中，单击“选择收件人”按钮，在下拉列表中选择“使用现有列表”选项，如图 3-105 所示。

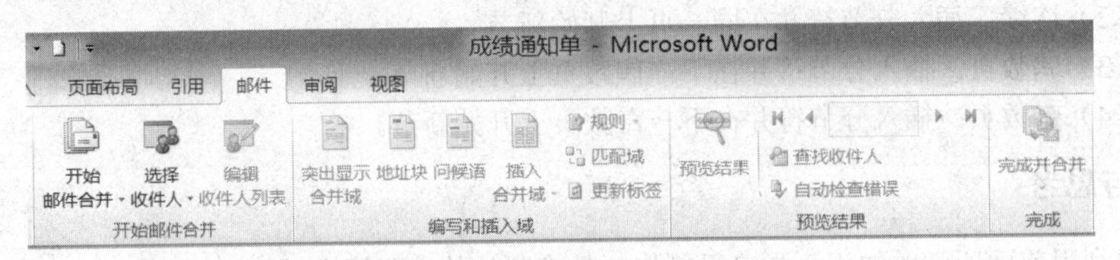

图 3-105　“开始邮件合并”功能组

（2）在打开的“选择数据源”对话框中，查找数据源的所在位置，单击“确定”按钮后，会弹出“选择表格”对话框，选择数据源所在的工作表，如图 3-105 所示。

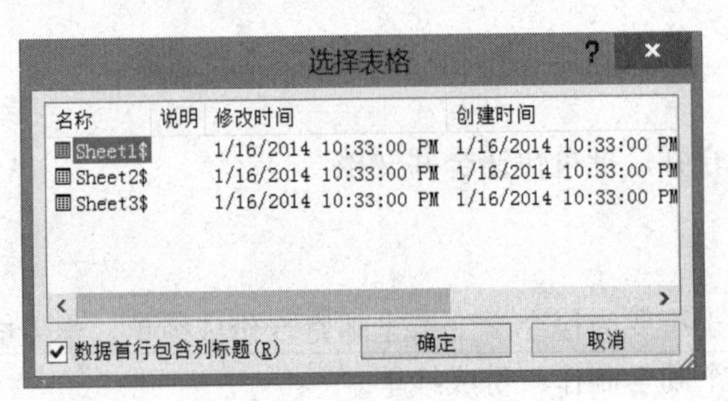

图 3-106　选择数据源

（3）选择插入数据的位置，在“编写和插入域”组中，单击“插入合并域”按钮，在下拉列表中插入域的名称，全部插入后如图 3-107 所示。

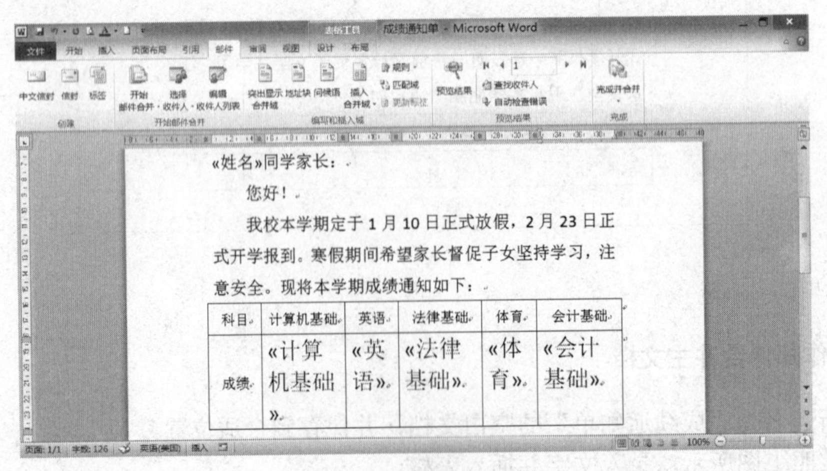

图 3-107　编辑和插入域

四、合并主文档与数据源

在“完成”组中，单击“完成并合并”按钮，在下拉列表中选择“编辑单个文档”选项，在打开的“合并到新文档”对话框中，设置合并记录的范围，单击“确定”按钮，如图 3-108 所示。

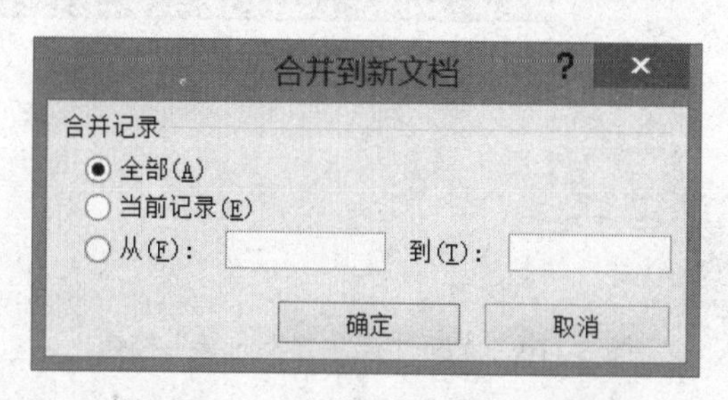

图 3-108　“合并到新文档”对话框

五、保存合并后的新文档

单击“保存”按钮，保存新文档，并命令为“成绩单”。完成后效果如图 3-109 所示。

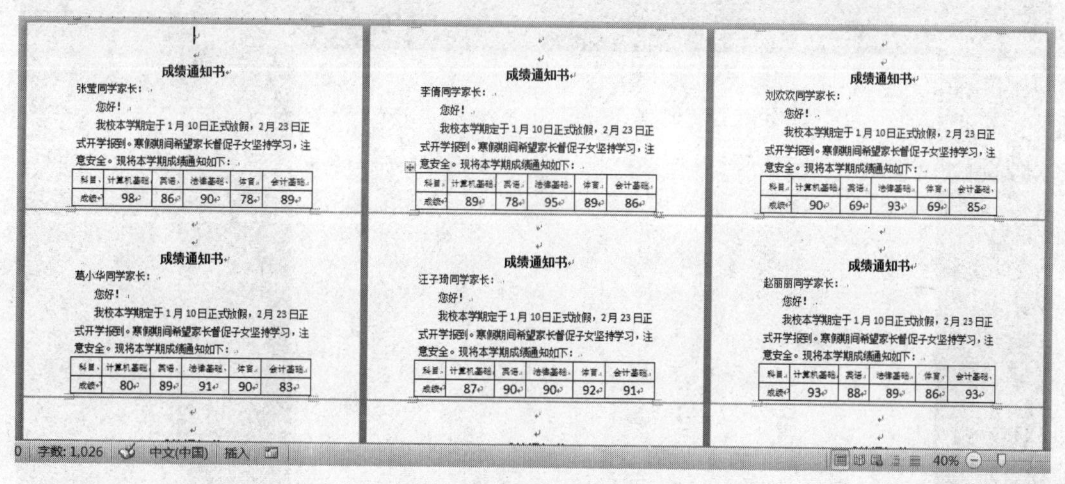

成绩通知书

张莹同学家长：

您好！

我校本学期定于1月10日正式放假，2月23日正式开学报到。寒假期间希望家长督促子女坚持学习，注意安全。现将本学期成绩通知如下：

科目	计算机基础	英语	法律基础	体育	会计基础
成绩	98	86	90	78	89

成绩通知书

葛小华同学家长：

您好！

我校本学期定于1月10日正式放假，2月23日正式开学报到。寒假期间希望家长督促子女坚持学习，注意安全。现将本学期成绩通知如下：

科目	计算机基础	英语	法律基础	体育	会计基础
成绩	80	89	91	90	83

成绩通知书

李倩同学家长：

您好！

我校本学期定于1月10日正式放假，2月23日正式开学报到。寒假期间希望家长督促子女坚持学习，注意安全。现将本学期成绩通知如下：

科目	计算机基础	英语	法律基础	体育	会计基础
成绩	89	78	95	89	86

成绩通知书

汪子琦同学家长：

您好！

我校本学期定于1月10日正式放假，2月23日正式开学报到。寒假期间希望家长督促子女坚持学习，注意安全。现将本学期成绩通知如下：

科目	计算机基础	英语	法律基础	体育	会计基础
成绩	87	90	90	92	91

成绩通知书

刘欢欢同学家长：

您好！

我校本学期定于1月10日正式放假，2月23日正式开学报到。寒假期间希望家长督促子女坚持学习，注意安全。现将本学期成绩通知如下：

科目	计算机基础	英语	法律基础	体育	会计基础
成绩	90	69	93	69	85

成绩通知书

赵丽丽同学家长：

您好！

我校本学期定于1月10日正式放假，2月23日正式开学报到。寒假期间希望家长督促子女坚持学习，注意安全。现将本学期成绩通知如下：

科目	计算机基础	英语	法律基础	体育	会计基础
成绩	93	88	89	86	93

字数: 1,026　中文(中国)　插入　40%

图 3-109　邮件合并效果图

知识点拓展

1. 邮件合并向导

“邮件合并向导”用于帮助用户在 Word 2010 文档中完成信函、电子邮件、信封、标签或目录的邮件合并工作，采用分步完成的方式进行，因此更适用于邮件合并功能的普通用户。下面以使用“邮件合并向导”创建邮件合并信函为例，操作步骤如下所述：

（1）执行“邮件”选项卡，在“开始邮件合并”组中，单击“开始邮件合并”按钮，在下拉列表中选择 “邮件合并分步向导”选项，如图 3-110 所示。

（2）在打开的“邮件合并”任务窗格中选择文档类型，这里以“信函”为例，并单击“下一步”选项，如图 3-111 所示。

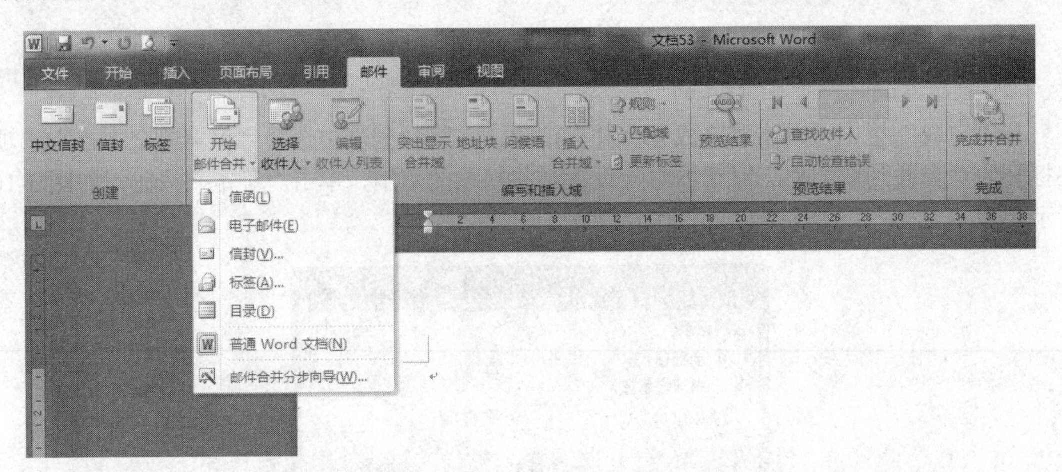

图 3-110 “邮件合并分步向导”按钮

图 3-111 选择文档类型

（3）在“选择开始文档”选项中，选择“使用当前文档”，并单击“下一步：选取收件人”超链接，如图 3-112 所示。

（4）在“选择收件人”选项中，选择“键入新列表”，并单击“创建”选项，如图 3-113 所示，在打开的“新建地址列表”对话框中，设置数据源，如图 3-114 所示。

图 3-112　选择开始文档

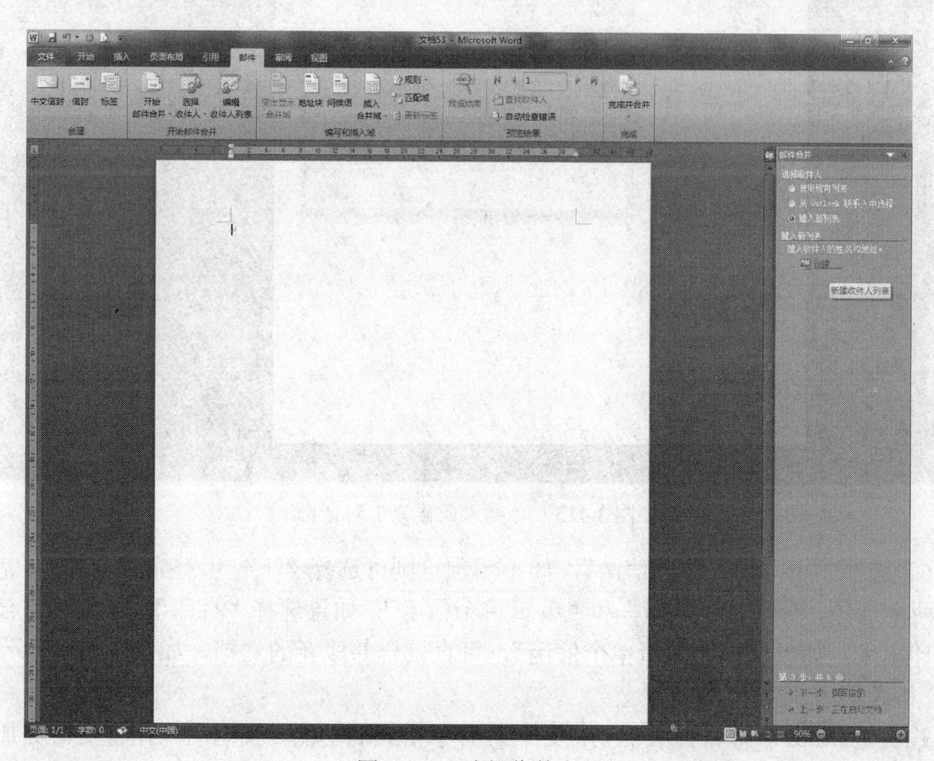

图 3-113　选择收件人

（5）按照图 3-114 添加好收件人信息，选择“下一步：撰写信函”。选择“问候语”选项，在打开的“插入问候语”对话框中，设置问候语格式，单击“确定”按钮，如图 3-115 所示。

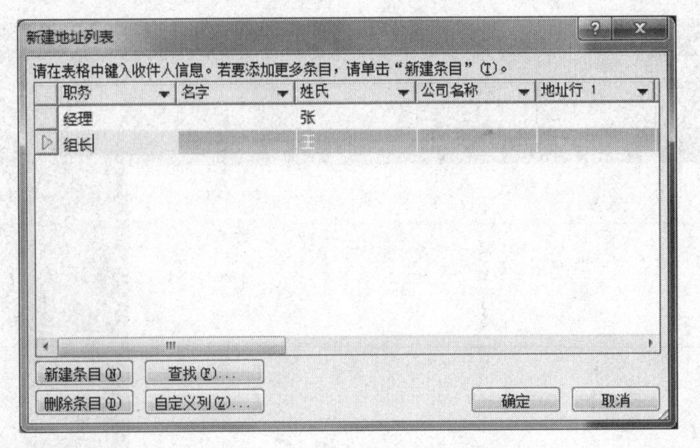

图 3-114 “新建地址列表”对话框

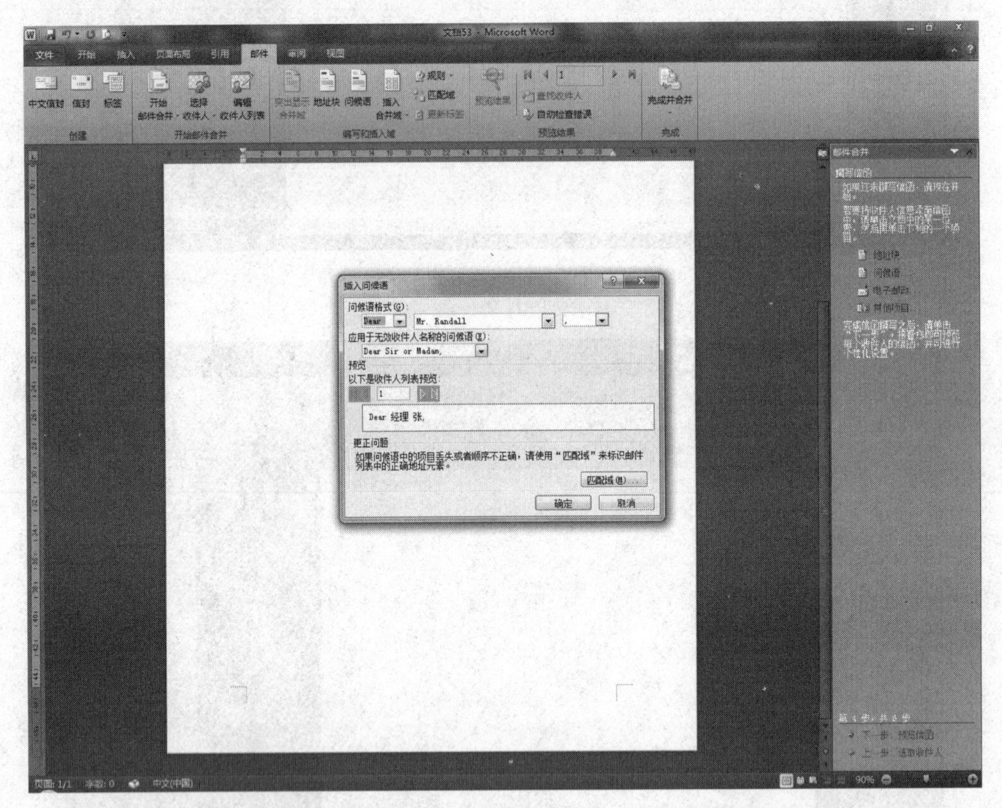

图 3-115 “插入问候语”对话框

（6）选择“下一步：预览信函”，如不需预览则可选择“下一步：完成合并”。完成合并后，有两个选项，分别是“打印”和“编辑单个信函”，如果选择“打印”，可直接将合并后的信函打印出来；如果选择“编辑单个信函”，可直接合并成新的文档，如图 3-116 所示。

2. 格式刷

格式刷是 Word 中非常强大的功能之一，有了格式刷功能，我们的工作将变得更加简单省时。在给文档中大量的内容重复添加相同的格式时，就可以利用格式刷来完成。格式刷可以复制文字格式、段落格式等。具体做法：先用光标选中文档中的某个带格式的“词”或者“段落”，然后单击选择“格式刷”，接着单击想要替换格式的“词”或“段落”，此时，它们的格式就会与开始选择的格式相同。“双击”格式刷按钮，可以连续使用多次。若要取消可以再次单击“格式刷”按钮，或者用键盘上的 Esc 键来关闭。

图 3-116　完成合并

3. 样式

（1）字符样式和段落样式

字符样式是指由样式名称来标识的字符格式的组合，它提供字符的字体、字号、字符间距和特殊效果等。字符样式仅作用于段落中选定的字符。如果需要突出段落中的部分字符，可以定义和使用字符样式。

段落样式是指由样式名称来标识的一套字符格式和段落格式。包括字体、制表位、边框、段落格式等。一旦用户创建了某种段落样式，就可以选定一个段落或多个段落并使用该样式。

（2）内置样式和自定义样式

Word 2010 本身自带了许多样式，称为内置样式。但有时候这些样式不能满足用户的全部要求，这时可以创建新的样式，称为自定义样式。内置样式和自定义样式在使用和修改时没有任何区别。但是用户可以删除自定义样式，却不能删除内置样式。

创建的文档的“格式和样式”列表框中只有四种段落样式：“标题 1”、“标题 2”、“标题 3”、“正文”。

实践与思考

利用邮件合并功能，为班级的所有同学制作胸卡。

项目四　Excel 2010 的功能和使用

任务 1　使用 Excel 建立员工信息档案

学习目标

- 了解电子表格的基本概念
- 掌握 Excel 的基本功能、运行环境、启动和退出
- 掌握工作簿和工作表的基本概念
- 掌握工作簿和工作表的建立、保存和退出
- 掌握工作表中数据输入和编辑
- 掌握工作表和单元格的选定、插入、删除、复制、移动
- 掌握工作表的重命名和工作表窗口的拆分和冻结

任务导入

使用 Excel 制作一份员工信息档案，效果如图 4-1 所示，具体要求如下：

（1）由于每一个部门的员工信息都在一张工作表上，工作表以部门名称命名。

（2）将各表中 A1:G1 区域的单元格合并，标题“XX 公司员工信息表”格式：黑体、15 磅、加粗、居中。

（3）A2:G2 单元格格式为：居中对齐；字体颜色为：红色、加粗；填充：绿色。

（4）A2:G4 区域外边框格式为：黑色，双实线；内框设置为黑色，单实线。

（5）工作簿名称为“XX 公司员工信息档案.xlsx”，保存在桌面上。

XX 公司员工信息表

部门	职位	姓名	性别	年龄	学历	专业
办公室	主任	王涛	男	35	本科	中文
办公室	工作人员	刘伟	男	25	本科	档案管理
财务部	主任	张庆兰	女	40	大专	会计电算化
财务部	工作人员	王学智	男	36	本科	财务管理
财务部	工作人员	刘君	女	26	大专	会计电算化
人力资源部	主任	周旭	男	35	本科	人力资源管理
人力资源部	工作人员	李志强	男	28	本科	工商管理
销售一部	主任	肖帅	男	33	本科	市场营销
销售一部	副主任	胡春燕	女	30	本科	国际贸易
销售一部	工作人员	周小雨	女	27	大专	电子商务
销售一部	工作人员	任军	男	26	本科	工商管理
销售二部	主任	马龙	男	36	本科	计算机
销售二部	工作人员	王锋	男	30	大专	市场营销
销售二部	工作人员	刘建	男	28	大专	国际贸易
销售二部	工作人员	邓雪芳	女	28	本科	国际贸易
采购部	主任	张雷	男	30	本科	审计学
采购部	工作人员	尚勇	男	29	大专	企业管理
采购部	工作人员	李昌伟	男	29	中专	市场营销

图 4-1　“公司员工信息表”效果图

任务实施

一、启动 Microsoft Excel 2010

选择“开始”→“所有程序”→“Microsoft Office”→“Microsoft Excel 2010”菜单命令，启动 Excel。

二、修改工作表名称

（1）工作簿中默认有 3 张工作表 Sheet1、Sheet2 和 Sheet3，单击 Sheet3 工作表标签右侧的“插入工作表”按钮，连接插入 3 张新工作表，如图 4-2 所示。

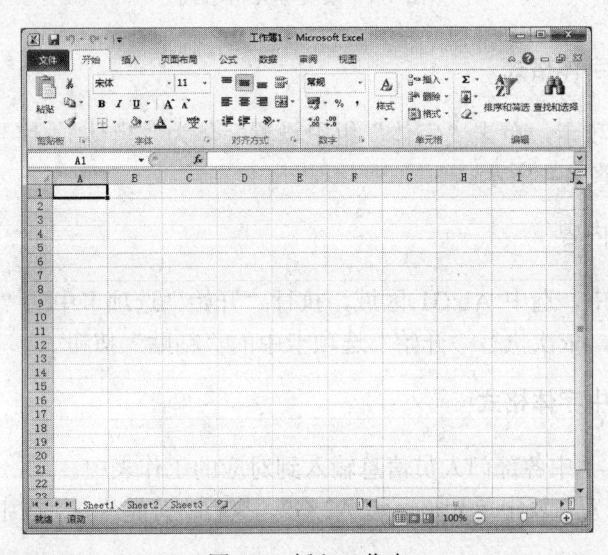

图 4-2　插入工作表

（2）在 Shee1 工作表标签上单击鼠标右键，在弹出的菜单中选择“重命名”命令，在工作表标签 Sheet1 处输入“办公室”，以类似方法依次修改其他工作表名称，如图 4-3 所示。

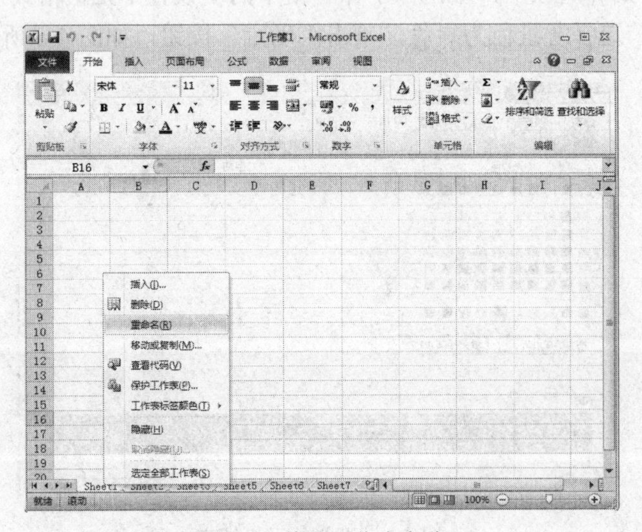

图 4-3　修改工作表名称

三、合并标题行单元格

在“办公室”表中，单击 A1 单元格，输入“XX 公司员工信息表”，选中单元格 A1:G1，执行“开始”选项卡，单击“对齐方式”组中“合并后居中”按钮，如图 4-4 所示。

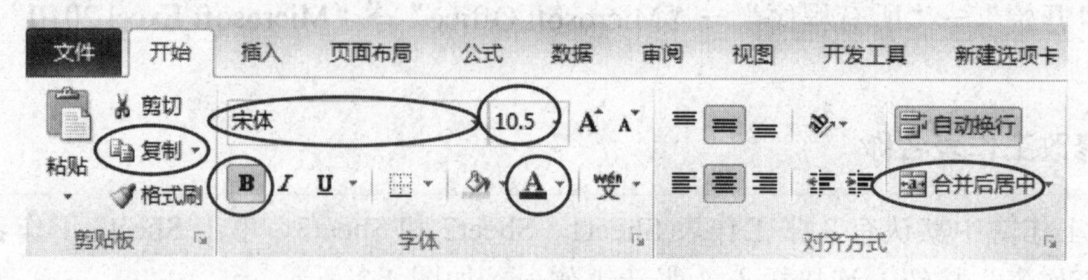

图 4-4 设置单元格格式

四、设置标题行字体格式

执行“开始”选项卡，单击“字体”组中设置字体为“黑体”，字号框内输入“15”，单击“加粗”按钮，如图 4-4 所示。

五、复制单元格内容

在“办公室”表中，选中 A1:G1 区域，执行“开始”选项卡中的“复制”按钮，单击切换到另外几张工作表，依次执行“开始”选项卡中的“粘贴”按钮。

六、设置单元格中字体格式

（1）依次将图 4-1 中各部门人员信息输入到对应的工作表中。

（2）选中“办公室”表中单元格区域 A2:G2，执行“开始”→“居中”按钮（“对齐方式”功能组中）。

（3）在“字体”功能组中，单击“加粗”按钮；单击“字体颜色”按钮，设置字体为红色。

（4）执行“开始”选项卡，单击“字体”组中的“设置单元格格式”对话框，选择对话框中“填充”选项，选择背景色为绿色，单击“确定”按钮，如图 4-5 所示。

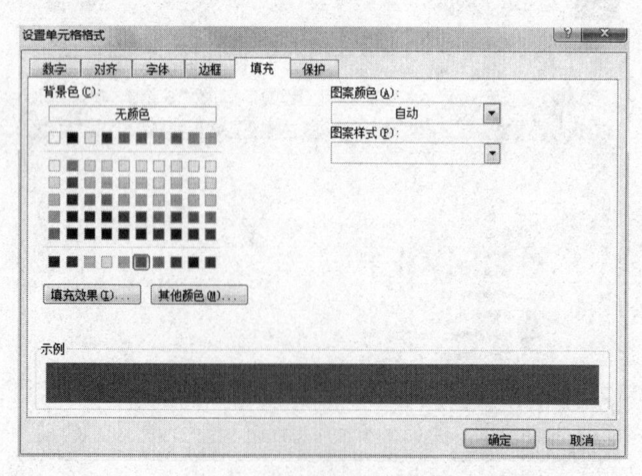

图 4-5 设置单元格填充

提示："设置单元格格式"对话框也可以在选中的单元格区域上单击右键，从下拉菜单中选择。

（5）执行"开始"选项卡，单击"剪贴板"组中的"格式刷"按钮，切换至第二张工作表中，在 A2 单元格处按住鼠标左键，将光标拖动至 G2 单元格，松开鼠标左键，会看到 A2:G2 单元格自动套用"办公室"表中 A2:G2 单元格的格式，依此方法完成其他表格中 A2:G2 单元格格式的设置。

七、设置单元格边框

在"办公室"表中，选中 A2:G4 区域，执行"开始"→"字体"→"设置单元格格式"→"边框"选项，在"颜色"下拉框中选择"黑色"，"线条样式"列表框中选择"双实线"，单击右侧"外边框"按钮；在"颜色"下拉框中选择"黑色"，"线条样式"列表框中选择"单实线"，单击右侧"内部"按钮，如图 4-6 所示。单击"确定"按钮，完成设置，依此方法设置其他工作表。

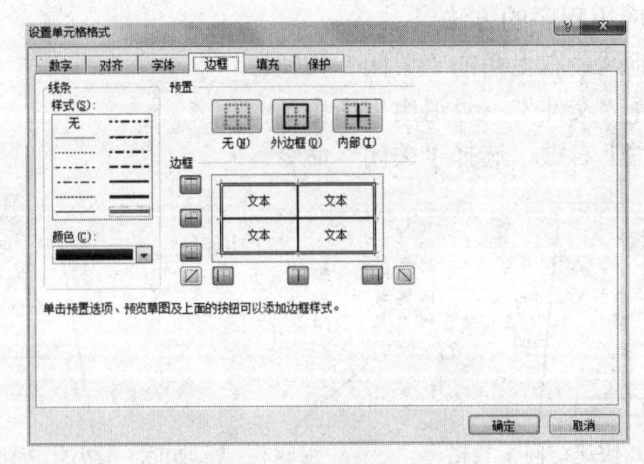

图 4-6　设置单元格边框

八、Excel 文档的关闭、保存、退出

执行"文件"选项卡，单击"另存为"，在"另存为"对话框左侧单击"桌面"按钮，在"文件名"后的文本框中输入文件名为"XX 公司员工信息档案.xlsx"，单击"保存"。

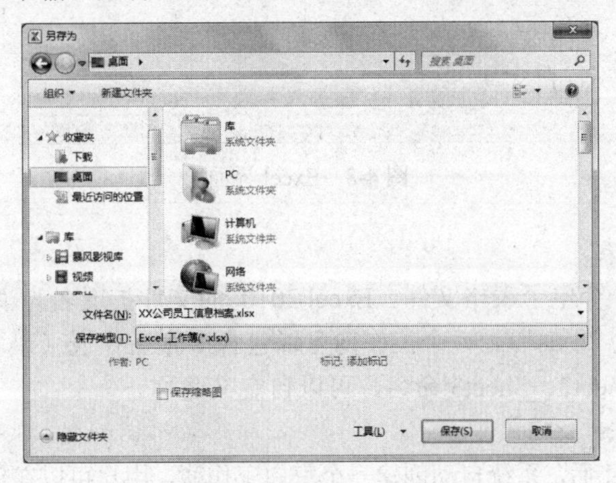

图 4-7　保存 Excel 文件

知识点拓展

1. Microsoft Office Excel

Microsoft Excel 是微软公司的办公软件 Microsoft office 的组件之一，是由 Microsoft 为 Windows 和 Apple Macintosh 操作系统的电脑而编写和运行的一款试算表软件。Excel 是微软办公套装软件的一个重要的组成部分，它可以进行各种数据的处理、统计分析和辅助决策操作，广泛地应用于管理、统计财经、金融等众多领域。

（1）启动 Excel 应用程序的方法

方法一：单击选择“开始”→“所有程序”→“Microsoft Office”→“Microsoft Excel 2010”命令；

方法二：双击桌面上 Excel 快捷方式图标。若桌面上无 Excel 快捷方式图标，可以单击选择“开始”→“所有程序”→“Microsoft Office”命令，右键单击“Microsoft Excel 2010”，在下拉菜单中选择“发送到”→“桌面快捷方式”。

（2）退出 Excel 应用程序的方法

方法一：单击功能区最右上角的“关闭”按钮；

方法二：单击选择“文件”→“退出”命令；

方法三：在标题栏上右键，选择“关闭”命令。

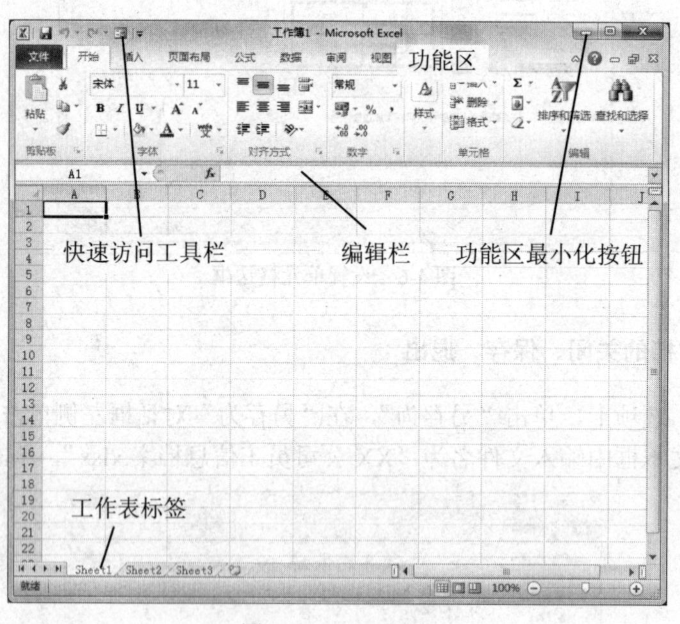

图 4-8　Excel 界面

2. 工作簿与工作表

一个工作簿就是一个电子表格文件。Excel 2010 的文件扩展名为“.xlsx”（Excel 2003 以前版本的文件扩展名为“.xls”）。一个工作簿可以包含多张工作表（最多 255 张），默认为 3 个，分别以 Sheet1、Sheet2、Sheet3 命名，可以自定义名称。

创建工作簿的方法：

方法一：启动 Excel 后，系统自动创建一个空白工作簿，用户可以在保存工作簿时重新命名。

方法二：单击选择“文件”→“新建”命令，选择“空白工作簿”模板，单击“创建”命令。

方法三：在文件夹内空白处，单击右键，在下拉菜单中选择“新建”→“Microsoft Excel 工作表”命令。

3. 工作表与单元格

每张工作表由若干行（最多 65536 行）、若干列（最多 256 列）组成。单元格是表格中行与列的交叉部分，它是组成表格的最小单位，单个数据的输入和修改都是在单元格中进行的。单元格所在列的列标和行号组成单元格地址，例如第一行第一列的单元格地址为 A1。

多个单元格组成一个单元格区域。连续的单元格区域可以使用“起始单元格地址:结束单元格地址”的形式表示。例如，A2:A6 表示单元格 A2、A3、A4、A5、A6，A3:B5 表示 A3～B5 单元格区域。

工作表中插入行（列）的方法：在插入位置对应的行号（列标）上单击右键，从下拉菜单中单击“插入”命令。

4. 单元格的选定

在向某一单元格中输入、删除内容或修改其中字体等格式前，先选定此单元格。在单元格上使用鼠标单击即可选中单元格，选中的单元格叫当前单元格（或活动单元格）。同时，还可以选定连续的单元格区域（按住鼠标左键移动鼠标），也可以选定不连续的单元格区域（选定第一个单元格或者单元格区域后，松开鼠标，按住 Ctrl 键，使用鼠标继续选定）。单击单元格对应行（列）的行号（列标）可以选择整行（列），单击工作表区域的最左上角（行号与列标交叉之处），可以选定整个工作表区域。

5. 向工作表中输入数据

选定要输入的单元格，使其变为活动单元格，即可向单元格中输入数据。输入的内容会同时出现在活动单元格和编辑栏中。输入数据后，按 Enter 键完成输入。如果在输入过程中出现差错，可以在确认前按 Backspace 键删除，或者单击编辑栏上的“取消”按钮放弃输入。

单元格中可以输入文本、数字、日期和时间等内容。输入文本时自动左对齐，输入数字的时候自动右对齐。当输入的文本长度超过单元格显示宽度且右边单元格没有内容时，允许覆盖相邻单元格显示，但该文本仍然只存放在一个单元格中。如果输入的数字超过单元格宽度，系统自动使用科学计数法表示。如果单元格中填满了“#”符号，表示该单元格所在列没有足够宽度显示数字，需要增加列宽。

实践与思考

1．若想让两个 Excel 文件并排显示并可以同时共用功能区的命令，该如何操作？

2．默认情况下，在单元格中输入内容后，按 Enter 键，光标自动向下移动。如果希望把光标移动方向改为向右，该如何设置？

3．在 Excel 中，若要将光标移到工作表 A1 单元格，可按（　）键。

A．Ctrl+End　　B．Ctrl+Home

C．End　　D．Home

任务2　制作员工工资表

学习目标

- 掌握工作表的格式化
- 掌握工作表的样式、自动套用模式
- 掌握工作表单元格引用的概念
- 熟练掌握公式和常用函数的使用

任务导入

使用 Excel 制作员工工资表，内容如图 4-9 所示，具体要求如下：

（1）“员工工资表”所在的标题行（A1:H1）行高设置为：30。

（2）使用公式和函数计算每位员工的应发工资（基本工资、绩效工资、补贴之和）、代扣款项（应发工资的 10%）、实发工资（应发工资与代扣款项之差）。

（3）使用公式和函数计算 C9:H10 区域单元格中内容，单元格数字格式：精确到小数点后两位。

（4）A2:H10 区域表格样式：中等深浅 2。

20XX 年 X 月员工工资表

姓名	身份证号	基本工资	绩效工资	补贴	应发工资	代扣款项	实发工资
张帆	110102197805242526	2200	3200	600			
刘萍	120106198007142514	2000	3500	500			
张伟	430110198204122126	1900	3000	500			
王毅	370102198004252024	2000	3150	600			
李丽	110105198403062174	1750	3250	550			
何勇	110112198509012376	1700	3000	500			
合计							
平均							

图 4-9　员工工资表

任务实施

一、合并标题行单元格并设置行高

（1）启动 Excel，在“Sheet1”工作表中的 A1 单元格中输入“20XX 年 X 月员工工资表”，选中单元格 A1:H1，执行“开始”选项卡，单击“对齐方式”组中“合并后居中”按钮。

（2）在第一行行号处单击鼠标选定第一行，执行“开始”选项卡，单击“单元格”组中“格式”下拉菜单，在弹出的菜单中选择“行高”，打开“行高”对话框，在“行高”文本框中输入 30，单击“确定”按钮，如图 4-10、图 4-11 所示。

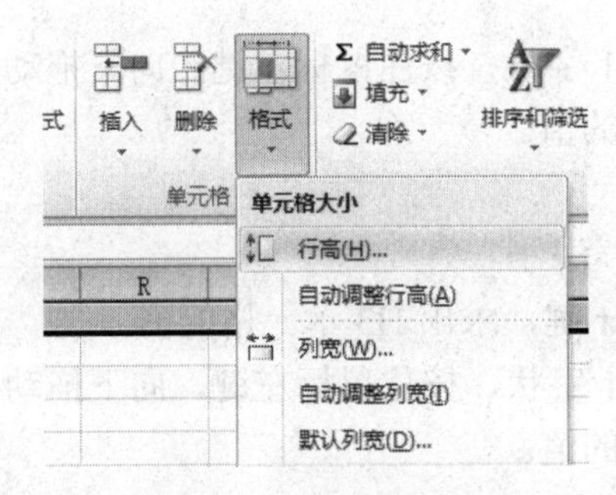

图 4-10　选择“行高”

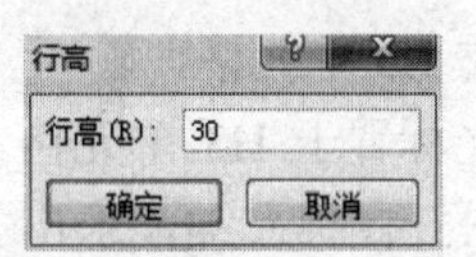

图 4-11　设置行高

提示：设置行高的另外两种方法：①在对应的行号上单击右键，从下拉菜单中选择“行高”，打开“行高”对话框设置行高。②拖动对应行号下侧。

二、设置单元格内数据格式

将图 4-9 中标题列“姓名”、“身份证号”、“基本工资”、“绩效工资”、“补贴”、“应发工资”、“代扣款项”、“实发工资”输入 A2:H2 单元格中。选中“身份证号”所在列，在选中区域单击右键，执行“开始”选项卡，单击“单元格”组中“格式”下拉菜单，在下拉菜单中单击“设置单元格格式”→“数字”选项卡，选择“文本”，如图 4-12 所示。单击“确定”按钮。将图 4-9 中其他内容依次输入工作表中。

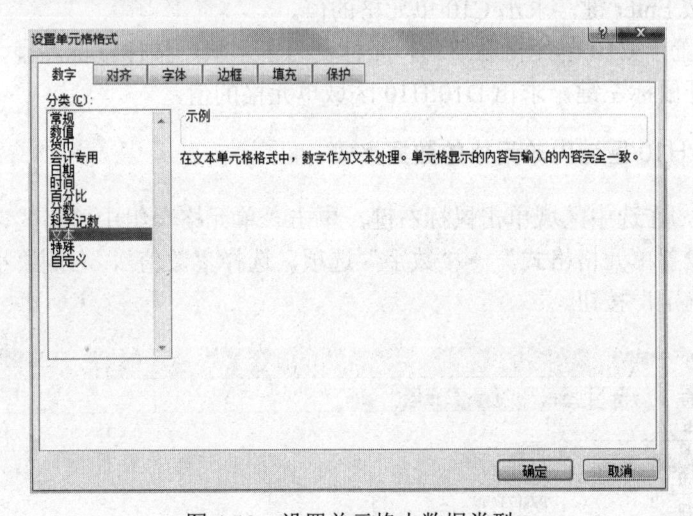

图 4-12　设置单元格内数据类型

三、使用求和函数计算应发工资

（1）单击 F3 单元格，执行“公式”→“自动求和”（“函数库”功能组中）按钮，看到 F3 单元格中内容变为“=SUM(C3:E3)”，按 Enter 键，求出 F3 单元格的值。

（2）将光标置于 F3 单元格右下角，光标变为十字状，按住鼠标左键，向下拖动光标至 F8 单元格，松开鼠标左键，求出 F4:F8 区域单元格的值。

四、使用公式计算代扣款项

（1）单击 G3 单元格，输入“=F3*0.1”，按 Enter 键，求出 G3 单元格的值。

（2）将光标置于 G3 单元格右下角，光标变为十字状，按住鼠标左键，向下拖动光标至 G8 单元格，松开鼠标左键，求出 G4:G8 区域单元格的值。

五、使用公式计算实发工资

（1）单击 H3 单元格，输入“=F3-G3”，按 Enter 键，求出 H3 单元格的值。

（2）将光标置于 H3 单元格右下角，光标变为十字状，按住鼠标左键，向下拖动光标至 H8 单元格，松开鼠标左键，求出 H4:H8 区域单元格的值。

六、使用求和函数计算“合计”行的值

（1）单击 C9 单元格，执行公式”→“自动求和”（“函数库”功能组中）按钮，看到 C9 单元格中内容变为“=SUM(C3:C8)”，按 Enter 键，求出 C9 单元格的值。

（2）将光标置于 C9 单元格右下角，光标变为十字状，按住鼠标左键，向右拖动光标至 H9 单元格，松开鼠标左键，求出 D9:H9 区域单元格的值。

七、使用求平均值函数计算“平均”值

（1）单击 C10 单元格，执行“公式”→“自动求和”下面的三角按钮，在弹出的菜单中选择“平均值”（“函数库”功能组中）命令，看到 C10 单元格中内容变为“=AVERAGE(C3:C9)”，将 C9 改为 C8，按 Enter 键，求出 C10 单元格的值。

（2）将光标置于 C10 单元格右下角，光标变为十字状，按住鼠标左键，向右拖动光标至 H10 单元格，松开鼠标左键，求出 D10:H10 区域单元格的值。

八、设置 C9:H10 区域内单元格的数据格式

选中 C9:H10，在选中区域单击鼠标右键，单击“单元格”组中“格式”下拉菜单，在下拉菜单中单击“设置单元格格式”→“数字”选项，选择“数值”，右侧“小数位数”框内输入“2”，单击“确定”按钮。

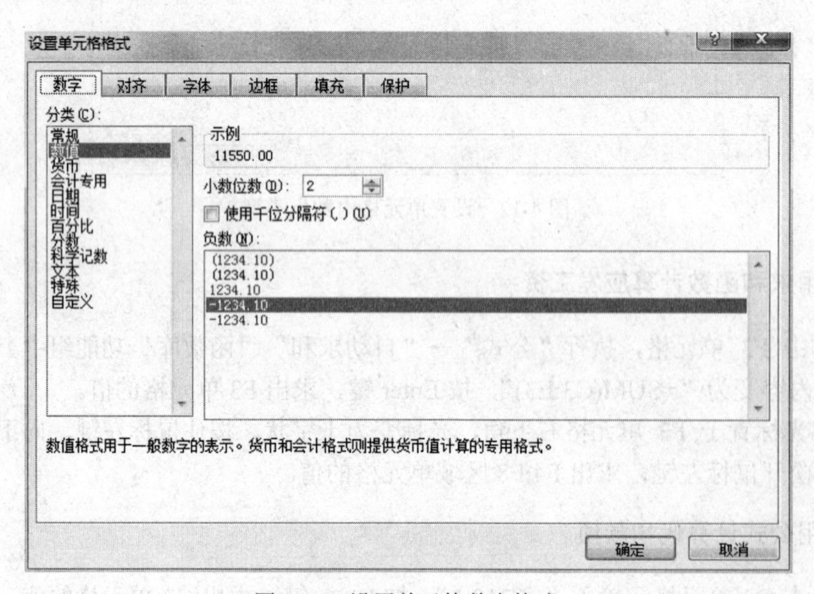

图 4-13　设置单元格数字格式

九、选择表格样式

选中 A2:H10，执行“开始”选项组，单击“样式”组中的“套用表格格式”按钮，选择“表样式中等深浅 2”，出现“套用表格式”对话框，单击“确定”按钮，效果如图 4-14 所示。

E10　=AVERAGE(E3:E8)

	A	B	C	D	E	F	G	H
1	20XX年X月员工工资表							
2	姓名	身份证号	基本工资	绩效工资	补贴	应发工资	代扣款项	实发工资
3	张帆	110102197805242526	2200	3200	600	6000	600	5400
4	刘萍	120106198007142514	2000	3500	500	6000	600	5400
5	张伟	430110198204122126	1900	3000	500	5400	540	4860
6	王毅	370102198004252024	2000	3150	600	5750	575	5175
7	李丽	110105198403062174	1750	3250	550	5550	555	4995
8	何勇	110112198509012376	1700	3000	500	5200	520	4680
9	合计		11550.00	19100.00	3250.00	33900.00	3390.00	30510.00
10	平均		1925.00	3183.33	541.67	5650.00	565.00	5085.00
11								
12								

图 4-14　套用表格样式效果

十、保存工作簿

执行“文件”→“保存”按钮，选择保存位置为“桌面”，“文件名”框输入“20XX 年 XX 月员工工资表”，单击“保存”按钮。

知识点拓展

1. 数据类型格式

单元格中可以输入数值、文本、货币、日期、百分比等格式的数据。通常情况下，输入单元格中的数据是未经格式化的。输入数据后，Excel 会尽量将其显示为最接近的格式。

Excel 中几种常见的数据类型格式：

- 常规：默认格式。数字显示为整数、小数，数字太长超过单元格长度时显示为科学计数法。
- 数值：可以设置小数位数，选择是否使用逗号分隔千位，以及选择如何显示负数。
- 货币：可以设置小数位数，选择货币符号，以及选择如何显示负数。该格式下，每千位采用逗号分隔。
- 百分比：可以选择小数位数并总是显示百分号。
- 科学计数：用科学计数法显示数字，如 300000，显示为 3.00E+5。
- 文本：主要用于设置那些表面上看是数字，但实际是文本的数据。例如序号 001、002，需要先将单元格设置为“文本”格式，才能正确显示。当输入单元格的内容超过单元格长度时，单元格的内容会被“######”代替，这时调整单元格列宽即可。
- 自定义：如果其他格式不能满足需要，可以自定义数字格式。

2. 公式

公式是一组表达式，由单元格引用、常量、运算符、字符串、括号和函数等组成，用于根据当前活动单元格的实际意义计算出它的值。在 Excel 中，公式总是以等号（“=”）开始，默认情况下，公式本身显示在编辑栏中，计算出的结果显示在当前活动单元格中。

表 4-1 常用的运算符

运算符	功能
+，-，*，/	加，减，乘，除
=，<> >，>= <，<=	等于，不等于 大于，大于等于 小于，小于等于
&	字符串连接符
^	乘方（如 6^2 是指 6^2）
%	百分号
( )	计算时先计算括号内的内容

3. 函数

函数是指为了解决那些复杂计算需求而事先设计好的一类算法。Excel 预置了大量函数，如求和函数 SUM，平均值函数 AVERAGE 等。

函数的使用跟公式一样，也是以等号（"="）开始。函数的格式一般是："=函数名（参数）"。函数的参数包括常量、单元格地址、连接符、公式、函数等。参数可以是一个，也可以是多个。

使用函数时既可以向单元格中直接输入，也可以单击选择功能区中的"公式"→"自动求和"按钮下面的小三角（"函数库"功能组中），选择相应函数。

常用的函数：

（1）SUM 函数。求和函数。

格式：=SUM(range)。

range：是指所需求其和的单元格区域，可以是区域、单元格引用、数组、常量、公式或者另一个函数的结果。

例如：=SUM(A1,A2,A3)，表示将单元格 A1、A2、A3 中的数值相加，

（2）AVERAGE 函数。求平均值函数。

格式：=AVERAGE(range)。

range：是指所需求其平均值的单元格区域，可以是区域、单元格引用、数组、常量、公式或者另一个函数的结果。

例如：=AVERAGE(A1:A3)，表示求出单元格 A1、A2、A3 中数值的平均值。

（3）MAX 函数。求最大值函数。

格式：=MAX(range)。

range：是指所需求其最大值的单元格区域，可以是区域、单元格引用、数组、常量、公式或者另一个函数的结果。

例如：=MAX(A1:A3)，表示求出单元格 A1、A2、A3 中数值的最大值。

（4）MIN 函数。求最小值函数。

格式：=MIN(range)。

range：是指所需求其最小值的单元格区域，可以是区域、单元格引用、数组、常量、公式或者另一个函数的结果。

例如：=MIN(A1:A3)，表示求出单元格 A1、A2、A3 中数值的最小值。

（5）COUNT 函数。计数函数。

格式：=COUNT(range)。

range：是指所需求其包含数值个数的单元格区域。只对包含数字的单元格进行计数。

例如：=COUNT(A1:A15)，表示统计单元格区域 A1:A15 中包含数值的单元格的个数。

（6）COUNTIF 函数。条件计数函数。

格式：=COUNTIF(range,criteria)。

range：是指需要按照条件进行统计的单元格区域。

criteria：计数条件。可以是数字、表达式等，统计满足此条件的单元格个数。

例如：=COUNTIF(B2:B7,">=10")，表示计算单元格区域 B2:B7 中大于等于 10 的单元格的个数。

（7）IF 函数。逻辑判断函数。

格式：=IF(条件,结果 1,结果 2)。

如果满足条件，则将结果 1 返回到单元格中，否则，返回结果 2。例如：=IF(A3>=60,"合格","不合格")，表示如果单元格 A3 的值大于等于 60，则当前单元格显示“及格”，否则显示“不及格”；=IF(A3>=90, "优秀", IF(A3>=80, "良好", IF(A3>=60, "合格","不及格")))，表示 A3>=90，当前单元格显示“优秀”，如果 90>A3>=80，当前单元格显示“良好”，如果 80>A3>=60，当前单元格显示“合格”，如果 A3<60，当前单元格显示为“不及格”。

（8）VLOOKUP 函数，垂直查询函数。

格式：=VLOOKUP(值,单元格区域,返回数据所在的列号,TRUE/FALSE)。

VLOOKUP 完成的功能：搜索指定单元格区域的第一列，然后返回符合条件的行对应的某一列的值。最后一段参数“TRUE”或“FALSE”为可选参数。“TRUE”或省略此参数，表示近似匹配，如果在单元格区域第一列中找不到对应的值，则返回小于此值的最大值。“FALASE”表示精确匹配，如果单元格区域第一列中找不到对应的值，则返回#N/A。

例如：=VLOOKUP(2,B2:D10,3,TRUE)表示在 B2:B10 列中搜索值等于 2 的行，若搜到，则返回此行对应的 D 列（以 B 列为第 1 列，则 D 列为第 3 列）的值，若搜索不到，则返回 B2:B10 中小于 2 的最大值所在行对应的 D 列值。

（9）RANK 函数。求排名函数。

格式：=RANK(单元格地址,单元格区域,0 或者 1)。

表示计算某个单元格中值在一个单元格区域中的名次，0 表示降序，1 表示升序。

例如：=RANK(A3,A1:A5,1)表示计算单元格 A3 在 A1:A5 中值从小到大排列后的名次。

4. 单元格引用

单元格引用又称单元格地址。引用的作用在于标识工作表中的单元格或者单元格区域，指明公式中所使用的数据的位置。通过引用，可以在公式中使用工作表不同部分的数据，或者在多个公式中使用同一单元格的数值。还可以引用同一工作簿不同工作表的单元格、不同工作簿的单元格、甚至其他应用程序中的数据。

Excel 单元格引用包括相对引用、绝对引用和混合引用三种。

（1）相对引用

相对引用是指公式中使用引用时，其中包含的单元格引用是公式所在单元格的相对位置。在复制包含相对引用的公式时，Excel 将自动调整复制公式中的引用，以便引用相对于当前公式位置的其他单元格。例如，单元格 B2 中含有公式：=A1，A1 是 B2 左上方的单元格，拖动 A2 的填充柄（将光标置于单元格右下角时，光标变为十字状）将其复制至单元格 B3 时，其中的公式已经改为 =A2，即单元格 B3 左上方单元格处的单元格。

（2）绝对引用

绝对引用（例如 $A$1）是指公式中使用引用时，其中包含的单元格引用总是工作表中固定位置。如果公式所在单元格的位置改变，绝对引用保持不变。如果多行或多列地复制公式，绝对引用将不作调整。默认情况下，新公式使用相对引用，需要将它们转换为绝对引用。例如，如果将单元格 B2 中的绝对引用复制到单元格 B3，则在两个单元格中一样，都是 $A$1。

（3）混合引用

公式中使用引用时，其中包含的单元格引用既包括当前单元格的相对位置，也包括工作表中的绝对位置。如果公式所在单元格改变，相对引用部分自动调整，绝对引用部分保持不变。

Excel 中，单元格引用可以跨工作簿、跨工作表。跨工作簿、工作表的单元格引用格式为：[工作簿名称]工作表名称!单元格地址。例如，[工作簿 1]Sheet2!A1 表示引用“工作簿 1”中“Sheet2”中的 A1 单元格。

实践与思考

1. 请将下列表格输入 Excel 中，并完成以下要求：

（1）将工作表标题格式设置为：隶书、20 磅、加粗、倾斜、居中。

（2）利用公式计算出各类产品每年的总计和平均销售额。

（3）将所有数据的格式都设置为货币型，保留小数点后两位小数。

市场分析与预测

	2001	2002	2003	1997	平均销售额
彩电	2345000	3000000	3130000	3200000	
冰箱	2768000	2900000	3200000	3500000	
录像机	1328000	1600000	2000000	2200000	
音响	1868000	2100000	2400000	2600000	
洗衣机	1584000	1800000		2300000	
总计					

2. 在 Excel 中各运算符的优先级由高到低顺序为（　　）。

A. 数学运算符、比较运算符、字符串运算符

B. 数学运算符、字符串运算符、比较运算符

C. 比较运算符、字符串运算符、数学运算符

D. 字符串运算符、数学运算符、比较运算符

3. 在单元格内输入当前的日期，可按快捷键（　　）。

A. Alt+;　　　　B. Shift+Tab

C. Ctrl+;　　　　D. Ctrl+=

4. 在 Excel 单元格中输入后能直接显示“1/2”的数据是（　　）。

A. 1/2　　　　B. 0 1/2

C. 0.5　　　　D. 2/4

任务 3　分析学生成绩

学习目标

- 掌握单元格的引用、公式和函数的使用
- 掌握数据的排序、筛选、分类汇总、分组显示和合并计算

任务导入

使用 Excel 分析学生成绩，学生成绩表如图 4-15 所示，具体要求如下：

（1）使用函数和公式计算出“总分”列和“平均分”列中的内容（平均分精确到小数点后两位）。

（2）将表格按“总分”由大到小排序，若遇分数相同的同学，按学号由小到大排序。

（3）将所有计算机成绩达到 80 分（含 80 分）的同学筛选出来，复制到一张新的工作表中。

（4）使用函数和公式分别计算出各科成绩的优秀（“>=80”）人数。

（5）将学生成绩按“班级”分类，汇总出每个班级的平均分，将汇总结果显示在数据下方。

学号	姓名	班级	数学	英语	计算机	总分	平均分
120101	刘涛	1 班	85	76	80		
120102	徐洋	1 班	84	79	88		
120103	韩学	1 班	86	81	78		
120104	吕鹏	1 班	80	90	75		
120201	李青	2 班	80	85	85		
120202	李瑶	2 班	75	91	84		
120203	徐静	2 班	81	78	93		
120204	时晓萌	2 班	82	82	86		
数学	优秀人数						
英语							
计算机							

图 4-15　学生成绩表

任务实施

一、使用求和函数计算总分

（1）单击 G2 单元格，执行“公式”选项组，单击“函数库”组中“自动求和”按钮，单元格内变为“=SUM(D2:F2)”，按 Enter 键，求出单元格 G2 的值。

（2）将光标置于 G2 单元格右下角，光标变为十字状，按住鼠标左键，向下拖动光标至

G9 单元格，松开鼠标左键，求出 G2:G9 区域单元格的值。

二、使用求平均值函数计算平均分

（1）单击 H2 单元格，选择“公式”→“自动求和”下三角按钮→“平均值”命令，单元格内变为“=AVERAGE(D2:G2)”，将 G2 改为 F2，按 Enter 键，求出单元格 G2 的值。

（2）将光标置于 H2 单元格右下角，光标变为十字状，按住鼠标左键，向下拖动光标至 H9 单元格，松开鼠标左键，求出 H2:H9 区域单元格的值。

三、设置单元格数据类型

选中单元格 H2:H9 区域，在选中区域单击鼠标右键，在弹出菜单中选择“设置单元格格式”→“数字”选项，选择“数值”，右侧“小数位数”框输入 2，单击“确定”按钮。

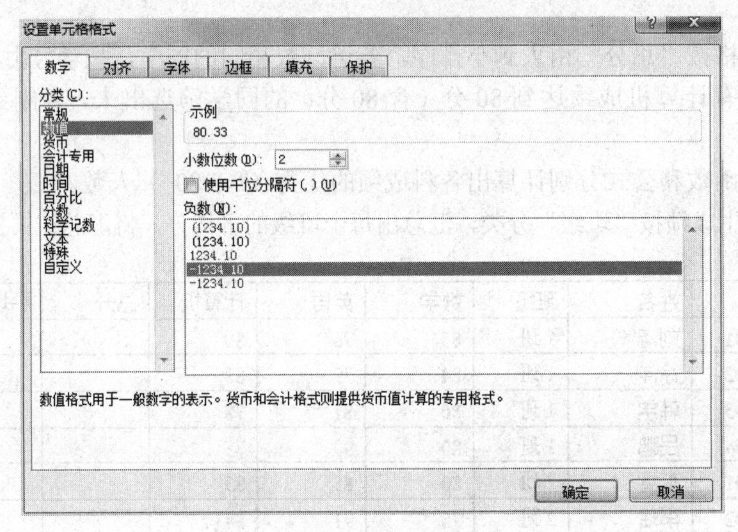

图 4-16 设置单元格数据类型

四、使用排序排列成绩

（1）选中单元格区域 A2:H9，执行“开始”→“排序和筛选”（“编辑”功能组中）→“自定义排序”命令，打开“排序”对话框，在“主要关键字”下拉框中选择“总分”，“排序依据”下拉框中选择“数值”，“次序”下拉框中选择“降序”。

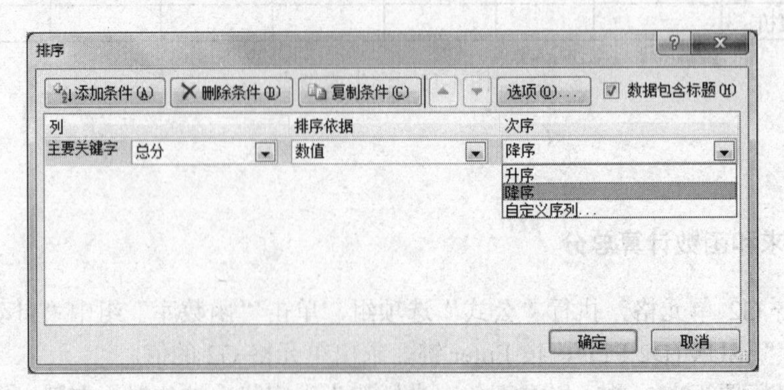

图 4-17 “排序”对话框

（2）单击“添加条件”按钮，选择“次要关键字”为“学号”，“排序依据”为“数值”，“次序”为“升序”，单击“确定”按钮。

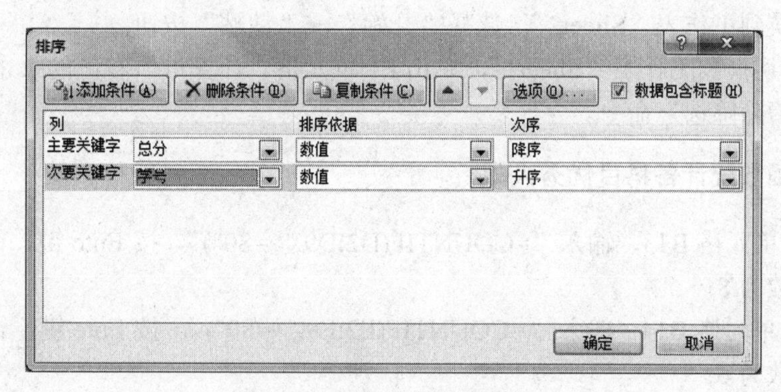

图 4-18　选择“次要关键字”

五、使用“筛选”选择符合条件的记录

（1）单击选中 A1:H9 区域中任意一个单元格，执行“开始”→“排序和筛选”→“筛选”命令，会看到每一列的标题单元格右侧都增加了一个▼按钮。

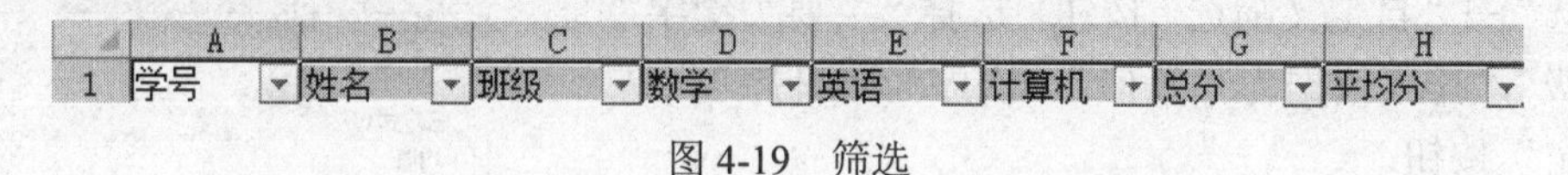

图 4-19　筛选

（2）单击 F1 单元格“计算机”右侧的▼按钮，选择“数字筛选”→“大于或等于”命令，如图 4-20 所示，进入“自定义自动筛选方式”对话框。

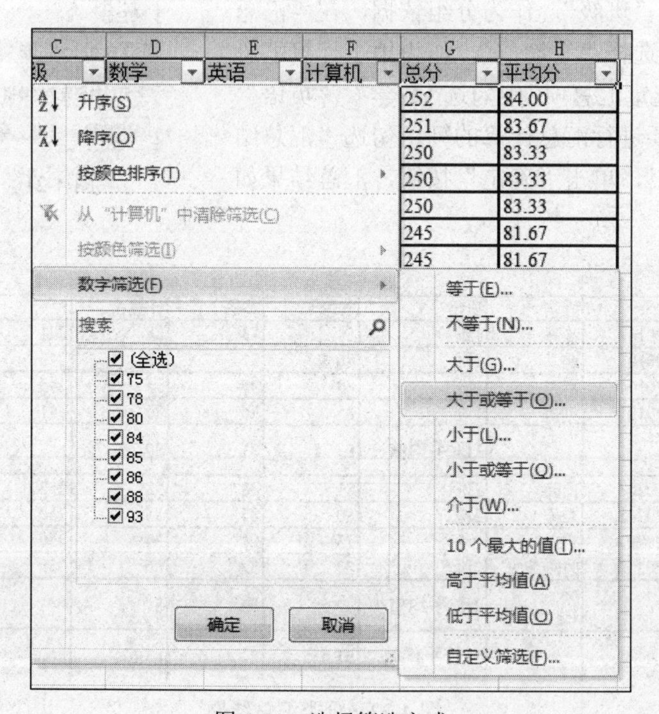

图 4-20　选择筛选方式

（3）在“自定义自动筛选方式”对话框中，设置计算机大于或等于 80，单击“确定”按钮，筛选出计算机成绩达到 80 分的同学，选中筛选出的单元格区域，执行“开始”→“复制”按钮，单击切换到工作表“Sheet2”，选择“开始”→“粘贴”按钮。

（4）单击切换到工作表“Sheet1”，单击 F1 单元格“计算机”右侧的▼按钮，选择“从‘计算机’中清除筛选”命令。

六、使用函数统计各科目优秀人数

（1）单击单元格 B13，输入“=COUNTIF(D2:D9,">=80")”，按 Ente 键，计算出数学成绩取得优秀的人数为 8；

（2）单击单元格 B14，输入“=COUNTIF(E2:E9,">=80")”，按 Ente 键，计算出英语成绩取得优秀的人数为 6；

（3）单击单元格 B15，输入“=COUNTIF(F2:F9,">=80")”，按 Ente 键，计算出计算机成绩取得优秀的人数为 7。

七、使用分类汇总分别计算出平均分

（1）选择单元格区域 A1:H9，执行“开始”→“排序和筛选”→“自定义筛选”按钮，选择“主要关键字”为“班级”，排序依据为“数值”，次序为“升序”，单击“确定”按钮。

（2）选择“数据”→“分类汇总”按钮，进入“分类汇总”对话框，如图 4-21 所示。在“分类字段”的下拉列表中，选择“班级”，作为分组依据，在“汇总方式”下拉列表中选择“平均值”，作为用于计算汇总结果的函数，在“选定汇总项”中勾选“数学”、“英语”、“计算机”，作为要进行汇总计算的列，勾选“汇总结果显示在数据下方”，单击“确定”按钮，汇总结果如图 4-22 所示。

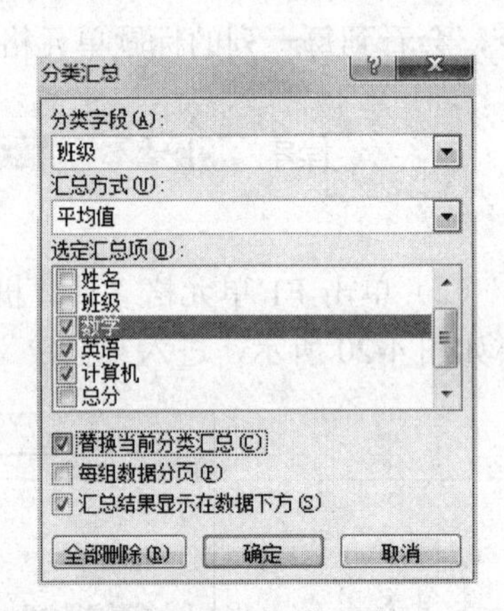

图 4-21　分类汇总

	A	B	C	D	E	F	G	H
1	学号	姓名	班级	数学	英语	计算机	总分	平均分
2	120102	徐洋	1班	84	79	88	251	83.67
3	120103	韩学	1班	86	81	78	245	81.67
4	120104	吕鹏	1班	80	90	75	245	81.67
5	120101	刘涛	1班	85	76	80	241	80.33
6			**1班 平均值**	83.75	81.5	80.25		
7	120203	徐静	2班	81	78	93	252	84.00
8	120201	李青	2班	80	85	85	250	83.33
9	120202	李瑶	2班	75	91	84	250	83.33
10	120204	时晓萌	2班	82	82	86	250	83.33
11			**2班 平均值**	79.5	84	87		
12			**总计平均值**	81.625	82.75	83.625		

图 4-22　分类汇总结果

知识点拓展

1. 排序

对数据进行排序有助于快速直观地组织并查找所需数据，Excel 中，可以对一列或多列中的文本、数值、日期和时间按升序（从小到大）或降序（从大到小）的方式进行排序，还可以根据字体颜色、单元格颜色、单元格图标等自定义排序。

Excel 中，可以根据需要设置多条件排序。在排序时，Excel 先根据“主要关键字”的排序依据和次序进行排序，再根据“次要关键字”的排序依据和次序排序，如图 4-23 所示。

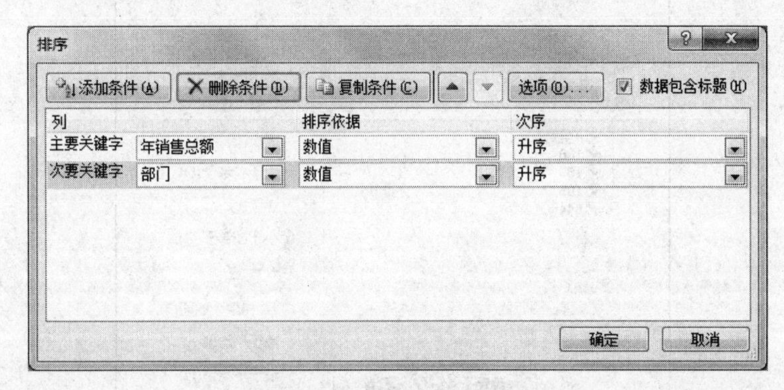

图 4-23 “排序”对话框

选择“次序”时，可以选择“升序”、“降序”，也可以选择按照“自定义序列”排列。“自定义序列”中，系统预置了几种常用的序列，也可以根据需要自定义新的序列使用，如图 4-24 所示。

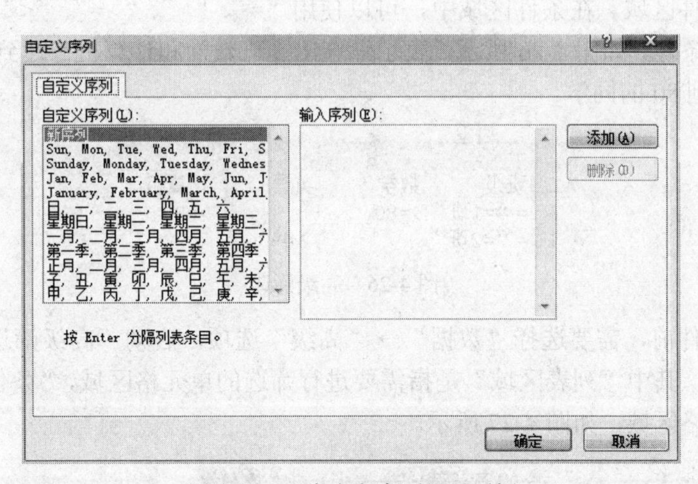

图 4-24 “自定义序列”对话框

2. 筛选

通过筛选，可以快速从数据列表中查找符合条件的记录。筛选的依据可以是数值或者文本，也可以是单元格颜色，可以根据需要使用高级筛选。

使用简单筛选的方法：

（1）单击要筛选的单元格区域中的任意一个单元格。

（2）单击选择“数据”→“筛选”（“排序和筛选”功能组中）。

（3）单击筛选条件对于列标题右侧的▼，从下拉列表中勾选筛选条件对应的选项（若列表中条件选项太多，可以使用“搜索”），或使用“数字筛选”（若此列的单元格数据类型是文本，则选项名称为“文本筛选”），选择筛选范围，单击“确定”按钮，将符合条件的行筛选出来，不符合筛选条件的行自动隐藏，如图 4-25 所示。

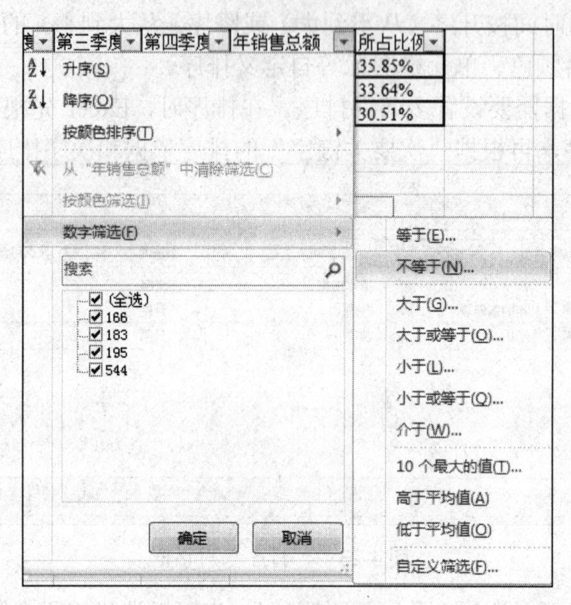

图 4-25　数字筛选

通过构建复杂条件可以实现高级筛选。筛选需要的复杂条件需要放置在单独的区域中，这个区域称为条件区域。在条件区域中，可以使用“=”、“>”、“>=”、“<”、“<=”、“<>”等运算符构建筛选条件，如图 4-26 所示，表示筛选出 1 班数学和计算机都达到 80 的同学，以及 2 班英语成绩达到 80 的同学。

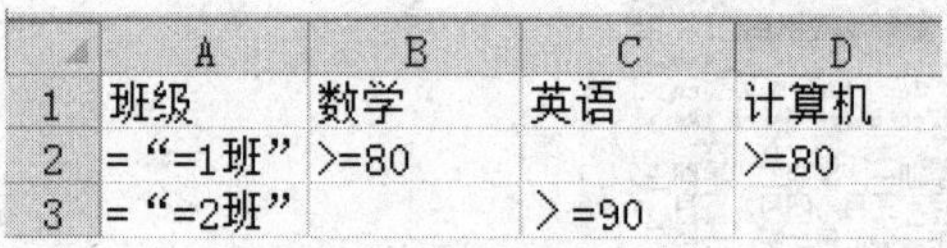

	A	B	C	D
1	班级	数学	英语	计算机
2	=“=1班”	>=80		>=80
3	=“=2班”		> =90	

图 4-26　高级筛选

构建复杂条件前，需要选择“数据”→“高级”选项，启动“高级筛选”对话框，设置筛选方式等内容，其中“列表区域”是指需要进行筛选的单元格区域，“条件区域”是指放置筛选条件的单元格区域，如图 4-27 所示。

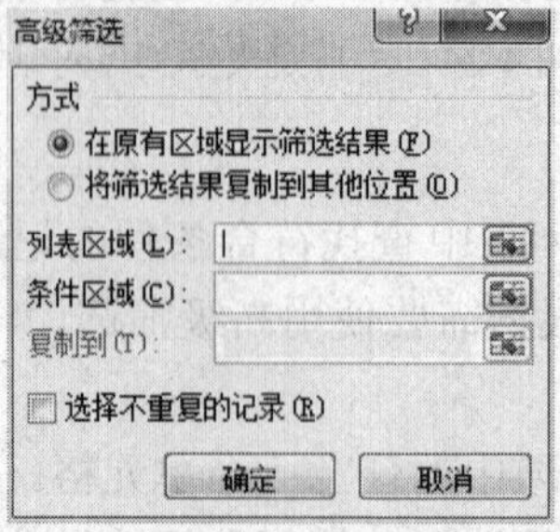

图 4-27　“高级筛选”对话框

3. 分类汇总

分类汇总是将数据列表中的数据先根据一定的条件分组，然后对同组数据应用分类汇总函数得到相应的统计或者计算结果。分类汇总的结果可以按分组明细进行分级显示，可以显示或隐藏每个分类汇总的明细行。

插入分类汇总的方法：

（1）首先要对作为分组依据的数据列进行排序，升序降序均可；

（2）选择“数据”→“分类汇总”（“分级显示”功能组中）按钮，打开“分类汇总”对话框，如图 4-28 所示。

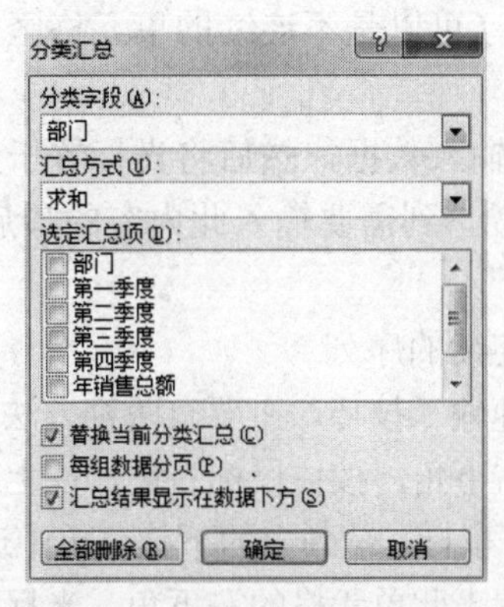

图 4-28　“分类汇总”对话框

选择“分类字段”，作为分组的依据，选择“汇总方式”用于确定如何统计计算汇总结果（包括求和、平均值、最大值等），在“选定汇总项”中勾选要进行汇总计算的列，若当前已使用过分类汇总，则勾选“替换当前分类汇总”后，将分类汇总结果替换原来的分类汇总结果，若需要将每类的汇总自动分页显示，则勾选“每组数据分页”，若不勾选“汇总结果显示在数据下方”，则汇总行将在明细行上面。设置完毕，单击“确定”按钮。

若想删除分类汇总，则可再次单击“数据”→“分类汇总”按钮。

4. 页面设置

有时，我们需要将 Excel 中的内容打印出来，打印之前应进行相应的设置，使打印效果更直观、美观。

页面设置包括对页边距、页眉页脚、纸张方向及大小等项目的设置。选择“页面布局”选项卡→“页面设置”功能组中的命令即可启用相关设置，如图 4-29 所示。

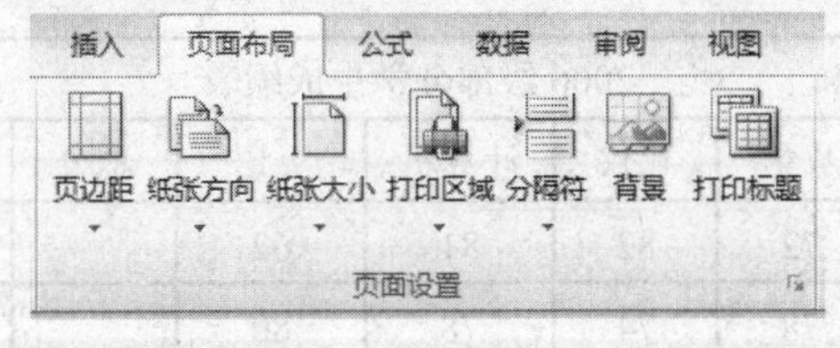

图 4-29　“页面设置”功能组

- 页边距：可以根据需要对上、下、左、右页边距进行设置。可以选择系统预置的参数，也可以选择“自定义边距”。
- 纸张方向：可以设定横向或纵向打印，默认选择“纵向”。
- 纸张大小：选择打印时使用的纸张大小。

- 设定打印区域：可以设定只打印工作表中的一部分，打印区域之外的内容不会被打印。设定步骤：先选定需要打印的单元格区域，再单击“打印区域”按钮。
- 设置打印标题：当工作表超过一页时，需要指定在每一页上都重复打印标题行（或列），以使数据更加容易阅读和识别。单击选择“页面布局”选项卡→“页面设置”组→“打印标题”，进入“页面设置”对话框，选择“打印区域”，选择“顶端标题行”“左端标题列”，选择“打印顺序”等设置，单击“确定”按钮。

5. 自动填充

（1）向多个单元格中输入相同的内容

方法一：先选中这些单元格（可以是不连续的单元格区域），然后再直接输入数据，输入完成后，同时按 Ctrl+Enter 键。

方法二：在第一个单元格中输入数据，然后将光标置于此单元格右下角，按住鼠标右键，往上、下、左、右中某个方向拖动，到需要输入此内容的最后一个单元格，松开鼠标，从弹出的下拉菜单中选择“复制单元格”。

（2）向连续单元格内输入连续的序列

序列填充是 Excel 提供的快速输入技巧。主要有两种方法：①在第一个单元格中输入第一个数据，然后将光标置于此单元格右下角，按住鼠标右键，往上、下、左、右中某个方向拖动，到需要输入的最后一个单元格，松开鼠标，从弹出的下拉菜单中选择“填充序列”。②先在第一个单元格中输入第一个数据，将光标置于此单元格的右下角，光标变为十字形后，按住鼠标左键，往上、下、左、右中某个方向拖动，到需要输入的最后一个数据填充完为止，松开鼠标。

可以使用自动填充的序列有数字序列（1、2、3……1、3、5……等）、日期序列（2011 年、2012 年、2013 年……1 月、2 月、3 月……）、文本序列（01、02、03……一、二、三）、其他内置序列（子、丑、寅……）或自定义序列。

实践与思考

1. Excel 执行一次排序时，最多可以设置多少个关键字段？
2. 在降序排序中，序列中空白的单元格行将被（　）。

   A. 放置在排序数据清单的最前　　B. 放置在排序数据清单的最后

   C. 忽略　　D. 应重新修改公式
3. 在 Excel 表格中，对数据清单分类汇总前，必须做的操作是什么？
4. 把下列表格录入 Excel 工作表，并按要求进行操作。

2006 级部分学生成绩表										
学号	姓名	性别	数学	礼仪	计算机	英语	总分	平均分	最大值	最小值
200601	孙志	男	72	82	81	62				
200602	张磊	男	78	74	78	80				
200603	黄亚	女	80	70	68	70				
200604	李峰	男	79	71	62	76				
200605	白梨	女	58	82	42	65				
200606	张祥	女	78	71	70	52				

要求：

（1）把标题行进行合并居中 。

（2）用函数求出总分、平均分、最大值、最小值。

（3）把总分成绩递减排序，总分相等时用学号递增排序。

（4）筛选计算机成绩大于等于 70 分且小于 80 分的纪录。并把结果放在 Sheet2 中。

（5）把 Sheet1 工作表命名为“学生成绩”，把 Sheet2 工作表命名为“筛选结果”。

任务 4　创建销售业绩图表与打印销售清单

学习目标

- 图表的建立、编辑和修改以及修饰。迷你图和图表的创建、编辑与修饰
- 数据清单的概念，数据清单的建立，数据清单内容的排序、筛选、分类汇总

任务导入

使用 Excel 制作销售业绩表，如图 4-30 所示，具体要求如下：

（1）使用“记录单”将三个部门的销售额输入工作表中。

（2）为销售业绩表（不包括年销售总额和所占比例）创建“簇状柱形图”，图上方显示标题“销售业绩情况”，纵坐标轴竖排显示标题“销售额”，形状填充为：“渐变”“线性向下”，图表区域边框样式为“圆角”。

（3）为“所占比例”创建“三维饼图”，图上方显示标题“各部门销售额所占比例”，为图表添加数据标签，标签类型为“最佳匹配”。

销售业绩表

部门	第一季度	第二季度	第三季度	第四季度	年销售总额	所占比例
销售一部	45	50	52	48		
销售二部	40	38	55	50		
销售三部	38	40	36	52		

图 4-30　销售业绩表

任务实施

一、启动 Excel 2010

启动 Excel 2010 并将图 4-30 中标题行、列标题和行标题输入工作表中，如图 4-31 所示。

	A	B	C	D	E	F	G
1	销售业绩表						
2	部门	第一季度	第二季度	第三季度	第四季度	年销售总额	所占比例
3	销售一部						
4	销售二部						
5	销售三部						

图 4-31　销售业绩表模板

二、使用记录单输入数据

（1）执行“文件”→“选项”→“快速访问工具栏”命令，打开“自定义快速访问工具栏”对话框，在“从下列位置选择命令”下拉框中选择“不在功能区中的命令”，单击选择中下方列表中的“记录单”，单击“添加”按钮，将“记录单”添加到右侧列表中，单击“确定”按钮，会看到 Excel 界面最上方快速访问工具栏区域多了一个“记录单”按钮，如图 4-32 所示。

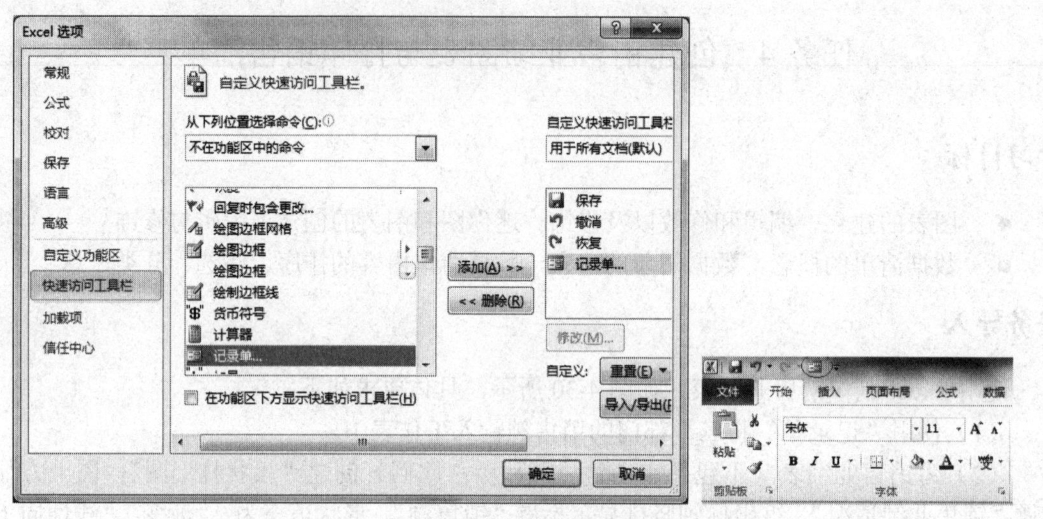

图 4-32 将“记录单”命令添加到快速访问工具栏

（2）选中单元格区域 A2:F5，单击快速访问工具栏上刚添加的“记录单”按钮，出现如图 4-33 所示对话框。

图 4-33 记录单

（3）在对话框中输入销售一部四个季度的销售额，单击“下一条”按钮依次输入销售二部、销售三部的销售额，选择“关闭”按钮。

三、使用求和函数计算年销售总额

（1）单击单元格 F3，选择“开始”选项卡→“编辑”组→“自动求和”按钮，F3 单元格内容变为“=SUM(B3:E3)”，按 Enter 键，求出单元格 F3 的内容。

（2）将光标置于 F3 单元格右下角，光标变为十字状，按住鼠标左键，向下拖动光标至

F5 单元格，松开鼠标左键，求出 F4:F5 区域单元格的值。

四、使用公式计算所占比例

（1）选中单元格 F6，选择“开始”选项卡→“编辑”组→“自动求和”按钮，F6 单元格内容变为“=SUM(F3:F5)”，按 Enter 键，求出单元格 F6 的内容。

（2）选中单元格区域 G3:G5，在选中区域单击右键，选择“设置单元格格式”→“数字”选项，选择百分比，单击“确定”按钮。

（3）选中单元格 G3，输入“=F3/F6”，按 Enter 键，求出 G3 单元格的值，依此方法求出单元格 G4 和 G5 的值。

五、创建并设置销售业绩的“簇状柱形图”

（1）选中单元格区域 A1:E5，选择“插入”选项卡→“图表”组→“柱形图”下拉框，选择“二维柱形图”组中“簇状柱形图”选项，创建销售业绩图表。

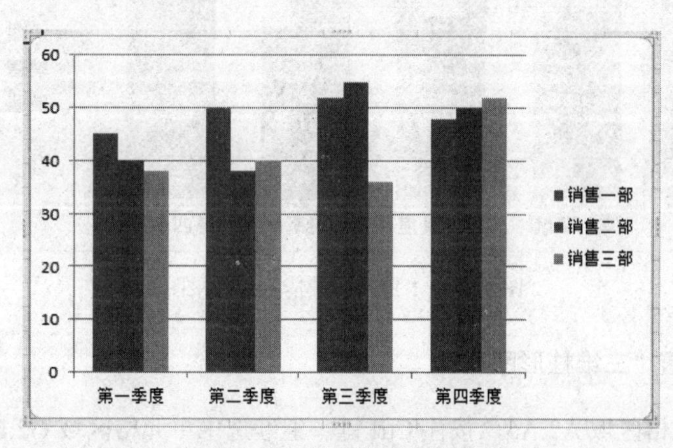

图 4-34　创建销售业绩图

（2）选中整个图表，执行“图表工具”→“布局”→“标签”功能组→“图表标题”按钮，选择“图表上方”命令，看到图表上方增加了一个内容为“图表标题”的文本框，将文本框中内容删除，输入“销售业绩情况”，如图 4-35 所示。

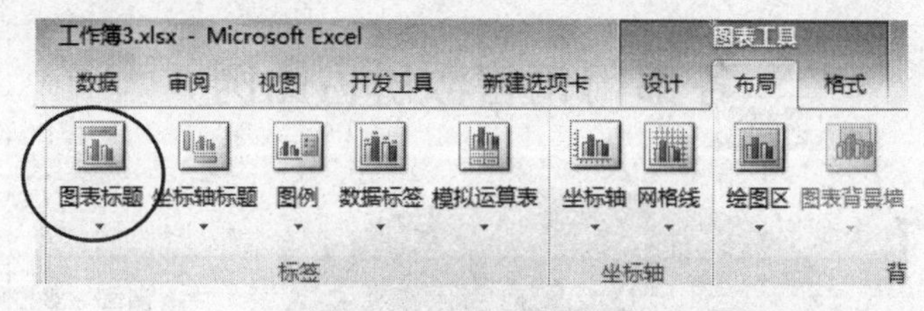

图 4-35　设置图表标题

（3）选中整个图表，执行“图表工具”→“布局”→“标签”功能组→“坐标轴标题”按钮，选择“主要纵坐标轴标题”→“竖排标题”命令，看到图表左侧增加了一个内容为“坐标轴标题”的竖排文本框，将文本框中文字删除，输入“销售额”。

（4）选中整个图表，执行“图表工具”→“格式”→“形状填充”按钮，在下拉列表中选择“渐变”→“浅色变体”分组→“线性向下”命令，如图 4-36 所示。

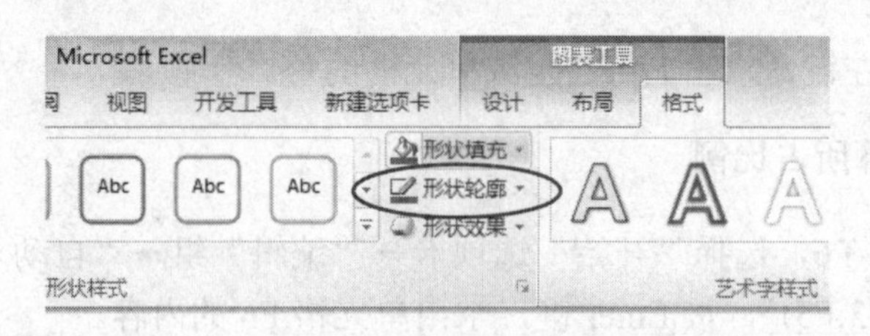

图 4-36　设置图表填充

（5）在图表区域内空白处单击右键，选择“设置图表区域格式”→“边框样式”选项，勾选“圆角”，单击“确定”按钮，效果如图 4-37 所示。

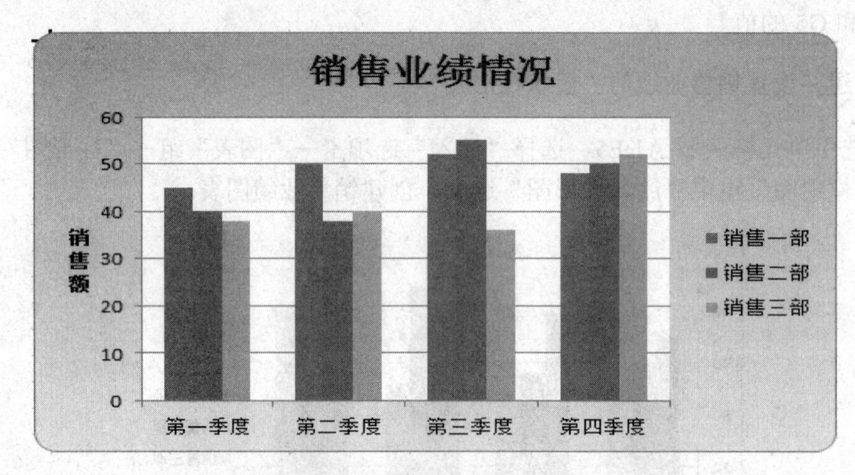

图 4-37　“销售业绩情况”效果图

六、创建并设置“三维柱形图”

（1）选中单元格区域 A2:A5，按住 Ctrl 键，继续选中单元格区域 G2:G5，执行“插入”→“饼图”（“图表”功能组中）按钮，选择“三维饼图”组中的“三维饼图”命令。

（2）将标题“所占比例”文本框中的内容改为“各部门销售额所占比例”。

（3）选中“三维饼图”图表区域，执行“图表工具”→“布局”→“数据标签”按钮，选择“最佳匹配”命令，效果如图 4-38 所示。

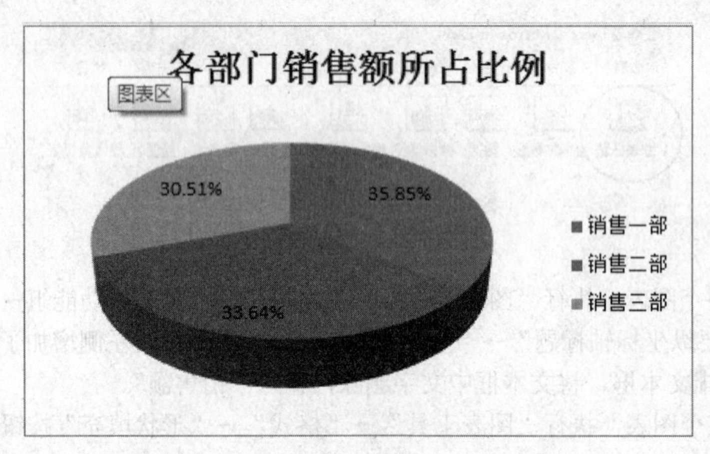

图 4-38　“各部门销售额所占比例”三维饼图

知识点拓展

1. 图表

Excel 提供了标准图表类型，每一种图表类型又分为多个子类型，可以根据需要选择不同的图变表现数据的特征。创建图表的方法：选择单元格区域，选择“插入”选项卡，从“图表”功能组中选择图表类型创建图表。

一个图表主要由以下部分构成：

- 图表标题：描述图表的名称，默认在图表的顶端，可有可无。
- 坐标轴与坐标轴标题：坐标轴标题是 X 轴和 Y 轴的名称，可有可无。
- 图例：包含图表中相应数据系列的名称和数据系列在图中的颜色。
- 绘图区：以坐标轴为界的区域。
- 数据系列：一个数据系列对应工作表中选定区域的一行或一列数据。
- 网格线：从坐标轴刻度线延伸出来并贯穿整个“绘图区”的线条系列，可有可无。
- 背景。

选中图表，会看到 Excel 界面的上方功能区增加了“图表工具”（包括“设计”、“布局”、“格式”）功能区，从该功能区中选择相应的命令可以对图表进行设置。

创建图表后，可以根据需要更改源数据，具体方法是：在图表上单击右键，从下拉菜单中选择“选择数据”，打开“选择数据源”对话框，在对话框中修改“图表数据区域”，“添加”、“删除”或者“编辑”图例项等，单击“确定”按钮，图表内容会自动更新。

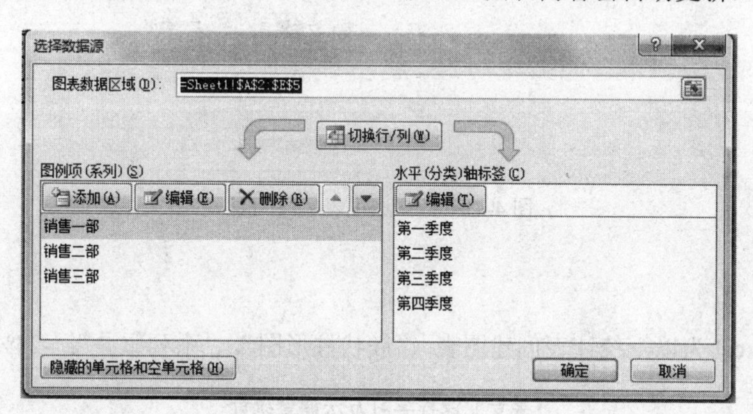

图 4-39 “选择数据源”对话框

2. 数据清单

数据清单是指包含一组相关数据的一系列工作表数据行。数据清单由标题行（列标题）和数据部分组成。Excel 中通过记录单来增加、删除和移动数据，同时还可以按照数据库管理的方式对以数据清单形式存放的工作表进行各种排序、筛选、分类汇总等操作。

3. 数据透视表

数据透视表是从源数据表中提取汇总数据的一种交互式表格。可以根据需要从源数据表中提取一部分列的数据并汇总计算后得出一张新表。

创建数据表的步骤：

（1）选定源数据区域，选择功能区“插入”→“数据透视表”（“表格”功能组中），打开“创建数据透视表”对话框，如图 4-40 所示。

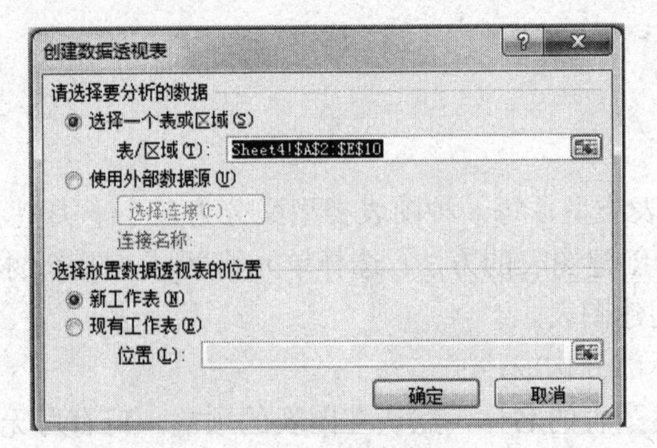

图 4-40 创建数据透视表

（2）勾选“新工作表”（系统自动创建一个新的工作表）或“现工作表”（数据透视表显示在当前工作表某个区域），单击“确定”按钮。根据需要，在数据透视表字段列表中选择要添加到报表中的字段，拖动下方四个区域中的字段，构建出数据透视表，如图 4-41 所示。同时，还可以单击鼠标右键，在弹出的“数据透视表选项”对话框中修改数据透视表的相关设置。

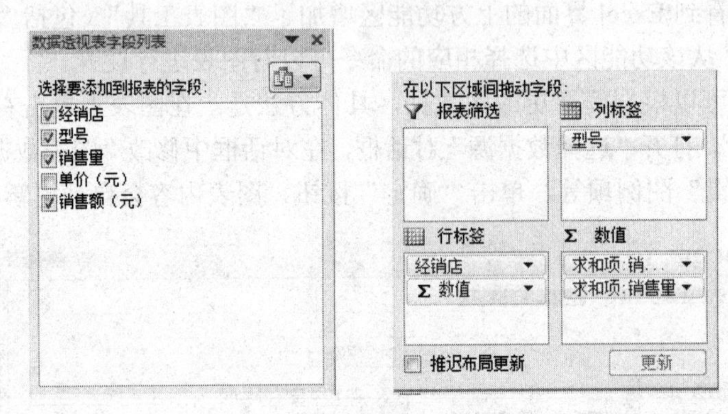

图 4-41 数据透视表字段列表

实践与思考

1．使用 Excel 为以下统计表创建图表（“簇状柱形图”，“系列重叠”：-25%）。

某专业课程学习方法调查统计

学习方法	A.课堂讲授	B.专题研讨	C.案例分析	D.在线交流互动
比例	43.31%	24.20%	47.45%	28.34%
人数	136	76	149	89
学习方法	E.参与式上机操作	F.讲授与上机操作相结合		
比例	61.78%	73.57%		
人数	194	231		

2．为以下“销售业绩统计表”建立数据透视表，显示各分店各型号产品的销售量之和、销售额之和以及总销售量和总销售额。

	A	B	C	D	E
1	销售数量统计表				
2	经销店	型号	销售量	单价（元）	销售额（元
3	1分店	A001	267	33	8811
4	2分店	A001	273	33	9009
5	1分店	A002	271	45	12195
6	2分店	A002	257	45	11565
7	2分店	A003	232	29	6728
8	1分店	A003	226	29	6554
9	2分店	A004	304	63	19152
10	1分店	A004	290	63	18270

3．Excel 共为用户提供了多少种图表类型？

任务 5　统计分析比赛成绩

学习目标

- 掌握单元格的引用、公式和函数的使用
- 掌握条件格式，数据有效性，工作表的保护等

任务导入

使用 Excel 统计分析足球比赛成绩，如下图所示，具体要求如下：

（1）根据图 4-42 设计比赛前使用的统计表模板；

（2）计算各队得分（每胜一场得 5 分，每平一场得 2 分，每负一场得 0 分）；

（3）根据得分，求出各队的名次；

（4）将得分超过平均值的单元格用红色字体标出；

（5）在比赛成绩下方，实现输入队名，可以查询比赛成绩，如图 4-43 所示；

（6）通过设置，使图 4-42 中比赛成绩无法修改。

序号	队名	胜	平	负	得分	名次
001	东区队	1	2	1		
002	西区队	3	0	1		
003	南区一队	0	2	2		
004	南区二队	1	0	3		
005	北区队	2	2	0		

图 4-42　比赛成绩

队名		得分		名次		
胜		平		负		

图 4-43　根据队名查询成绩

任务实施

一、制作统计表模板

（1）启动 Excel，选中单元格区域 A2:A6，在选区内单击鼠标右键，执行“设置单元格格式”→“数字”选项，选择“文本”类型，单击“确定”按钮，将图 4-42 中第一行和第一、二列内容输入工作表中，如图 4-44 所示。

	A	B	C	D	E	F	G
1	序号	队名	胜	平	负	得分	名次
2	001	东区队					
3	002	西区队					
4	003	南区一队					
5	004	南区二队					
6	005	北区队					

图 4-44　没有比赛成绩的表格

提示：在连续的单元格中输入数字、日期、文本等连续序列时，可以使用填充柄自动填充，在单元格中输入序列中第一个数据，然后在相邻的下一个单元格输入第二个数据，将光标置于第二个单元格的右下角，光标变为十字状，按住鼠标左键，往下拖动，直至所需输入序列结束，松开鼠标左键。

（2）选中单元格区域 C2:E6，执行“数据”→“数据工具”组→“数据有效性”下拉按钮，选择“数据有效性”命令，弹出“数据有效性”对话框，在“允许”下拉列表中，选择“整数”，“数据”下拉列表中，选择“介于”，“最小值”输入“0”，“最大值”输入“4”，如图 4-45 所示。选择“出错警告”选项卡，勾选“输入无效数据时显示出错警告”，在“样式”下拉列表中选择“警告”，“标题”框中输入“超出范围”，“错误信息”输入“输入的场次数超出范围”，单击“确定”按钮，如图 4-46 所示。在 C2:C6 区域内任意一个单元格内输入“5”，则会出现如图 4-47 所示的警告。

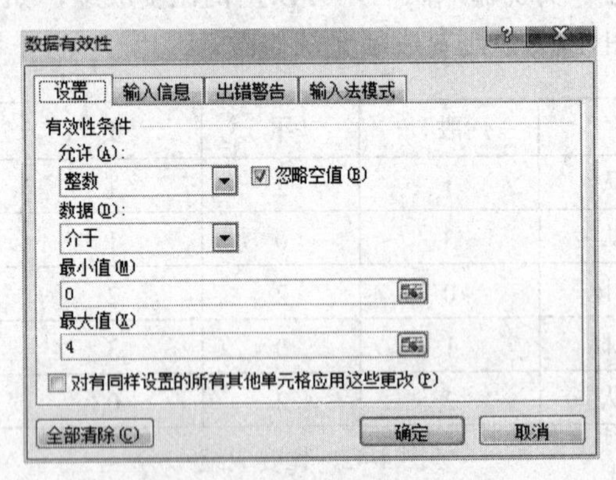

图 4-45　设置数据有效性条件

（3）执行“文件”→“另存为”命令，选择保存位置，输入文件名，选择“保存类型”为“Excel 模板（.xltx）”类型，单击“保存”。

二、使用公式计算各队得分

（1）将统计后的成绩输入到工作表中，在单元格 F2 中输入“=C2*5+D2*2+E2*0”，按

Enter 键，求出 F2 的值。

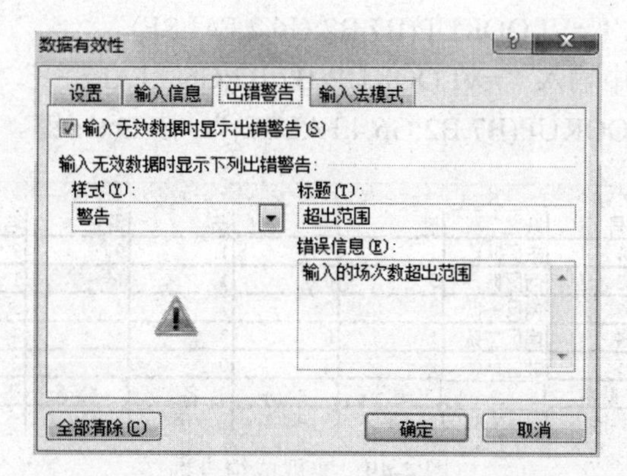

图 4-46　设置出错警告

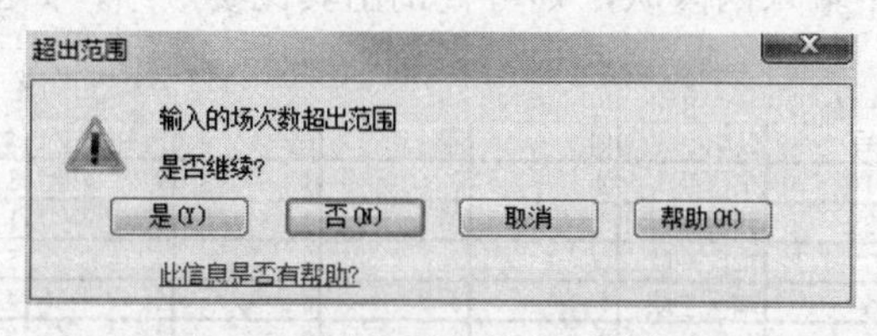

图 4-47　输入无效数据时的警告

（2）将光标放在单元格 F2 的右下角，按住鼠标左键，往下拖动至单元格 F6，松开鼠标，求出单元格 F3:F6 的值。

三、使用函数计算各队名次

（1）在单元格 G2 中输入“=RANK(F2,$F$2:$F$6,0)”，按 Enter 键，求出 G2 单元格的值。

（2）将光标放在单元格 G2 的右下角，按住鼠标左键，往下拖动至单元格 G6，松开鼠标，求出单元格 G3:G6 的值。

四、使用条件格式将超过平均值的得分用红色标示出来

选中单元格区域 F2:F6，执行“开始”→“样式”功能组→“条件格式”下拉按钮，选择“项目选取原则”→“高于平均值”命令，弹出“高于平均值”对话框，在下拉列表中选择“红色文本”，单击“确定”按钮。

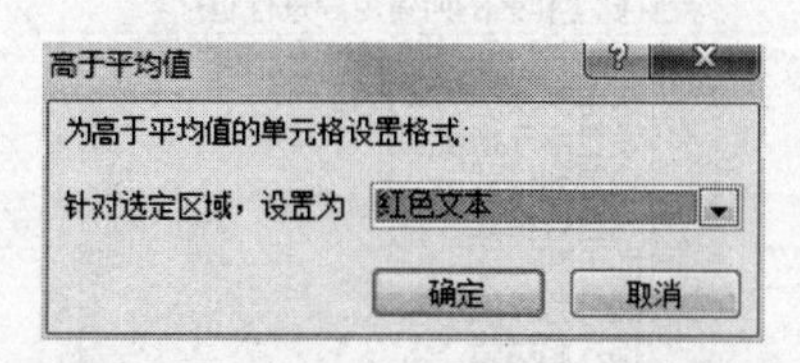

图 4-48　“高于平均值”对话框

五、使用 VLOOKUP 函数实现成绩查询

（1）将图 4-43 中内容输入在单元格区域 A7:G8 中并依次输入下面公式。

在 D7 单元格输入“=VLOOKUP(B7,B2:G6,5,FALSE)”，按 Enter 键。

在 F7 中输入“=VLOOKUP(B7,B2:G6,6,FALSE)”，按 Enter 键。

在 B8 单元格中输入“=VLOOKUP(B7,B2:G6,2,FALSE)”。

按 Enter 键，在 D8 中输入“=VLOOKUP(B7,B2:G6,3,FALSE)”，按 Enter 键。

在 F8 中输入“=VLOOKUP(B7,B2:G6,4,FALSE)”，按 Enter 键。效果如图 4-49 所示。

	A	B	C	D	E	F	G
1	序号	队名	胜	平	负	得分	名次
2	001	东区队	1	2	1	9	3
3	002	西区队	3	0	1	15	1
4	003	南区一队	0	2	2	4	5
5	004	南区二队	1	0	3	5	4
6	005	北区队	2	2	0	14	2
7	队名		得分	#N/A	名次	#N/A	
8	胜	#N/A	平	#N/A	负	#N/A	

图 4-49　实现成绩查询

（2）在单元格 B7 中输入西区队，则可查询出其比赛成绩，如图 4-50 所示。

	A	B	C	D	E	F	G
1	序号	队名	胜	平	负	得分	名次
2	001	东区队	1	2	1	9	3
3	002	西区队	3	0	1	15	1
4	003	南区一队	0	2	2	4	5
5	004	南区二队	1	0	3	5	4
6	005	北区队	2	2	0	14	2
7	队名	西区队	得分	15	名次	1	
8	胜	3	平	0	负	1	

图 4-50　查询西区队成绩

六、使用工作表保护实现成绩无法修改

（1）选中单元格区域 A1:G6，在选中区域单击右键，执行“设置单元格格式”→“保护”选项卡，勾选“锁定”，单击“确定”按钮。选择“审阅”→“更改”工作组→“保护”，在弹出的“保护工作表”对话框中勾选“保护工作表及锁定的单元格内容”、“选定锁定单元格”、“选定未锁定的单元格”，单击“确定”按钮，如图 4-51 所示。

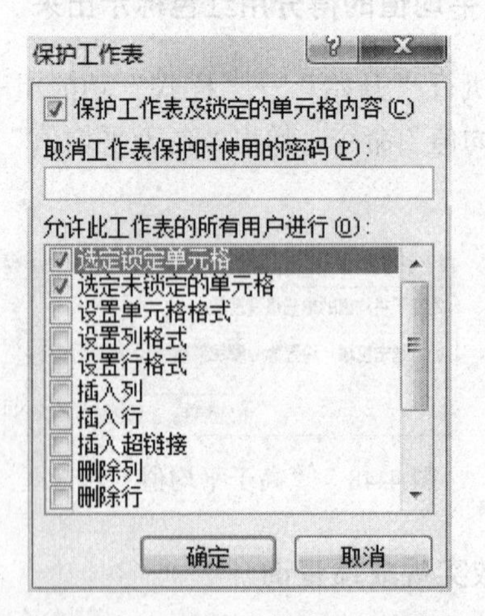

图 4-51　“保护工作表”对话框

（2）在单元格区域 A1:G6 内任意一个单元格内输入内容，会出现图 4-52 所示的提示。

图 4-52　单元格保护后修改其内容的提示

设置完成后保存 Excel 文档，关闭 Excel 窗口。

知识点拓展

1. 条件格式

Excel 提供了条件格式的功能，可以为满足某些条件的单元格或单元格区域设定某种格式。例如，将某班数学成绩不及格的同学用红色字体表示出来。

选中单元格区域后，选择“开始”→“样式”功能组→“条件格式”下拉按钮（如图 4-53），可以从下拉列表中选择各种条件规则，也可以根据需要新建规则。

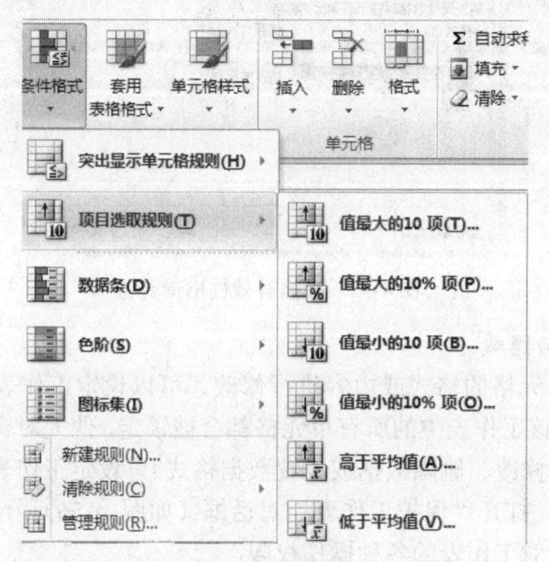

图 4-53　条件格式

2. 数据有效性

在 Excel 中，为了避免在输入数据时录入无效数据，可以通过为单元格设置数据有效性来进行控制。

数据有效性用于定义可以（或者必须）在单元格中输入的数据的类型、范围、格式等。

设置数据有效性的步骤：

（1）选中需要进行数据有效性控制的单元格区域。

（2）选择功能区“数据”→“数据有效性”，打开数据有效性设置对话框（如图 4-54）。

（3）设置有效性条件。可以选择列表中的数据类型，也可以选择自定义，使用公式对数据有效性进行控制。

（4）设置出错警告。出错警告包括“停止”（不允许输入无效数据）、“警告”（输入无效数据时有提示，提示时可以选择是否仍然要将无效数据输入单元格）、“信息”（输入无效数据时有提示，但无效数据已经输入到了单元格中）（如图 4-55）。

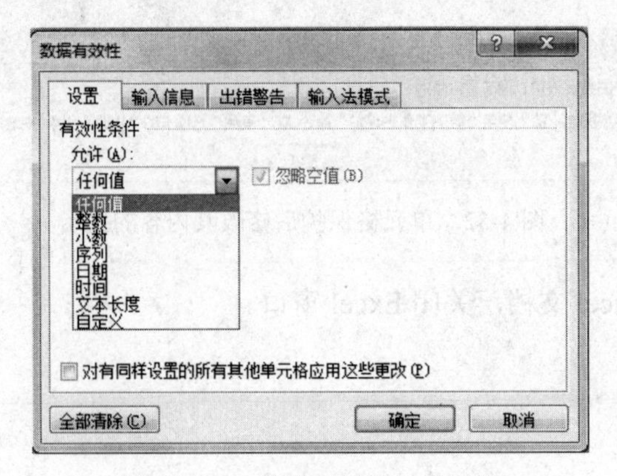

图 4-54 “数据有效性”对话框

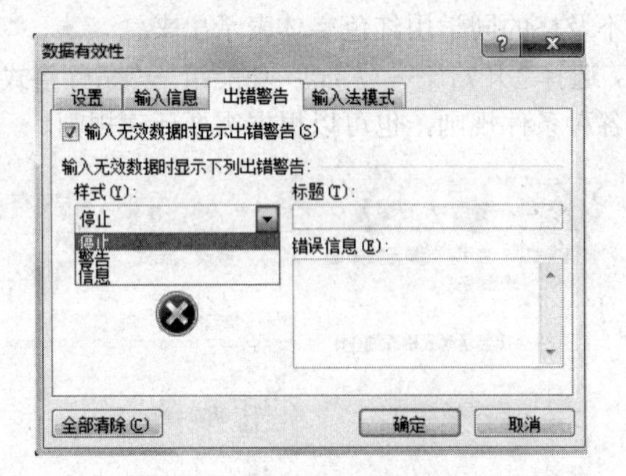

图 4-55 数据有效性出错警告

3. 工作表的保护与隐藏

为了防止他人对单元格的格式或内容进行修改，可以设定工作表保护。默认情况下，当工作表被设定保护后，该工作表中的所有单元格都会被锁定，他人对锁定的单元格不能进行任何的修改（包括插入、修改、删除数据或设置数据格式）。设定工作表保护的步骤：选择“审阅”→“保护工作表”，打开“保护工作表”对话框（如图 4-56），可以设置取消工作表保护的密码，可以设置用户对工作表的各种操作权限。

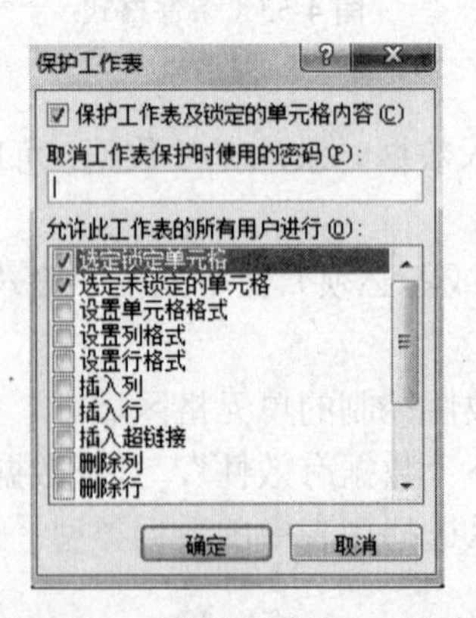

图 4-56 “保护工作表”对话框

有时候，需要允许部分单元格可以被修改，这时需要在保护工作表之前，对允许修改的单元格区域解除锁定。解除锁定的步骤：选中允许修改的单元格区域，在选中区域单击右键，下拉菜单中选择“设置单元格格式”→“保护”，取消“锁定”前的勾选（默认情况下，此项已经被勾选），如图 4-57 所示。

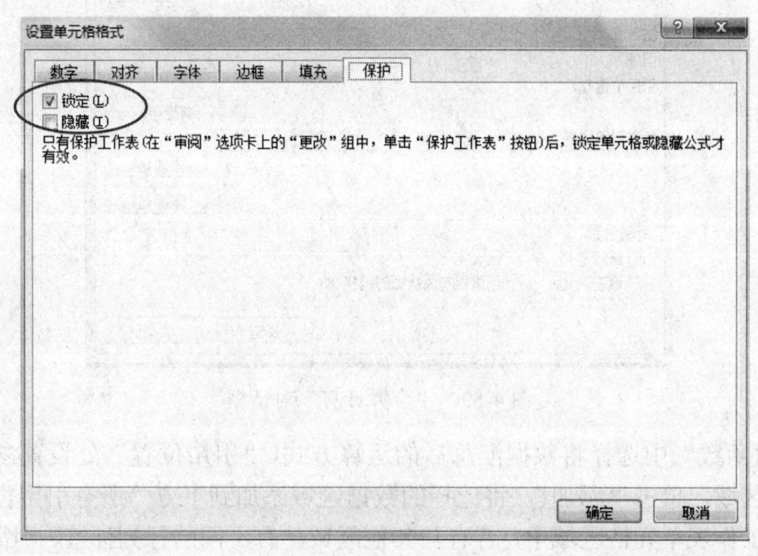

图 4-57　工作表的锁定

除了对工作表保护外，还可以使用“隐藏”命令使工作表的全部或者部分行（列）内容不可见。单击选中需要隐藏的工作表（或行、列）的任意一个单元格，选择“开始”→“格式”→“隐藏和取消隐藏”，从级联菜单中选择“隐藏工作表”（或“隐藏行”、“隐藏列”），则可以看到当前工作表不再显示，对应的工作表标签也不显示，如图 4-58 所示。

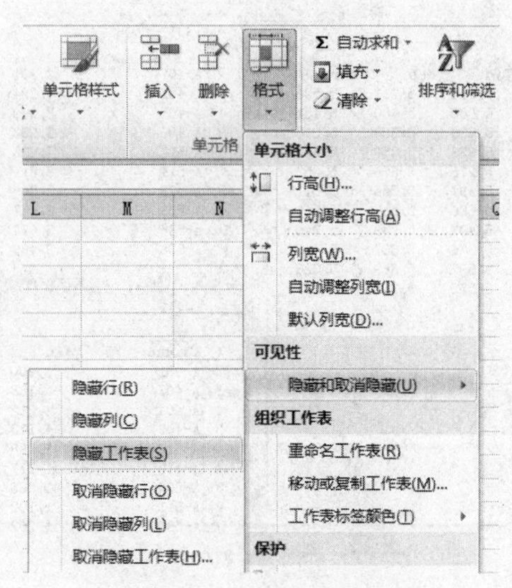

图 4-58　工作表的隐藏

4. 合并计算

合并计算是指汇总计算多个单独工作表中的数据，将每个单独工作表中的数据合并到一个主工作表中。这些工作表可以与主工作表位于同一工作簿中，也可以位于其他工作簿中。

启用合并计算的步骤：

（1）执行“数据”→“数据工具”功能组→“合并计算”按钮，打开“合并计算”对话框（如图 4-59 所示）。

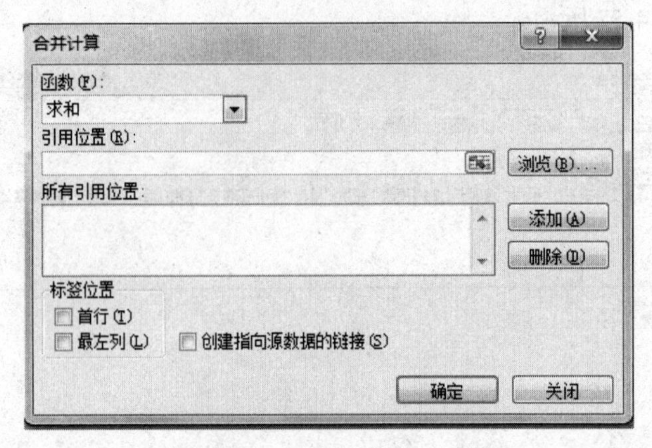

图 4-59 “合并计算”对话框

（2）在“函数”中选择将数据汇总后的运算方式，“引用位置”处设置参与合并计算的工作表单元格区域，单击“添加”，将选择的数据区域添加到下方“所有引用位置”中，在参与合并计算的工作表单元格区域中，若有与其他区域具有不同的行列标签，则需要勾选“标签位置”中的相关项，单击“确定”按钮。

实践与思考

以下三张工作表为三张销售数据表，将每种产品一、二、三月份的销售总额合并到一张工作表中。

region2.xlsx [只读]

	A	B	C	D
1	Product ID	Jan	Feb	Mar
2	A-402	5,344	5,211	5,526
3	A-401	5,000	5,600	5,451
4	A-404	5,436	5,350	5,210
5	A-408	5,336	5,358	5,653
6	A-490	5,278	5,676	5,257
7	A-415	5,497	5,266	5,611
8	A-502	5,626	5,517	5,564
9	A-505	5,497	5,239	5,348
10	A-515	5,374	5,337	5,443
11	A-523	5,597	5,369	5,328
12	A-536	5,552	5,311	5,668
13				
14				
15				
16				
17				
18				
19				
20				
21				
22				
23				
24				

region3.xlsx [只读]

	A	B	C	D
2	A-407	3,301	3,478	3,453
3	A-401	3,224	3,246	3,000
4	A-405	3,299	3,221	3,039
5	A-406	3,263	3,255	3,282
6	A-512	3,023	3,217	3,218
7	A-514	3,011	3,024	3,177
8	A-523	3,209	3,482	3,348
9	A-533	3,447	3,252	3,327
10	A-535	3,074	3,026	3,426
11	A-536	3,489	3,087	3,205
12				

Sheet1

region1.xlsx [只读]

	A	B	C	D
1	Product ID	Jan	Feb	Mar
2	A-401	1,000	1,094	1,202
3	A-403	1,188	1,324	1,236
4	A-404	1,212	1,002	1,018
5	A-409	1,173	1,116	1,110
6	A-412	1,298	1,218	1,467
7	A-415	1,217	1,346	1,006
8	A-503	1,285	1,054	1,298
9	A-511	1,192	1,408	1,010
10	A-536	1,202	1,544	1,732

项目五　PowerPoint 2010 的功能和使用

任务 1　“旅游景点介绍”演示文稿

学习目标

- 了解 PowerPoint 的基本界面
- 掌握演示文稿的创建、打开、关闭和保存
- 掌握幻灯片的添加和编辑
- 掌握幻灯片的编辑方法
- 掌握快速制作演示文稿的方法

任务导入

建立“美丽的桂林”演示文稿，并图文并茂地展示桂林的风景，设置其背景和母版，修改幻灯片版式和主题，以美化幻灯片外观，如图 5-1 所示为完成后的效果图。

图 5-1　幻灯片效果预览图

任务实施

一、新建空白演示文稿，插入新幻灯片，更换幻灯片版式

（1）选择“开始”→“所有程序”→“Microsoft Office”→“Microsoft PowerPoint 2010”命令，新建一个演示文稿，如图 5-2 所示。单击“文件”选项卡，在弹出的菜单中选择“保存”命令，打开“另存为”对话框。选择保存的路径，并在“文件名”文本框中输入“美丽的桂林”，单击“保存”按钮保存演示文稿，如图 5-3 所示。

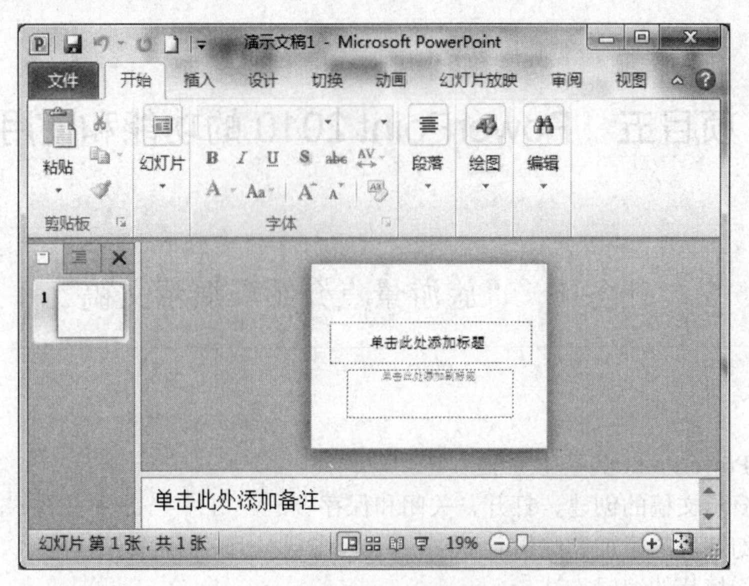

图 5-2　新建演示文稿

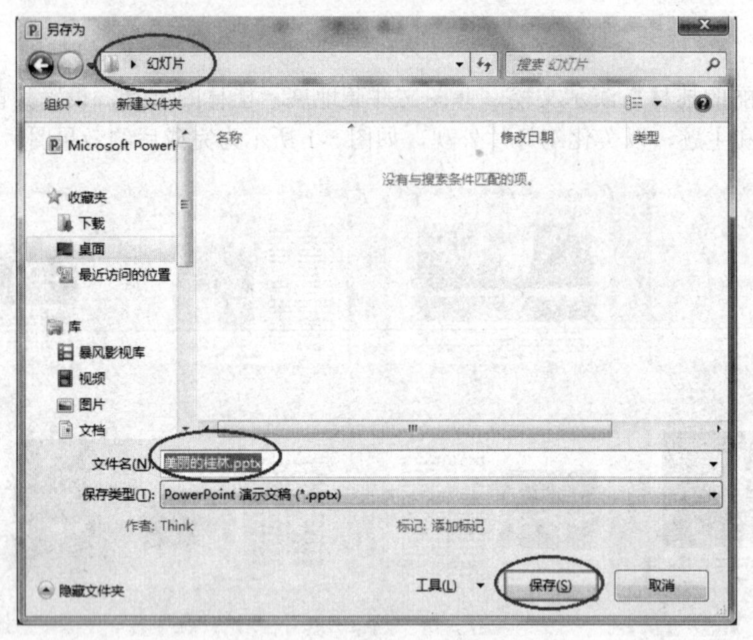

图 5-3　“另存为”对话框

（2）执行“设计”选项卡，单击“主题”组中“暗香扑面”主题按钮，应用于整个演示文稿，如图 5-4 所示。

（3）选中第一张幻灯片，执行“插入”选项卡的“插图”组，单击“艺术字”下拉按钮，单击选择一种艺术字风格后，在幻灯片中出现操作提示，删除提示文本，输入“美丽的桂林”文本，其字体为“华文行楷”，字号为 80 磅，加粗，阴影，颜色为橙色，居中对齐。单击副标题，输入“————某某制作”，其字体为“华文行楷”，字号为 32 磅，如图 5-5 所示。

（4）切换到“开始”选项卡，在“幻灯片”选项组中单击“新建幻灯片”按钮下拉箭头，从弹出的菜单中选择“图片与标题”版式，如图 5-6 所示。

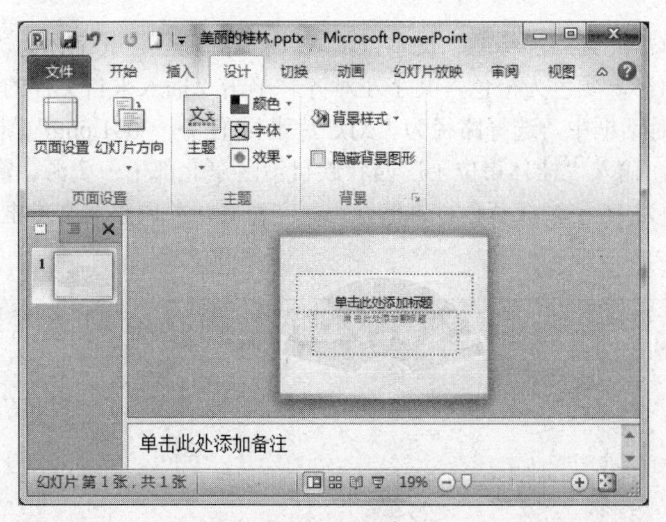

图 5-4　应用主题的幻灯片

图 5-5　插入艺术字

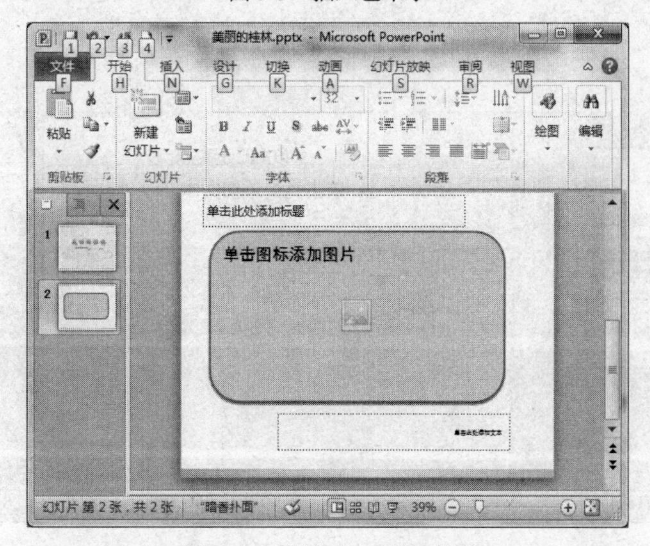

图 5-6　“图片与标题”版式

（5）单击“单击此处添加标题”文本，输入“桂林概况”，其字体为“华文行楷”，字号为 40 磅，加粗，阴影，颜色为橙色，文字左对齐。单击“插入来自文件的图片”图标，在弹出的“插入图片”对话框中，选择路径为“幻灯片素材\任务一\001.png”图片。单击“单击此处添加文本”文本，输入“桂林市位于广西壮族自治区东北部……资源、灌阳 12 县。”，其字体为“黑体”，字号为 16 磅，深蓝色，单倍行距，左对齐。并调整其文本框大小及位置。效果如图 5-7 所示。

图 5-7 “桂林概况”效果图

（6）切换到“开始”选项卡，在“幻灯片”选项组中单击“新建幻灯片”按钮下拉箭头，从弹出的菜单中选择“内容与标题”版式，如图 5-8 所示。

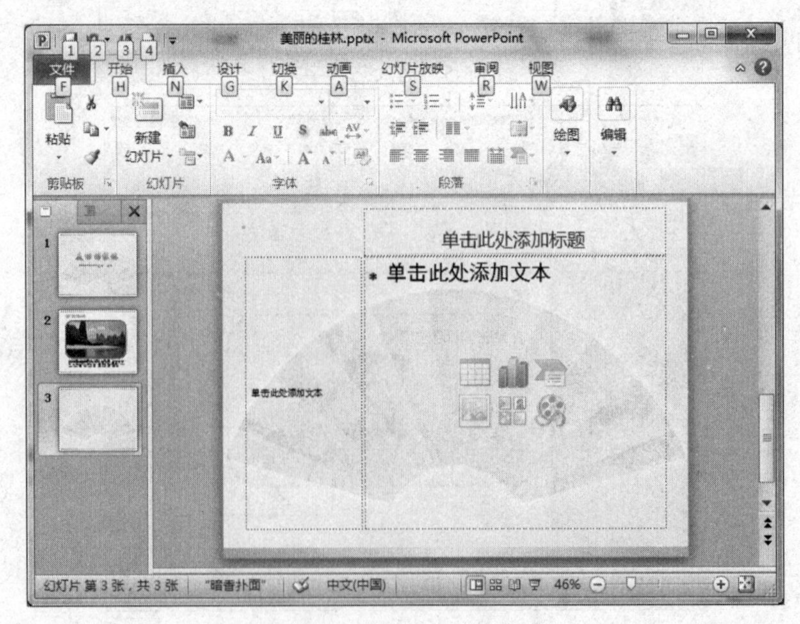

图 5-8 “内容与标题”版式

（7）单击“单击此处添加标题”文本，输入“象鼻山”，其字体为“华文行楷”，字号为40磅，加粗，阴影，颜色为橙色，文字居中对齐。单击“插入来自文件的图片”图标，在弹出的“插入图片”对话框中，选择路径为“幻灯片素材\任务一\002.png”图片。单击“单击此处添加文本”文本，输入“象鼻山又称仪山、沉水山，简称象山，……有诗赞曰：“水底有明月，水上明月浮。水流月不去，月去水还流。”，其字体为“黑体”，字号为16磅，黑色，单倍行距，左对齐。并调整其文本框大小及位置。效果如图5-9所示。

（8）切换到“开始”选项卡，在“幻灯片”选项组中单击“新建幻灯片”按钮下拉箭头，从弹出的菜单中选择“内容与标题”版式，如图5-8所示。

图5-9　“象鼻山”效果图

（9）单击“单击此处添加标题”文本，输入“伏波山”，其字体为“华文行楷”，字号为40磅，加粗，阴影，颜色为橙色，文字居中对齐，调整其文本框位置及大小。

单击“插入来自文件的图片”图标，在弹出的“插入图片”对话框中，选择路径为“幻灯片素材\任务一\003.png”图片，双击鼠标左键，在“格式”选项卡中，单击“大小”组中“裁剪”按钮，将图片下方的白色部分裁剪掉，把图片拖至幻灯片左上角。

选择“插入”选项卡，单击“图像”组中的“图片”按钮，在弹出的“插入图片”对话框中，选择路径为“幻灯片素材\任务一\004.png”图片，双击鼠标左键，在“格式”选项卡中，单击“大小”组中“裁剪”按钮，将图片下方的白色部分裁剪掉，把图片拖至幻灯片右下角。

单击“单击此处添加文本”文本，输入“伏波山位于桂林市区东北，……因唐代曾在山上修建汉朝伏波将军马援祠而得名。”，其字体为“华文行楷”，字号为20磅，黑色，单倍行距，左对齐。把文本框拖至幻灯片的左下角。选中并复制该文本框，将其拖至幻灯片右上角，删除文本框内文本，输入“伏波山公园由多级山地庭园组成，……成为独特的桂林山水的缩影。”，并调整其文本框大小。其字体为“华文行楷”，字号为20磅，黑色。效果如图5-10所示。

（10）切换到“开始”选项卡，在“幻灯片”选项组中单击“新建幻灯片”按钮下拉箭头，从弹出的菜单中选择“内容与标题”版式，如图5-8所示。

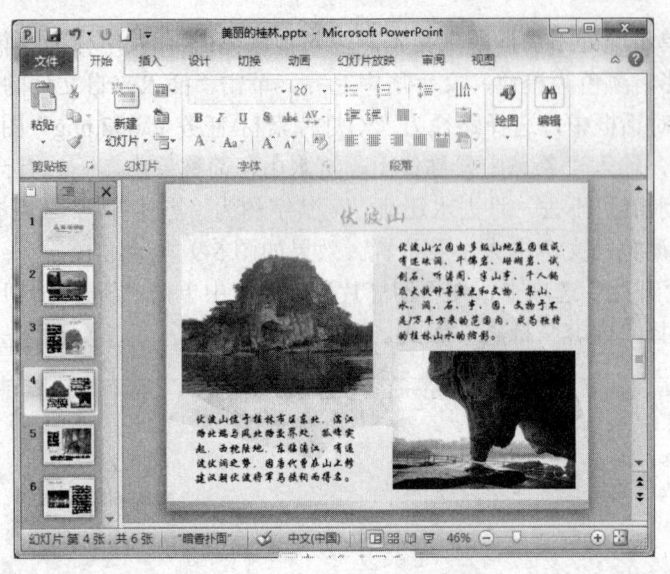

图 5-10　“伏波山”效果图

（11）单击“单击此处添加标题”文本，输入“叠彩山”，其字体为“华文行楷”，字号为40磅，加粗，阴影，颜色为橙色，文字居中对齐，调整其文本框位置及大小。

单击“插入来自文件的图片”图标，在弹出的“插入图片”对话框中，选择路径为“幻灯片素材\任务一\005.png”图片，把图片拖至幻灯片右上角。

单击“单击此处添加文本”文本，输入“叠彩山旧名桂山，位于桂林市区东北部……为桂林山景中的一个热点。”，其字体为“黑体”，字号为16磅，黑色，单倍行距，左对齐。选中并复制该文本框，将其拖至幻灯片右下角，删除文本框内文本，输入“山中佳景甚多，……全城景色画书眼底。”并调整其文本框大小。其字体为“黑体”，字号为16磅，黑色。效果如图5-11所示。

图 5-11　“叠彩山”效果图

（12）切换到“开始”选项卡，在“幻灯片”选项组中单击“新建幻灯片”按钮下拉箭头，从弹出的菜单中选择“两栏内容”版式，如图 5-12 所示。

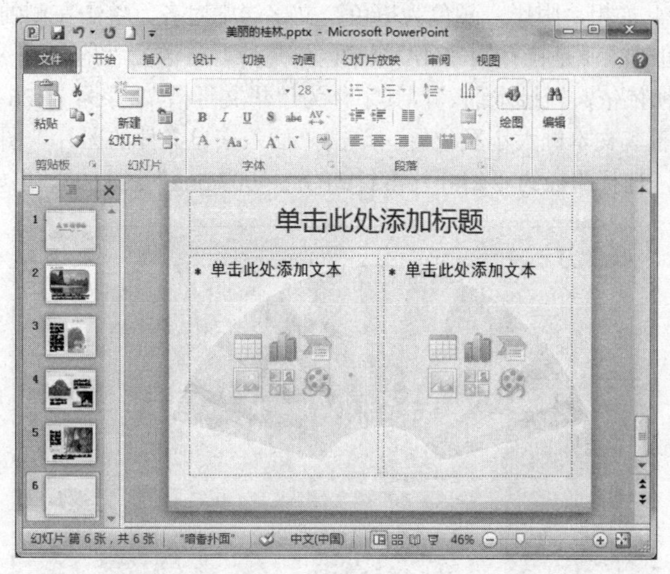

图 5-12 “两栏内容”版式

（13）单击“单击此处添加标题”文本，输入“两江四湖”，其字体为“华文行楷”，字号为 40 磅，加粗，阴影，颜色为橙色，文字居中对齐。单击左侧的“插入来自文件的图片”图标，在弹出的“插入图片”对话框中，选择路径为“幻灯片素材\任务一\006.png”图片。单击右侧的“单击此处添加文本”文本，输入“桂林市区“两江四湖”，即指漓江、桃花江、……咏叹桂林“千山环野立，一水抱城流”的梦想，从此成为现实。”，其字体为“黑体”，字号为 18 磅，黑色，单倍行距，左对齐。并调整其文本框大小及位置。效果如图 5-13 所示。

图 5-13 “两江四湖”效果图

（14）切换到“开始”选项卡，在“幻灯片”选项组中单击“新建幻灯片”按钮下拉箭头，从弹出的菜单中选择“两栏内容”版式，如图 5-12 所示。

（15）单击“单击此处添加标题”文本，输入“阳朔-世外桃源”文本，其字体为“华文行楷”，字号为 44 磅，加粗，阴影，颜色为橙色，文字居中对齐。单击左侧的“单击此处添加文本”文本，输入“世外桃源是桂林国家 4A 级景区，是游客旅游的胜地。……宛如少女的明眸脉脉含情。湖岸边垂柳依依，轻拂水面。”，其字体为“华文行楷”，字号为 26 磅，黑色，单倍行距，左对齐。并调整其文本框大小及位置。单击“插入来自文件的图片”图标，在弹出的“插入图片”对话框中，选择路径为“幻灯片素材\任务一\007.png”图片。效果如图 5-14 所示。

图 5-14　“阳朔-世外桃源”效果图

（16）切换到“开始”选项卡，在“幻灯片”选项组中单击“新建幻灯片”按钮下拉箭头，从弹出的菜单中选择“空白”版式，如图 5-15 所示。

图 5-15　“空白”版式

（17）切换到“设计”选项卡，单击“背景”组中的“背景样式”下拉按钮，“设置背景格式”命令，在弹出对话框中选择“图片或纹理填充”选项，单击“文件”按钮，在弹出的“插入图片”对话框中，选择路径为“幻灯片素材\任务一\001.png”图片，单击“关闭”按钮。根据第（3）步方法，插入艺术字，输入“再见”，其字体为“华文行楷”，字号为 100 磅，选择合适的艺术字效果。效果如图 5-16 所示。

图 5-16　“再见”效果图

二、母版设计

（1）切换到“视图”选项卡，单击“母版视图”组中的“幻灯片母版”按钮，如图 5-17 所示。

图 5-17　幻灯片母版

（2）选择第一张幻灯片母版，切换到“插入”选项卡，在“文本”选项组中单击“文本框”按钮的向下箭头，在弹出的菜单中选择“横排文本框”，在幻灯片母版的下方添加一个横排文本框，并在其中输入“桂林山水甲天下”。切换到“开始”选项卡，设置文本格式，即字体为“华文行楷”、字号为 20 磅、字体颜色为深蓝色。

（3）切换到“插入”选项卡，单击“文本”选项组中的“日期和时间”按钮，弹出“页眉和页脚”对话框，勾选“日期和时间”复选框，选中“自动更新”按钮，并选择一种日期的显示格式；勾选“幻灯片编号”复选框；勾选“标题幻灯片中不显示”复选框，如图 5-18 所示。单击“全部应用”按钮，将在演示文稿的标题幻灯片之外的所有幻灯片显示编号和日期。并把编号拖至幻灯片的右下角。

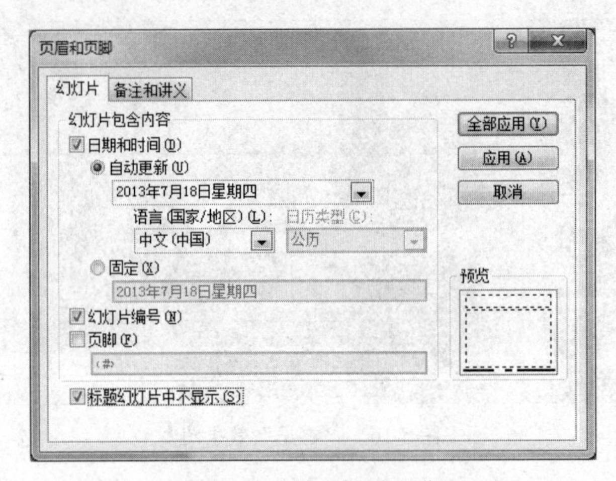

图 5-18　添加页码和日期

（4）选择幻灯片母版相关联的“两栏内容”版式和“内容与标题”版式中添加形状图形，并输入文字“推荐”，选择相关的效果样式，如图 5-19 所示。

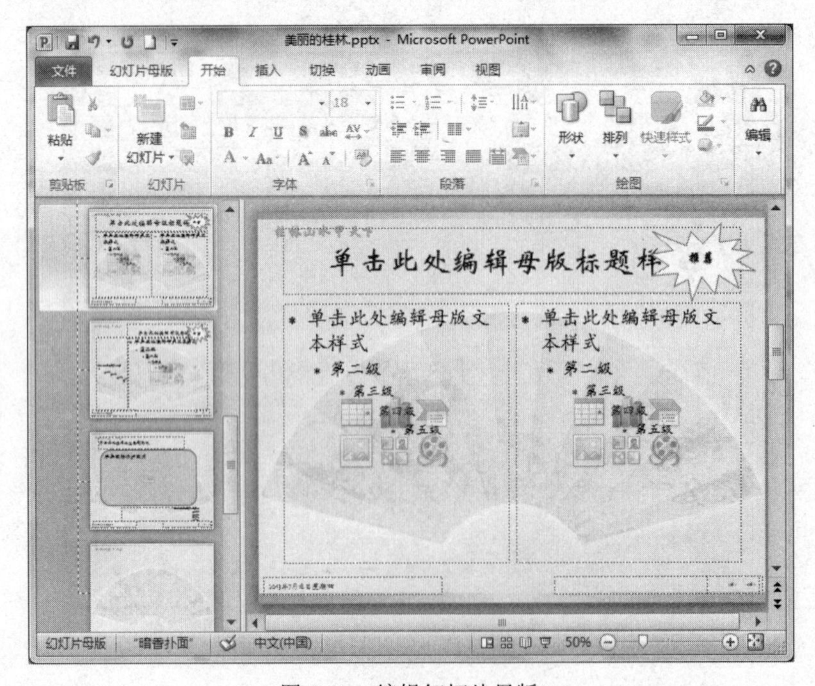

图 5-19　编辑幻灯片母版

（5）切换到“幻灯片母版”选项卡，单击“关闭母版视图”按钮，结束幻灯片母版设置，返回幻灯片浏览视图。

（6）切换到“视图”选项卡，单击“演示文稿视图”选项组中“幻灯片浏览”按钮，如图 5-20 所示。

图 5-20　“幻灯片浏览”视图

三、幻灯片放映

切换到“幻灯片放映”选项卡，单击“开始放映幻灯片”选项组中的“从头开始”按钮，或按 F5 键，开始播放演示文稿。

四、改变主题样式

（1）切换到“设计”选项卡，单击“主题”组中的“波形”主题样式，其样式应用于所有幻灯片。根据需要调整图片和文字的颜色或位置，如图 5-21 所示。

（2）切换到“文件”选项卡，单击“另存为”命令，在弹出的“另存为”对话框中输入文件名为“美丽的桂林-2”，单击“确定”按钮。

知识点拓展

1. PowerPoint 2010 功能概述

PowerPoint 2010 是一个演示文稿制作程序，也是 Office 2010 办公软件之一，是当前最流行的幻灯片制作工具。用 PowerPoint 2010 可以制作出生动活泼、富有感染力的幻灯片，主要用于报告、总结和演讲等各种场合。它操作简单、使用方便，使用它可制作出专业的演示文稿。

图 5-21　“波形”主题效果图

PowerPoint 2010 所制作的演示文稿可以包含动画、声音剪辑、背景音乐以及全运动视频等。它还提供了众多的设计向导，可以从中根据自己的需要做出选择。制作的演示文稿既可以现场播放，也可以通过互联网传播。

主要功能和特性有：

- 面向结果的功能区。
- 增强的图表功能。
- 专业的 SmartArt 图形。
- 方便的共享模式。

2. PowerPoint 2010 演示文稿与幻灯片

（1）演示文稿

在 PowerPoint 2010 中，一个完整的称为演示文稿（扩展名为.pptx）的演示文件，包含多个幻灯片，以及与每张幻灯片相关联的备注及演示大纲等几部分。用户在创建一个新的幻灯片的同是也创建一个演示文稿。演示文稿通常用于新产品的介绍、专题演示会、教学课程的讲授等。

（2）幻灯片

幻灯片是演示文稿的基本组成部分，一个完整的演示文稿是由多张幻灯片构成的。每张幻灯片都可有标题、文本、自绘图形、专业的 SmartArt 图形、剪贴画、图片、视频、音乐及由其他应用程序创建的各种表格、图表等。

3. PowerPoint 2010 的启动和退出

（1）PowerPoint 2010 的启动

1）常规启动

常规启动是在 Windows 操作系统中最常用的启动方式，即通过“开始”菜单启动。执行“开始”→“所有程序”→“Microsoft Office”→“Microsoft PowerPoint 2010”命令，即可启动 PowerPoint 2010。

2）通过创建新文档启动

在桌面或“我的电脑”窗口中的空白区域右击，在弹出的快捷菜单中，选择“新建”→“Microsoft PowerPoint 演示文稿”命令，即可创建一个演示文稿文件，然后双击文件图标，即可打开新建的 PowerPoint 2010 文件。

3）通过现有演示文稿启动

用户在创建并保存 PowerPoint 演示文稿后，可以通过已有的演示文稿启动 PowerPoint 2010。通过已有演示文稿启动可以分为两种方式：直接双击演示文稿图标和通过打开旧的 PowerPoint 2010 文件启动。

（2）PowerPoint 2010 的退出

单击窗口右上方的“关闭”按钮或选择“文件”菜单上的“退出”命令。

4. PowerPoint 2010 的用户界面

（1）界面组成

PowerPoint 2010 的界面由标题栏、功能区、状态栏等组成，如图 5-22 所示。

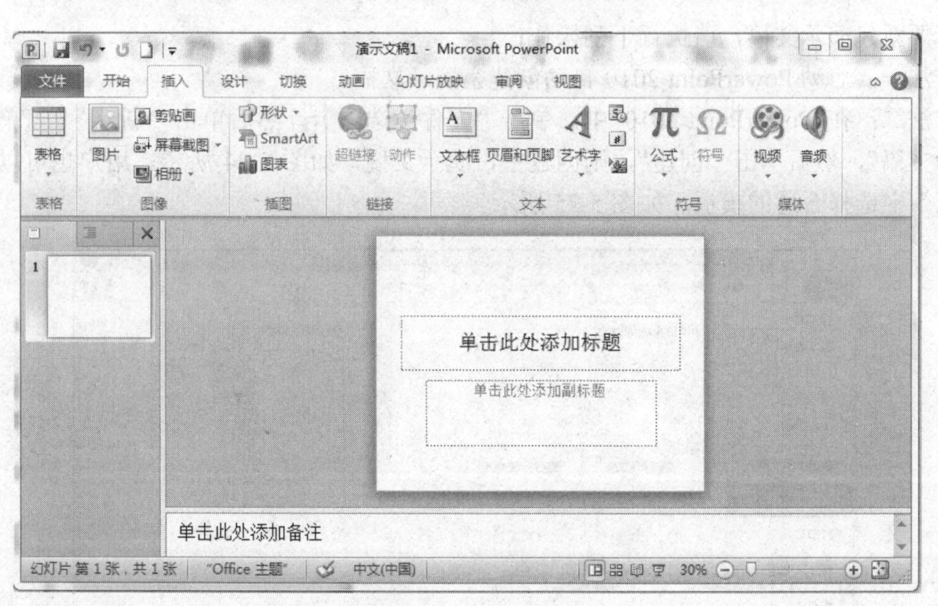

图 5-22　幻灯片界面

（2）视图方式

用户可以在“视图”选项卡的“演示文稿视图”组中选择相应的按钮改变视图模式，如图 5-23 所示。

（3）普通视图

PowerPoint 2010 默认的窗口为普通视图，在该视图中可以同时显示幻灯片、大纲及备注。

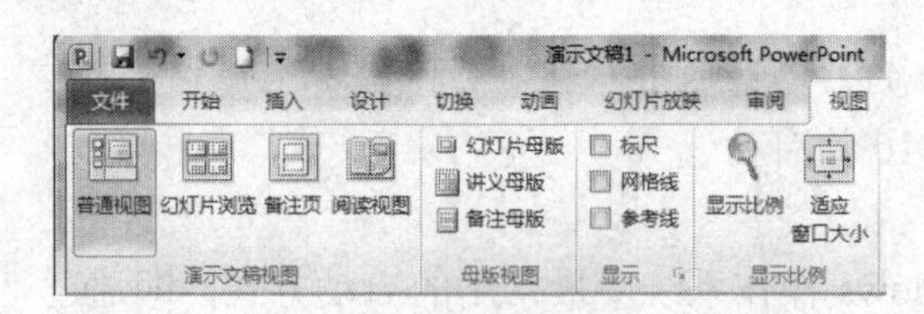

图 5-23 “演示文稿视图”功能组

（4）幻灯片浏览视图

单击“幻灯片浏览”按钮，显示演示文稿中所有的幻灯片，在该视图中可以重新调整幻灯片的顺序、添加幻灯片切换和动画效果、设置幻灯片放映时间等。

（5）备注页视图

单击“备注页”按钮，能输入要放到幻灯片上的备注或显示已写的备注。

（6）幻灯片阅读视图

单击“幻灯片阅读”按钮，从当前选定的幻灯片开始非全屏放映演示文稿，可以用来查看演示文稿的动画、声音以及切换等效果。

5. 演示文稿的创建

（1）根据“空白演示文稿”和“最近打开的模板”创建演示文稿。

（2）根据“样本模板”和“主题”创建演示文稿。

（3）根据“我的模板”和“根据现有内容新建”创建演示文稿。

（4）从“Office.com 模板”单击所需的类别（预算、日历和设计幻灯片等）创建演示文稿。

若要新建演示文稿，请执行下列操作：

方法一：启动 PowerPoint 2010 自动创建空演示文稿。

方法二：在 PowerPoint 2010 中，单击“文件”选项卡，然后单击“新建”。若单击“空白演示文稿”，然后单击“创建”，则创建空白演示文稿，如图 5-24 所示。用户也可以在“样本模板”中选择合适的模板，如图 5-25 所示。

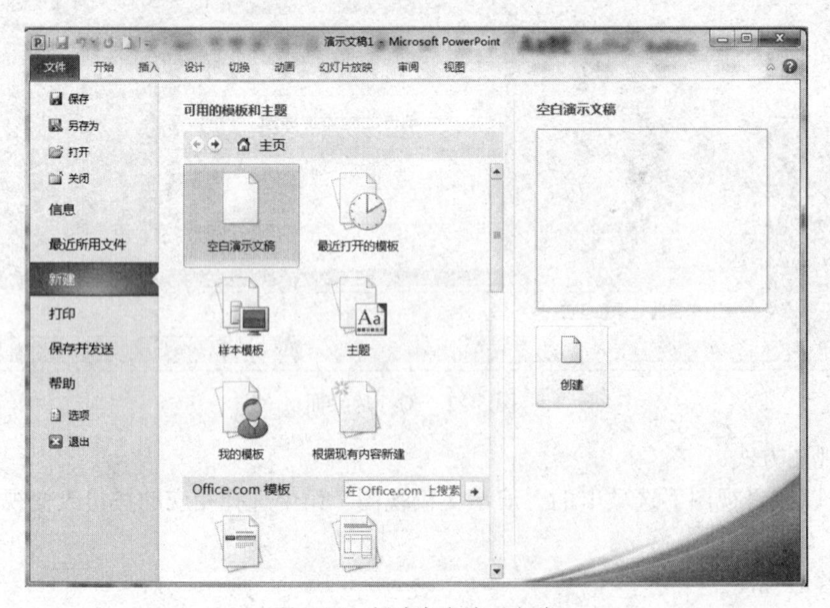

图 5-24 创建空白演示文稿

图 5-25 创建模板演示文稿

6. 演示文稿的编辑

（1）添加幻灯片

选定要插入新幻灯片的位置，在“开始”选项卡的“幻灯片”组中，单击“新建幻灯片”下的箭头，然后根据新幻灯片的内容选择幻灯片的版式，如图 5-26 所示。

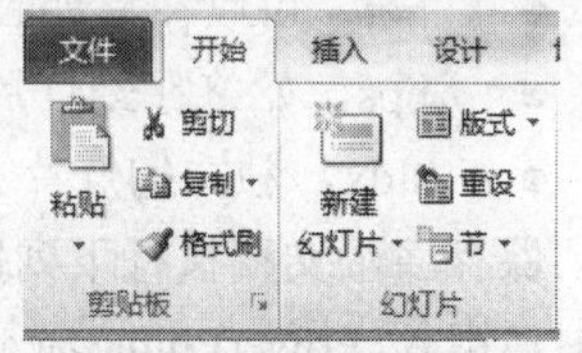

图 5-26 新建幻灯片

（2）复制幻灯片

选中需要复制的幻灯片，单击“复制”按钮，然后在需要插入幻灯片的位置单击“粘贴”按钮。或者在屏幕左侧的幻灯片缩略图上右击需要复制的幻灯片，然后在弹出的快捷菜单中单击“复制幻灯片”命令。

（3）删除幻灯片

在屏幕左侧的幻灯片缩略图上右击需要删除的幻灯片，然后在弹出的快捷菜单中单击“删除幻灯片”，如图 5-27 所示。或者选中需要删除的幻灯片，直接按 Delete 键进行删除。

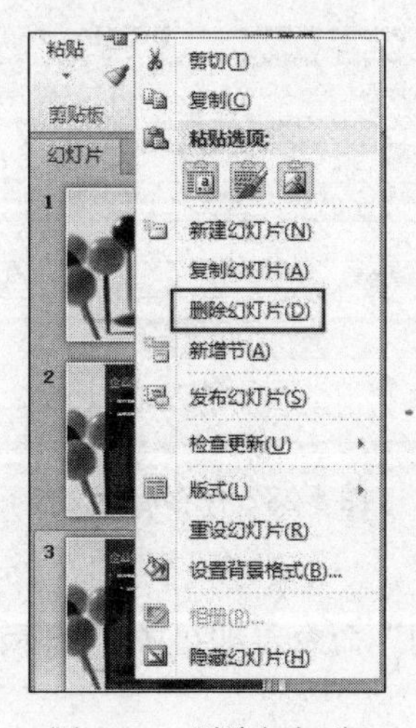

图 5-27 删除幻灯片

（4）调整幻灯片顺序

在制作演示文稿时，如果需要重新排列幻灯片的顺序，就需要移动幻灯片。选择需要移动的幻灯片，然后拖动，在需要插入幻灯片的位置松开鼠标左键。或使用“剪切”或“粘贴”按钮来完成。

（5）在演示文稿中添加文本

选择文档版式后，就可以在其中输入内容。输入内容的方法有如下几种：

- 在占位符中添加文本。
- 使用文本框添加文本。
- 从外部导入文本。

7. 演示文稿的保存和关闭

（1）保存演示文稿

默认情况下，PowerPoint 2010 将文件保存为 PowerPoint 演示文稿（.pptx）文件格式。若要以非 .pptx 格式保存演示文稿，可单击“保存类型”列表，然后选择所需的文件格式。常用的保存格式有以下几种：

- .pptx，PowerPoint 2010 默认演示文稿。
- .potx，作为模板的演示文稿，可用于对将来的演示文稿进行格式设置。
- .ppt，可以在早期版本的 PowerPoint（从 97 版到 2003 版）中打开的演示文稿。
- .pot，可以在早期版本的 PowerPoint（从 97 版到 2003 版）中打开的模板格式。
- .pps，始终在幻灯片放映视图中打开的演示文稿。
- .sldx，独立幻灯片文件。

保存演示文稿执行下列操作：单击“文件”选项卡，然后单击“另存为”。在“文件名”框中，键入 PowerPoint 演示文稿的名称，然后单击“保存”，如图 5-28 所示。

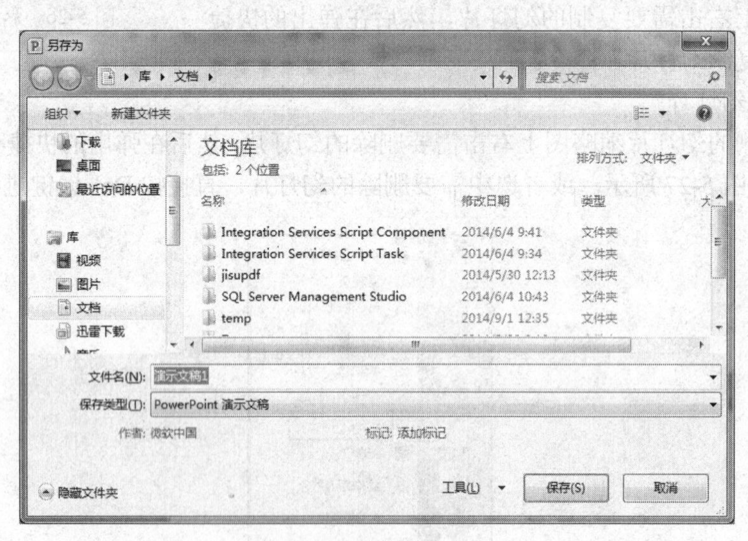

图 5-28 保存演示文稿

（2）关闭演示文稿

在“文件”菜单中选择“关闭”命令，即可关闭演示文稿。

8. 应用幻灯片版式

创建演示文稿之后，用户会发现所有新创建的幻灯片的版式都被默认为“标题幻灯片”

版式。为了丰富幻灯片内容，体现幻灯片的实用性，需要设置幻灯片的版式。PowerPoint 主要为用户提供了“标题和内容”、“比较”、“内容与标题”、“图片与标题”等 11 种版式，其具体版式及说明如表 5-1 所示。

表 5-1　幻灯片版式

版式类别	说明
标题幻灯片	包括主标题与副标题
标题和内容	主要包括标题与正文
节标题	主要包括标题与正文
两栏内容	主要包括标题与两个文本
比较	主要包括标题、两个正文与两个文本
仅标题	只包含标题
空白	空白幻灯片
内容与标题	主要包括标题、文本与正文
图片与标题	主要包括图片与文本
标题与竖排文字	主要包括标题与竖排正文
垂直排列标题与文本	主要包括垂直排列标题与正文

应用幻灯片版式的方法主要有三种。

（1）通过“新建幻灯片”命令应用

选择需要在其下方新建幻灯片，然后执行“开始”选项卡→“幻灯片”组→“新建幻灯片”命令，在其下拉列表中选择合适的版式选项即可。

（2）通过“版式”命令应用

选择需要应用版式的幻灯片，执行“开始”选项卡→“幻灯片”组→“版式”命令，在其下拉列表中选择合适的版式选项即可。通过“版式”下拉按钮应用版式，可以直接在所选的幻灯片中更改其版式。

（3）通过鼠标右击应用

在“幻灯片”窗格中，选择幻灯片，右击选择“版式”级联菜单中的合适版式选项即可。

9. 设置文本和段落格式

文本是幻灯片中最基本的对象，设置合适的文本和段落格式能使幻灯片的内容主题突出。在幻灯片的文本框中输入文本，若文本框不能满足需要，可以根据自己所需插入文本框。PowerPoint 的文本、段落格式设置方法与 Word 中文本、段落设置操作方法大致相同。

（1）设置文本格式

如果之前设置的字体不符合要求，还可以改变字体、字号、颜色、调整字符间距。切换到功能区的“开始”选项卡，在“字体”选项组中选择对应按钮进行修改，如图 5-29 所示。

（2）调整段落格式

段落是带有一个回车符的文本，用户可以改变段落的对齐方式、设置段落缩进、调整段落间距和行间距等。切换到功能区的“开始”选项卡，在“段落”选项组中选择对应按钮进行修改，如图 5-29 所示。

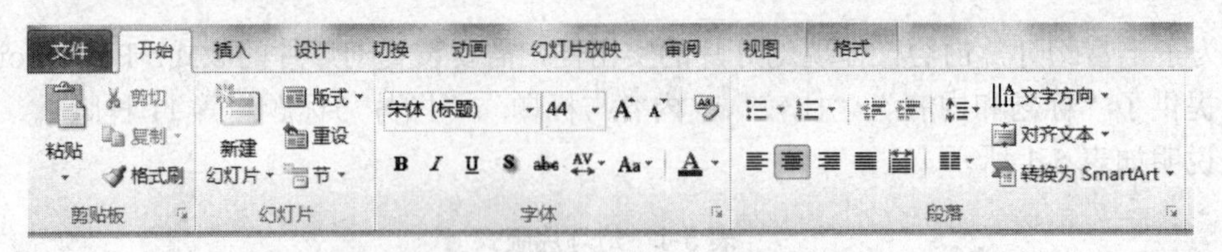

图 5-29　设置文本、段落格式

（3）设置项目符号与编号

在幻灯片中经常用到项目符号和编号，使用项目符号和编号使内容更加整齐清晰。切换到功能区的“开始”选项卡，在“段落”选项组中单击“项目符号”按钮的向下箭头，在下拉菜单中选择所需的项目符号，如图 5-30 所示。如果预定义的项目符号不符合要求，可以单击“项目符号”下拉菜单中的“项目符号和编号”命令，打开“项目符号和编号”对话框，按自己的要求设置，如图 5-31 所示。

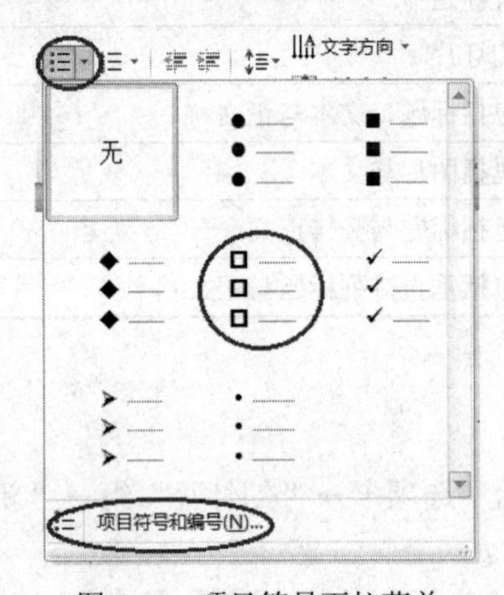

图 5-30　项目符号下拉菜单

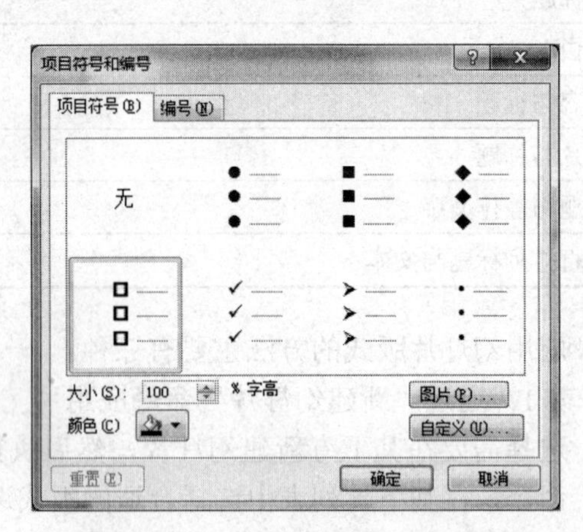

图 5-31　“项目符号和编号”对话框

10. *在幻灯片中插入图片对象*

在演示文稿中插入图形、声音、视频等对象，可以更加生动形象地阐述其主题和要表达的思想。要插入对象时，要充分考虑幻灯片的主题，使对象和主题和谐一致。切换到功能区的“插入”选项卡，如图 5-32 所示。

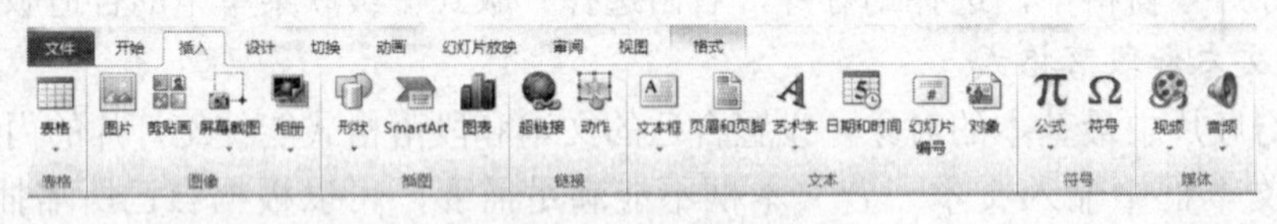

图 5-32　“插入”选项卡

（1）插入符号。单击“插入”选项卡→“符号”组→“符号”命令，弹出“符号”对话框，如图 5-33 所示。

（2）插入公式。单击“插入”选项卡→“符号”组→“公式”右下角的下拉菜单，选择所需的公式类型。

（3）插入剪贴画。单击“插入”选项卡→“图像”组→“剪贴画”按钮，打开“剪贴画”任务空格，搜索所需的剪贴画。

图 5-33　“符号”对话框

（4）插入来自文件的图片。单击“插入”选项卡，单击“图片”按钮，打开“插入图片”对话框，选择合适的图片文件后，单击确定按钮，如图 5-34 所示。

图 5-34　“插入图片”对话框

（5）插入自选图形。自选图形可分为箭头、连接符、流程图、标注等几类，其中每一类中又有不同的图形。在幻灯片中插入自选图形的方法如下：

1）单击“插入”选项卡，在“插图”组中单击“形状”右下角下拉菜单，或选择“开始”选项卡中的“绘图”组，单击某一类自选图形中某一图形，鼠标指针变为“十”字形，将指针移到幻灯片上，拖动鼠标绘制所插入的图形，松开鼠标后即可在幻灯片中插入指定的图形。

2）编辑图形对象

插入图形后，即可对插入的图形对象进行编辑，即改变图片的大小、复制、移动、删除等。另外，还可以设置图片的线条和填充颜色。

调整图形大小的步骤如下：

- 选择要调整的图形，选中句柄，拖动鼠标即可调整图形大小。
- 双击插入的图形，利用“格式”选项卡中的“形状样式”对形状进行填充、设置轮廓及各种效果，如图 5-35 所示。
- 单击“形状样式”选项组右下角的对话框启动器按钮，弹出“设置形状格式”对话框，可以更改形状的大小和位置，操作方法与 Word 相似，如图 5-36 所示。

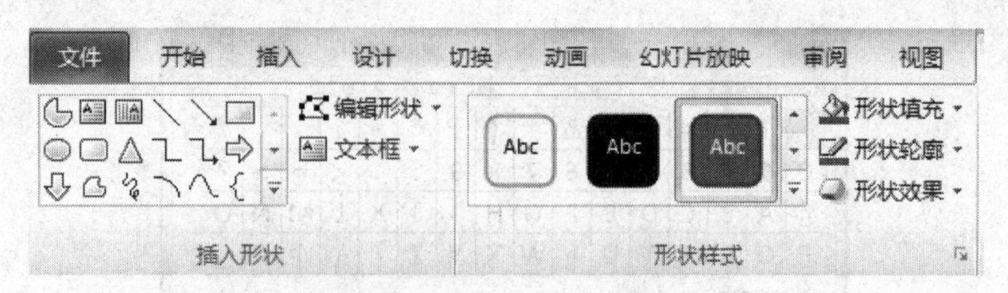

图 5-35　插入形状和形状样式

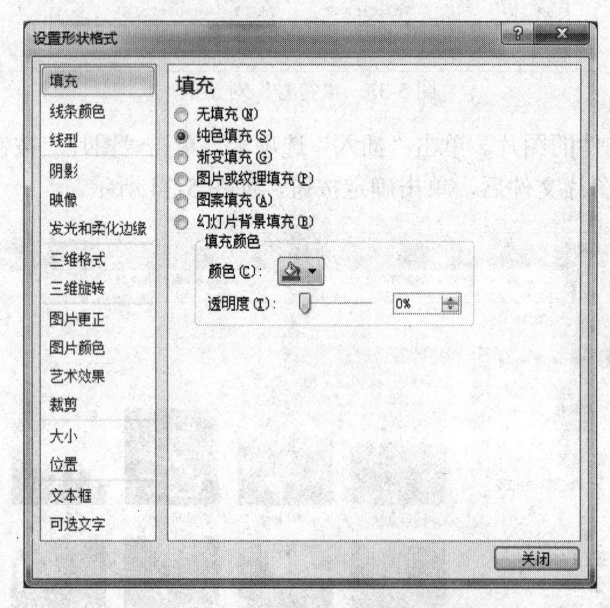

图 5-36　“设置形状格式”对话框

（6）插入艺术字

1）单击“插入”选项卡，单击“文本”组中的“艺术字”按钮，打开艺术字样式列表。单击需要的样式，即可插入艺术字，如图 5-37 所示。

2）双击插入的艺术字，利用“格式”选项卡中的“艺术字样式”对形状进行填充、设置轮廓及文本效果，如图 5-38 所示。

3）单击“艺术字样式”选项组右下角的对话框启动器按钮，弹出“设置文本效果格式”对话框，可以更改形状的大小和位置，操作方法与 Word 相似。

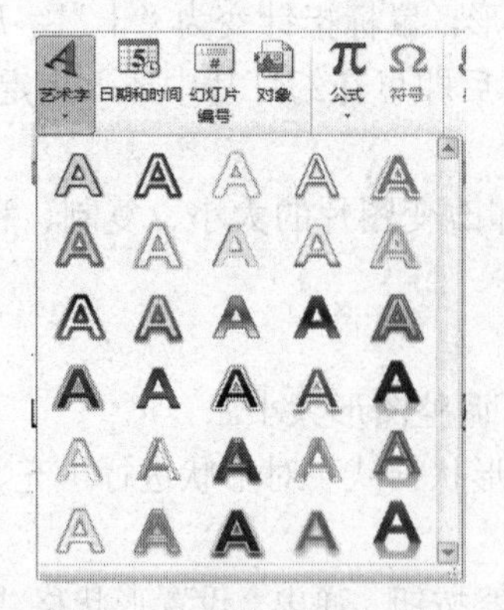

图 5-37　艺术字样式列表

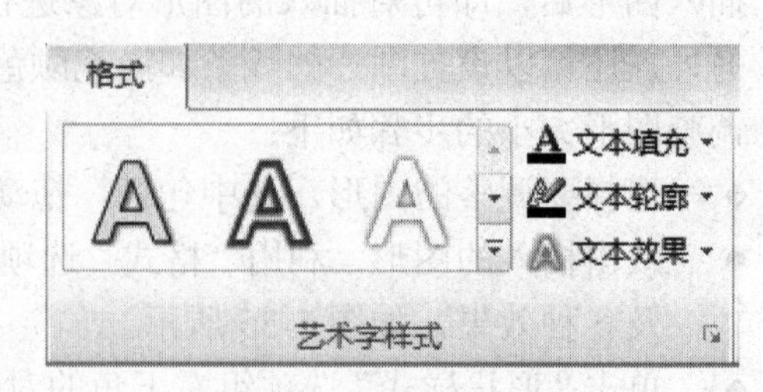

图 5-38　设置艺术字样式

实践与思考

1．打开幻灯片素材下的演示文稿“wyks01.pptx”，按下列要求完成对此文稿的修饰并保存。

（1）在第一张幻灯片前插入一版式为“标题幻灯片”的新幻灯片，主标题文字输入“全国 95%以上乡镇开通宽带”，其字体为“黑体”，字号为 63 磅，加粗，颜色为蓝色（请用自定义标签的红色 0、绿色 0，蓝色 255）。副标题输入“村村通工程”，其字体为“仿宋_GB2312”，字号为 35 磅。用母版方式使所有幻灯片的右下角插入“通信”类的“人际关系”的剪贴画。

（2）第二张幻灯片的背景图案填充为“点式菱形”。第三张幻灯片版式改为“两栏内容”，并插入剪贴画。

（3）将整个演示文稿主题设成“气流”。放映方式为“观众自行浏览（窗口）”。

2．打开素材文件夹下的演示文稿“wyks02.pptx”，按下列要求完成对此文稿的修饰并保存。

（1）使用“市镇”主题修饰全文。

（2）在第一张幻灯片前插入一版式为“标题幻灯片”的新幻灯片，主标题输入“神奇的章鱼保罗”，并设置为“黑体”，47 磅，蓝色（请用自定义标签的红色 0、绿色 0，蓝色 255），副标题输入“8 次预测全部正确”，并设置为“宋体”，30 磅。

（3）第四张幻灯片的版式改为“标题与内容”，将第三张幻灯片左侧图片移入第四张幻灯片的内容区。

（4）将第五张幻灯片的版式改为“两栏内容”，文本区的第二段文字移到标题区域，将第三张幻灯片右侧的两张图片依次移入内容区。删除第三张幻灯片。在第四张幻灯片前插入一版式为“空白”的新幻灯片，插入 9 行 3 列的表格，并将第二张幻灯片的 9 行 3 列文字移入表格相应位置。删除第二张幻灯片。

任务 2 “山茶花”MTV 影片的制作

学习目标

- 掌握在幻灯片中图片、音频、视频、艺术字等对象的插入与编辑
- 掌握幻灯片的插入、移动、复制和删除等基本操作
- 掌握幻灯片中对象动画设置
- 掌握幻灯片切换效果设置

任务导入

茶花，又名山茶花、玉茗花、耐冬、曼陀罗，古名海石榴，山茶科山茶属常绿灌木和小乔木，是中国传统的观赏花卉，“十大名花”中排名第七。利用演示文稿把台湾歌手邓丽君演唱的《山茶花》制作成 MTV，以静态的幻灯片加上动画效果，配上优美的歌声，展示出来。效果截图如图 5-39 所示。

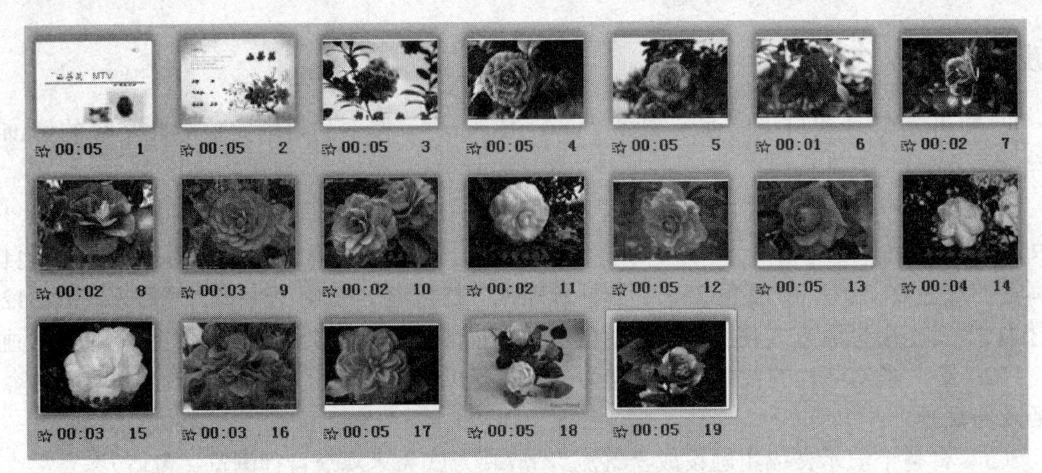

图 5-39 “山茶花”MTV 效果图

任务实施

一、创建主题演示文稿，插入相册

（1）启动 PowerPoint 演示文稿，选择“开始”→“新建”→“可用的模板和主题”→“空白演示文稿”按钮，单击“创建”按钮，创建一个新的演示文稿，单击“保存”按钮，文件命名为“山茶花 MTV”。

（2）切换到“插入”选项卡，单击“图像”选项组中的“相册”下拉按钮，执行“新建相册”命令，打开“相册”对话框，如图 5-40 所示。

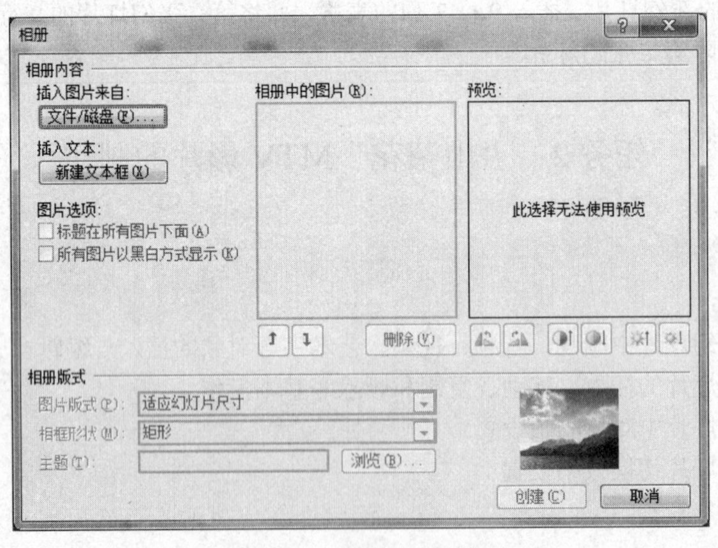

图 5-40 “相册”对话框

（3）单击“文件/磁盘”按钮，可打开“插入新图片”对话框，选择“幻灯片素材\任务二\image”文件夹下所有图片文件，单击“插入”按钮，返回到“相册”对话框，如图 5-41 所示。

（4）单击“创建”按钮，即可生成演示文稿，并单击“保存”按钮。

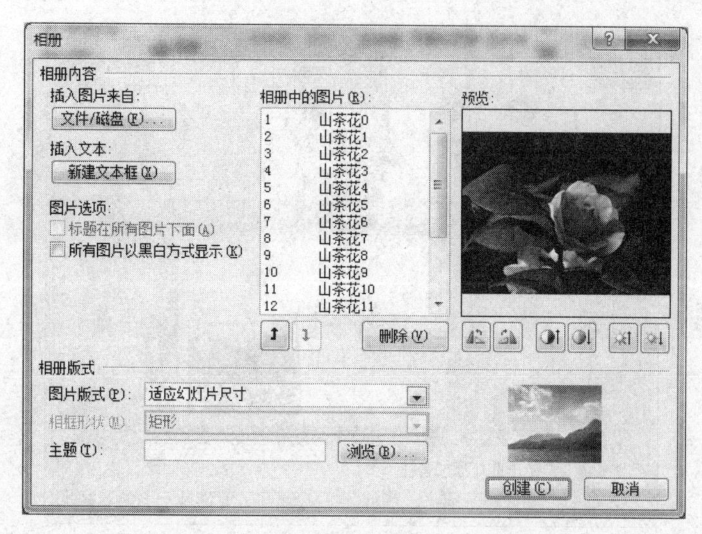

图 5-41　插入图片“相册”对话框

（5）切换到“设计”选项卡，单击“主题”选项组中的“透明”主题，如图 5-42 所示。

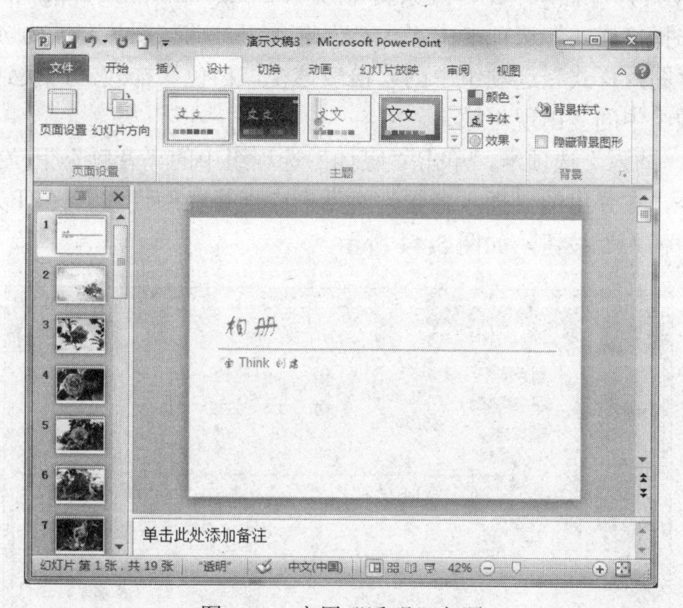

图 5-42　应用“透明”主题

二、插入艺术字，添加动画效果，幻灯片切换效果

（1）选择第一张幻灯片，单击“相册”文本，删除该文本，并输入“山茶花 MTV”文本，修改副标题文本，其文字为“由某某创建”。

（2）在该幻灯片中插入“幻灯片素材\任务二\image\山茶花 4.jpg”图片，选择该图片，双击鼠标左键，选择“格式”选项卡中“大小”选项组，调整图片高度为 6.71 厘米，宽度为 10.05 厘米，然后单击“调整”选项组中的“删除背景”按钮，调整范围大小，选择“背景消除”选项卡，单击“关闭”选项组中的“保留更改”按钮，如图 5-43 所示。

（3）选择该图片，单击“格式”选项卡上“图片样式”选项组中的“棱台左透视，白色”样式，切换到“动画”选项卡，单击“动画”选项组中的“淡出”效果。

图 5-43 “背景消除”选项卡

（4）再在该幻灯片中插入“幻灯片素材\任务二\image\山茶花 16.jpg”图片，选择该图片，双击鼠标左键，选择“格式”选项卡中“大小”选项组，调整图片高度为 4.75 厘米，宽度为 6.33 厘米，单击“图片样式”选项组中的“松散透视，白色”样式，切换到“动画”选项卡，单击“动画”选项组中的“出现”效果。

（5）切换到“插入”选项卡，单击“媒体”选项组中的“音频”下拉按钮，选择“从文件中的音频”命令，在弹出的“插入音频”对话框中选择“幻灯片素材\任务二\山茶花.mp3”音频文件，单击“插入”按钮，如图 5-44 所示。

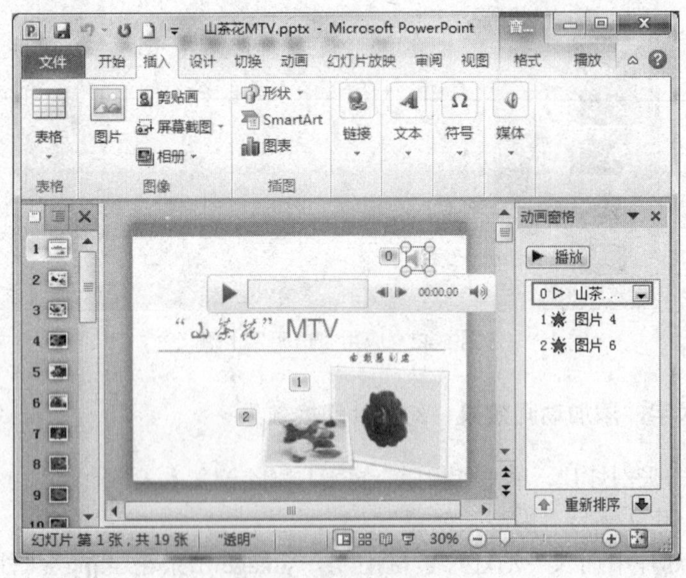

图 5-44 插入音频文件

（6）选择音频图标，切换到“播放”选项卡，勾选“放映时隐藏”复选框，在“开始”下拉列表中选择“跨幻灯片播放”，需循环播放时，可勾选“声音选项”中的“循环播放，直到停止”复选框，声音将连续播放，直到转到下一张幻灯片为止。设置完成后，单击“保存”按钮，如图 5-45 所示。

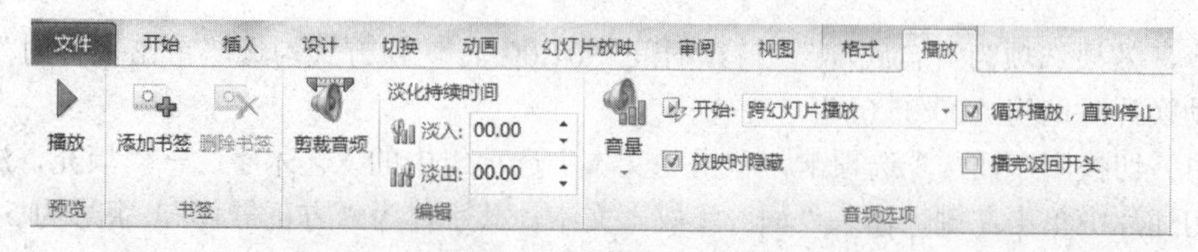

图 5-45　“播放”选项卡

（7）选择第一张幻灯片。单击“切换”选项卡→“切换到此幻灯片”选项组中的“切出”命令，效果选项为“无”，持续时间“02.75”，切换方式勾选“单击鼠标时”选项，设置自动换片时间为“00:05.00”，如图 5-46 所示。

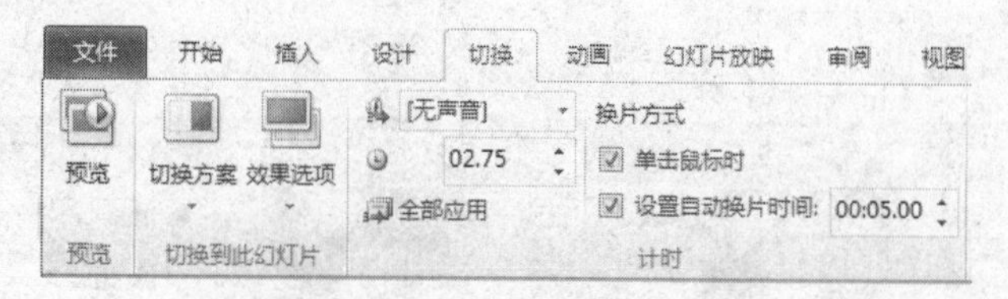

图 5-46　幻灯片“切出”切换效果

（8）选择第二张幻灯片。切换到“插入”选项卡，单击“文本”选项组中的“艺术字”→“填充，深红”样式。在幻灯片中单击左键，输入“山茶花”文本。其字体为“方正舒体”，字号为 60 磅，加粗，动画设为“放大/缩小”。切换到“插入”选项卡，单击“文本”选项组中的“文本框”→“横排文本框”。在幻灯片中单击左键，输入“庄奴词远藤实曲邓丽君演唱”文本。其字体为“华文行楷”，字号为 28 磅，阴影，颜色为深红，动画效果设为“出现”。

（9）选择第二张幻灯片。单击“切换”选项卡→“切换到此幻灯片”选项组中的“淡出”命令，效果选项为“平滑”，持续时间“01.75”，切换方式勾选“单击鼠标时”选项，设置自动换片时间为“00:05.00”，如图 5-47 所示。

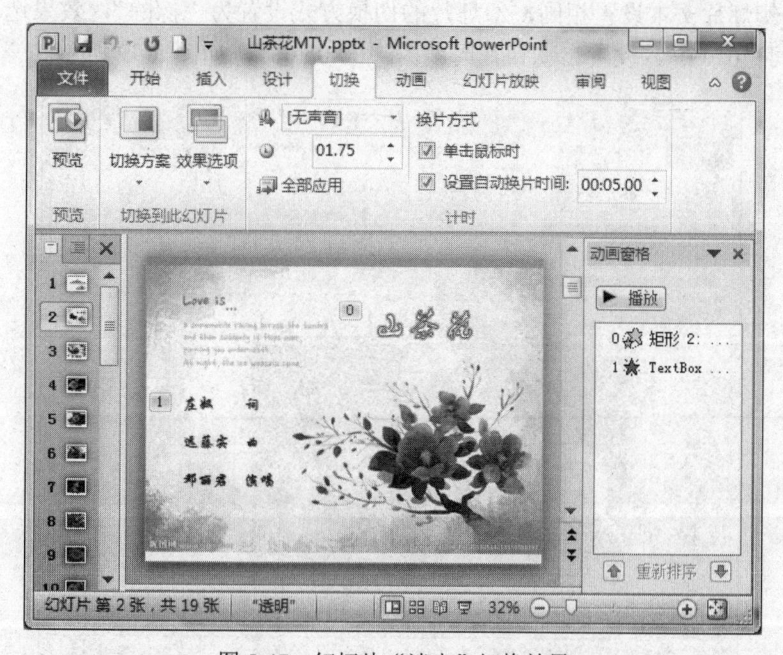

图 5-47　幻灯片“淡出”切换效果

（10）选择第三张幻灯片。单击“切换”选项卡→“切换到此幻灯片”选项组中的“推进”命令，效果选项为“自底部”，持续时间“01.00”，切换方式勾选“单击鼠标时”选项，设置自动换片时间为“00:05.00”。

（11）切换到“插入”选项卡，单击“文本”选项组中的“艺术字”→“填充，深红”样式。在幻灯片中单击左键，输入“词：庄奴”文本。其字体为“方正舒体”，字号为 54 磅，加粗，颜色为深红，动画设为“擦除”，效果选项设为“自左侧”，如图 5-48 所示。

图 5-48　幻灯片“推进”切换效果

（12）选择第四张幻灯片，插入艺术字“作曲：远藤实”文本，其字体格式与动画效果设置跟第三张幻灯片文本设置相同，幻灯片的切换方式设置为“擦除”，效果选项为“自右向左”，持续时间“01.00”，设置自动换片时间为“00:05.00”，如图 5-49 所示。

图 5-49　幻灯片“擦除”切换效果

（13）选择第五张幻灯片，插入艺术字“演唱：邓丽君”文本，其字体格式与动画效果设置跟第三张幻灯片文本设置相同，幻灯片的切换方式设置为“分割”，效果选项为“中央向左右展开”，持续时间“01.50”，设置自动换片时间为“00:05.00”，如图 5-50 所示。

图 5-50 幻灯片“分割”切换效果

（14）选择第六张幻灯片，幻灯片的切换方式设置为“涟漪”，效果选项为“居中”，持续时间“00.50”，设置自动换片时间为“00:01.00”，如图 5-51 所示。

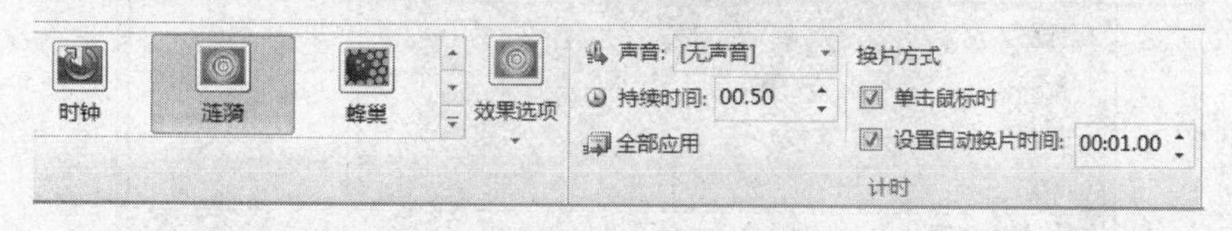

图 5-51 幻灯片“涟漪”切换效果

（15）选择第七张幻灯片，插入艺术字“山茶花”文本，艺术字样式效果为“填充，深红”，字体格式“华文行楷，54 磅，加粗”，动画设置为“波浪形”。幻灯片的切换方式为“形状”，效果为“菱形”，持续时间“00.80”，自动换片时间为“00:02.00”，如图 5-52 所示。

（16）选择第八张幻灯片，插入艺术字“你说他的家”文本，艺术字样式效果为“填充，深红”，其字体格式“华文行楷，54 磅，加粗”，动画设置为“放大/缩小”。幻灯片的切换方式设置为“闪光”，持续时间“00.75”，设置自动换片时间为“00:02.00”，如图 5-53 所示。

（17）选择第九张幻灯片，插入艺术字“开满山茶花”文本，艺术字样式效果为“填充，深红”，其字体格式“华文行楷，54 磅，加粗”，动画设置为“放大/缩小”。幻灯片的切换方式设置为“揭开”，持续时间“01.00”，设置自动换片时间为“00:03.00”，如图 5-54 所示。

图 5-52　幻灯片“菱形”切换效果

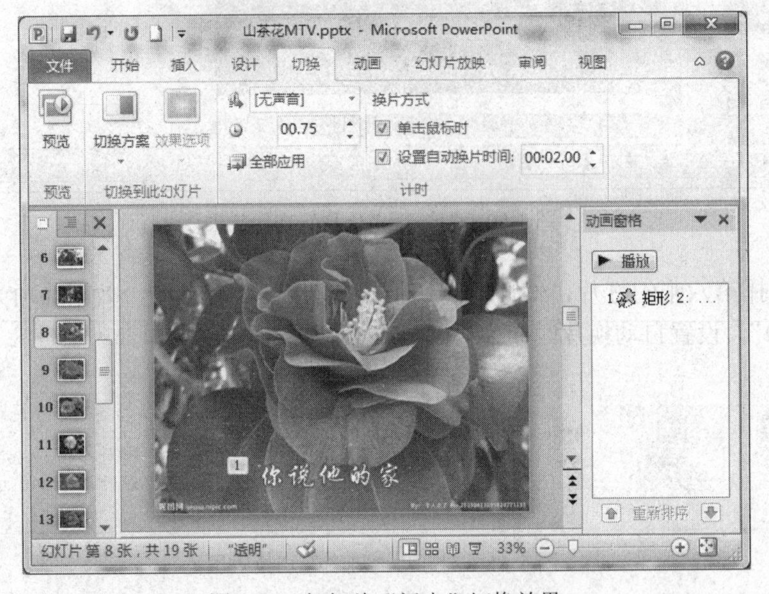

图 5-53　幻灯片“闪光”切换效果

（18）选择第十张幻灯片，插入艺术字“每当那春天三月”文本，艺术字样式效果为“填充，深红”，其字体格式“华文行楷，54 磅，加粗”，动画设置为“放大/缩小”。幻灯片的切换方式设置为“闪耀”，持续时间“01.75”，设置自动换片时间为“00:02.00”，如图 5-55 所示。

（19）选择第十一张幻灯片，插入艺术字“乡野如图画”文本，艺术字样式效果为“填充，深红”，其字体格式“华文行楷，54 磅，加粗”，动画设置为“擦除”，效果设置为“自左侧”。幻灯片的切换方式设置为“立方体”，持续时间“01.00”，设置自动换片时间为“00:02.00”，如图 5-56 所示。

图 5-54　幻灯片“揭开”切换效果

图 5-55　幻灯片“闪耀”切换效果

图 5-56　幻灯片“立方体”切换效果

（20）选择第十二张幻灯片，插入艺术字“村里姑娘上山采茶”文本，艺术字样式效果为“填充，深红”，其字体格式为“华文行楷，54 磅，加粗”，动画设置为“擦除”，效果设置为“自左侧”。幻灯片的切换方式设置为“框”，持续时间“02.00”，设置自动换片时间为“00:05.00”，如图 5-57 所示。

图 5-57　幻灯片“框”切换效果

（21）选择第十三张幻灯片，插入艺术字“歌声荡漾山坡下”文本，艺术字样式效果为“填充，深红”，其字体格式为“华文行楷，54 磅，加粗”，动画设置为“擦除”，效果设置为“自左侧”。幻灯片的切换方式设置为“缩放”，效果选项为“放大”，持续时间“01.50”，设置自动换片时间为“00:05.00”，如图 5-58 所示。

图 5-58　幻灯片“缩放”切换效果

（22）选择第十四张幻灯片，插入艺术字“年十七年纪十八”文本，艺术字样式效果为

“填充，深红”，其字体格式“华文行楷，54 磅，加粗”，动画设置为“擦除”，效果设置为“自左侧”。幻灯片的切换方式设置为“平移”，效果选项为“自左侧”，持续时间“01.30”，设置自动换片时间为“00:04.00”，如图 5-59 所示。

图 5-59　幻灯片“平移”切换效果

（23）选择第十五张幻灯片，插入艺术字“偷偷在说悄悄话”文本，艺术字样式效果为“填充，深红”，其字体格式“华文行楷，54 磅，加粗”，动画设置为“擦除”，效果设置为“自左侧”。幻灯片的切换方式设置为“旋转”，效果选项为“自右侧”，持续时间“01.25”，设置自动换片时间为“00:03.00”，如图 5-60 所示。

图 5-60　幻灯片“旋转”切换效果

（24）选择第十六张幻灯片，插入艺术字“羞答答羞答答”文本，艺术字样式效果为“填充，深红”，其字体格式“华文行楷，54 磅，加粗”，动画设置为“擦除”，效果设置为“自左侧”。幻灯片的切换方式设置为“窗口”，效果选项为“垂直”，持续时间“01.25”，设置自动换片时间为“00:03.00”，如图 5-61 所示。

图 5-61　幻灯片“窗口”切换效果

（25）选择第十七张幻灯片，插入艺术字“梦里总是梦见他”文本，艺术字样式效果为“填充，深红”，其字体格式“华文行楷，54 磅，加粗”，动画设置为“擦除”，效果设置为“自左侧”。幻灯片的切换方式设置为“飞过”，效果选项为“弹跳切入”，持续时间“01.25”，设置自动换片时间为“00:05.00”，如图 5-62 所示。

图 5-62　幻灯片“飞过”切换效果

（26）选择第十八张，插入艺术字“制作人某某创作时间”文本，艺术字样式效果为“填充，深红”，其字体格式“华文行楷，54 磅，加粗”，动画设置为“其他动作路径”选项中的“直线”，效果设置为“上”。分别设置幻灯片切换效果为“淡出”，效果选项为“平滑”，持续时间“01.00”，设置自动切换片时间为“00:05.00”，如图 5-63 所示。

图 5-63　幻灯片“动作路径”动画效果

（27）选择第十九张，插入艺术字“谢谢观赏”文本，艺术字样式效果为“填充，深红”，其字体格式“华文行楷，96 磅，加粗”，动画设置为“退出——飞出”，效果选项为“到右侧”，持续时间为“03.00”。分别设置幻灯片切换效果为“淡出”，效果选项为“平滑”，持续时间“01.00”，设置自动切换片时间为“00:05.00”，如图 5-64 所示。

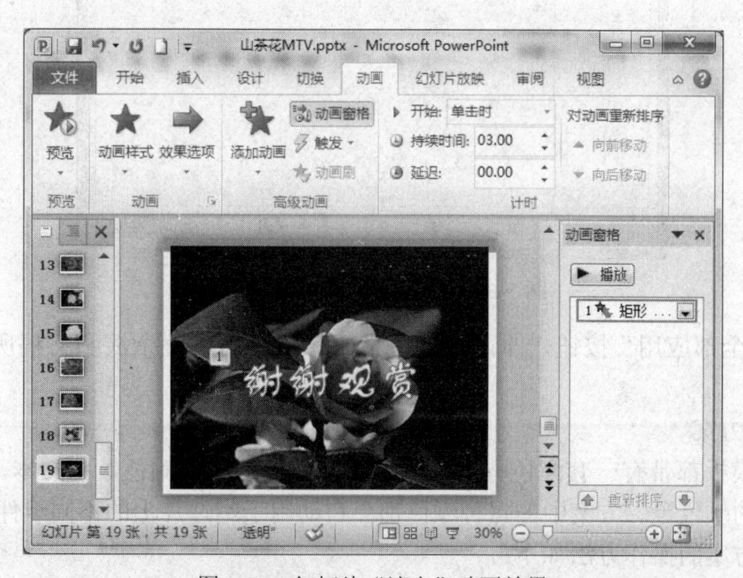

图 5-64　幻灯片“淡出”动画效果

三、保存演示文稿和幻灯片放映

（1）单击“保存”按钮，保存演示文稿。

（2）切换到“幻灯片放映”选项卡，单击“开始放映幻灯片”选项组中的“从头开始”按钮，或按 F5 键，开始播放演示文稿。

四、PPT 转换成视频

单击“文件”选项卡→“另存为”按钮，在弹出的“另存为”对话框下面的“保存类型”中选择“Windows Media 视频（*.wmv）”选项，保存后即可将 PPT 转换成视频。

知识点拓展

1. 幻灯片编辑

（1）设置背景填充效果

1）执行“设计”选项卡，单击“背景”组→“背景样式”下拉按钮，选择“设置背景格式”命令，选择填充方式：纯色填充、渐变填充、图片或纹理填充、图案填充等填充方式，并修改相关参数，如图 5-65 所示。

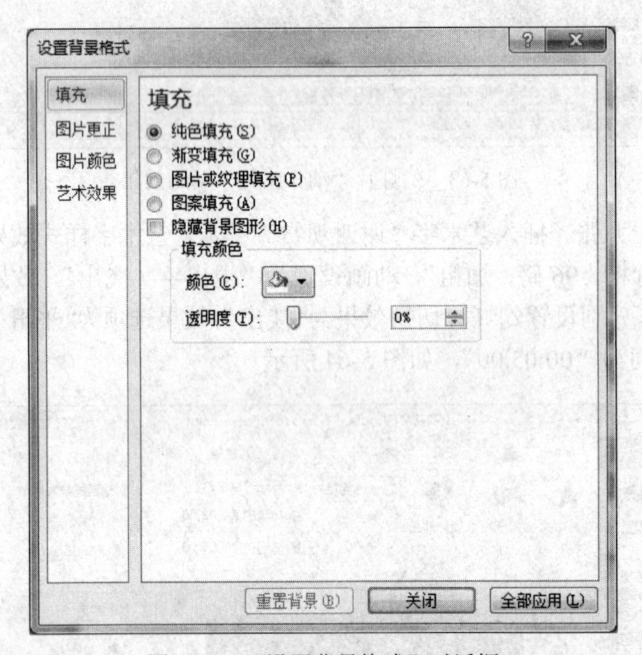

图 5-65 “设置背景格式”对话框

2）单击“全部应用”按钮，即可将所选择的颜色应用到整个演示文稿所有幻灯片的背景上。

（2）配色方案

每个设计模板都带有一套配色方案，用于演示文稿的主要颜色，如文本、背景、填充、强调文字所用的颜色等。方案中的每种颜色都会自动用于幻灯片上的不同组件。

改变配色方案的操作方法如下：

选择“设计”选项卡中的“主题”组，单击“颜色”、“字体”、“效果”下拉按钮，选择所需的颜色、字体、效果的搭配，如图 5-66 所示。

（3）插入音频和视频文件

图 5-66　“主题”功能组

1）单击“插入”选项卡，选择“媒体”组中的“音频”按钮，可在幻灯片中插入音频文件，如图 5-67 所示。

2）单击“插入”选项卡，选择“媒体”组中的“视频”按钮，可在幻灯片中插入视频文件，如图 5-68 所示。

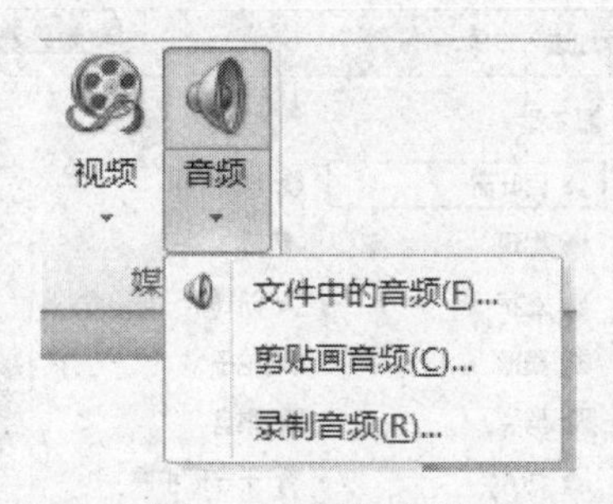

图 5-67　插入音频

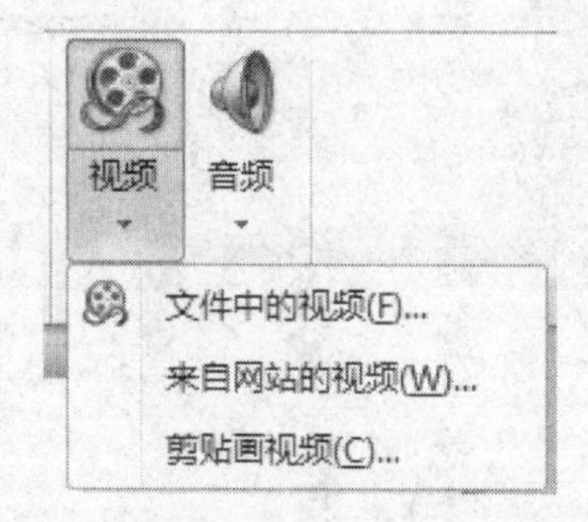

图 5-68　插入视频

（4）插入 SmartArt 图形

单击“插入”选项卡，选择“插图”组中的“SmartArt”按钮，可在幻灯片中插入 SmartArt 图形，如图 5-69 所示。

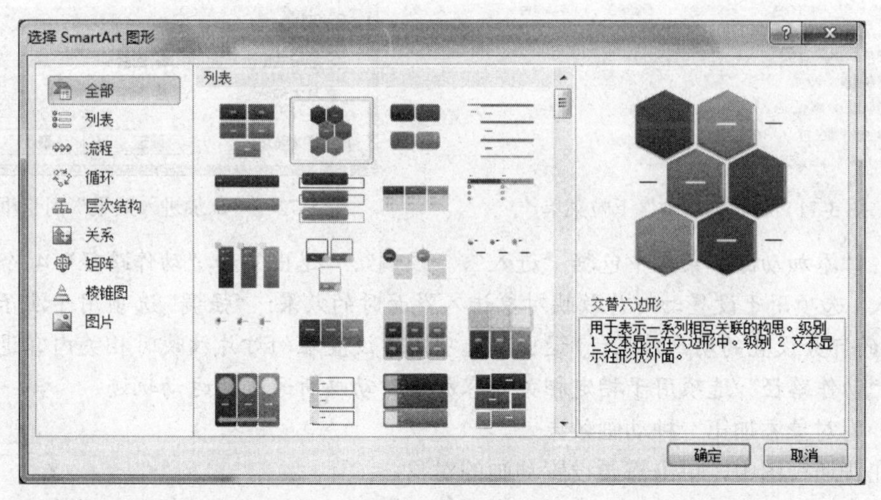

图 5-69　“选择 SmartArt 图形”对话框

2. 设置动画效果

（1）添加动画

在普通视图中，单击要制作动画的对象。切换到“动画”选项卡，从“动画”选项组的“动画”列表中选择所需的动画效果，如图 5-70 所示。

（2）自定义动画

1）在普通视图中，单击需要设置动画的对象。

2）单击“高级动画”→“添加动画”按钮，从弹出的下拉菜单中选择“更多进入效果”

命令，如图 5-71 所示，打开“添加进入效果”对话框。选择需要的动画效果，单击“确定”按钮，如图 5-72 所示。

图 5-70 动画列表

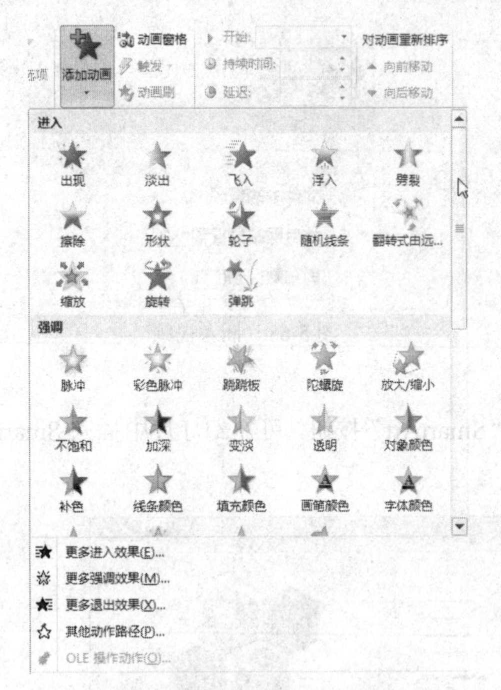

图 5-71 “添加动画”下拉菜单

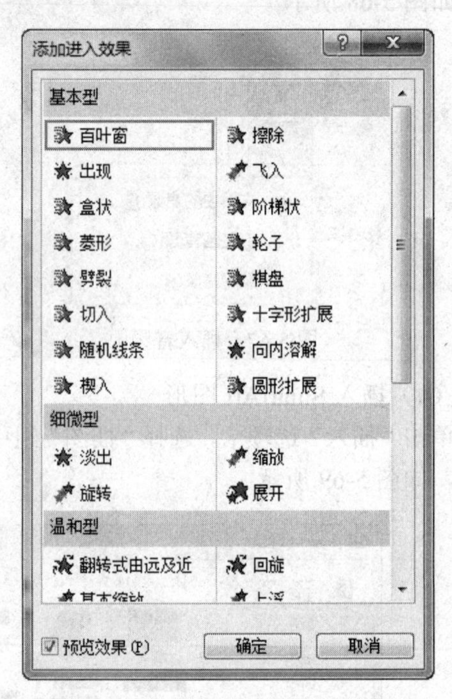

图 5-72 “添加进入效果”对话框

提示：“添加动画”菜单中包括“进入”、“强调”、“退出”和“动作路径”4 个选项。其中，“进入”选项用于设置幻灯片放映对象进入界面时的效果；“强调”选项用于演示过程中对需要强调的部分设置的动画效果；“退出”选项用于设置在幻灯片放映时相关内容退出时的动画效果；“动作路径”选项用于指定相关内容放映时动画所通过的运动轨迹。

（3）为对象添加第二种动画效果

1）在普通视图中，单击需要设置动画的对象。

2）单击“高级动画”→“添加动画”按钮，从弹出的下拉菜单中选择“更多进入效果”命令，打开“添加进入效果”对话框，如图 5-72 所示。选择需要的动画效果，单击“确定”按钮。

3）在“计时”功能组的“开始”下拉列表框中选择每个效果的开始方式及持续时间。

4）对象前显示的数字表示动画在该页的播放顺序，可以单击“高级动画”选项组中的“动画窗格”按钮，打开“动画窗格”，查看或调整动画的播放次序。

（4）删除动画效果

删除动画效果的方法主要有以下两种：

1）选择要删除动画的对象，然后在“动画”选项卡的“动画”选项组中，单击“无”

按钮。

2）打开动画窗格，在列表区域中右击要删除的动画，在弹出的菜单中选择“删除”命令。

（5）调整多个动画间的播放次序

选择要调整顺序的动画，单击“动画窗格”列表框下方的“重新排序”按钮，或用鼠标拖拽实现。

（6）设置动画计时

在“动画窗格”选项组中，选择要调整播放速度的动画，单击右侧下拉按钮，在弹出的菜单中选择“计时”命令，如图 5-73 所示。弹出“淡出”对话框，选择“计时”选项卡，设置动画计时，“延迟”表示该动画与上一动画之间的延迟时间；“期间”表示选择动画的播放速度；“重复”表示设置动画的重复次数，如图 5-74 所示。

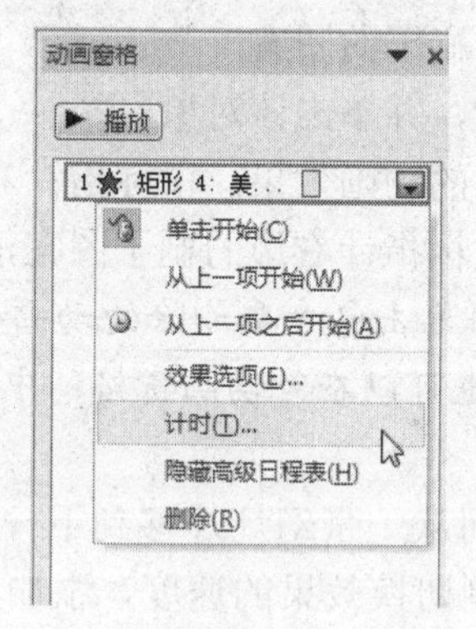

图 5-73　选择动画的“计时”命令

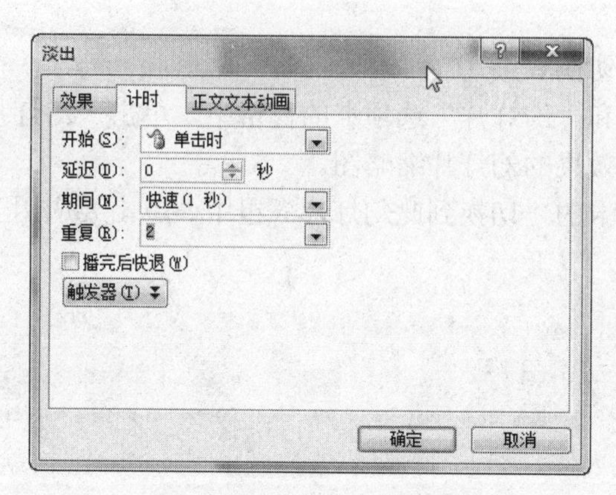

图 5-74　“计时”选项卡

（7）“动画刷”快速设置动画效果

Office 办公软件中的“格式刷”，可以将一个对象的格式复制到其他对象上。在 PowerPoint 2010 中又新增了一个很有用的工具“动画刷”，可以利用它快速设置动画效果。

1）将动画效果复制到单个对象上

- 在普通视图中，单击需要设置动画的对象。
- 单击“动画”选项卡，再单击“动画”组中的“动画刷”按钮。或按快捷键 Alt+Shift+C。此时，把鼠标指针移入幻灯片中，指针图案的右边将多一个刷子的图案，如图 5-75 所示。

图 5-75 “动画刷”按钮

- 将鼠标指针指向另一个对象，并单击此对象。
- 则另一对象将会拥有原对象的动画效果，同时鼠标指针右边的刷子图案会消失。

2）将动画效果复制到多个对象上

- 在普通视图中，单击需要设置动画的对象。
- 单击“动画”选项卡，再双击“动画刷”按钮。此时如果把鼠标指针移入幻灯片中，指针图案的右边将多一个刷子的图案。
- 将鼠标指针指向其他对象，并单击该对象。
- 其他对象将会拥有原对象的动画效果，鼠标指针右边的刷子图案不会消失。
- 单击“动画刷”按钮，鼠标指针右边的刷子图案消失。

提示： 删除动画效果的方法：单击包含要删除的动画的文本或对象。在“动画”选项卡上的“动画”列表中选择“无”。也可以在“动画窗格”中对象后的下拉菜单中选择“删除”。

3. 设置幻灯片的切换效果

幻灯片切换效果是在演示期间从一张幻灯片移到下一张幻灯片时在“幻灯片放映”视图中出现的动画效果。用户可以控制切换效果的速度，添加声音，甚至还可以对切换效果的属性进行自定义。若想将此切换方式应用于所有的幻灯片，可以单击“计时”组的“全部应用”按钮。

（1）为幻灯片添加切换效果

1）在包含“大纲”和“幻灯片”选项卡的窗格中，单击“幻灯片”选项卡。

2）选择要应用切换效果的幻灯片缩略图。

3）在“切换”选项卡的“切换到此幻灯片”组中，单击要应用于该幻灯片的切换效果，如图 5-76 所示。

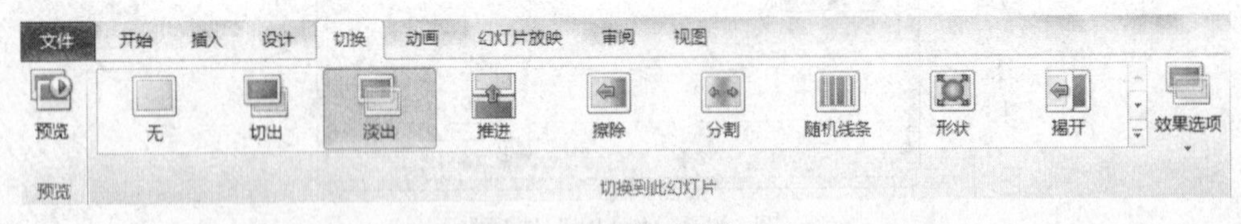

图 5-76 幻灯片的切换效果

（2）设置切换效果的计时

1）若要设置上一张幻灯片与当前幻灯片之间的切换效果的持续时间，可执行下列操作：在“切换”选项卡上“计时”组中的“持续时间”框中，键入或选择所需的速度。

2）若要指定当前幻灯片在多长时间后切换到下一张幻灯片，可采用下列步骤之一：

- 若要在单击鼠标时切换幻灯片，则在“切换”选项卡的“计时”组中，选择“单击鼠标时”复选框。
- 若要在经过指定时间后切换幻灯片，则在“切换”选项卡的“计时”组中，在“持续时间”框中键入所需的秒数，如图 5-77 所示。

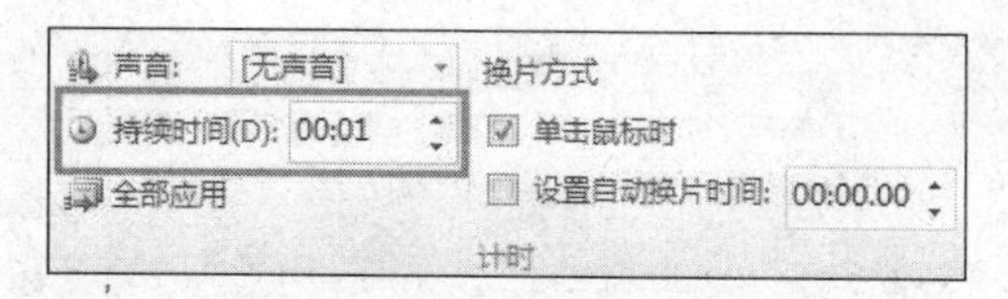

图 5-77　设置切换效果的计时

（3）为幻灯片切换效果添加声音

1）在包含“大纲”和“幻灯片”选项卡的窗格中，单击“幻灯片”选项卡。

2）选择要向其添加声音的幻灯片缩略图。

3）在“切换”选项卡的“计时”组中，单击“声音”旁的箭头，然后执行下列操作之一：

- 若要添加列表中的声音，则选择所需的声音。
- 若要添加列表中没有的声音，则选择“其他声音”，找到要添加的声音文件，然后单击“确定”，如图 5-78 所示。

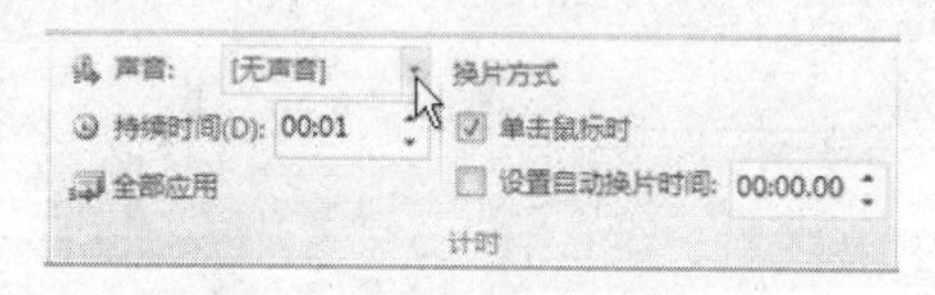

图 5-78　设置切换效果的声音

4. 模板与主题的应用

在制作演示文稿的过程中，使用模板或应用主题，不仅可提高制作演示文稿的速度，还能为演示文稿设置统一的背景、外观，使整个演示文稿风格统一。

（1）PowerPoint 模板与主题的区别

模板是一张幻灯片或一组幻灯片的图案或蓝图，其后缀名为.potx。模板可以包含版式、主题颜色、主题字体、主题效果和背景样式，甚至还可以包含内容。而主题是将设置好的颜色、字体和背景效果整合到一起，一个主题中只包含这 3 个部分。

PowerPoint 模板和主题的最大区别是：PowerPoint 模板中可包含多种元素，如图片、文字、图表、表格、动画等，而主题中则不包含这些元素，如图 5-79 所示为 PowerPoint 模板，如图 5-80 所示为主题。

图 5-79　PowerPoint 模板

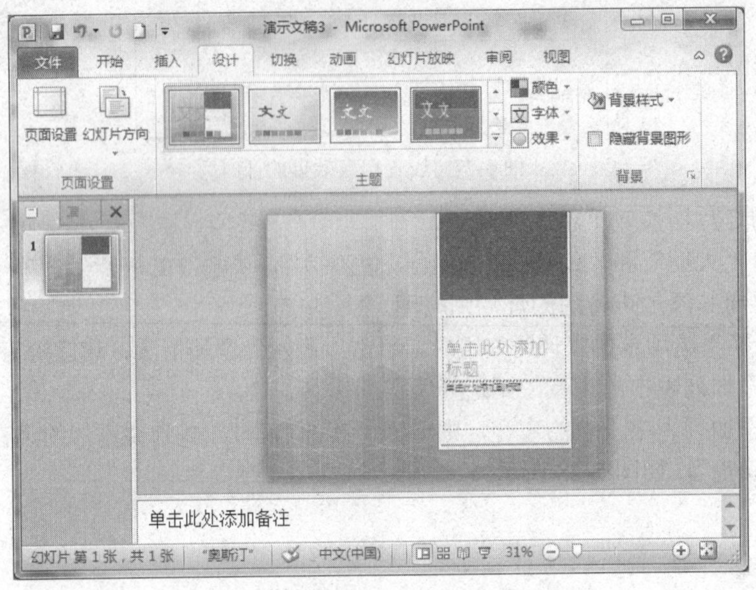

图 5-80　主题

（2）创建与使用模板

为演示文稿设置好统一的风格和版式后，可将其保存为模板文件，这样方便以后制作演示文稿。

1）创建模板

创建模板就是将设置好的演示文稿另存为模板文件。其方法是：打开设置好的演示文稿，选择“文件”→“保存并发送”命令，在打开页面的“文件类型”栏中选择“更改文件类型”选项，在“更改文件类型”栏中双击“模板”选项，如图 5-81 所示，打开“另存为”对话框，选择模板的保存位置，单击“保存”按钮，如图 5-82 所示。

图 5-81　更改文件类型

图 5-82　“另存为”对话框

2）使用自定义模板

在新建演示文稿时就可直接使用创建的模板，但在使用前，需将创建的模板复制到默认的“我的模板”文件夹中。使用自定义模板的方法是：选择“文件”→“新建”命令，在“可用的模板和主题”栏中单击“我的模板”按钮，打开“新建演示文稿”对话框，在“个人模板”选项卡中选择所需的模板，如图 5-83 所示，单击“确定”按钮，PowerPoint 将根据自定义模板创建演示文稿。

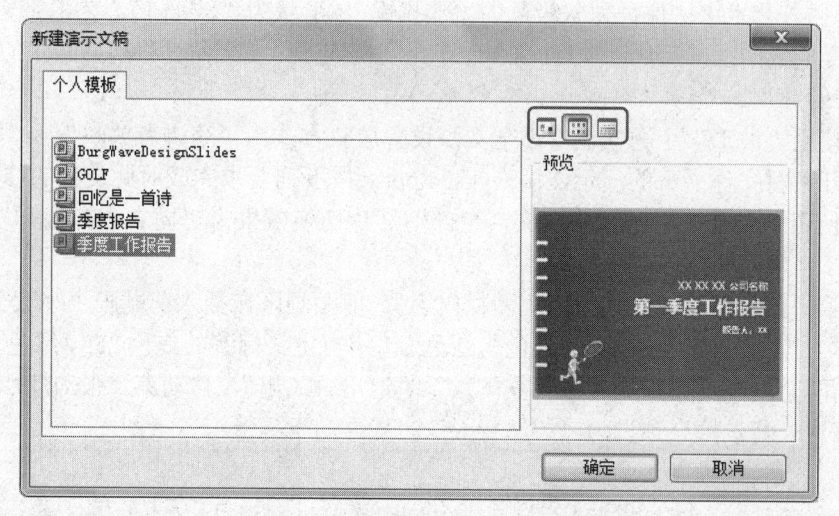

图 5-83　“新建演示文稿”对话框

（3）为演示文稿应用主题

在 PowerPoint 2010 中预设了多种主题样式，用户可根据需要选择所需的主题样式，这样可快速为演示文稿设置统一的外观。其方法是：打开演示文稿，选择“设计”→“主题”组，在“主题选项”栏中选择所需的主题样式，选择“保存当前主题”选项，可将当前演示文稿保存为主题，保存后将显示在“主题”下拉列表中，如图 5-84 所示。

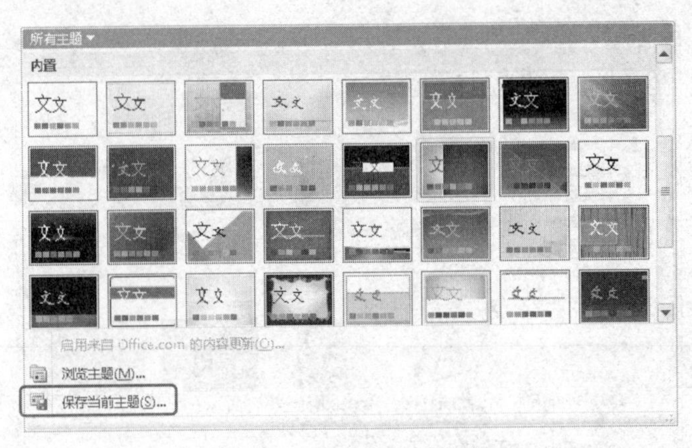

图 5-84　预设的主题样式

提示：若想将主题样式只应用于选定的幻灯片，首先选择需应用主题样式的幻灯片，再在选择的主题样式上单击鼠标右键，在弹出的快捷菜单中选择“应用于选定幻灯片”命令即可。

实践与思考

1．打开素材文件夹下的演示文稿 wyks03.pptx，按下列要求完成对此文稿的修饰并保存。

（1）第三张幻灯片的版式改为“标题和两栏文本”，左侧文本设置为 23 磅字。在右侧文本框输入：“目前世界上除了法蕾达，唯一一例身上没有条纹的孟加拉虎出现在上个世纪 50 年代的美国。”。在第二张幻灯片前插入版式为“标题，剪贴画与文本”的新幻灯片，将第一张幻灯片左侧图片移到剪贴画区，将第三张幻灯片的第一段文本移到第二张幻灯片的文本区。第三张幻灯片的版式改为“标题，文本与剪贴画”，将第一张幻灯片右侧图片移到剪贴画区。第一张幻灯片插入艺术字“保护现状极危的孟加拉虎”，形状为“波形 1”，艺术字位置：水平：5.7 厘米，度量依据：左上角，垂直：8.9 厘米，度量依据：左上角。移动第四张幻灯片，使之成为第二张幻灯片。

（2）使用“波形”主题模板修饰全文，设置放映方式为“演讲者放映”。

2．打开素材文件夹下的演示文稿 wyks04.ppt，按下列要求完成对此文稿的修饰并保存。

（1）使用“聚合”主题修饰全文，全部幻灯片切换效果为“向右下部揭开”，持续时间为“01.00”。

（2）第二张幻灯片的版式改为“两栏内容”，剪贴画区域插入剪贴画“小汽车”。文本部分设置字体为黑体，字号为 28 磅，颜色为红色（请用自定义标签的红色 255、绿色 0，蓝色 0），剪贴画添加两个动画，设置为“进入→飞入”，“退出→飞出”，移动第二张幻灯片，使之成为第一张幻灯片。背景填充预设为“碧海青天”、“线性向下”。

任务 3　制作“企业宣传”演示文稿

学习目标

- 演示文稿中幻灯片的主题选用、设置、背景设置、母版制作和使用
- 演示文稿视图的使用，幻灯片基本操作（版式、插入、移动、复制和删除）
- 幻灯片中对象动画、幻灯片切换效果、链接操作等交互设置

- 掌握幻灯片放映设置

任务导入

演示文稿是企业宣传最经济、最方便的一种手段，它广泛应用于策划设计、产品展示、员工培训等商务领域。本任务通过对幻灯片中文字、图像、图形、图表、SmartArt 图等元素的使用与处理，使演示文稿更具有吸引力。并通过超链接和动作按钮的使用，实现自定义放映，使内容更具有逻辑性。效果截图如图 5-85 所示。

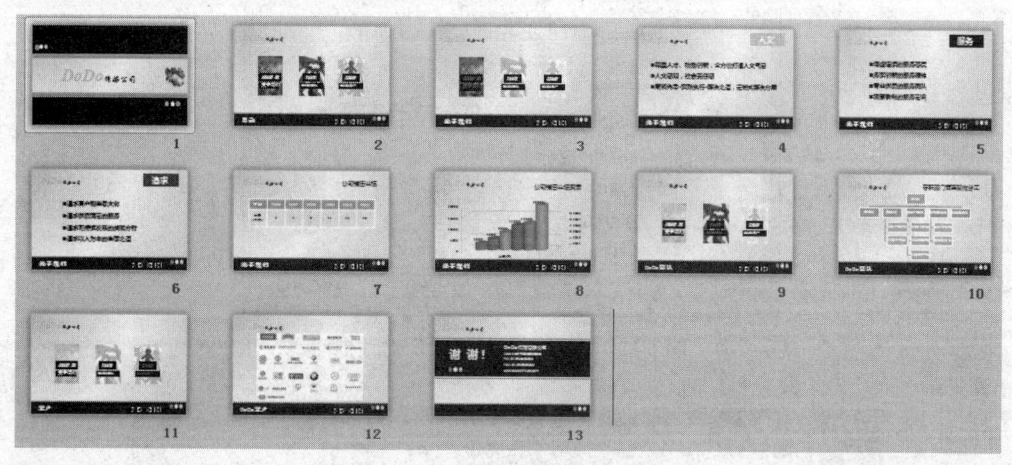

图 5-85　企业宣传演示文稿效果图

任务实施

一、新建演示文稿，插入图片、图形等对象

（1）启动 PowerPoint 演示文稿，创建一个新的空白演示文稿，并保存文件，命名为“dodo 传媒公司简介”。

（2）切换到“设计”选项卡，单击“页面设置”选项组中的“页面设置”按钮，在弹出的“页面设置”对话框中，参数设置如图 5-86 所示。

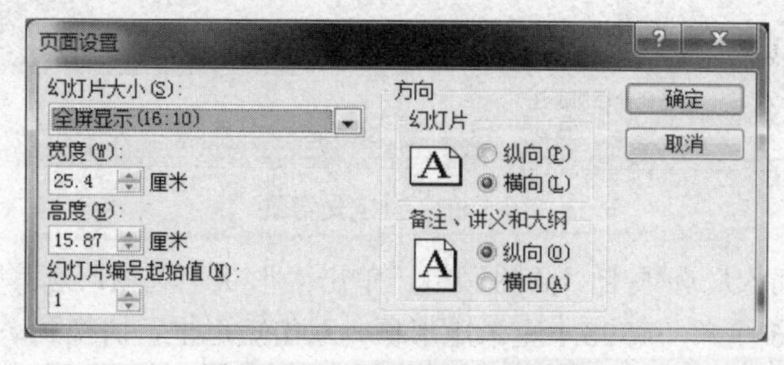

图 5-86　“页面设置”对话框

（3）在“设计”选项卡中，单击“背景样式”下拉菜单中的“设置背景格式”命令。在弹出的对话框中，设置“填充”选项中的填充方式为“渐变填充”，预设颜色为“薄雾浓云”，类型为“射线”，方向为“从左上角”，渐变光圈中第一个色标卡透明度为 50%，第一个色标卡透明度为 70%，最后一个色标卡透明度为 60%，如图 5-87 所示。单击“全部应用”按钮，

再单击“关闭”按钮，关闭对话框返回演示文稿，如图 5-88 所示。

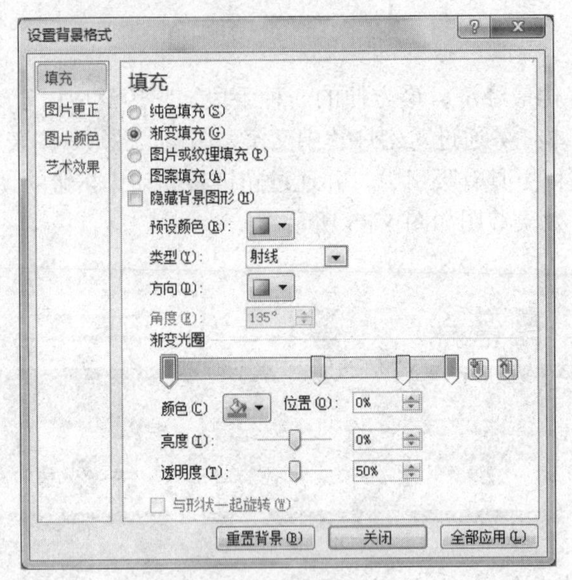

图 5-87 “设置背景格式”对话框

图 5-88 自定义背景

（4）切换到“插入”选项卡“插图”组，单击“形状”选项，选择“矩形”选框，在幻灯片上绘制两个高 4.6 厘米，宽 25.4 厘米矩形框，双击矩形框，切换到“格式”选项卡，单击“形状样式”中的“彩色填充-黑色，深色 1”。再用同样的方法，在幻灯片中绘制两个高 0.5 厘米，宽 25.4 厘米矩形框，形状样式设为“中等效果-橙色，强调颜色 6”。选择“圆形”，按住 Shift 键，在幻灯片中绘制一个高 0.6 厘米，宽 0.6 厘米的圆。形状样式设为“中等效果-橙色，强调颜色 6”，选中该圆形，复制粘贴两次，其中一个“形状填充”为白色，“形状轮廓”为“无”，另一个“形状填充”为“深蓝，80%”，“形状轮廓”为“无”，如图 5-89 所示。

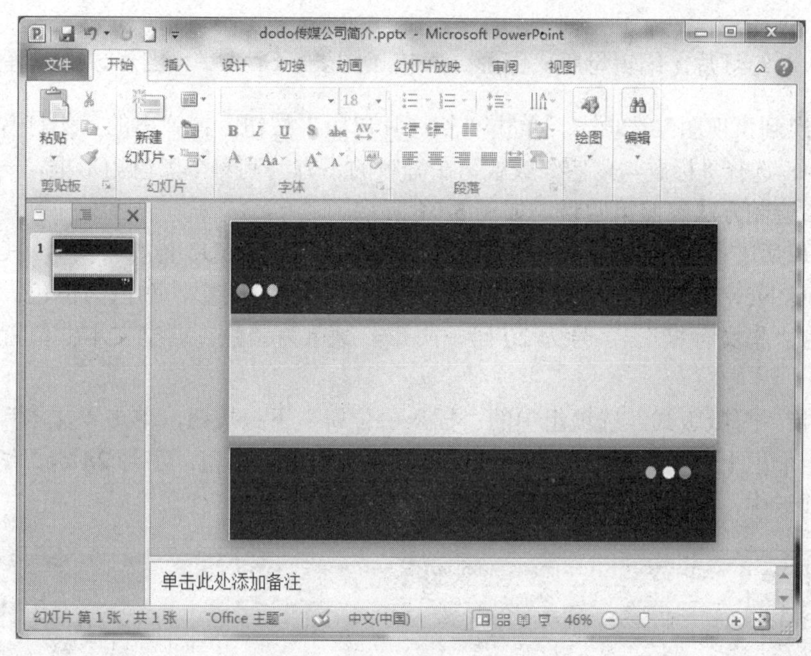

图 5-89　添加“自定义图形”

（5）选择该幻灯片，插入横排文本框，并输入文字“DoDo 传媒公司”。其中“DoDo”字体为“Times New Roman”，字号为 80 磅，加粗、倾斜、阴影，颜色为橙色。其中“传媒公司”字体为“华文行楷”，字号为 40 磅，阴影，颜色为黑色。调整文本框位置。插入图片“幻灯片素材\任务三\image\logo.png”，放置在文本框右侧，双击该图片，单击“格式”选项卡的“删除背景”按钮，在“背景消除”选项上单击“保留更改”按钮，即删除该图片背景，使图片与幻灯片更加融合在一起，如图 5-90 所示。

图 5-90　添加“文字和图片”

二、插入新幻灯片，编辑母版，图形、表格、图表、SmartArt 图形、视频等对象

（1）切换到“视图”选项卡，单击“幻灯片母版”按钮，在弹出的“幻灯片母版”选项卡左侧空格中，选择“标题与内容”版式，在母版的下方绘制一个黑色矩形框，一个橙色矩形框，三个圆。绘制方法参照第四步，如图 5-91 所示。

（2）在母版左上角，添加一个横排文本，输入文字“DoDo 传媒公司”，其中“DoDo”字体为“Times New Roman”，字号为 40 磅，加粗、倾斜、阴影，颜色为橙色。其中“传媒公司”字体为“华文行楷”，字号为 20 磅，阴影，颜色为黑色。调整文本框位置，如图 5-91 所示。

（3）选择“母版版式”选项组中的“插入占位符”下拉按钮，单击“文本”选项，在母版下方黑色矩形框上单击鼠标左键，修改字体颜色为白色，加粗，字号 28 磅。切换到“幻灯片母版”选项卡中，单击“关闭母版视图”，如图 5-91 所示。

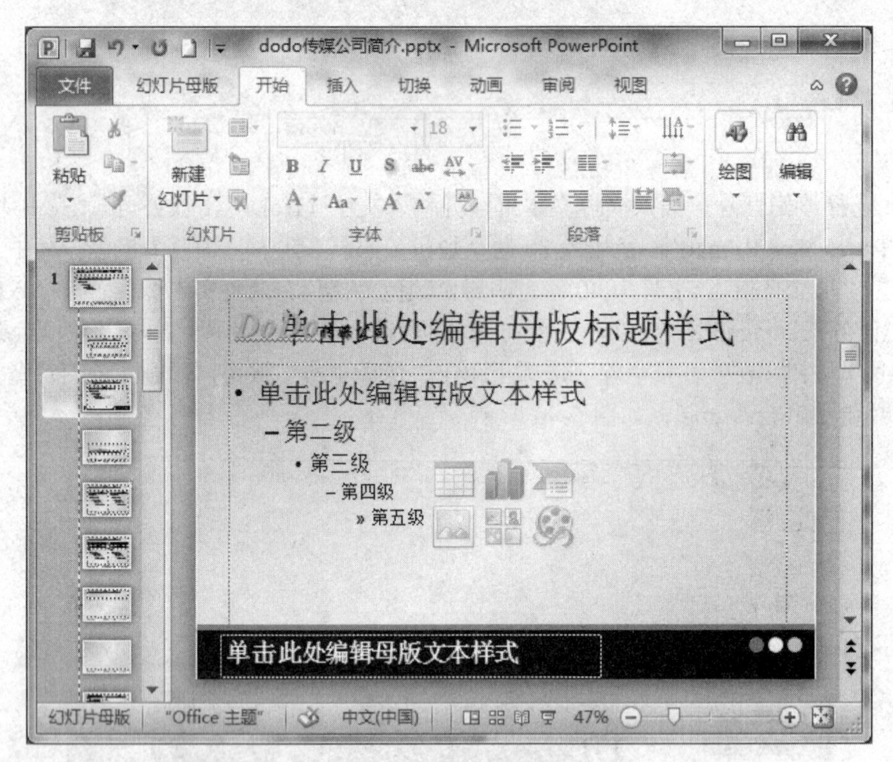

图 5-91　编辑幻灯片母版

（4）插入一张新幻灯片，幻灯片版式为“标题与内容”。插入“幻灯片素材\任务三\image”文件夹下的“关于我们.png”、“团队.png”、“客户.png”三个图像文件；再分别在图像上插入文本框，文本分别为“*About Us* 关于我们”、“*Team*DoDo 团队”、“*Client*DoDo 客户”。其设置效果如图 5-92 所示。

（5）在幻灯片窗格中，右击鼠标，在弹出的快捷菜单中单击“复制幻灯片”命令，产生第三张幻灯片。在第三张幻灯片中选择“团队”和“客户”两张图片，切换到“格式”选项卡，单击“颜色”下拉按钮，如图 5-93 所示。选择第一张图片上的文本框，文本颜色改为“红色”，如图 5-94 所示。

图 5-92 编辑“目录”幻灯片

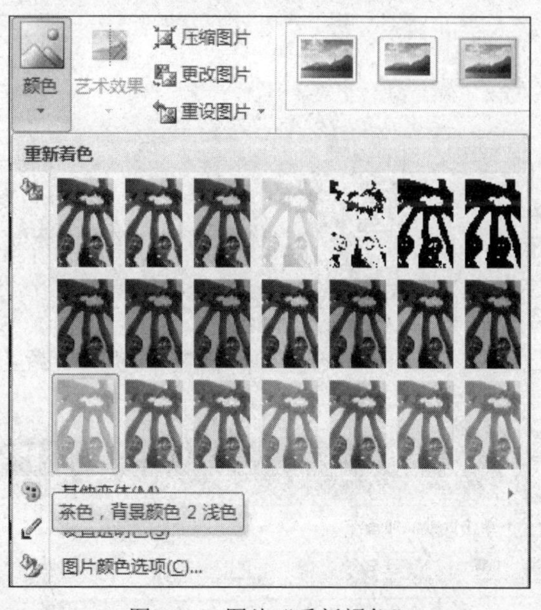

图 5-93 图片“重新颜色”

（6）插入一张新幻灯片，幻灯片版式为“标题与内容”。添加标题文本“人文”，字体为“微软雅黑”，加粗，倾斜，阴影，44 磅，颜色为白色。选择“格式”选项卡中的“绘图”选项组，设置形状填充为“橙色”，形状轮廓为“无”，形状效果为“阴影，外部，向下偏移”。单击“单击此添加文本”文本框，输入图中所示文本，字体为“微软雅黑”，加粗，阴影，28 磅。在幻灯片底部，单击“单击此处添加文件”文本框，输入“关于我们”，效果如图 5-95 所示。

图 5-94 “关于我们”幻灯片

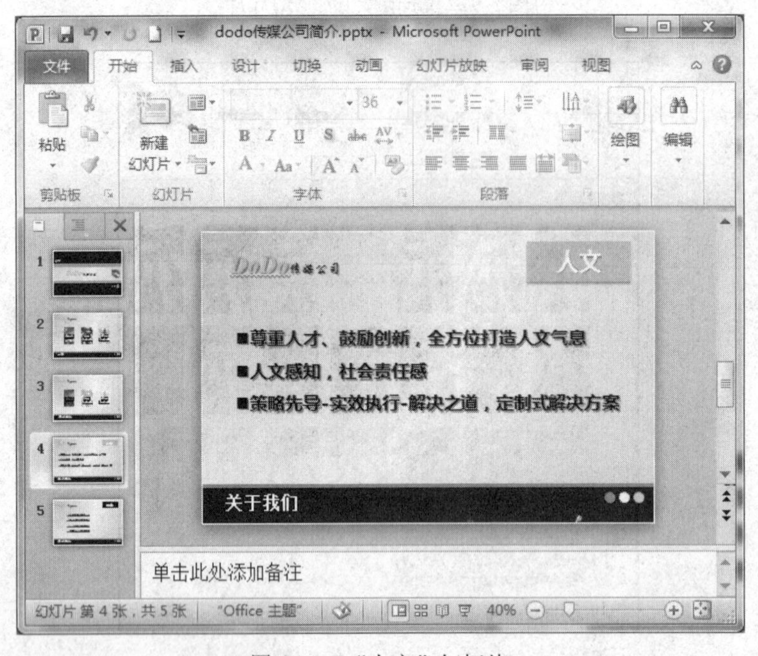

图 5-95 “人文”幻灯片

（7）参照第（6）步方法，创建如图 5-96 所示幻灯片。

（8）参照第（6）步方法，创建如图 5-97 所示幻灯片。

（9）插入一张新幻灯片，幻灯片版式为“标题与内容”。添加标题文本“公司销售业绩”，字体为“微软雅黑”，28 磅，右对齐。单击“插入表格”图标，插入 2×7 表格，输入图中数据。双击表格，切换到“设计”选项卡，选择“表格样式”为“中度样式 2-强调 5”。并在幻灯片底部添加“关于我们”，如图 5-98 所示。

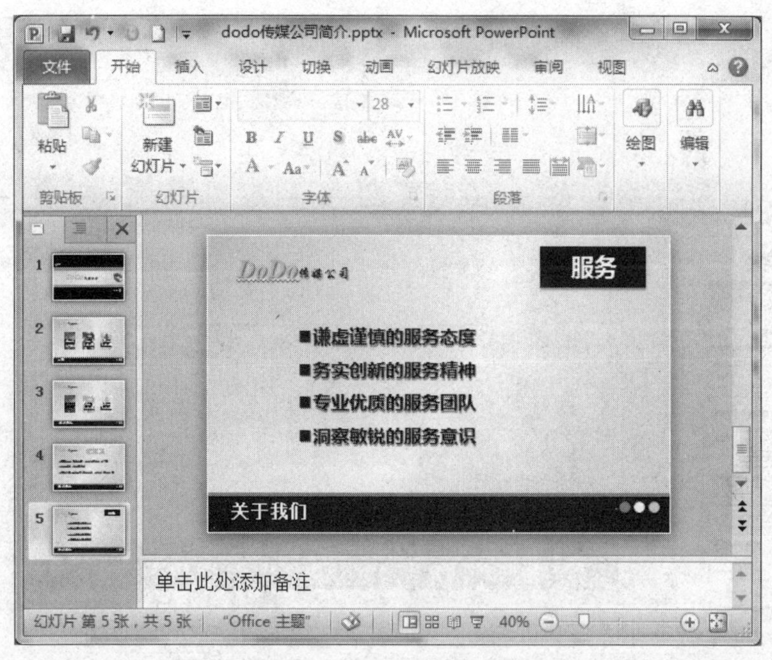

图 5-96　“服务”幻灯片

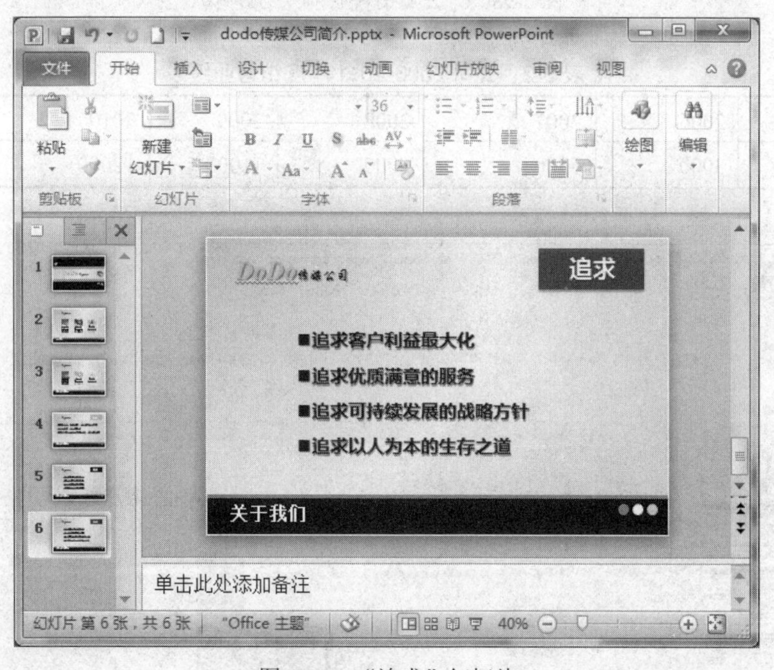

图 5-97　“追求”幻灯片

（10）插入一张新幻灯片，幻灯片版式为“标题与内容”。添加标题文本“公司销售业绩图表”，字体为“微软雅黑”，28 磅，右对齐。单击“插入图表”图标，在弹出的“插入图表”对话框中，选择“柱形图→簇状圆柱图”，在弹出的 Excel 表中输入表 5-2 中的数据。调整数据区域，输入图中数据，关闭 Excel 表格，在幻灯片的圆柱上右击鼠标，在弹出的快捷键中单击“添加数据标签”。在幻灯片底部添加“关于我们”，如图 5-99 所示。

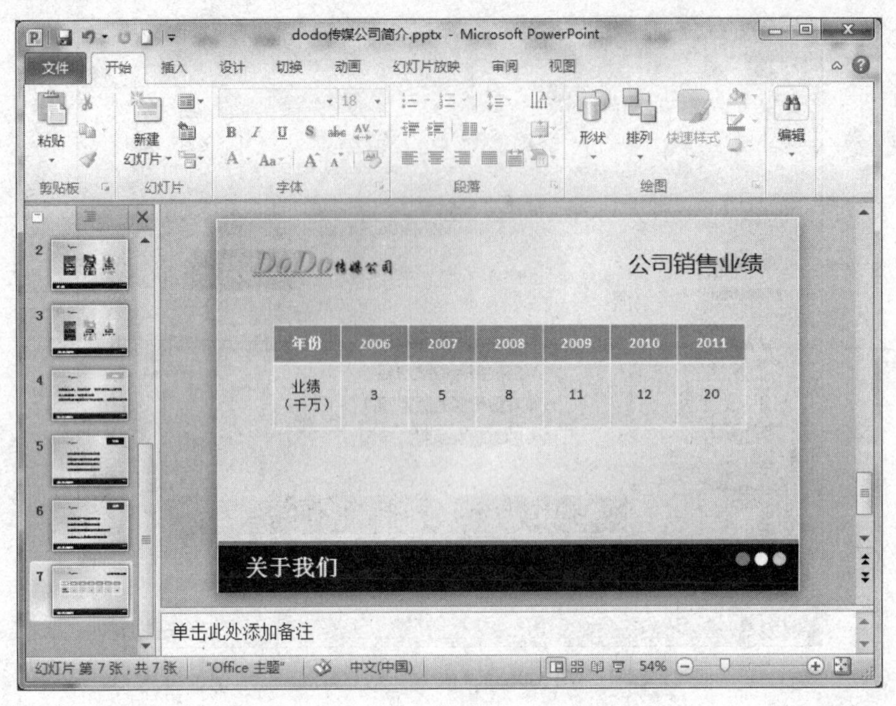

图 5-98 “公司销售业绩”幻灯片

表 5-2 公司 2006-2011 年度销售业绩

年份	2006	2007	2008	2009	2010	2011
业绩（万）	3000	5000	8000	11000	12000	20000

图 5-99 “公司销售业绩图表”幻灯片

（11）在幻灯片窗格中，选择第二张幻灯片，单击“复制”按钮，在第八张幻灯片后，单击“粘贴”按钮，产生第九张幻灯片。在第九张幻灯片中选择“关于我们”和“客户”两张图片，切换到“格式”选项卡，单击“颜色”下拉按钮，单击“重新着色”列表中的“茶色，背景颜色2，浅色”选项。选择“DODO 团队”的文本框，文本颜色改为“红色”，如图 5-100 所示。

图 5-100　“DODO 团队”幻灯片

（12）插入一张新幻灯片，幻灯片版式为“标题与内容”。添加标题文本“专职部门管理架构分工”，字体为“微软雅黑”，28 磅，右对齐。在幻灯片底部添加“关于我们”。单击“插入 SmartArt 图形”图标，如图 5-101 所示。在弹出的“选择 SmartArt 图形”对话框中，选择“层次结构→组织结构图”，删除“助手”文本框，如图 5-102 所示。

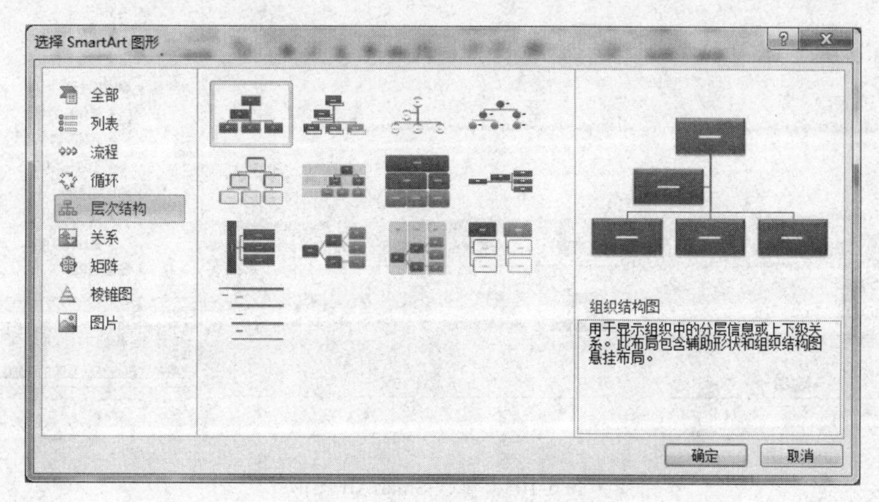

图 5-101　选择 SmartArt 图形

图 5-102 插入 SmartArt 图形

（13）选中插入的 SmartArt 图形，修改“SmartArt 样式”为“细微效果”，如图 5-103（a）所示，在根结点文本框内输入“DoDo”文本，选中该文本框，单击“添加形状”下拉按钮中的“在下方添加形状”命令，重复一次上述操作，在下方五个文本框中输入“营销部”、“策划部”、“媒体开发部”、“制作监控部”、“流程法律部”，如图 5-103（b）所示。单击“文本窗格”按钮，在弹出窗口中，选择“策划部”、“媒体开发部”、“制作监控部”文本，分别单击“添加形状”下拉按钮的“在下方添加形状”命令，添加文本，如图 5-103（c）所示。双击插入文本框与线条，可以更改颜色和样式，最终效果如图 5-104 所示。

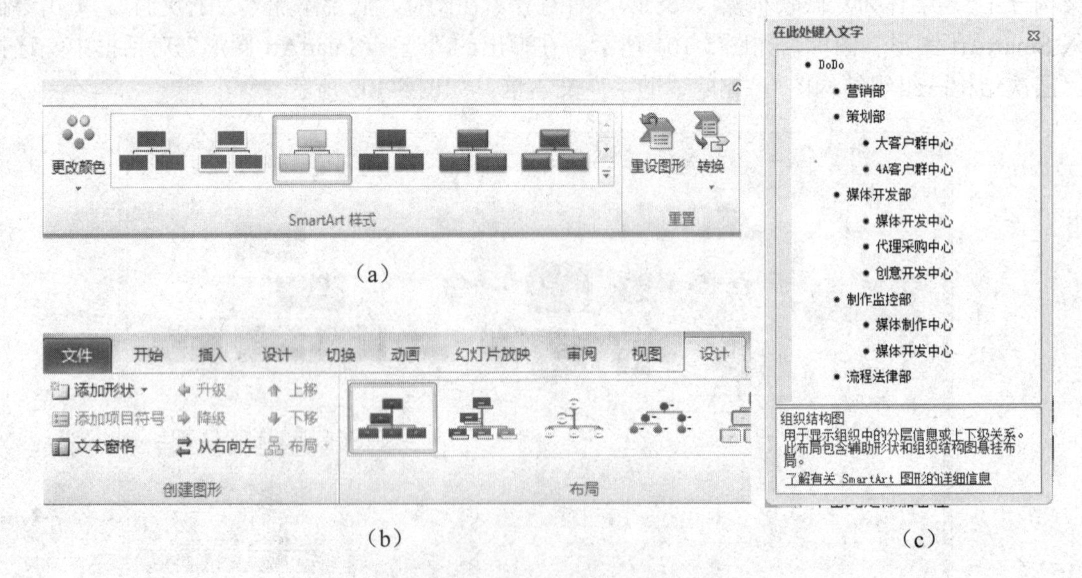

图 5-103 修改 SmartArt 图形

图 5-104 “专职部门管理架构分工”图形

（14）在幻灯片窗格中，选择第二张幻灯片，单击“复制”按钮，在第十张幻灯片后，单击“粘贴”按钮，产生第十一张幻灯片。在第九张幻灯片中选择“关于我们”和“团队”两张图片，切换到“格式”选项卡，单击“颜色”下拉按钮。单击“重新着色”列表中的“茶色，背景颜色 2，浅色”选项。选择“DODO 客户”的文本框，文本颜色改为“红色”。

（15）插入一张新幻灯片，幻灯片版式为“标题和内容”。在幻灯片底部添加“DODO 客户”。单击“插入来自文件的图片”图标，在弹出的对话框中选择“幻灯片素材\任务三\image\客户队伍.png”图片文件，效果如图 5-105 所示。

图 5-105 “DoDo 客户”幻灯片

（16）插入一张新幻灯片，幻灯片版式为“标题与内容”。参照第一张幻灯片制作方法，制作如图 5-106 所示幻灯片。

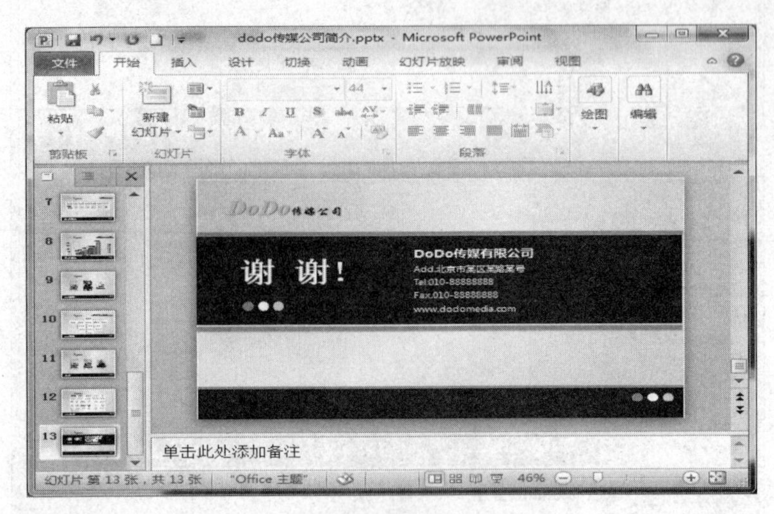

图 5-106　“致谢”幻灯片

三、插入超链接和动作按钮

（1）选择第二张“目录”幻灯片，选择“关于我们”文本框，单击“插入”选项卡中的“超链接”按钮，在弹出的“编辑超链接”对话框中的“链接到”栏中选择“本文档中的位置”，在“请选择文档中的位置”栏下选择要链接的幻灯片，如图 5-107 所示。

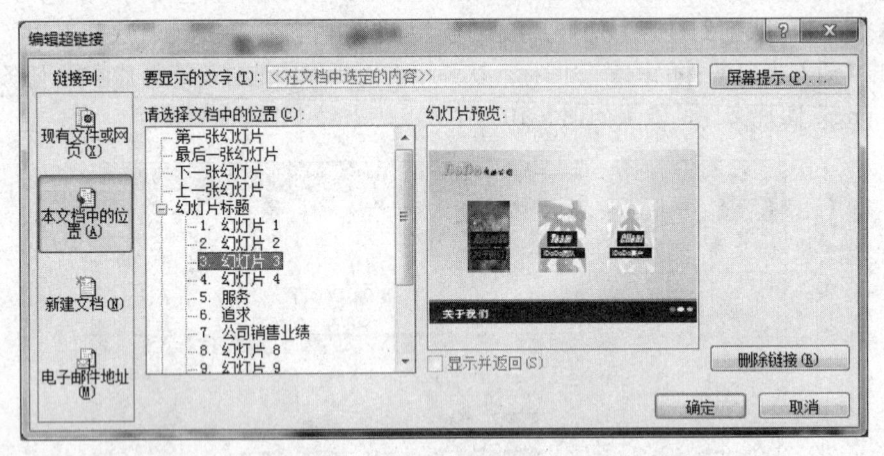

图 5-107　“编辑超链接”对话框

（2）重复上述操作，为“DoDo 团队”文本链接到“幻灯片 9”，“DoDo 客户”文本链接到“幻灯片 11”。

（3）切换到“视图”选项卡，单击“幻灯片母版”按钮，在弹出的“幻灯片母版”选项卡左侧空格中，选择“标题与内容”版式。选择“插入”选项卡→“插图”组→“形状”→“动作按钮”→“前一项”在母版右下方单击鼠标，在弹出的对话框中勾选“超链接到→上一张幻灯片”选项，调整按钮大小及样式。重复上述操作，分别添加“下一项”、“第一项”、“最后一项”链接到相应幻灯片。关闭“幻灯片母版”视图，如图 5-108 所示。

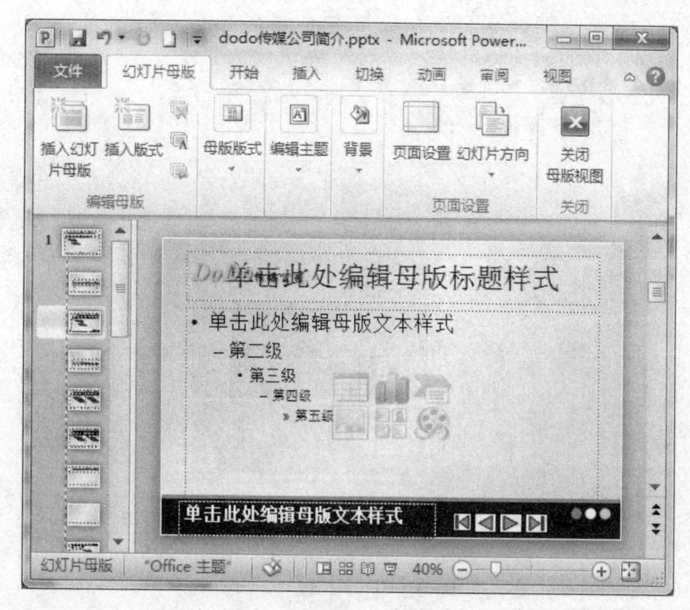

图 5-108　添加动作按钮

知识点拓展

1. 页面设置

用户在制作幻灯片时，往往需要根据幻灯片的内容要求与背景来设置幻灯片的页面大小与方向，以达到主题匹配内容，突出显示重点风格的目的。

PowerPoint 2010 为用户提供了全屏显示、信纸、A3 纸张等 12 种大小样式，除此之外用户还可以自定义幻灯片的大小，即执行“设计”选项卡→“页面设置”→“页面设置”命令，在弹出的“页面设置”对话框中，将“幻灯片大小”设置为“自定义”，并设置其“宽度”与“高度”值，如图 5-109 所示。

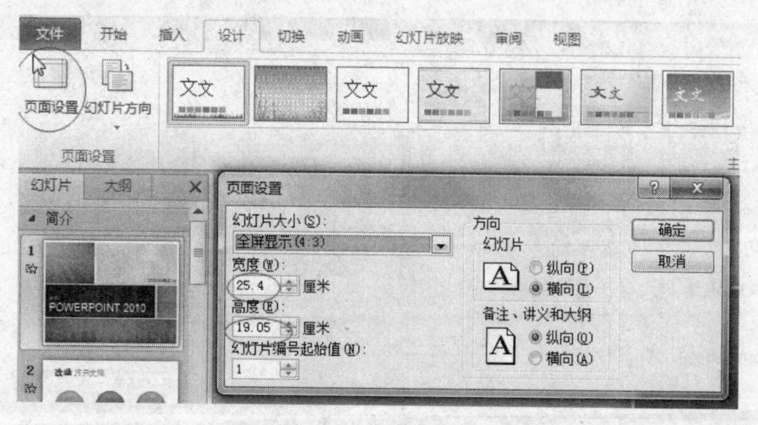

图 5-109　页面设置

2. 设置幻灯片方向

在设计幻灯片时，用户需要根据幻灯片的具体内容来设置幻灯片的方向。单击“设计”选项卡→“页面设置”组→“幻灯片方向”下拉按钮，在下拉列表中选择“纵向”或“横向”选项，如图 5-110 所示。

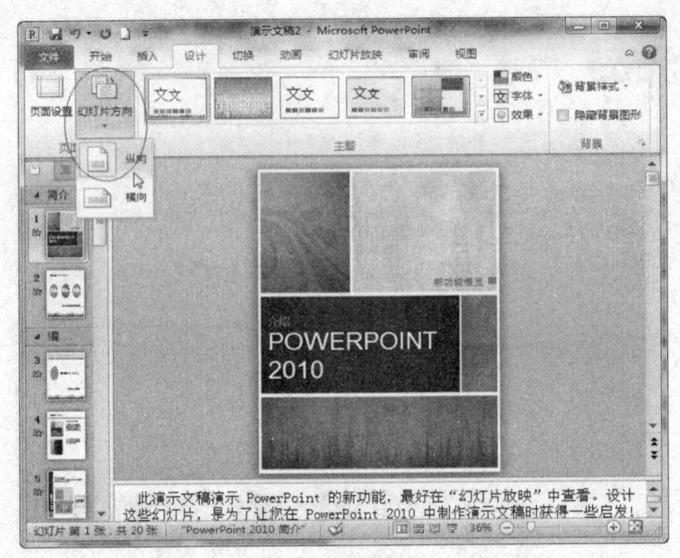

图 5-110　幻灯片方向

提示：用户也可以在“页面设置”对话框中，通过选择“幻灯片”栏中选项的方法来设置幻灯片的方向。

3. 设置超链接与动作按钮

（1）使用超链接

超链接是指从一个页面指向另一个目标的链接关系，该目标可以是同一个文件，也可以是相同文件的不同幻灯片，还可以是一个邮件地址。在 PowerPoint 中插入超链接，用户可以在播放时直接跳转到其他幻灯片、其他文档或某一个网页上。

1）在普通视图中，选定要作为超链接的对象。

2）切换到“插入”选项卡，在“链接”选项组中单击“超链接”按钮，打开“插入超链接”对话框，按设计要求选择链接目标，单击“确定”按钮，如图 5-111 所示。

图 5-111　“插入超链接”对话框

（2）设置按钮

1）在普通视图中，显示要插入动作按钮的幻灯片。

2）切换到“插入”选项卡，在“插图”选项组中单击“形状”按钮，在弹出的下拉菜单中选择“动作按钮”组内的一个按钮，如图 5-112 所示。

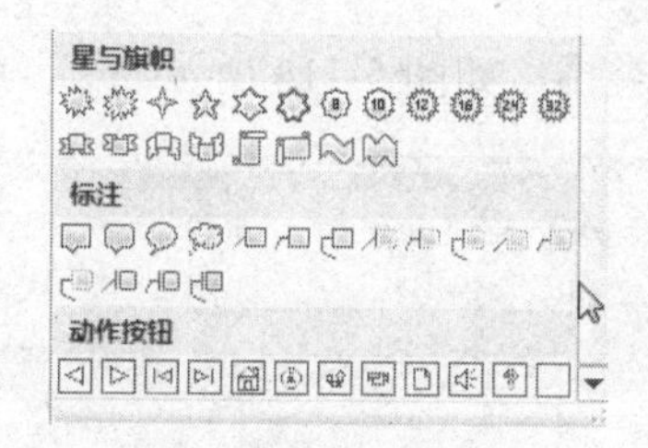

图 5-112　选择动作按钮

3）按住鼠标左键在幻灯片中拖动。弹出“动作设置”对话框，选择该按钮将要执行的动作，如图 5-113 所示。

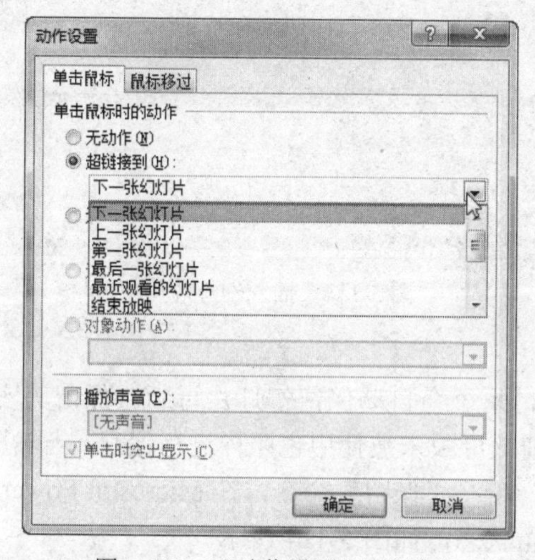

图 5-113　“动作设置”对话框

提示：为“空白动作按钮”添加文本。右击插入的空白动作按钮，从弹出的菜单中选择“编辑文本”命令，此时，输入按钮文本即可。如果要格式化按钮的形状，则选定要格式化的动作按钮，切换到“格式”选项卡，从“形状样式”中选择适合的形状，再修改“形状填充”、“形状轮廓”和“形状效果”等参数。

4. 设置幻灯片母版

母版是模板的一部分，主要用来定义演示文稿中所有幻灯片的格式，其内容主要包括文本与对象在幻灯片中的位置、文本与对象占位符的大小、文本样式、效果、主题颜色、背景等信息。其中占位符是一种带有虚线或阴影线边缘的框，可以放置标题、正文、图片、表格、图表等对象。

用户可以通过设置母版来创建一个具有特色风格的幻灯片模板。主要母版种类有幻灯片母版、讲义母版与备注母版三种。

（1）编辑母版

通过“幻灯片母版”选项卡中的“编辑母版”选项组，可以帮助用户插入幻灯片母版、版式及删除、保留、重命名幻灯片母版。

● 插入幻灯片母版

在“编辑母版”选项组中，单击“插入幻灯片母版”按钮，便可以在原有的幻灯片母版的基础上新添加一个完整的幻灯片母版。插入的新幻灯片母版，系统会根据母版个数自动以数字进行命名。如，插入第一个幻灯片母版后，系统自动命名为 2；继续插入第二个幻灯片母版后，系统会自动命名为 3，依次类推，如图 5-114 所示。

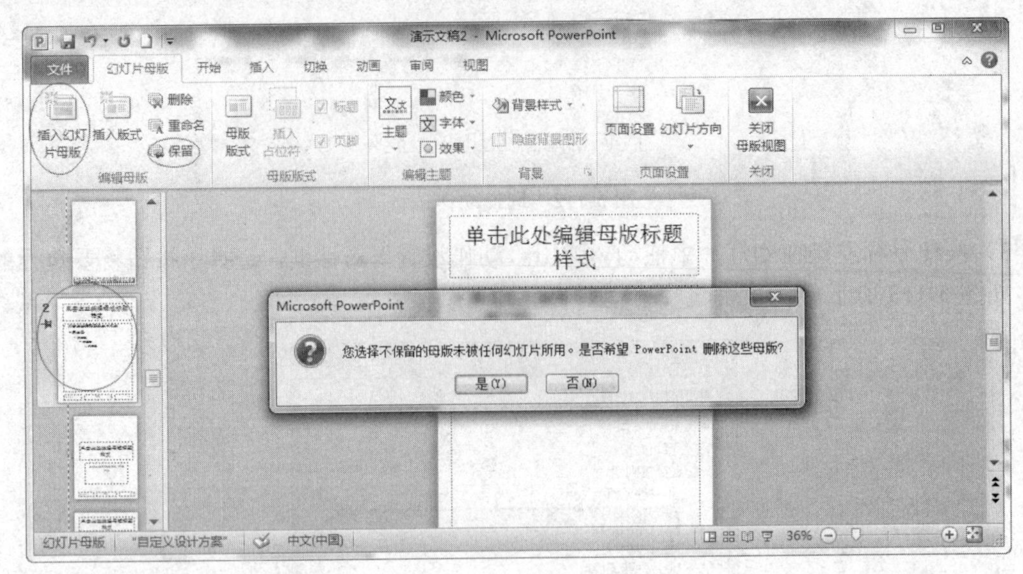

图 5-114　插入幻灯片母版

- 保留

当插入幻灯片母版后，系统会自动保留幻灯片母版。保留其实就是将新插入的幻灯片母版保存在演示文稿中，即使该母版未被使用也照样进行保存。当然用户也可以执行“幻灯片母版”选项卡→“编辑母版”组→“保留”命令，在 Microsoft PowerPoint 对话框中单击“是”按钮取消幻灯片母版的保留状态，如图 5-114 所示。

- 插入版式

在幻灯片母版中，系统为用户准备了 12 个幻灯片版式，用户可根据不同的版式设置不同的内容。当母版中的版式无法满足工作需求时，可选中幻灯片，执行“编辑母版”组的“插入版式”命令，便可以在选择的幻灯片下面插入一个标题幻灯片。

- 重命名

插入新的母版与版式之后，为了区分每个版式与母版的用途与内容，可以设置母版与版式的名称，即重命名幻灯片母版与版式。在幻灯片母版中，选择第一个版式，执行“编辑母版”组的“重命名”命令，在弹出的对话框中输入母版名称，即可以重命名幻灯片母版。在幻灯片母版中选择其中一处版式，执行“重命名”命令，即可重命名版式。

- 删除

在幻灯片母版中，选择某个版式，执行“编辑母版”→“删除”命令，可删除单个版式。

（2）设置版式

版式是定义幻灯片显示内容的位置与格式信息，是幻灯片母版的组成部分，主要包括占位符。用户可通过“母版版式”选项组来设置幻灯片母版的版式，主要包括显示或隐藏幻灯片母版中的标题、页脚，以及为幻灯片添加内容、文本、图片、图表等占位符。

- 显示/隐藏页脚

在幻灯片母版中，系统默认的版式显示了标题与页脚，用户也可以通过禁用“标题”或“页脚”复选框来隐藏标题与页脚。例如，禁用“页脚”复选框，将会隐藏幻灯片中的页脚。同样，选中“页脚”复选框便可以显示幻灯片中的页脚，如图 5-115 所示。

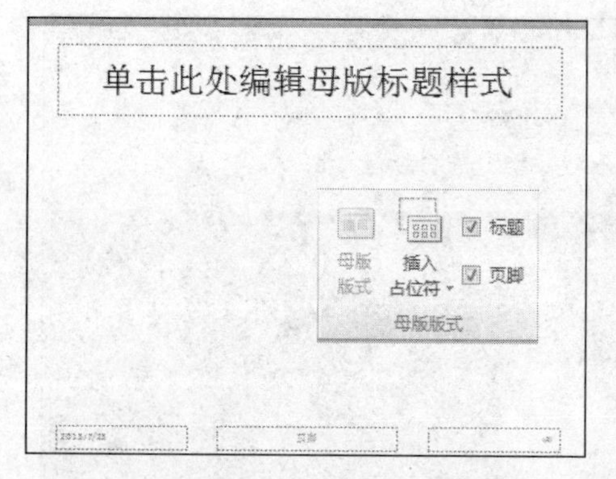

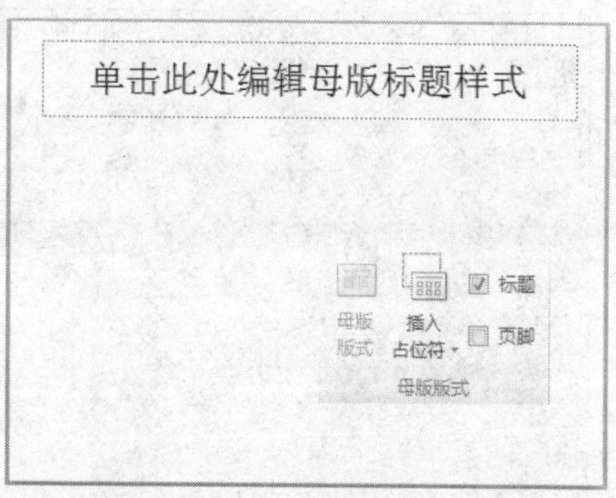

图 5-115　显示/隐藏页脚

- 插入占位符

PowerPoint 提供了内容、文本、图表、图片、表格、媒体、剪贴画、SmartArt 等 10 种占位符，每种占位符的添加方式都相同，即在“插入占位符”下拉列表中选择需要插入的占位符类别，然后在幻灯片中选择插入位置并拖动鼠标，放置占位符。

（3）设置主题

设置由颜色、标题字体、正文字体、线条、填充效果等一组格式构成。系统为用户提供了暗香扑面、顶峰、沉稳、穿越、流畅、夏至等 24 种主题类型。每种主题类型以不同的背景、字体、颜色及效果进行显示。一般情况下，系统默认的主题类型为“Office 主题”类型，用户可执行“编辑主题”→“主题”命令，在其下拉列表中选择某种类型来设置符合工作需要的主题类型。

（4）设置背景格式

设置背景格式，主要指设置背景的填充与图片效果。执行“背景”功能组→“背景样式”→“设置背景格式”命令。在弹出的“设置背景格式”对话框中，可以设置纯色填充、渐变填充、图片或纹理填充等。

- 纯色填充

纯色填充即幻灯片的背景色以一种颜色进行显示。选中“纯色填充”单选按钮，并在“颜色”下拉列表中选择背景色，在“透明度”微调框中输入透明数值。

- 渐变填充

渐变填充即幻灯片的背景以多种颜色进行显示。选中“渐变填充”单选按钮，设置合适参数。

（5）图片或纹理填充

图片或纹理填充即幻灯片的背景以图片或纹理来显示。选中“图片或纹理填充”单选按钮，设置列表中参数。

提示：在插入占位符时，用户需要注意的是幻灯片母版的第一张幻灯片不能插入占位符以及隐藏标题与页脚。

5. 设置讲义母版

讲义母版主要以讲义的方式来展示演示文稿内容。由于在幻灯片母版中已经设置了主题，所以在讲义母版中无需再设置主题，只需设置页面设置、占位符与背景即可。执行“视图”选项卡→“母版视图”组→“讲义母版”命令，切换到“讲义母版”视图，如图 5-116 所示。

图 5-116 讲义母版

（1）页面设置

在“页面设置”选项组中可设置讲义方向、幻灯片方向与每页幻灯片数量。通过页面设置，可以帮助用户根据讲义内容设置合适的幻灯片显示模式，其具体内容如表 5-3 所示。

表 5-3 页面设置参数

参数类别	作用	说明
讲义方向	设置整体讲义幻灯片的整体方向	可以设置为横向或纵向
幻灯片方向	设置下属幻灯片的方向	可以设置为横向或纵向
每页幻灯片数量	设置每页讲义所显示幻灯片的数量	可以设置为 1 张幻灯片、2 张幻灯片、3 张幻灯片、4 张幻灯片、6 张幻灯片、9 张幻灯片与幻灯片大纲 7 种类型

（2）设置占位符

设置点位符即是在“占位符”选项组中，通过禁用与启用占位符复选框的方法来显示或取消讲义母版中的占位符。例如，在“占位符”选项组中，禁用“日期”复选框便可以取消该占位符，同样，也可以通过启用“日期”复选框来示显示该占位符。

（3）设置背景样式

讲义母版的背景不会因幻灯片母版样式的改变而改变，系统默认的讲义母版的背景为纯白色背景。系统为用户提供了 12 种背景样式，用户可以根据幻灯片内容与讲义形式，通过“背景样式”下拉列表，选择符合规定的背景样式。

6. 设置备注母版

设置备注母版与设置讲义母版大体一致，无需设置母版主题，只需设置幻灯片方向、备注页方向、占位符与背景样式即可。执行“视图”选项卡→“母版视图”→“备注母版”命令，切换到“备注母版”视图。

（1）页面设置

备注母版中主要包括一个幻灯片占位符与一个备注页占位符，用户可以在“页面设置”选项组中设置备注页方向与幻灯片方向。如，在“备注页方向”下拉列表中，可以将备注页的方向设置为横向或纵向；在“幻灯片方向”下拉列表中，可以将幻灯片的方向设置为横向或纵向。

（2）设置占位符

备注母版中主要包括页眉、日期、幻灯片图像、正文、页脚、页码 6 个占位符。用户可以通过启用或禁用复选框的方法来设置占位符。如，在“占位符”选项组中，禁用“幻灯片图像”复选框即可隐藏该占位符，同样启用“幻灯片图像”复选框即可显示该占位符。

7. 幻灯片的放映

（1）控制演示文稿的放映过程

1）启动演示文稿放映

使用下列方法之一则可启动幻灯片放映：

- 执行“幻灯片放映”选项卡中的“从头开始”或“从当前幻灯片开始”按钮。
- 按 F5 键。

2）控制演示文稿放映

- 进入到下一张幻灯片，按 Space 键、Enter 键、↓键、↑键、PageDown 键，或单击鼠标。
- 退回到上一张幻灯片，按↑键、←键、BackSpace 键、PageUp 键。
- 结束放映，按 Esc 键。

3）选择放映幻灯片

在幻灯片放映状态下，右击鼠标，在弹出的快捷菜单中，选择“定位至幻灯片”，在下一级菜单中显示演示文稿中所有的幻灯片标题，选择要放映的幻灯片，则直接跳转至所选择的幻灯片进行放映，如图 5-117 所示。

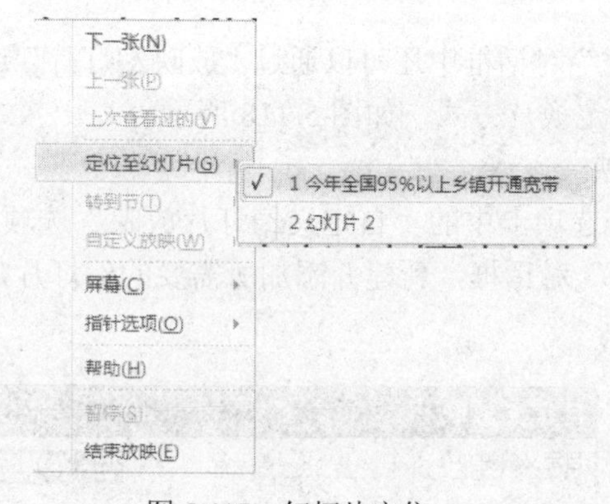

图 5-117　幻灯片定位

4）隐藏幻灯片

在幻灯片视图中，选择所需隐藏的一个或多个幻灯片，然后单击“幻灯片放映”选项卡中的“隐藏幻灯片”按钮，即可隐藏所选择的幻灯片。

被隐藏的幻灯片只是在放映幻灯片时不予显示，在大纲视图或幻灯片浏览视图中，是能显示的，但在其右下角的编号上做了特殊标记。

（2）设置放映方式

执行“幻灯片放映”选项卡，单击“设置放映方式”按钮，打开“设置放映方式”对话框，如图 5-118 所示。用户可以根据不同的需要，选择不同的方式放映演示文稿。

1）设置放映类型

- 演讲者放映（全屏）：选择此选项可运行全屏显示的演示文稿，这是最常用的方式，通常演讲者播放演示文稿时使用。

- 观众自行浏览：选择此项可让观众运行演示，使观众更具有参与感。这种演示文稿一般出现在小窗口内，并提供命令可在放映时移动、编辑、复制和打印幻灯片。
- 在展台浏览：选择此项可自动运行演示文稿。如果展台、会议或其他地点需要运行无人管理的幻灯片放映，可以选择此种放映方式，将演示文稿设置为：运行时大多数菜单和命令不可用，并且在每次放映完毕后重新启动。选定此选项后，“循环放映，按 Esc 键终止”会被自动选中。

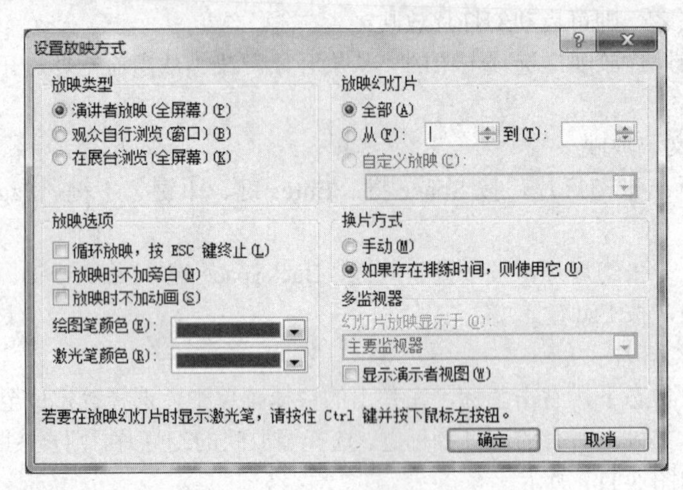

图 5-118　自定义幻灯片

2）在“设置放映方式”对话框中还可以通过“放映幻灯片”选项指定幻灯片放映的范围；通过“换片方式”选项指定换片方式，如图 5-118 所示。

（3）创建自定义放映

执行“幻灯片放映”选项卡中的“自定义幻灯片放映”选项按钮，单击“自定义放映”命令，弹出“自定义放映”对话框，新建并添加所需要的幻灯片，并调整播放幻灯片的顺序，如图 5-119 所示。

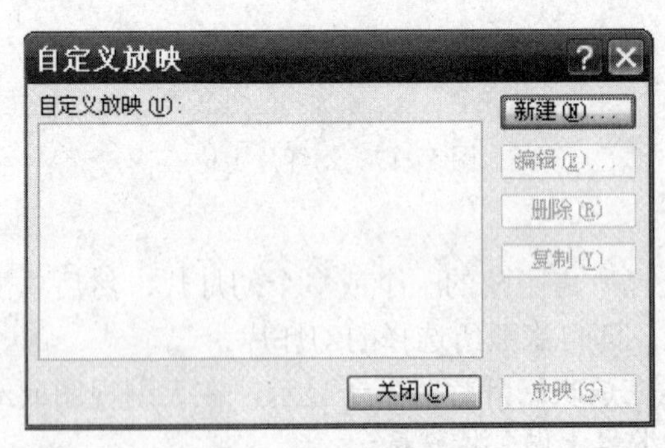

图 5-119　自定义幻灯片

提示：取消选中“设置”工具栏中的“使用计时”复选框，在录制旁白时将不会进行计时。如果在“设置放映方式”对话框中选择了“手动”前的单选按钮，则排练计时也不可用。

（4）在网上远程播放幻灯片

1）单击“幻灯片放映”选项卡下的“广播幻灯片”按钮，如图 5-120 所示。

图 5-120　广播幻灯片

或依次单击“文件”→“保存并发送”→“广播幻灯片”，如图 5-121 所示。

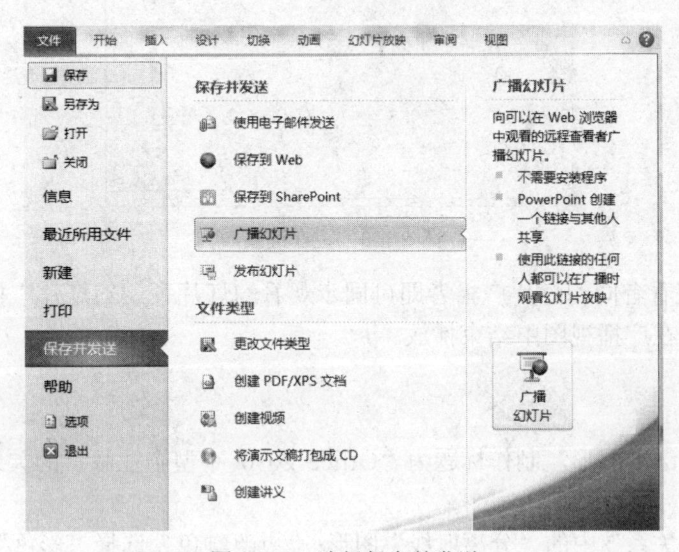

图 5-121　选择保存并发送

2）在“广播幻灯片”对话框中，单击“启动广播（S）”，如图 5-122 所示。

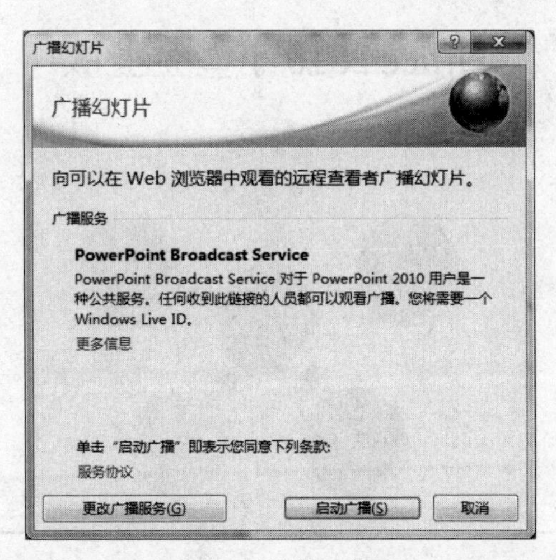

图 5-122　启动广播

3）此时，将连接到“PowerPoint Broadcast Service”，完成广播幻灯片的准备工作，如图 5-123 所示。

4）广播幻灯片准备完毕，单击“复制链接（C）”或“通过电子邮件发送（E）...”将远程查看此已广播幻灯片的链接复制（复制后可通过如：Live Messenger 传送给远程查看者）或通过电子邮件发送出去。

图 5-123 正在链接

此时，远程观看者同幻灯片广播者即可同步观看幻灯片了。幻灯片广播者可随时结束广播，当然，也可以在广播视图中结束播放。

实践与思考

1．利用 SmartArt 图形，制作标题为“Office 2010 小型企业版”的关系图并保存，文件名为“wyks05”。

要求：选择“关系”中的“分离射线”图形；“更改颜色”选择“彩色”效果；“SmartArt 样式”中选择“三维”效果。效果截图如图 5-124 所示。

图 5-124 效果图

2．打开素材文件夹下的演示文稿 wyks06.pptx，按下列要求完成对此文稿的修饰并保存。

（1）在幻灯片的标题区中键入“骇客帝国”，设置为：楷体_GB2312，加粗，60 磅，蓝色（请用自定义标签的红色 0、绿色 0，蓝色 255），插入一张版式为“标题与文本”的新幻灯片，作为第二张幻灯片。第二张幻灯片的标题键入“影片类型”。第二张幻灯片的文本键入：有关网络题材的前卫科幻片。

（2）将第二张幻灯片的背景预设颜色设置为：羊皮纸，水平，全文幻灯片切换效果设置为“水平百叶窗”；第一张幻灯片中左部的电影动画设置为“自左侧推进”。第一张幻灯片中右部的电影图片动画设置为“自右下部飞入”。

3．打开素材文件夹下的演示文稿 wyks07.pptx，按下列要求完成对此文稿的修饰并保存。

（1）将第一张幻灯片的版式更改为“标题幻灯片”；将第二张幻灯片与第三张幻灯片调换位置；设置全文幻灯片的页眉和页脚为：自动更新日期和时间，为幻灯片添加编号、输入页脚内容为“PowerPoint 视图说明”。

（2）将第一张幻灯片的背景预设颜色设置为：金色年华，线性向下；放映类型设置为“在展台浏览（全屏幕）”；全文幻灯片切换效果设置为“百叶窗”、“水平”、持续时长为“02.00”。

4．打开任务 1 实践与思考中的 wyks02.pptx 演示文稿，按下列要求完成对此文稿的修改并保存。

（1）将第三张幻灯片中的图片动画设置为“向下浮入”，文本动画设置为“强调”、“字体颜色”。动画顺序为先文本后图片。

（2）在第三张幻灯片的文本“2010 世界杯”上设置超链接，链接对象是本文档的第五张幻灯片。在第三张幻灯片备注区插入文本“单击标题，可以跳转至第五张幻灯片”。

任务 4　发布打印“企业宣传”演示文稿

学习目标

- 掌握演示文稿的打包和解包
- 掌握发布演示文稿的方法
- 掌握打印演示文稿的方法

任务导入

为了使精心制作的幻灯片更完美地实现预期的演示效果，通常需要打包到其他计算机，或发布到计算机网络，或打印成讲义，帮助观众更好地理解演讲者意图。本任务就以上章节制作的“企业宣传演示文稿”实现打包、发布和打印等操作。

任务实施

一、打包演示文稿

（1）打开任务 3 中制作的“dodo 传媒公司简介”演示文稿，单击“文件”选项卡，在弹出的菜单中单击“保存并发送”命令，然后选择“将演示文稿打包成 CD”命令，再单击“打包成 CD”按钮，如图 5-125 所示。

（2）在打开的“打包成 CD”对话框，在“将 CD 命名为”右侧的文本框中输入打包后演示文稿的名称，如图 5-126 所示。再单击“复制到文件夹”按钮，打开“复制到文件夹”对话框，输入文件夹的名称并选择存放的路径，单击“确定”按钮，如图 5-127 所示。

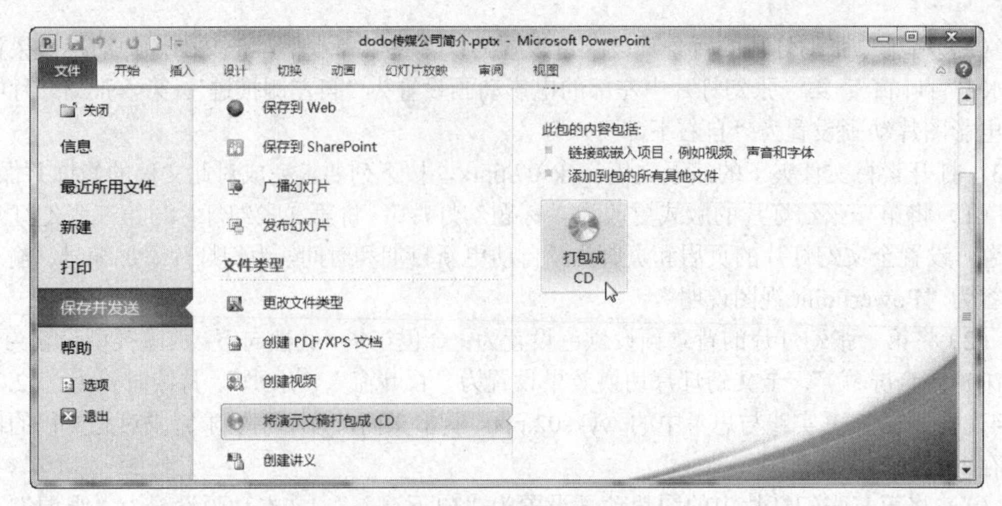

图 5-125　打包成 CD

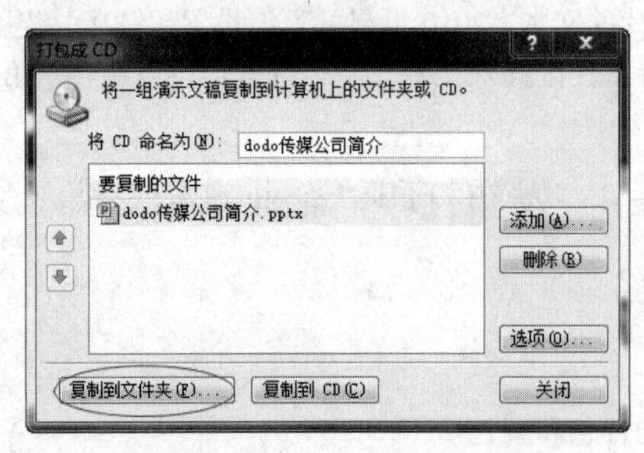

图 5-126　“打包成 CD”对话框

图 5-127　“复制到文件夹”对话框

（3）在弹出的“Microsoft PowerPoint”对话框，提示程序将链接的媒体文件复制到打包的文件夹。单击“是”按钮将完成打包成 CD 操作，并包含所有链接。

（4）单击“是”按钮，弹出“正在将文件复制到文件夹”对话框并复制文件。复制完成后，关闭“打包成 CD”对话框，完成打包操作。

（5）打开光盘文件，可以看到打包的文件夹和文件，如图 5-128 所示。

二、发布演示文稿

（1）打开任务 3 中制作的“dodo 传媒公司简介”演示文稿，单击“文件”选项卡，在弹出的菜单中单击“保存并发送”命令，然后选择“发布幻灯片”命令，再单击“发布幻灯片”按钮，如图 5-129 所示。

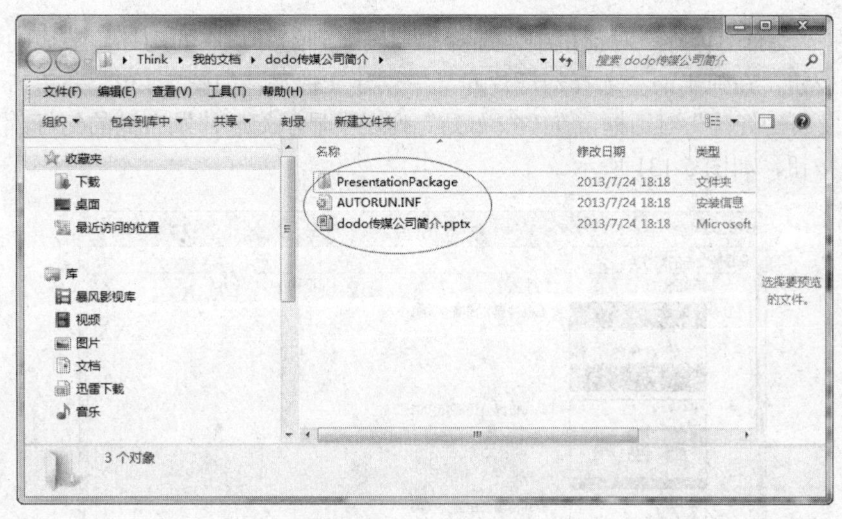

图 5-128　显示打包的文件

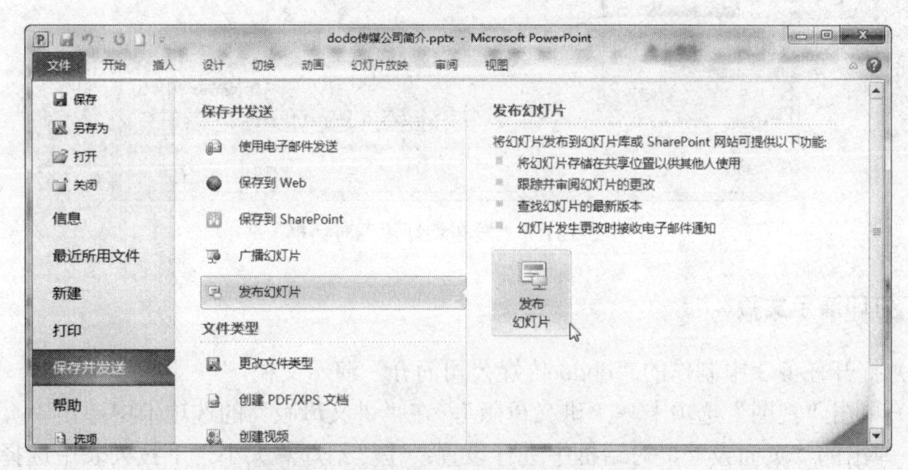

图 5-129　发布幻灯片

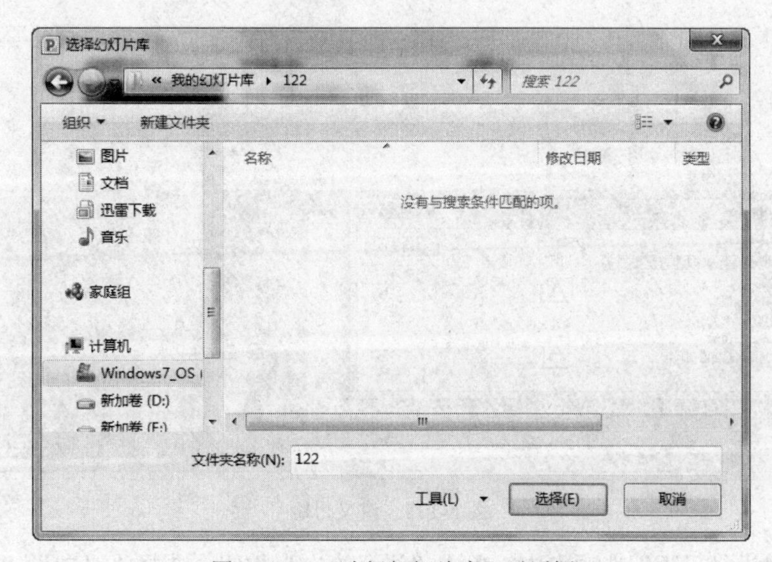

图 5-130　“选择幻灯片库”对话框

（2）在“发布幻灯片”对话框中，选择想要发布到幻灯片库的幻灯片旁边的复选框，单击“浏览”按钮，在弹出的“选择幻灯片库”中创建文件夹，如图 5-130，并单击“选择”按钮。返回“发布幻灯片”对话框，在“发布到”列表中显示幻灯片发布到的幻灯片库位置。单击“发布”按钮，如图 5-131 所示。

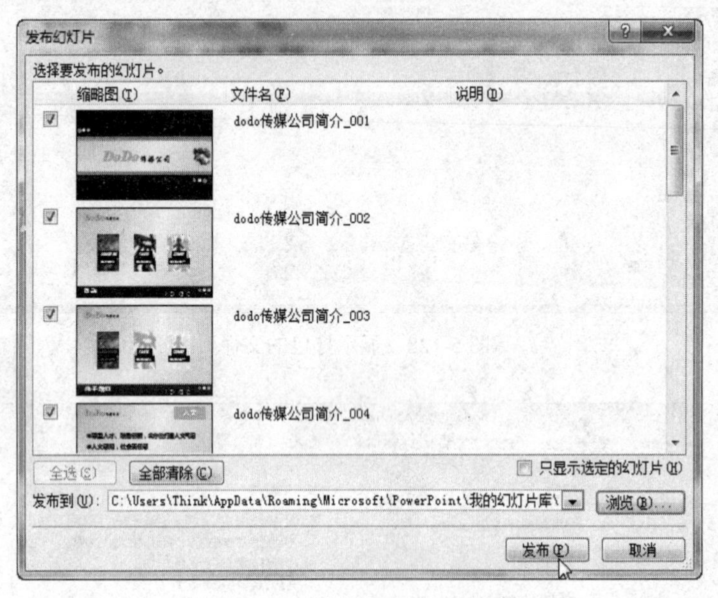

图 5-131　“发布幻灯片”对话框

三、打印演示文稿

（1）打开任务 3 中制作的“dodo 传媒公司简介”演示文稿。

（2）单击“视图”选项卡→“讲义母版”，在“讲义母版”的选项卡中单击“页面设置”按钮，在弹出的“页面设置”对话框中进行设置：在“幻灯片大小”下拉列表中选择“A4 纸张”选项；在“备注、讲义和大纲”栏中选中“纵向”单选按钮，如图 5-132 所示。

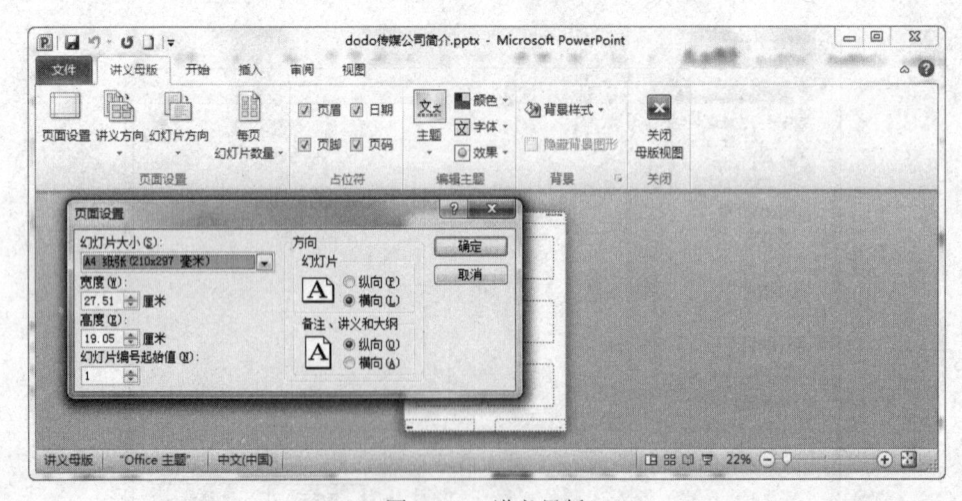

图 5-132　讲义母版

（3）在“讲义母版”选项卡中，单击“讲义方向”按钮，选择“纵向”，“幻灯片方向”

选择“纵向”，在“每页幻灯片数量”中选择 4 张幻灯片。在“占位符”中选择“日期”和“页码”将将页码居中。

（4）关闭“讲义母版”，单击“文件”选项卡→“打印”命令，在右侧出现页面设置后的效果，如图 5-133 所示。

图 5-133　打印讲义

（5）在“打印”对话框中的“份数”选项后设置打印份数为“1”份。

（6）单击“打印”按钮，与计算机相连的打印机开始打印讲义。

知识点拓展

1. *发布演示文稿*

演示文稿制作完成之后，可以将演示文稿通过 CD、电子邮件、视频等方式共享于同事或朋友之间。

（1）打印成 CD

选择“文件”选项卡→“保存并发送”命令，在“文件类型”选项中选择“将演示文稿打包成 CD”，单击“打包成 CD”命令。在弹出的“打包成 CD”对话框中设置 CD 名称，单击“复制到文件夹”按钮，即可将演示文稿复制到包含.pptm 格式的文件夹中。或单击“复制到 CD”按钮，即可将文件录制成 CD。

（2）发布幻灯片

选择“文件”选项卡→“保存并发送”命令，在“文件类型”选项中选择“发布幻灯片”，单击“发布幻灯片”命令。在弹出的“发布幻灯片”对话框中，选择需要发布的幻灯片，单击“浏览”按钮，在弹出的对话框中选择存放位置。最后，单击“发布”按钮。发布后都将分别生成独立的演示文稿，如图 5-134 所示。

（3）创建讲义

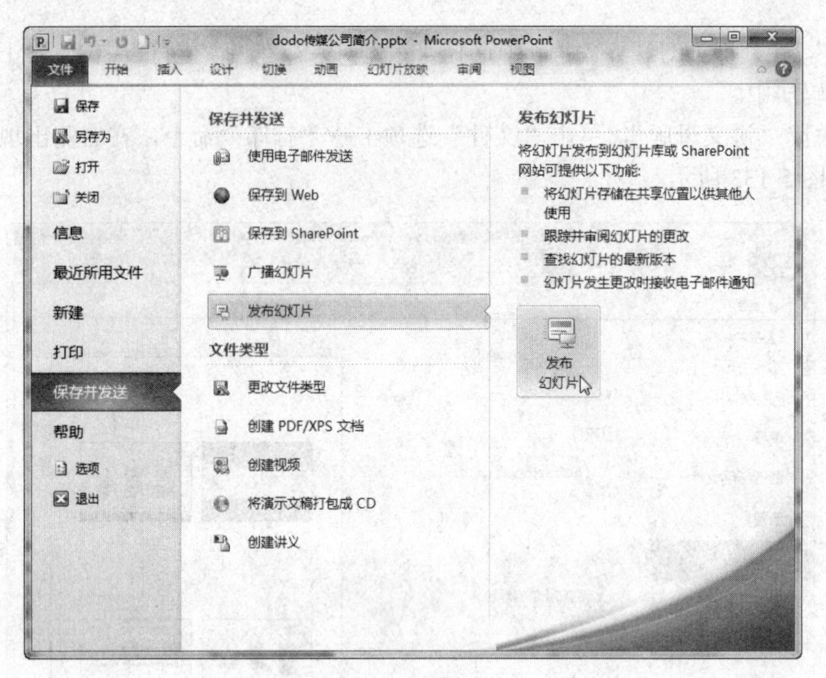

图 5-134　发布幻灯片

选择“文件”选项卡→“保存并发送”命令，在“文件类型”选项中选择“创建讲义”，单击“创建讲义”命令。在弹出的对话框中选择讲义版式即可，如图 5-135 所示。

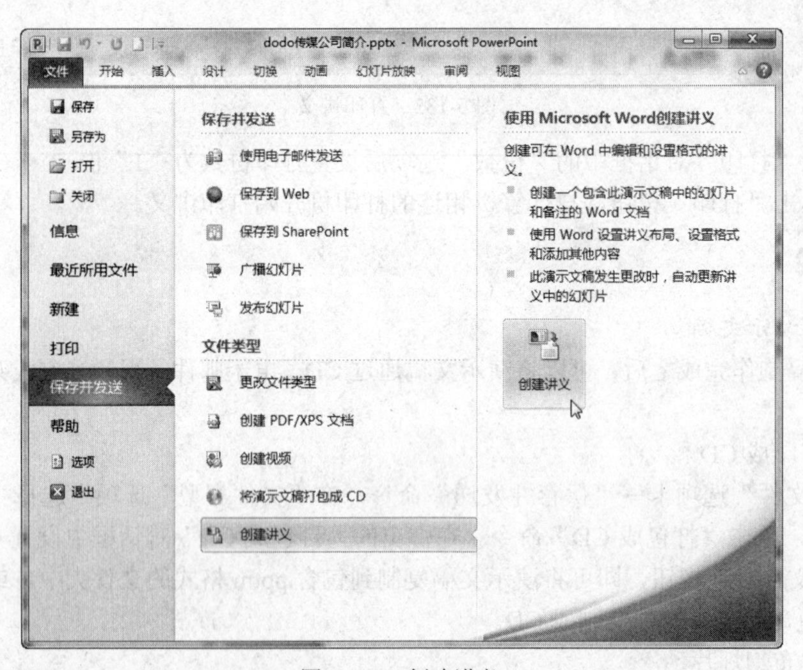

图 5-135　创建讲义

（4）将幻灯片发送到 PDF 文档

1）在 PowerPoint 中打开演示文稿，切换到“文件”选项卡，选择“保存并发送”，再单击“创建 PDF/XPS 文档”→“创建 PDF/XPS”命令。

2）在弹出的“发布为 PDF 或 XPS”对话框中，保存文件类型为 PDF，如图 5-136 所示。

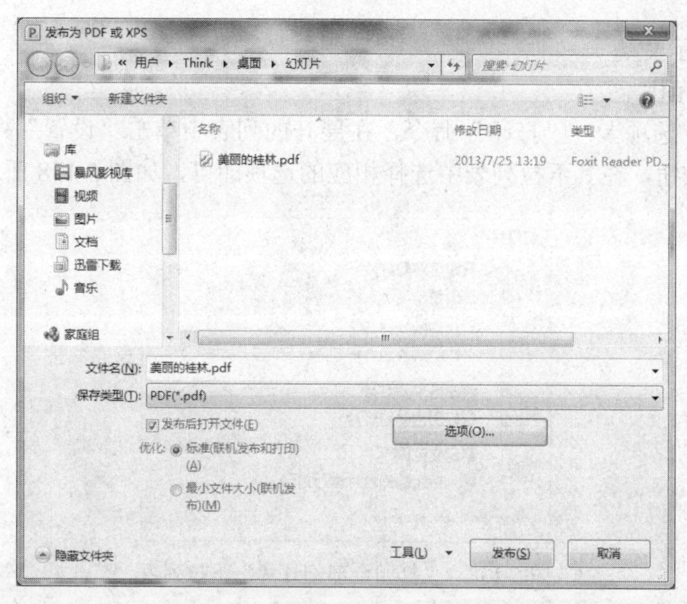

图 5-136　“发布为 PDF 或 XPS”对话框

3）单击“发布”按钮。此时，系统将新建一个 PDF 文档，并将演示文稿复制到该文档中。

2. 输出演示文稿

输出演示文稿是将演示文稿保存并打印到纸张中。在 PowerPoint2010 中，可以将演示文稿输出为图片或幻灯片放映等多种形式。

（1）另存为演示文稿

选择“文件”选项卡→“另存为”命令，在弹出的“另存为”对话框中，单击“保存类型”下拉按钮，在下拉列表中选择图片格式或幻灯片放映格式（.pps）选项，单击“保存”按钮，如图 5-137 所示。

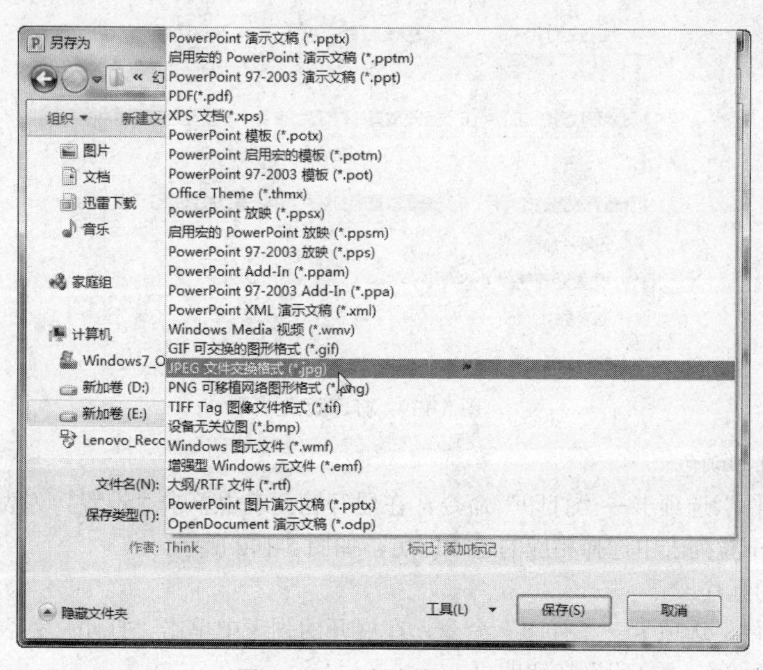

图 5-137　“保存类型”列表

（2）打印演示文稿

1）设置打印范围

选择“文件”选项卡→“打印”命令，在展开的列表中单击“设置”列表中的“打印全部幻灯片”下拉按钮，在其下拉列表中选择相应的选项即可，如图 5-138 所示。

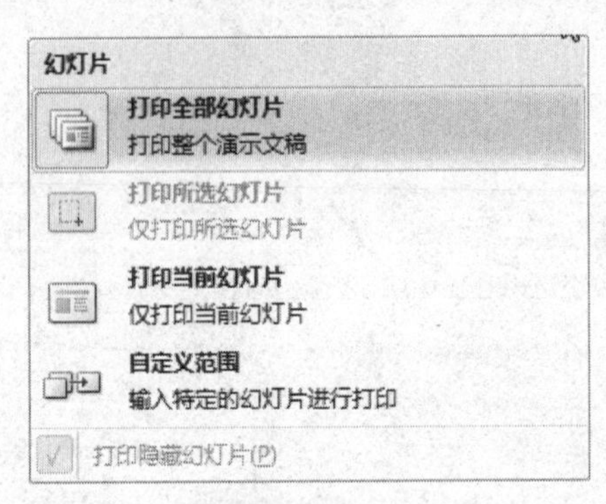

图 5-138 “打印全部幻灯片”下拉列表

2）设置打印版式

选择“文件”选项卡→“打印”命令，在展开的列表中单击“设置”列表中的“整页幻灯片”下拉按钮，在其下拉列表中选择相应的选项即可。若选择“幻灯片加框”，为打印的幻灯片添加边框效果，如图 5-139 所示。

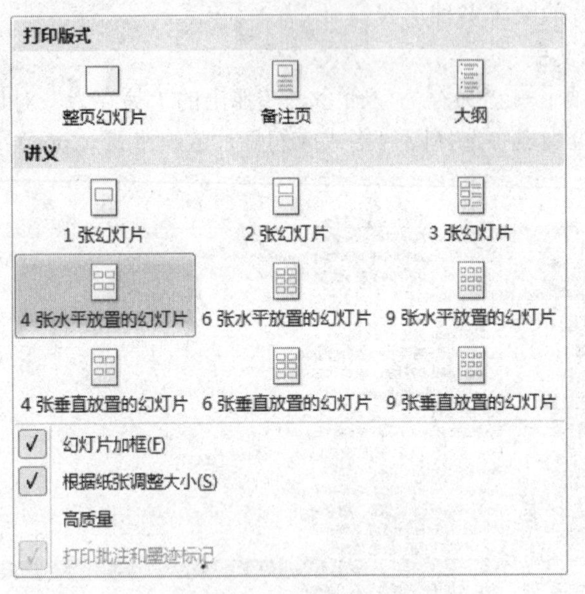

图 5-139 打印版式

3）设置打印颜色

选择“文件”选项卡→“打印”命令，在展开的列表中单击“设置”列表中“颜色”下拉按钮，在其下拉列表中选择相应的选项即可，如图 5-140 所示。

4）打印幻灯片

选择“文件”选项卡→“打印”命令，在展开的列表中单击“打印”列表中的“副本”微调按钮。然后单击“打印”按钮即可。

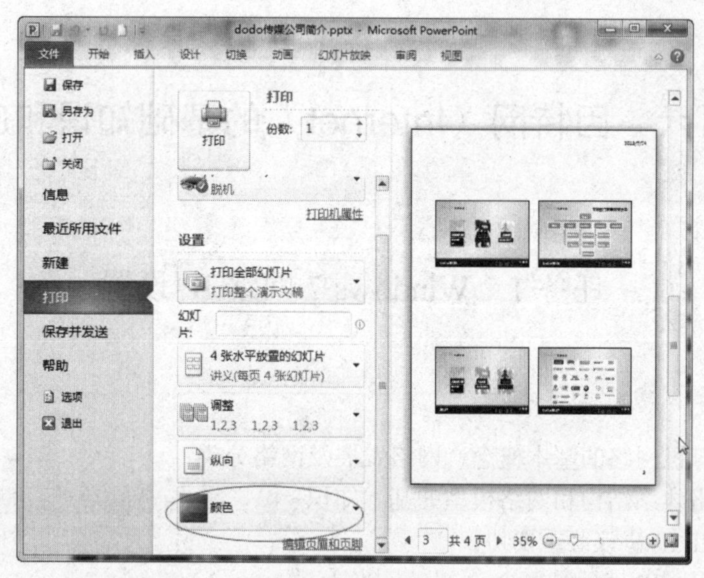

图 5-140　打印颜色

实践与思考

1．打开“美丽的桂林”演示文稿，按下列要求完成对此文稿的修饰并保存。

要求：为“美丽的桂林”演示文稿设置合理的放映方式，放映类型为“在展台浏览（全屏）”，放映选项为“循环放映”，放映幻灯片从 2 到 6，换片方式为“手动”。文件另存为“PowerPoint 放映方式（*.ppsx）”。

2．打开“dodo 传媒公司简介”演示文稿，按下列要求完成对此文稿的修饰并保存。

要求：在“dodo 传媒公司简介”演示文稿中，隐藏 3、9、11 三张幻灯片，文件另存为“dodo 传媒公司简介.pdf”文档。

项目六　因特网（Internet）的基础知识和应用

任务1　Windows 7 网络 IP 设置

学习目标

- 了解计算机网络的基本概念、网络发展及网络分类
- 掌握网络体系结构和网络模型的基本知识
- 掌握 TCP/IP 协议等重要协议
- 了解域名、IP 地址等概念

任务导入

某学校刚组建一新机房，通过局域网接入因特网（Internet）。要求为每台计算机添加相应的网络协议（TCP/IP 等），然后接入局域网，再通过路由器或网关接入因特网（Internet）。

任务实施

一、设置本地连接

网络适配器（网卡）的驱动程序安装完成后，默认自动安装 TCP/IP，并添加一个本地连接，此时用户可以根据实际情况设置本地连接，以满足需求。

（1）重命名连接

1）右击桌面“网络”图标，在弹出的快捷菜单中选择“属性”命令，打开“网络和共享中心”窗口，如图 6-1 所示。

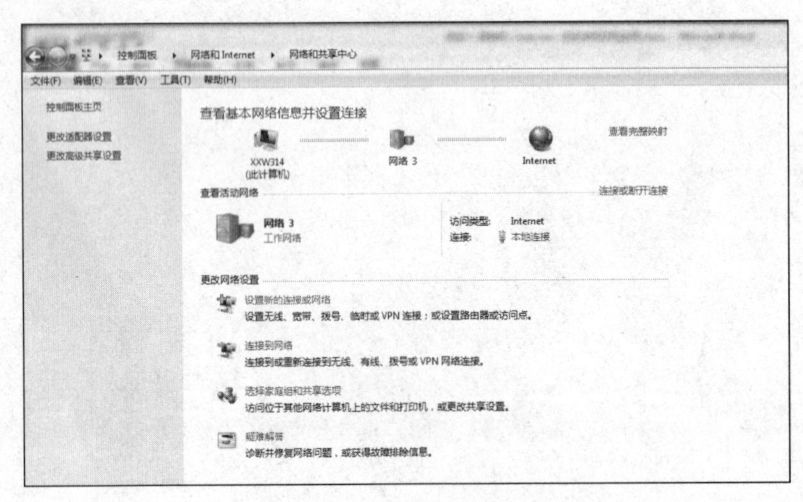

图 6-1　“网络共享中心”窗口

2）在“网络和共享中心”窗口中单击“更改适配器设置”按钮，选择“本地连接”图标，单击右键，在弹出的快捷菜单中选择“重命名”命令，如图 6-2 所示。

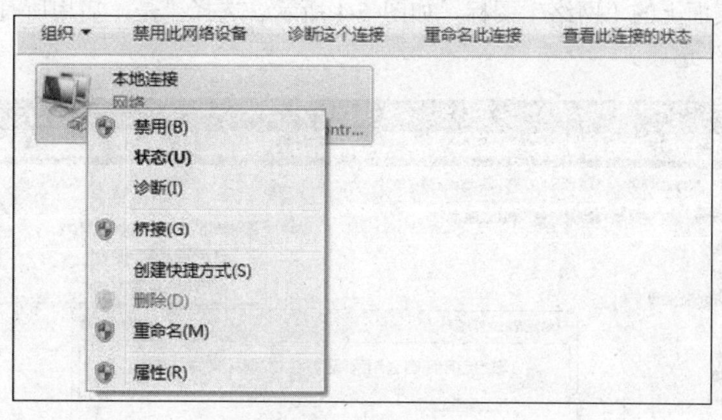

图 6-2　本地连接

（2）禁用连接

1）根据“重命名连接”步骤 1）的方法，打开“网络和共享中心”窗口。

2）在“网络和共享中心”窗口中单击“更改适配器设置”按钮，选择“本地连接”图标，单击右键，在弹出的快捷菜单中选择“禁用”命令，如图 6-2 所示。

提示：若要查看本地连接状态，则在弹出的快捷菜单中选择“状态”或诊断。

（3）设置本地连接属性

1）根据“重命名连接”步骤 1）、2）的方法，打开“本地连接”窗口。右键单击“本地连接”图标，选择“属性”命令，打开“本地连接 属性”对话框。

2）在“本地连接 属性”对话框中，单击“Internet 协议版本（TCP/IPv4）”按钮，打开“Internet 协议版本 4 属性”对话框，选择“使用下面的 IP 地址”选项，设置 IP 地址、子网掩码、网关和 DNS 服务等相关属性内容，如图 6-3 所示。

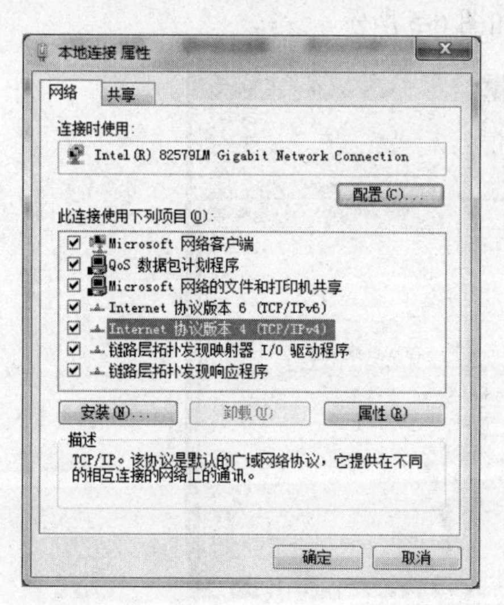

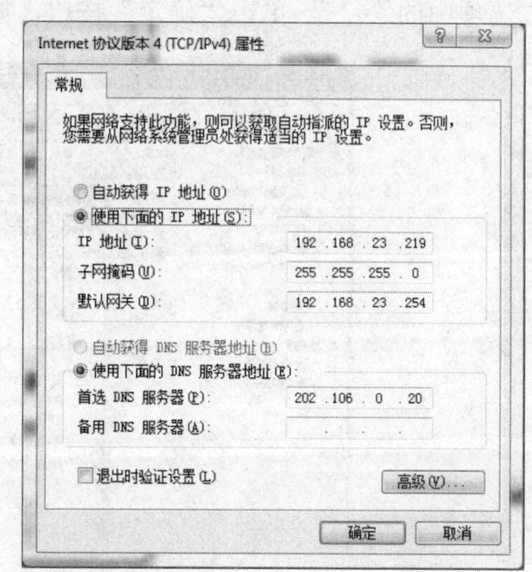

图 6-3　IPv4 属性对话框

提示：采用此方法也可以在已设置好的局域网内查看某台计算机的 IP 地址。

二、共享文件或文件夹

（1）双击桌面上的“网络”图标，如图 6-4 所示。选择“是，启用所有公用网络的网络发现和文件共享”选项。

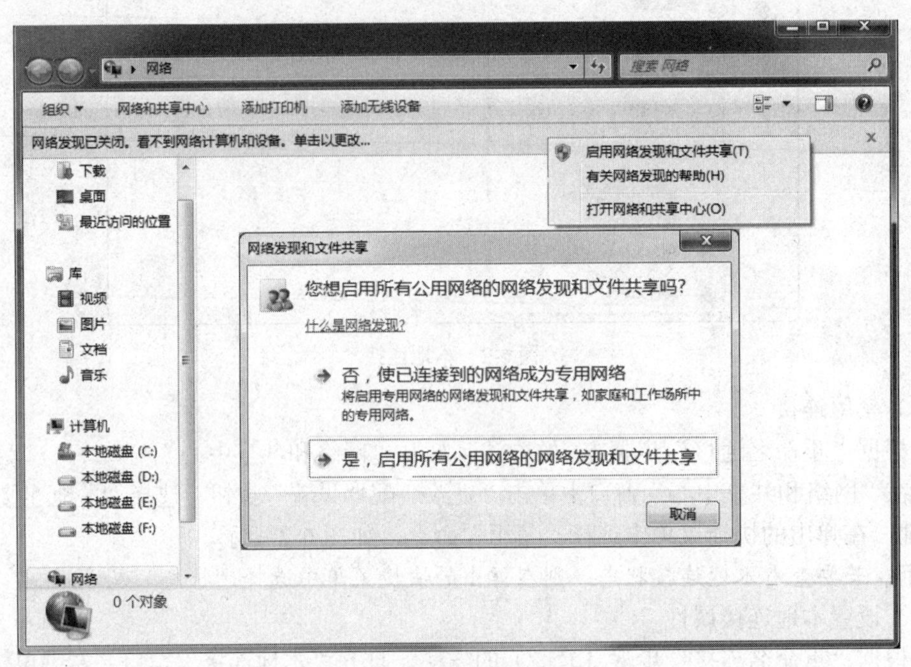

图 6-4　网络发现和文件共享

（2）在桌面上右击“计算机”图标，在弹出的菜单中选择“管理”命令，在“计算机管理”窗口的左侧窗格中选择“本地用户和组”选项中的“用户”选项，在右侧窗格中选择“Guest”用户，单击右键，选择“属性”命令，打开“Guest 属性”对话框，在该对话框中去除“账户已禁用”选项中的“√”。单击“确定”按钮，如图 6-5 所示。

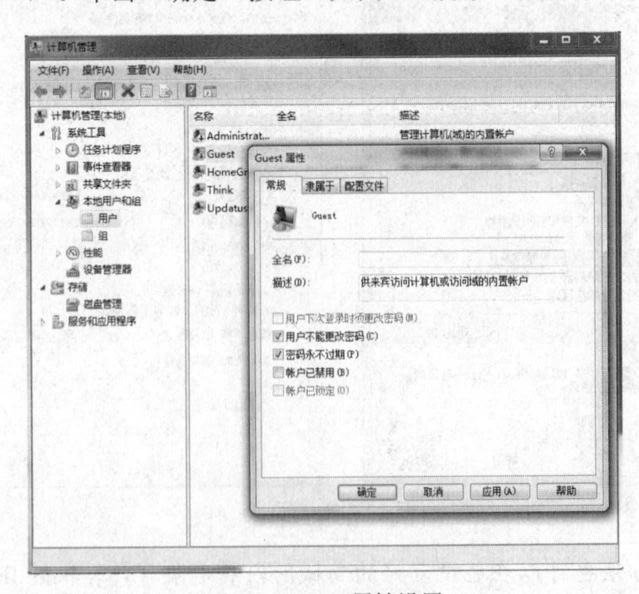

图 6-5　Guest 属性设置

（3）设置完成后，选择需要共享的文件夹，单击右键，在弹出的快捷菜单中选择“共享”→“特定用户”命令，弹出“文件共享”窗口，如图 6-6 所示。

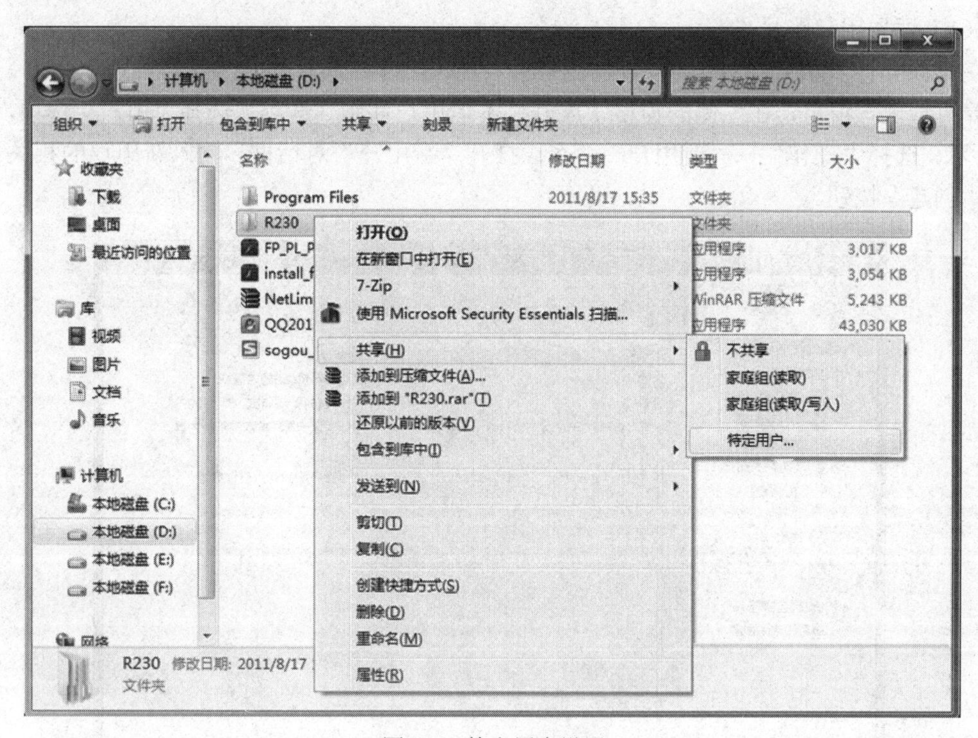

图 6-6　特定用户设置

（4）在“文件共享”窗口中选择要与其共享的用户为“Guest”用户选项，单击“共享”按钮，弹出如图 6-7 所示窗口，单击“完成”按钮则该文件夹共享完成。

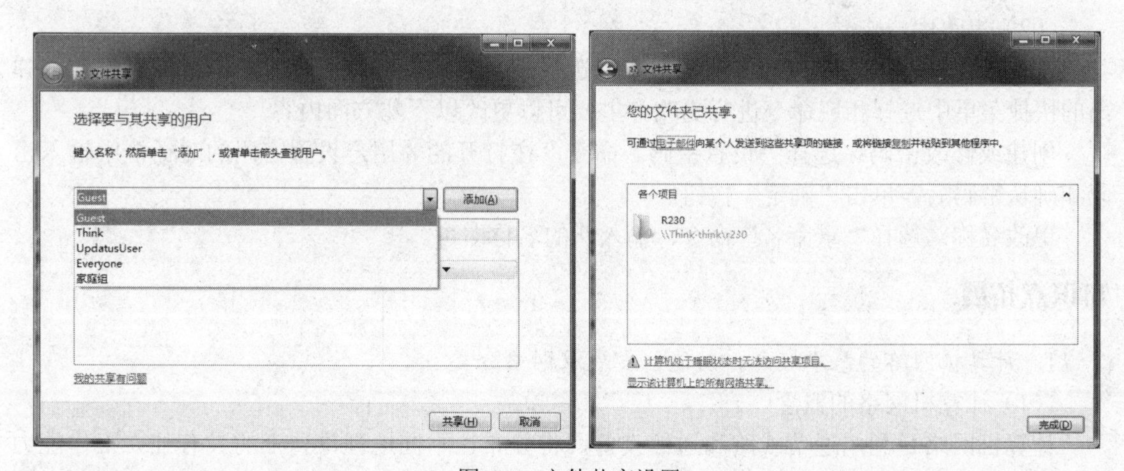

图 6-7　文件共享设置

三、访问共享文件或文件夹

双击桌面上的“网上邻居”图标，打开其窗口，从所有与本计算机连接的计算机名称列表中选择需要访问的文件或文件夹所在的计算机，双击进入其资源窗口。

四、管理局域网中的用户

（1）添加用户账号

在桌面“计算机”图标上单击鼠标右键，在弹出的快捷菜单中选择“管理”命令，打开“计算机管理”窗口，在左侧的窗格中展开“本地用户和组”选项，选择“用户”选项，如图 6-8 所示，选择“操作”→“新用户”命令。打开“新用户”对话框，输入新用户的相关信息，单击“创建”按钮。

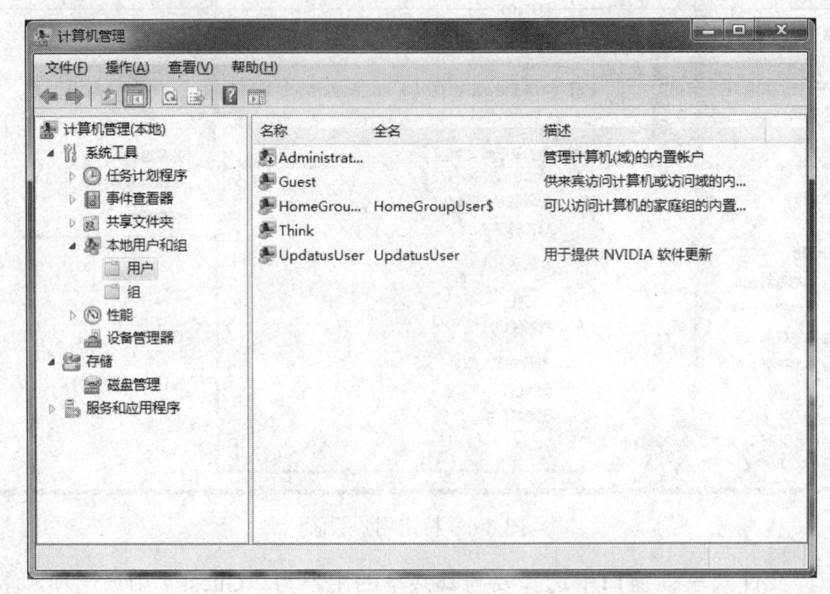

图 6-8 “计算机管理”窗口

（2）更改用户账号

在“计算机管理”窗口的右侧窗格中，选择需要更改的账户名称，单击鼠标右键，在弹出的快捷菜单中选择相应命令进行更改。主要可以更改以下几方面内容。

创建或修改密码：选择“设置密码”命令，在打开的为用户设置密码的对话框中输入密码和确认密码后，单击“确定”按钮。

更改名称：选择“重命名”命令，输入新的名称即可。

知识点拓展

1. 计算机网络的基本概念、功能、发展及网络分类

（1）计算机网络的概念

计算机网络是利用通信线路和通信设备，将分布在不同地理位置上的具有独立工作能力的多台计算机、终端及其附属设备互相连接，按照网络协议进行数据交换，由功能完善的网络软件进行管理，实现信息交换和资源共享的计算机系统。

（2）计算机网络的发展

计算机网络技术发展和应用速度非常快。计算机网络从形成、发展到广泛应用大致经历了近 40 年时间。综观计算机网络的形成与发展历史，大体可以划分为以下几个阶段。

1）20 世纪 50 年代，计算机网络产生。这个阶段人们开始将彼此独立发展的计算机技术

与通信技术结合起来，完成数据通信技术与计算机通信网络的研究，为计算机网络的产生做好了技术准备，并奠定了理论基础。

2）20 世纪 60 年代，计算机互连系统。这个阶段的典型代表是 20 世纪 60 年代后期由美国国防部资助、国防部高级研究计划局主持研究建立的 ARPA 网（ARPANET）。

3）20 世纪 70 年代，出现局域网。

4）20 世纪 80 年代，CCITT（国际电报电话咨询委员会）建立了使用国际线路传输声音数据的国际标准，ISO（国际标准化组织）制定了计算机网络的开放互连模型 OSI（开放式系统互联）。

5）20 世纪 90 年代，计算机网络发展成为社会重要的信息基础设施。

6）21 世纪，网络功能不断完善、速度更快、使用更普及。

（3）计算机网络的功能

计算机网络能够迅速发展，与其提供的强大功能是息息相关的。随着网络技术的进一步发展，人们除了可以利用计算机网络进行资源共享、数据通信和远程管理与控制外，还可以进行各种娱乐和商务活动。计算机网络的功能主要表现在以下几个方面。

- 资源共享。
- 数据通信。
- 集中管理和远程控制。
- 分布式信息处理。
- 提高计算机系统的可靠性。
- 娱乐和电子商务。

（4）计算机网络的分类

计算机网络应用广泛，已经出现了多种形式的计算机网络，根据不同的网络分布方式，同一种网络会有各种不同的名称，例如局域网、总线网，或者是 Ethernet（以太网）等。因此，研究网络的分类有助于更好地理解计算机网络。

1）按网络覆盖的地理范围分类

可以把计算机网络分为广域网、城域网和局域网。

广域网（WAN，Wide Area Network）：典型代表是美国国防部的 ARPANET 网，即现在全世界普遍使用的 Internet 互联网。中国公用计算机互联网 CHINANET、国家公用信息通信网（又名金桥网）CHINAGBN、中国教育科研计算机网 CERNET 均是广域网。

局域网（LAN，Local Area Network）：Ethernet 网络。

城域网（MAN，Metropolitan Area Network）是介于局域网与广域网之间的一种高速的网络，城域网设计的目标是满足几十千米范围内的大量企业、机关、公司等多个局域网互联的需求，以实现大量用户之间的数据、语音、图形与视频等多种信息的传输功能。

2）按网络的拓扑结构分类

分为总线型、星型、树型、环型、网状型和全互联型等六种网络拓扑结构形式，如图 6-9 所示。

提示：在实际组网中，采用的拓扑结构不一定是单一固定的，通常是几种拓扑结构的混合使用。

3）按物理结构和传输技术分类

可以分为两类：点到点式网络（Point-to-Point Network）及广播式网络（Broadcast Network）。

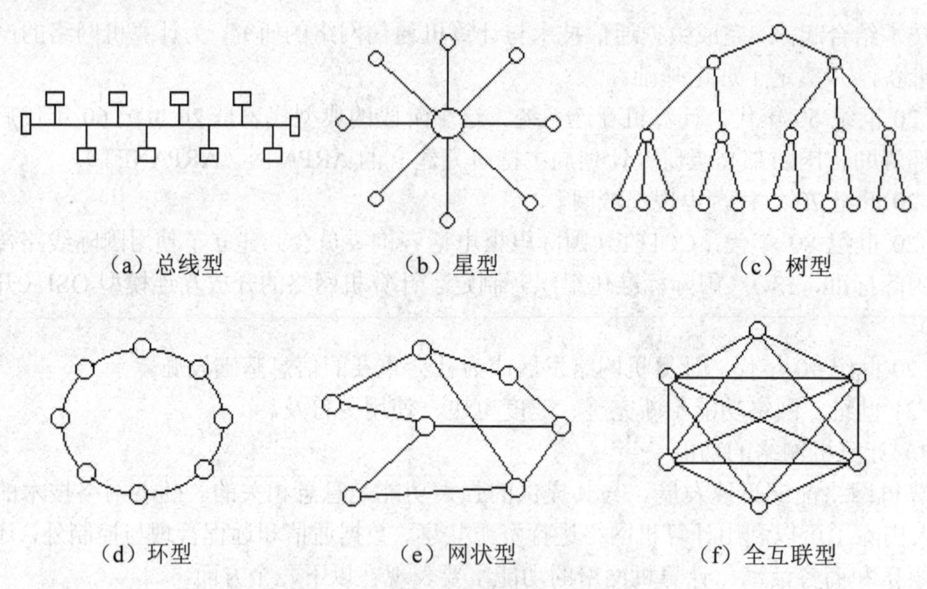

图 6-9 计算机网络的拓扑结构分类

2. 网络协议和 OSI 网络模型

(1) 网络协议

计算机网络由若干个相互连接的节点组成，在这些节点之间不断地进行数据交换。要进行正确地数据传输，每个节点就必须遵守一些事先约定好的规则，这些规则就是网络协议。TCP/IP 协议作为因特网上所有主机间的共同协议。

网络协议组成的三要素：语义、语法和同步。

- 语法。规定通信双方彼此应该如何操作，即确定协议元素的格式。如：数据格式、信号电平等规定。
- 语义。规定了通信双方要发出的控制信息、执行的动作和返回的应答等；包括用于调整和进行差错处理的控制信息。
- 同步（时序）。是对事件实现顺序的详细说明，指出事件的顺序和速率匹配等。

(2) ISO/OSI 参考模型

1984 年，ISO 颁布了 OSI 参考模型，制订了 7 个层次的功能标准、通信协议以及各种服务。OSI 参考模型的 7 层由低往高分别是物理层（Physical Layer）、数据链路层（Data Link Layer）、网络层（Network Layer）、传输层（Transport Layer）、会话层（Session Layer）、表示层（Presentation Layer）以及应用层（Application Layer）。

3. 因特网中的几个重要技术概念

(1) IP 地址

在 Internet 上，为了使计算机在通信时能够相互识别，这就要求每台计算机有唯一的网络地址，由于采用 TCP/IP 协议，因此称为 IP 地址。IP 地址由 32 位二进制数（4 个字节）组成，每 8 位为一组，用“.”分开，为了便于记忆，通常把每组的二进制数转换成十进制数，如 202.192.26.126。

IP 地址由两部分构成：网络地址和主机地址。由于 Internet 是由许多大小不同的网络互联而成，为了区分这些网络，每个网络被分配一个号码，这就是网络地址；同一网络中有许多主机，每个主机也需要一个号码，即主机地址，如图 6-10 所示。

标识	网络地址	主机地址

图 6-10　IP 地址示意图

根据网络规模的不同，可以将 IP 地址分为五类，其中 A、B、C 三类网络地址为常用地址。

1）A 类

在 A 类网络 IP 地址中，首字节以 0 开头（标识），网络地址占 7 位（第一个字节），主机地址占用后 3 个字节 24 位。A 类网络包含的地址是从 1.0.0.0 到 126.0.0.0，取值范围为 1～126，因此共有 126 个 A 类 IP 网络地址（000 和 127 保留），而每个网络中允许有 16777214 个节点。例如 12.126.147.11 为 A 类 IP 地址。

A 类网络地址分配给大型网络使用。

2）B 类

B 类网络地址首字节前两位以 10 开头，网络地址占 14 位，主机地址占用后两个字节的 16 位。B 类地址首字节范围为 128～191，包含的网络是从 128.0.0.0 到 191.255.0.0，共有 16384 个 B 类网络，每个网络最多可以包含 65534 台主机。例如 156.15.45.240 为 B 类 IP 地址。

B 类网络地址用于中型网络。

3）C 类

C 类网络地址首字节前三位以 110 开头，网络地址占 21 位，主机地址占 8 位。C 类地址首字节范围为 192～223，包含的网络是从 192.0.0.0 到 223.255.255.0 总共近 210 万个 C 类网络，每个网络最多可以包含 254 台主机。例如 202.101.110.198 为 C 类 IP 地址。

C 类网络地址用于小型网络。

4）D 类地址

第一个 8 位组 224～239，用于多目的地址。多目的地址（multicast address）就是多点传送地址，用于支持多目的传输技术。

5）E 类地址

第一个 8 位组为 240～247。InterNIC 保留 E 类地址作为扩展。

（2）域名系统 DNS

1）域名

由于数字形式的 IP 地址难以理解和记忆，为了便于管理和记忆，Internet 中的每台计算机除了分配一个 IP 地址外，还可以用一种字符型的主机命名机制来表示主机的地址。这个名字称为域名（Domain Name，DN），它是由一个域名系统（Domain Name System，DNS）来管理的。域名和 IP 地址之间存在着一一对应关系。

域名的写法类似于点分十进制的 IP 地址写法，用点号将各级子域名隔开，域的层次次序从右到左，分别称为顶级域名、二级域名、三级域名等。

域名的一般结构形式是：计算机主机名.机构名.网络名.顶级域名。

如域名地址 www.pku.edu.cn，代表中国（cn）教育科研网（edu）上的北京大学网（pku）内的 www 服务器。

在 Internet 中，域名地址和 IP 地址的转换是由 DNS 系统中的域名服务器来实现的，对于用户，可以等价地使用域名或 IP 地址。

2）顶级域名

为了保证域名系统的通用性，Internet 规定了一些正式的通用标准，其中顶级域名主要分为机构名称和地理名称两大类。

机构名称代表了网络机构的性质，用三个字母表示，如表 6-1 所示。

表 6-1　机构名称

名称	含义
COM	商业机构
EDU	教育部门
GOV	政府部门
MIL	军事部门
NET	互联网络
INT	国际组织
ORG	其他非盈利机构

地理名称通常由两个字母组成，适用于除美国以外的其他国家。如 Cn 代表中国，Ca 代表加拿大。

3）中国互联网的域名体系

中国互联网的域名体系顶级域名为 cn，二级域名共 40 多个，分为机构域名和行政区域名两类，其中，机构域名共 6 个，如表 6-2 所示。

表 6-2　中国互联网二级机构域名

名称	含义	名称	含义
AC	科研机构	GOV	政府部门
COM	商业机构	NET	互联网络
EDU	教育部门	ORG	非盈利机构

实践与思考

一、填空题

1．所谓计算机网络就是利用通信________和通信________将分布在不同位置、具有独立功能的计算机系统连接起来而形成的计算机，计算机之间可以借助于通信线路传递，共享________、________和________。

2．计算机网络的功能有________、快速传输信息、________、易于进行分布式处理、________。

3．局域网的拓扑结构主要有________、________、________、环型、________、混合状拓扑结构。

4．协议是计算机网络中实体之间有关________规则约定的集合。

5．传输控制协议/互联网络协议是指________。

6．________代表局域网。

二、操作题

1．查看本地连接属性。
2．把 D 盘中某个文件夹中的一张图片放到共享文件夹中共享。
3．把 D 盘中的“图片”文件夹进行网络共享，并搜索该文件夹。
4．添加一个类型是计算机管理员的用户 myuser，并设置密码。

任务 2　Internet 浏览器的应用

学习目标

- 了解什么是计算机浏览器
- 掌握 IE 浏览器的基本使用方法及各按键功能
- 掌握 IE 属性框中的主页设置、Cookies、历史记录及临时文件的管理

任务导入

打开网址为 http://www.163.com（网易），添加至收藏夹中，并保存全部网页信息。之后在浏览器属性框中将该网址设为浏览器主页，清除本机的 cookies、历史记录及临时文件。

任务实施

一、计算机浏览器的使用

（1）浏览器是一种用来访问 WWW 服务的一种客户端程序。用来访问因特网上站点中的所有资源和数据，是 Internet 的多媒体信息查询工具。

（2）IE 浏览器的启动

双击桌面 IE 图标，如图 6-11 所示。

图 6-11　IE 浏览器图标

提示：启动 IE 浏览器的方法：单击任务栏的中 IE 图标或“开始”→“程序”→“Internet Explorer”命令。

（3）使用 IE 浏览器浏览网页

1）打开指定的网页

- 通过输入 URL 地址打开。在打开的“IE 浏览器”窗口的地址栏中定位光标，输入网址http://www.163.com，按回车键，即可打开指定的网页，如图 6-12 所示。
- 通过超级链接打开。在已打开的网易首页中显示了很多超级链接，在其中单击需要浏

览的“新闻”超级链接，即可打开“网易新闻网”页面。

2）添加收藏夹

打开网页后单击 IE 窗口右上角的“☆”星形“收藏夹”按钮，对该网页进行收藏，如图 6-12 所示。

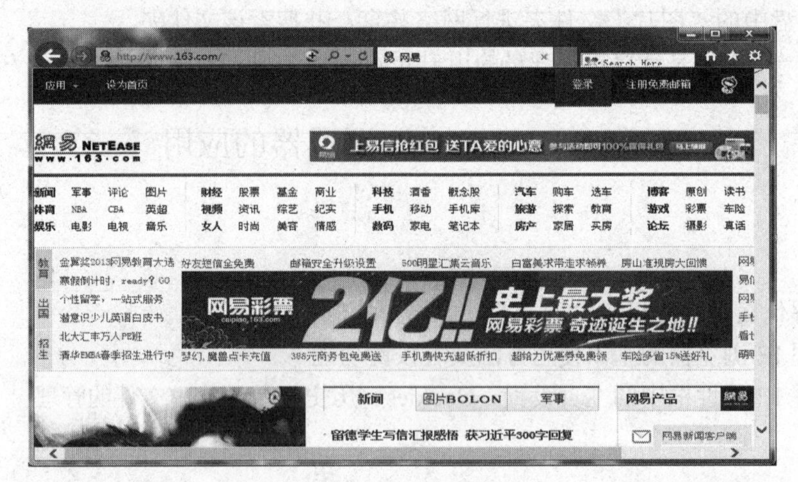

图 6-12　网易网站首页

3）打开已浏览过的网页

通过 IE 浏览器窗口中的“前进”和“后退”按钮，或者通过“收藏夹”按钮打开，查看已访问过的网页。

（4）保存页面全部信息

1）保存网页

打开需要保存的网页，选择“IE 浏览器”窗口右上角“工具”按钮，在弹出的菜单中选择“文件”→“另存为”菜单命令，如图 6-13 所示，在弹出的“另存为”对话框中，输入文件名，选择文件类型为“网页，全部（*.html）”，单击“保存”按钮。

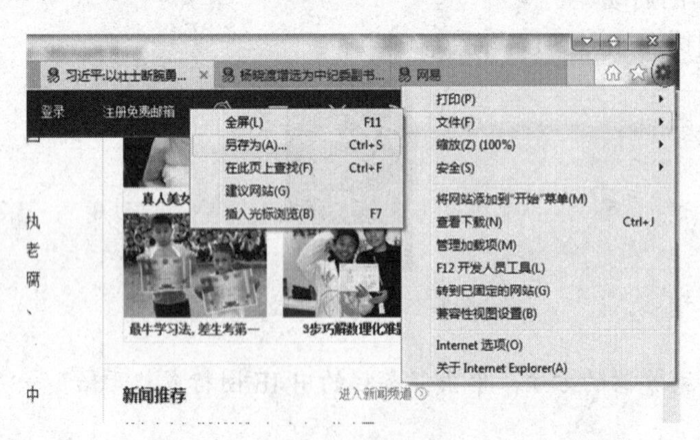

图 6-13　打开“另存为”功能

提示：保存网页信息的类型有：全部网页、web 档案、仅 HTML 网页及 TXT 文档。

2）保存网页中的图片

选择网页中的图片，单击右键，在弹出的快捷菜单中选择“图片另存为”命令，如图 6-14 所示。

图 6-14　“图片另存为”选项

3）保存网页中的文字

打开需要保存的网页，选择“IE 浏览器”窗口右上角“工具”按钮，在弹出的菜单中选择“文件”→“另存为”菜单命令，在弹出的“另存为”对话框中，输入文件名，选择文件类型为“文本文件”，单击“保存”按钮。

提示：可以选中相关文字，使用快捷键 Ctrl+C、Ctrl+V 来操作。

二、设置主页、整理 IE 浏览器痕迹及数据

（1）打开“IE 浏览器”窗口，单击窗口右上角“工具”按钮，在弹出的快捷菜单中选择“Internet 选项”命令，打开“Internet 选项”对话框，如图 6-15 所示。

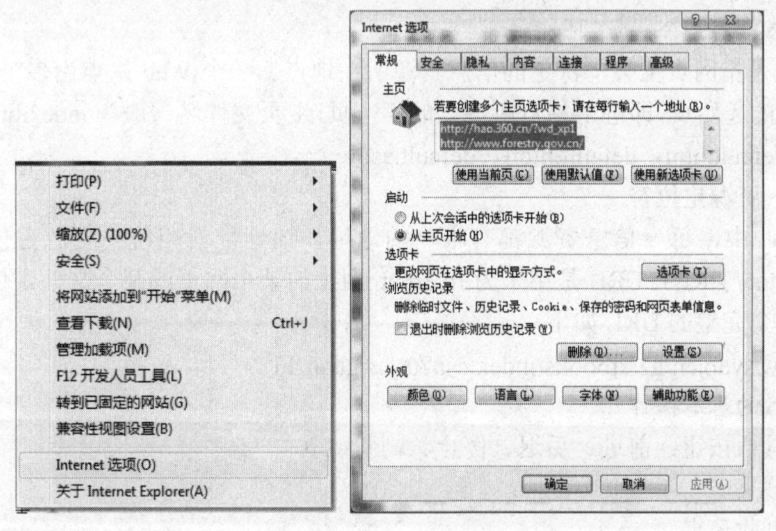

图 6-15　Internet 选项

（2）设置默认主页

将“主页”下面文本框中的信息改为“http://www.163.com”，单击“使用当前页”按钮。

主页修改完成。

（3）删除 Cookies、历史记录及临时文件

如图 6-15 所示，单击浏览历史记录的“删除”按钮。可以勾选“退出时删除浏览历史记录”复选框，来进行自动删除历史记录。

知识点拓展

1. 万维网（WWW）简介

（1）WWW 服务

WWW（World Wide Web，全球信息网，也称“万维网”）不是普通意义上的物理网络，而是一种信息服务器的标准集合。WWW 是 Internet 上最方便和最受欢迎的信息浏览方式，它为用户提供了一个可以轻松驾驭的图形化用户界面——网页，以方便浏览者查阅 Internet 上的文档，WWW 以这些网页及它们之间的链接为基础，构成一个庞大的信息网。

WWW 服务采用客户机/服务器工作模式。客户机是连接到 Internet 上的无数计算机，服务器是 Internet 中一些专门发布 Web 信息，运行 WWW 服务程序的计算机。客户程序向服务程序发出请求，服务程序响应请求，把 Internet 上的 HTML 文档传送到客户机，客户程序以网页的格式显示文档。

在客户机上使用的程序称为 Web 浏览器，如 Internet Explorer。在浏览器上所看到的画面就是网页，也称 Web 页。多个相关的网页一起构成了一个 Web 站点，放置 Web 站点的计算机称为 Web 服务器。

（2）超文本和超链接的概念

网页采用超文本标注语言（Hyper Text Mark-up Language，HTML）编写，提供直观的图形界面让用户浏览文本、图形、声音和图像等多媒体信息。同时超文本中的文字或图形还可作为超链接源，当鼠标指向超链接时，指针会变成手形，单击这些文字或图形就可以从该链接进入下一个网页中。

（3）Web 站点

Web 站点是指网页上某一特定的信息资源所在地点。一个 Web 站点由多个网页组成，其中主页是信息的起始页，即进入站点所见到的第一页，主页文件名一般为 index.htm，index.html，index.asp 或 default.htm，default.html，default.asp。

（4）统一资源定位符

在 WWW 中，每一信息资源都有唯一的地址，该地址就叫统一资源定位符（Uniform Resource Locator，URL）。URL 是用来为 Internet 网上的某个网页或某个文件定位的一串字符。

例如，一个完整的 URL 如下：

http://www.sydp.cn/gz/xtbooks/index.asp?user=guanzhi

2. 浏览器的基本操作

（1）工具栏按钮：前进、后退、停止、刷新；

（2）收藏夹

1）添加到收藏夹

- 将光标移至地址栏网址前的图标上，左键拖至工具栏“收藏夹”按钮即可。
- 收藏/添加到收藏夹。

2）整理收藏夹

收藏/管理收藏夹，创建、移至文件夹，删除，重命名。

（3）临时文件

在 Windows 中，临时文件是随时随处都存在的，IE 也有自己的临时文件夹。

当在 IE 地址栏输入网址并按回车键后，IE 浏览器首先会在本地硬盘中寻找与该网址对应的网页内容，如果找到就把该网页的内容调出，显示在浏览窗口，然后再连接到网站的服务器读取更新的内容，并显示出来。如果找不到，IE 浏览器会直接去连接服务器，下载服务器上的网页内容，显示在浏览窗口的同时，把该网页的内容保存在电脑的硬盘上。这个默认的保存位置是“C:\Users\Think\AppData\Local\Microsoft\Windows\Temporary Internet Files”文件夹。

（4）设置自动完成功能

自动完成指在网页上填写一些表单时，让 IE 自动记下所填写内容，下次填写自动调出。其设置方法：“工具”→“Internet 选项”→“内容选项卡”→单击“自动完成”进行设置，清除表单，清除密码等。

3. 互联网其他下载网络资源信息的方式

（1）下载的定义

通过互联网把远程电脑的文件复制到本地计算机中。

（2）常见的下载方式

HTTP 下载：指通过网站服务器进行资源下载。如网际快车（FlashGet）。

FTP 下载：基于 FTP 协议的下载。直接登录 FTP 服务器看到像本地电脑中的文件夹布局一样的界面，进行下载。

实践与思考

一、操作题

1. 保存当前浏览的网易的网页到“D:\网页保存”文件夹，保存名称为网易网页文字，保存类型为 txt。

2. 使用右键菜单保存网页中的一张图片。

3. 从新浪主页中进入新浪新闻中心，然后把网页信息复制到 Word 文档中，并保存。

二、问答题

1. 简述浏览器访问 Web 服务器的过程。

2. 什么是 URL？写出其一般格式，并说明其作用。

3. 什么 HTTP 协议？其特点是什么？

4. 什么是超文本？什么是超链接？

任务 3　电子邮件的认识与 Outlook 的使用

学习目标

- 了解电子邮件的基本概念
- 掌握电子邮件的收发原理

- 学会如何申请邮箱
- 掌握如何使用 Outlook 软件来进行邮件收发

任务导入

（1）在网易网站上申请网络邮箱“自定义@163.com”（自定义可以是任意字符串）

（2）在 Windows 7 系统中设置 Outlook 账户，并使用该账户完成如下操作：

向同事张兵发送一个 E-mail，并将 Internet 文件夹下的一个 Word 文档 Hig.docx 作为附件一起发出去。具体要求如下：

收件人：zhangbing@sohu.com

主题：合同书

函件内容：发去一个合同书，具体见附件。

注意：“格式”菜单中的“编码”命令中用“楷体中文（GB2312）”项。

邮件发送格式为“多信息文本（HTML）”。

任务实施

一、申请邮箱

（1）打开网易免费邮箱申请地址 http://email.163.com/，在网页上单击“注册网易免费邮”，链接到注册页面，网易现在提供 163、126、yeah.net 等几种免费邮箱注册，如图 6-16 所示。

图 6-16　邮箱登录页面

（2）在弹出的注册页面上，填写注册信息，如用户名、密码、密保问题等信息，如图 6-17 所示。单击“立即注册”按钮，进入邮箱界面，如图 6-18 所示。

二、Windows 7 中 Outlook 的设置

（1）单击菜单“开始”→“所有程序”→“Microsoft Office”→“Microsoft Outlook 2010”命令打开软件，如图 6-19 所示。

图 6-17　注册页面

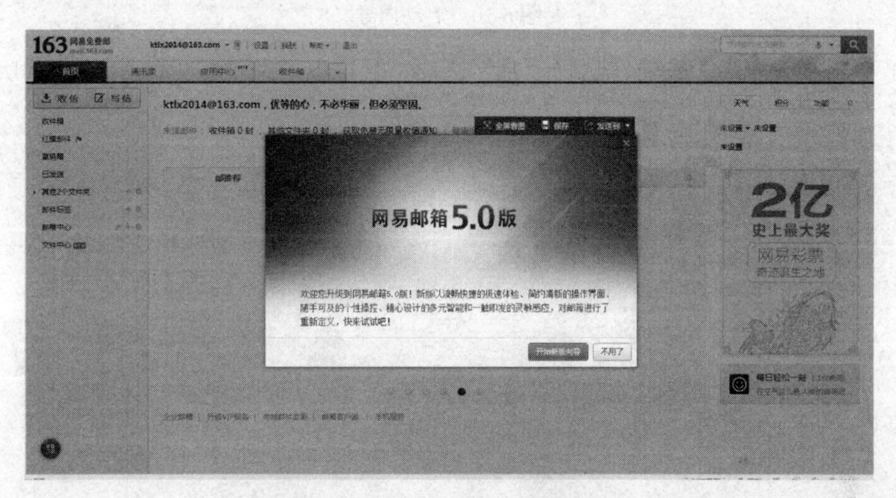

图 6-18　注册成功进入到邮箱

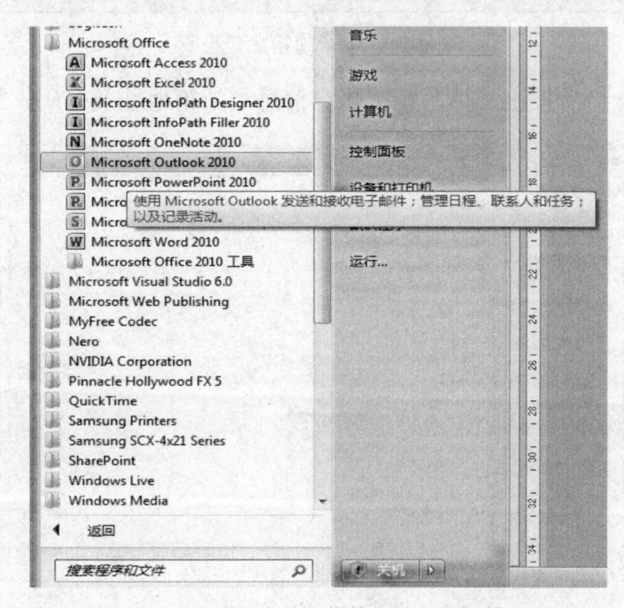

图 6-19　开始菜单 Outlook 软件

（2）第一次打开后会弹出启动向导，如图 6-20 所示。

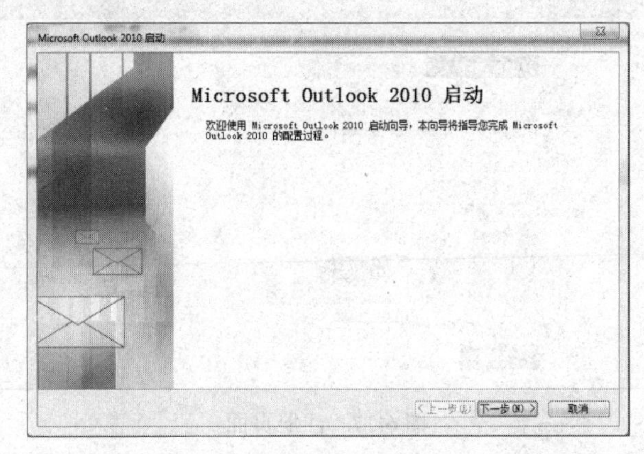

图 6-20　启动向导

（3）单击“下一步”按钮，选择“是”选项，配置电子邮箱账户，如图 6-21 所示。

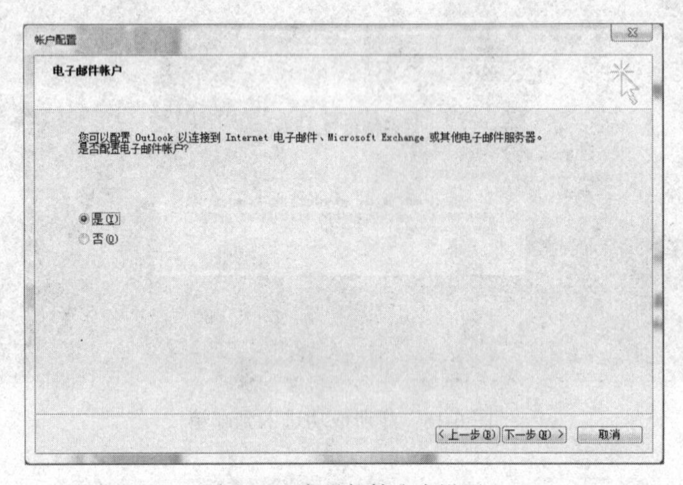

图 6-21　电子邮箱账户设置

（4）单击“下一步”按钮，填写相关账户信息、邮箱地址及密码，如图 6-22 所示。

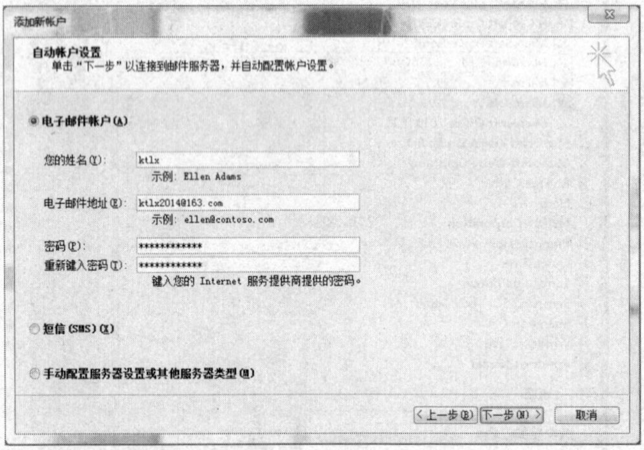

图 6-22　信息添加

（5）单击“下一步”按钮。选择“允许该网站配置服务器设置”，需要联网才能完成，如图 6-23、图 6-24 所示。

图 6-23　网站自动设置提示

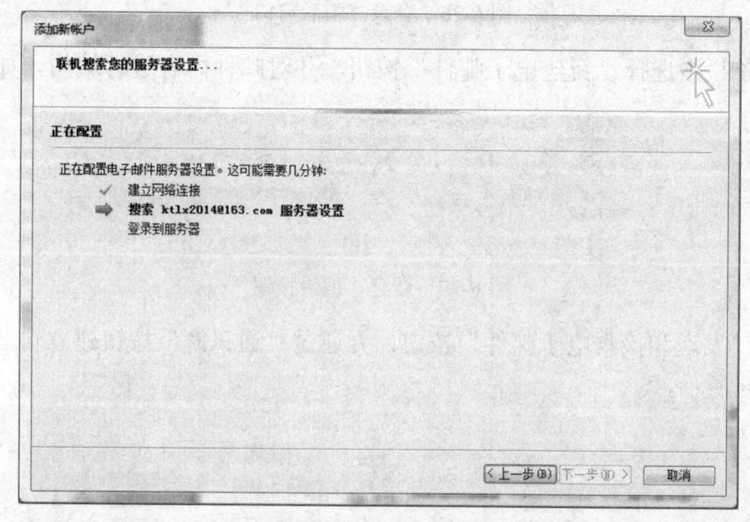

图 6-24　网站配置窗口

（6）单击“完成”按钮，就完成了客户端账户的添加，如图 6-25 所示。

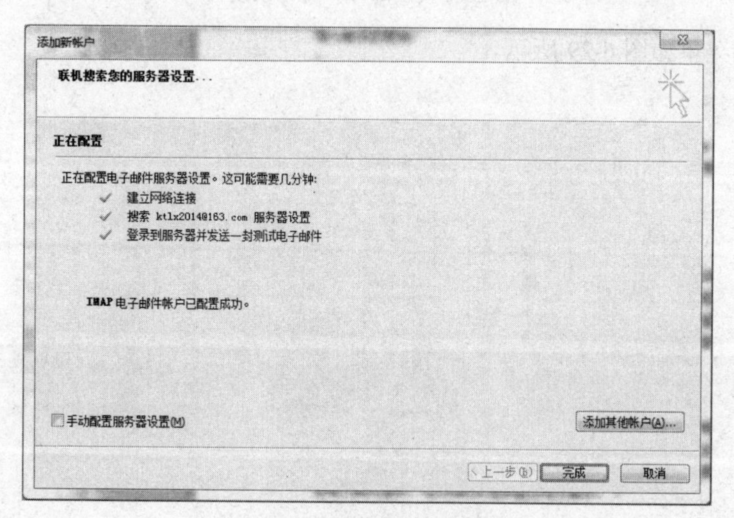

图 6-25　邮箱账户设置完成

（7）进入账户所在邮箱界面，如图 6-26 所示。

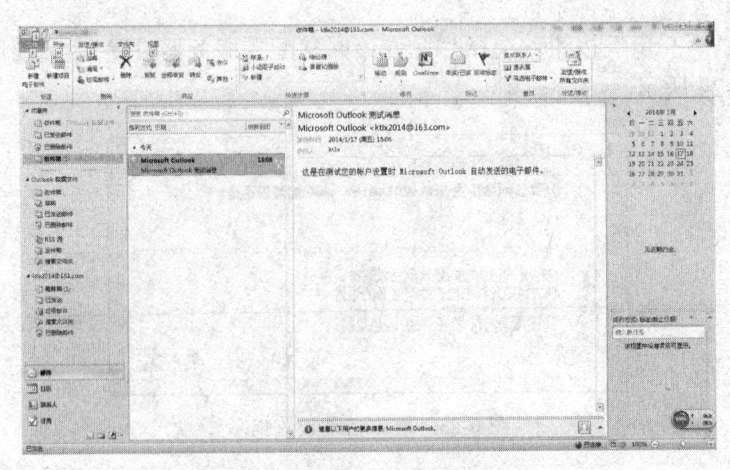

图 6-26　登录邮箱后窗口

（8）在菜单栏中选择“新建电子邮件”按钮，并对邮件内容进行编辑，如图 6-27 所示。

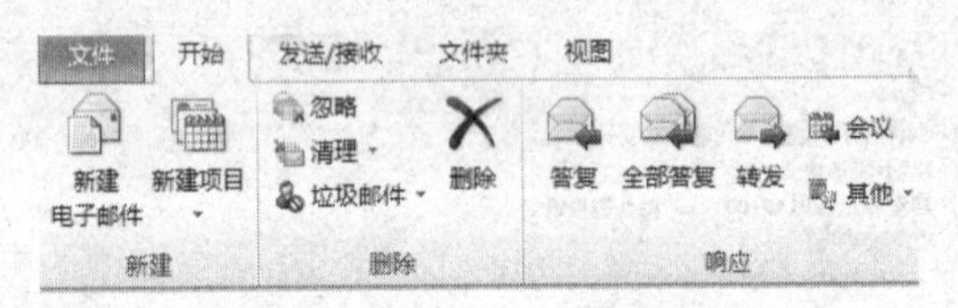

图 6-27　新建、编辑按钮

（9）单击“发送和接收电子邮件”按钮，并通过“通讯簿”按钮建立自己的电子邮件通讯录，如图 6-28 所示。

图 6-28　收发邮件、通讯录设置

（10）邮箱菜单如图 6-29 所示。

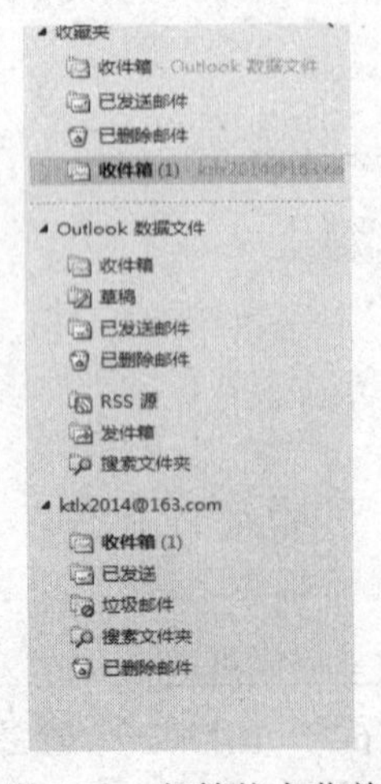

图 6-29　邮箱状态菜单

三、使用 Outlook 软件进行邮件收发

（1）单击“新建电子邮件”按钮，打开“新建邮件”窗口，如图 6-30 所示。

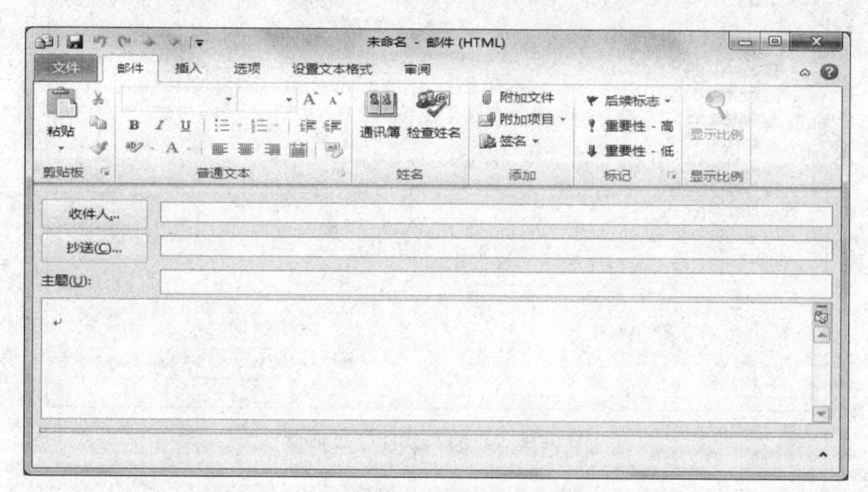

图 6-30　新建邮件窗口

（2）在收件人处填写“zhangbing@sohu.com”，主题为“合同书”，内容编写为“发去一个合同书，具体见附件。”如图 6-31 所示。

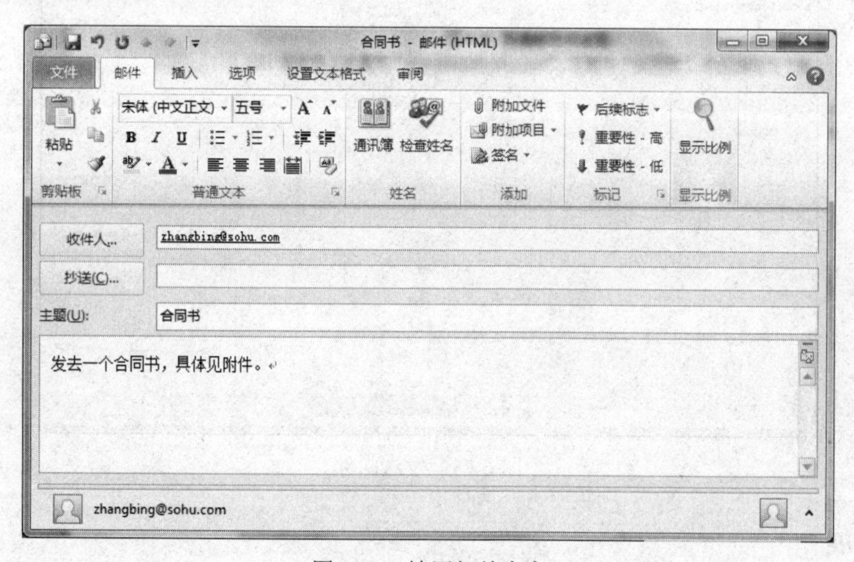

图 6-31　填写相关内容

（3）选择“设置文本格式”选项卡，在“字体”选项组中设置字体为“楷体-GB2312”，字号为“四号”。

（4）选择“插入”选项卡，在“添加”选项组中单击“附件文件”按钮，弹出“插入文件”对话框，在对话框中找到 Internet 文件夹下的 Hig.docx 文档，单击“插入”按钮，如图 6-32 所示。

（5）单击“发送”按钮发送邮件，如图 6-33 所示。

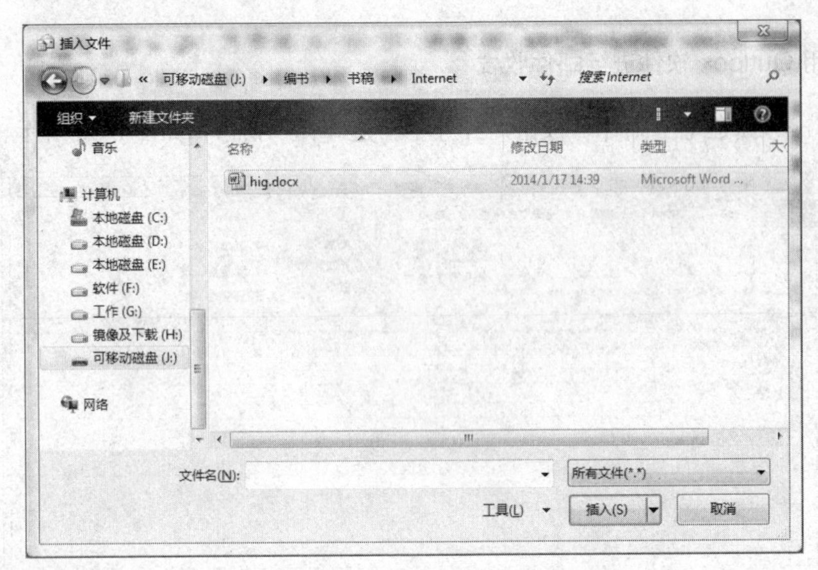

图 6-32 “插入文件”对话框

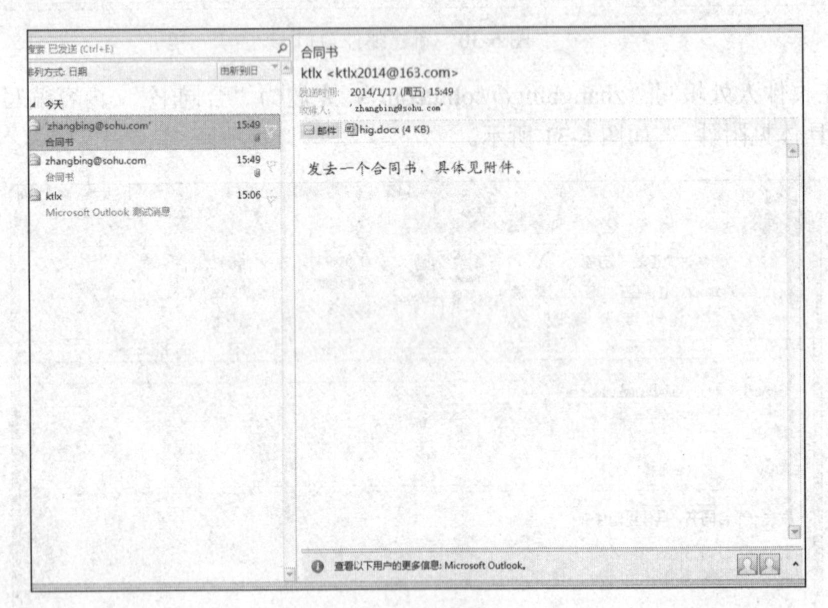

图 6-33 发送邮件

知识点拓展

1. 电子邮件的基本概念

电子邮件（Electronic mail，简称 E-mail，标志是@，又称电子信箱），电子邮件指用电子手段传送信件、单据、资料等信息的通信方法，通过网络的电子邮件系统，用户可以用非常低廉的价格、以非常快速的方式，与世界上任何一个角落的网络用户联系，这些电子邮件可以是文字、图像、声音等各种方式。同时用户可以得到大量免费的新闻、专题邮件，并实现轻松的信息搜索。

2. 电子邮件的收发原理

电子邮件的收发主要依靠电子邮件系统有关协议的执行。协议主要包括以下几种：

（1）RFC 822 邮件格式

RFC 822 定义了用于电子邮件报文的格式。即 RFC 822 定义了 SMTP、POP3、IMAP 以及其他电子邮件传输协议所提交、传输的内容。RFC 822 定义的邮件由两部分组成：信封和邮件内容。信封包括与传输、投递邮件有关的信息。邮件内容包括标题和正文。

（2）SMTP（Simple Mail Transfer Protocol，简单邮件传输协议）

它是 Internet 上传输电子邮件的标准协议，用于提交和传送电子邮件，规定了主机之间传输电子邮件的标准交换格式和邮件在链路层上的传输机制。

SMTP 通常用于把电子邮件从客户机传输到服务器，以及从某一服务器传输到另一个服务器。

（3）POP3（Post Office Protocol，邮局协议，目前是第 3 版）

它是 Internet 上传输电子邮件的第一个标准协议，也是一个离线协议。它提供信息存储功能，负责为用户保存收到的电子邮件，并且从邮件服务器上下载取回这些邮件。

POP3 为客户机提供了发送信任状（用户名和口令），这样就可以规范对电子邮件的访问。

（4）IMAP4（Internet Message Access Protocol，网际消息访问协议，目前是第 4 版）

当电子邮件客户机软件在笔记本计算机上运行时（通过慢速的电话线访问互联网和电子邮件），IMAP4 比 POP3 更为适用。使用 IMAP 时，用户可以有选择地下载电子邮件，甚至只是下载部分邮件。因此，IMAP 比 POP 更加复杂。MIME 为多用途的网际邮件扩展。Internet 上的 SMTP 传输机制以 7 位二进制编码的 ASCII 码为基础，适合传送文本邮件。而声音、图像、中文等使用 8 位二进制编码的电子邮件需要进行 ASCII 转换（编码）才能够在 Internet 上正确传输。MIME 增强了在 RFC 822 中定义的电子邮件报文的能力，允许传输二进制数据。MIME 编码技术用于将数据从使用 8 位的格式转换成数据使用 7 位的 ASCII 码格式。

实践与思考

一、操作题

1．接收并阅读由 wuyou@mail.edu.cn 发来的 E-mail，并将随信发来的附件以文件名 swtz.txt 保存到考生文件夹下。

2．向同学张祥发一个 E-mail，并将考生文件夹下的文本文件 zwsb.txt 作为附件一起发出。具体如下：

收件人：Zhangxiang@sina.com

主题：有关指纹识别资料

函件内容：张祥：这是有关指纹识别的资料。

注意：“格式”菜单中的“编码”命令中用“楷体中文（GB2312）”项。

邮件发送格式为“多信息文本（HTML）”。

3．同时向下列两个 E-mail 地址发送一个电子邮件（注：不准用抄送），并将考生文件夹下的一个 Word 文档 abc.doc 作为附件一起发出去。具体如下：

收件人：Rongwang@edu.cn ，Yuang@163.com

主题：支出情况表

函件内容：发去一支出情况表，具体见附件。

注意：“格式”菜单中的“编码”命令中用“楷体中文（GB2312）”项。

邮件发送格式为“多信息文本（HTML）”。

任务4 常用工具使用

学习目标

- 了解和掌握压缩软件的使用
- 了解和掌握文件下载软件的使用

任务导入

任务实施

一、压缩软件（WinRAR）使用

（1）安装软件

1）双击安装文件，在弹出的窗口中单击“安装”按钮，如图6-34所示。

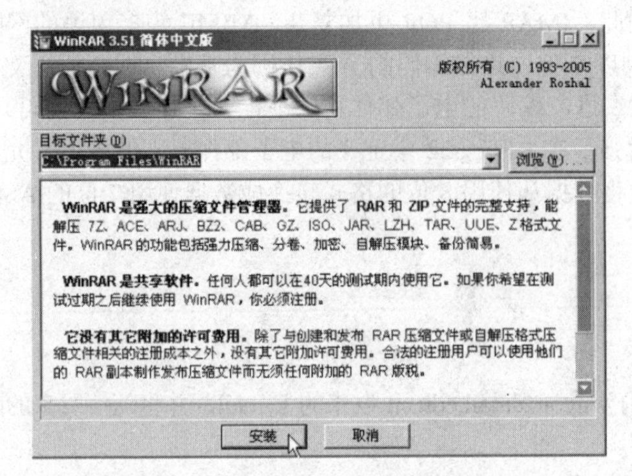

图6-34 WinRAR 安装界面

2）安装后出现文件关联界面，只勾选 RAR、ZIP 和 7-Zip 选项，如图6-35所示。

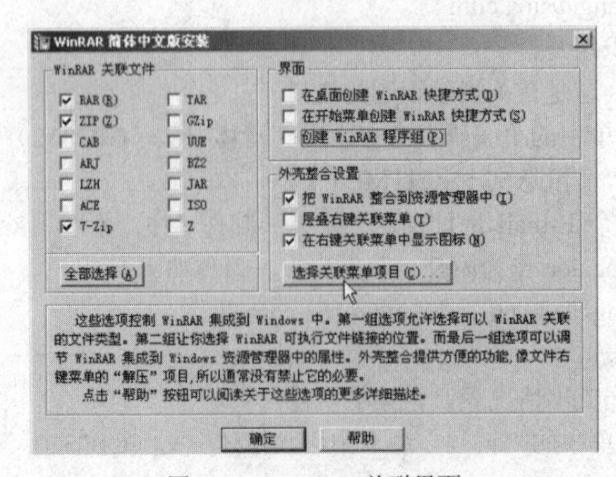

图6-35 WinRAR 关联界面

（2）解压文件

选中需要解压的文件，单击鼠标右键，在弹出的菜单中选择“解压文件（A）...”命令，弹出“解压路径和选项”对话框，选择解压的位置，单击“确定”按钮，如图 6-36 所示。

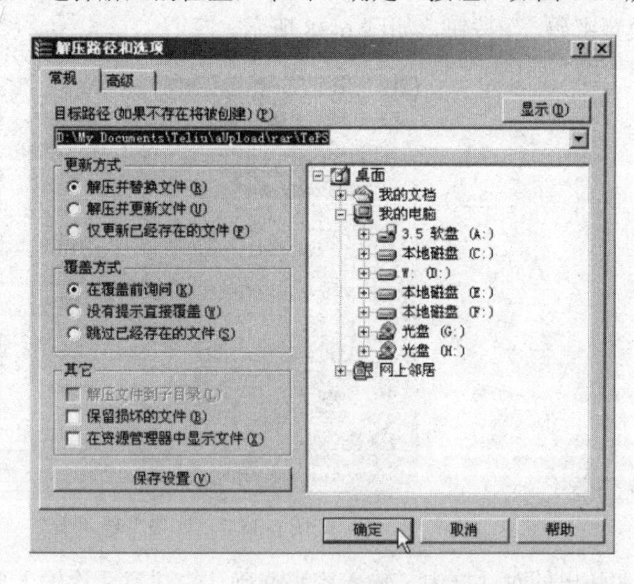

图 6-36　WinRAR 解压界面

提示：可以在弹出菜单中选择“解压到当前文件夹”，把文件解压到当前的位置，如果文件中只有一个文件时可以采用；或选择“解压到 文件夹\(E)”命令，把文件解压到一个新的文件夹中，文件夹的名称就是压缩文件名，如果文件中有多个文件时可以采用。

（3）压缩文件

选择需要压缩的文件或文件夹，单击鼠标右键，在弹出的快捷菜单中选择“添加到压缩文件...”命令，弹出“压缩文件名和参数”对话框，输入压缩文件名，选择压缩文件格式，压缩方式选择“最好”，单击“确定”按钮，如图 6-37 所示。

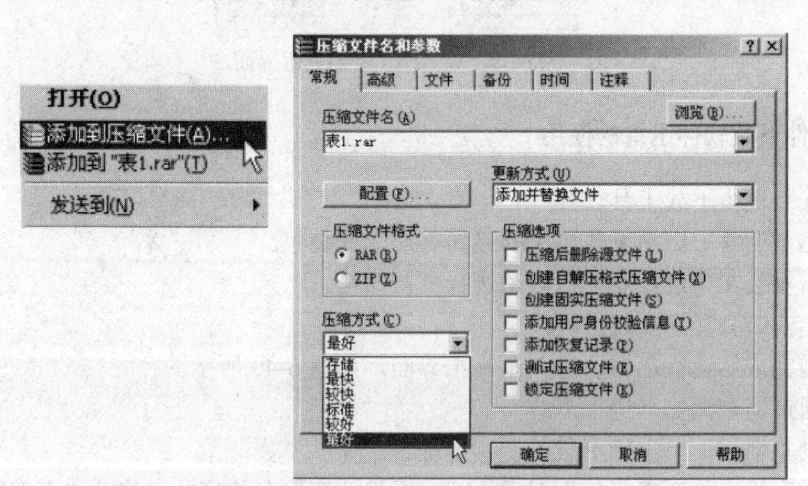

图 6-37　WinRAR 压缩设置界面

提示：可以在弹出菜单中选择“文件名.rar”，把文件压缩到当前文件夹中。

（4）加密压缩

1）选择需要压缩的文件或文件夹，单击鼠标右键，在弹出的快捷菜单中选择“添加到压缩文件...”命令，弹出“压缩文件名和参数”对话框，在弹出的对话框中选择“高级”选项卡，单击“设置密码...”按钮，如图 6-38 所示。

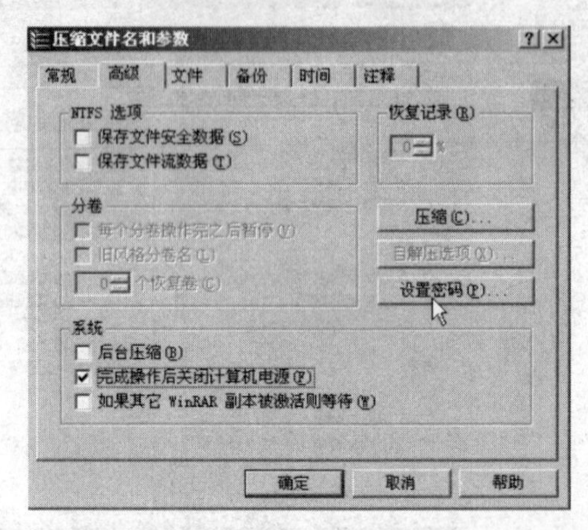

图 6-38　“高级”选项卡

2）在弹出的对话框中，输入密码并确认，注意两次输入要相同，密码设定后必须牢记，否则压缩文件将会打不开，如图 6-39 所示。

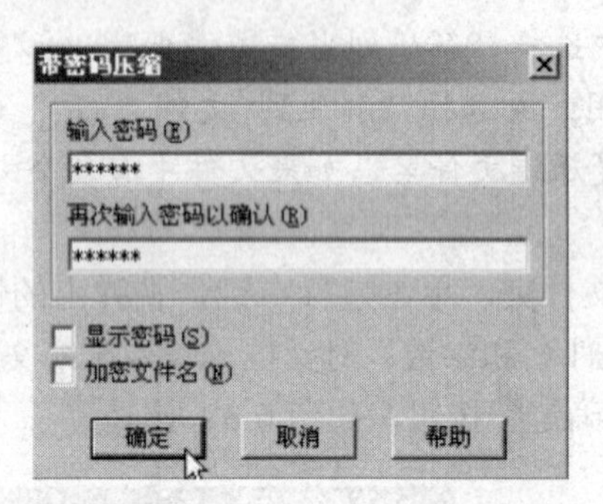

图 6-39　WinRAR 密码设置界面

二、文件下载软件迅雷的使用

（1）安装迅雷下载工具软件

1）到迅雷的官方网站下载迅雷的最新客户端安装包。

2）双击安装文件进行安装，注意选择安装路径。

3）开始安装并显示安装进程。

4）安装完成后运行迅雷，进入迅雷主界面，如图 6-40 所示。

（2）通过监视浏览器进行下载

1）在浏览器中，单击想下载的链接地址。

2）迅雷会弹出“新建任务”对话框，如果想改变保存的目录，修改“存储路径”选项，单击“浏览文件夹”按钮选择目录，如图 6-41 所示，选择好后单击“立即下载”按钮，开始下载。

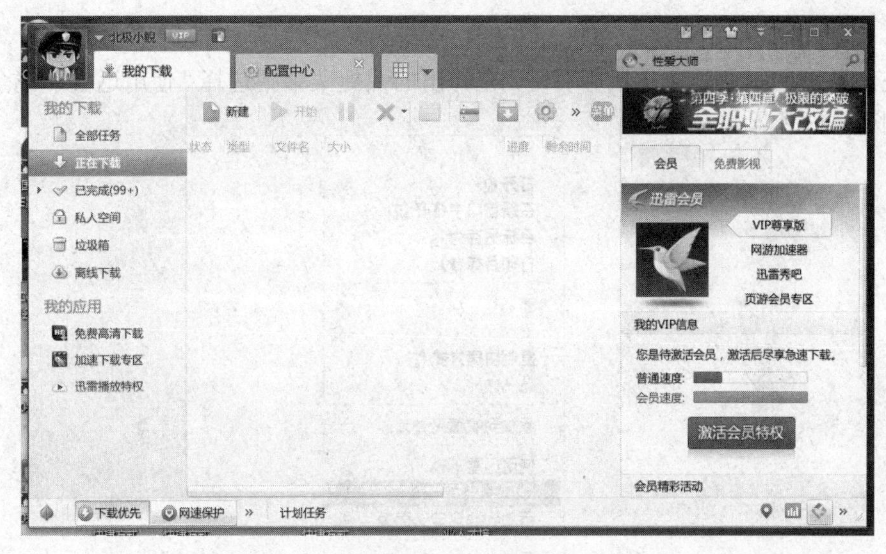

图 6-40　迅雷主界面

图 6-41　“新建任务”对话框

3）迅雷下载任务窗口（如图 6-42 所示），下载过程中会在下载界面任务列表区中显示一些状态，表示下载任务正在进行或下载任务成功完成等执行情况。

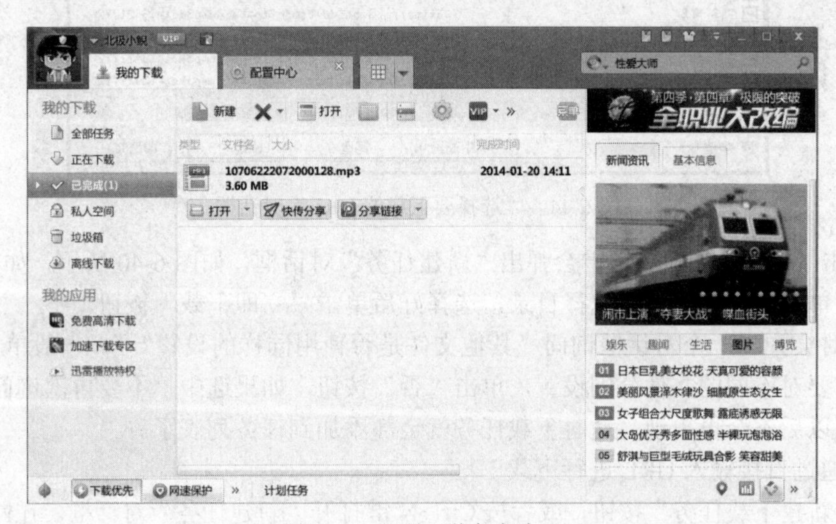

图 6-42　迅雷下载任务窗口

（3）通过 IE 的弹出快捷菜单进行下载

1）在浏览器的空白处单击鼠标右键，在弹出的快捷菜单中选择“使用迅雷下载全部链接”命令，如图 6-43 所示。

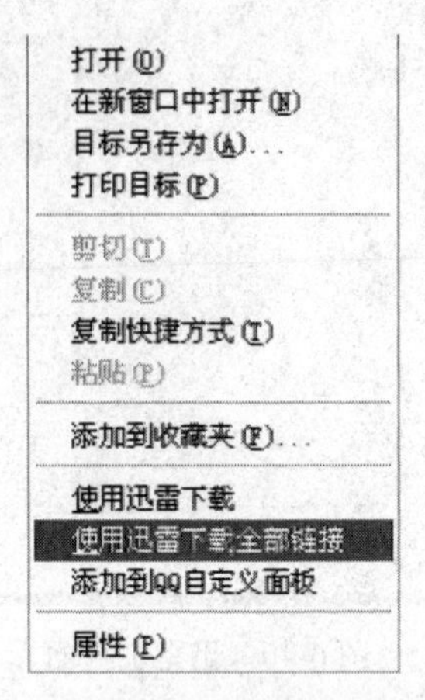

图 6-43　IE 的右键快捷菜单

2）这时会弹出“选择要下载的 URL”对话框，此处可以通过单击每个 URL 前面的复选框选择文件下载，当要取消对某个文件的选择时，同样单击前面的复选框就可以了，如图 6-44 所示。

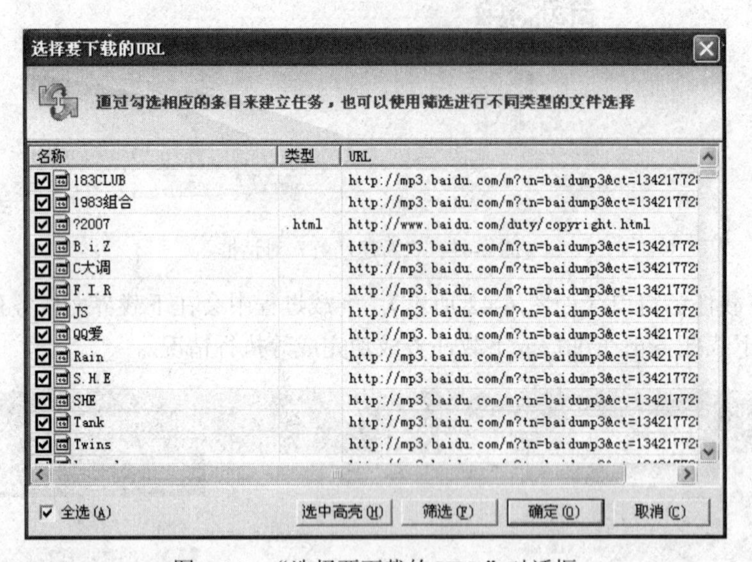

图 6-44　“选择要下载的 URL”对话框

3）单击“确定”按钮，迅雷会弹出“新建任务”对话框，如图 6-40 所示，如果要改变保存的目录，单击“浏览”按钮选择目录，选择好后单击“立即下载”按钮。

4）这时会弹出一个对话框询问“其他文件是否使用同样的设置？”，一般单击“是”按钮，如果需要对不同的文件分别设置，单击“否”按钮，如果选中“不要再次询问”复选框，这个对话框以后不会再出现。这时下载任务就全部添加到任务列表了。

（4）通过直接输入 URL 进行下载

选择“新建下载任务”按钮，或者按 Ctrl+N 键打开“新建任务”对话框。在网址（URL）

文本框中输入想要下载文件的 URL，如图 6-45 所示。单击“继续”按钮，开始下载。

图 6-45　新建任务窗口

知识点拓展

1．共享软件的基本概念

在软件行业，软件的种类大致可分为三种：商业软件、共享软件和免费软件。

共享软件（Shareware）是一种发行方式。它是以“先使用后付费”的方式销售的软件。根据共享软件作者的授权，用户可以免费从各种渠道得到它的拷贝，也可以自由传播。在先使用一段时间或试用该软件部分功能后认为满意再向所有者付费。

共享软件在未注册之前通常会有一定的功能限制，如使用时间限制、次数限制、功能不完全等。目前大多数的共享软件采用的是限制使用时间的方法，即在用户使用了一定次数或天数后就自动失效。也有的在未注册时不能使用或难以使用一些高级功能。

在互联网上有许多为共享软件提供在线付款注册服务的网站。用户在试用共享软件认为满意后，可以通过这类网站使用多种信用卡、借记卡、提款卡在线付款，也可使用邮局汇款或银行汇款这两种线下付款方式注册自己喜爱的软件，获得该软件相应版本的使用授权，成为正式版用户。正式版用户可以享受到相应的待遇，包括：版本升级、技术服务、疑问解答等。

2．压缩软件

在 Internet 上传送数据的主要问题是传输速度的问题。通过一些处理，可以减少文件的冗杂度，让文件体积变小的同时又不损害文件的内容。承担这些处理工作的软件就称为压缩软件。

压缩软件同时承担两种任务：压缩和解压。解压就是把经过压缩的文件无损地还原成原来的样子。

压缩软件的另一个好处是，可以将要传递的很多文件压缩成一个文件包，也就是平常说的压缩包。经过解压后，这些文件又可以还原成独立的多个文件。

现在很多的压缩工具软件还提供对压缩包的加密功能。在将多个文件压缩为一个压缩包的同时可以设置解压密码。这样，不知道密码的人就无法打开压缩包，也就查看不了压缩包中的文件，从而达到保密的目的。

专门用来压缩文件的工具软件很多，有 WinRAR、WinZip 等，但 WinZip 不支持目前较流行的 RAR 文件格式。WinRAR 全面支持 ZIP、RAR、CAB、ARJ、LZH、TAR、JAR 等多种压缩文件格式，是目前比较流行的压缩工具软件之一。它的突出优点是操作简单，对文件的压缩速度快，支持多种压缩格式，压缩率高，资源占用相对较少，极大地方便了 Internet 用户进行软件的下载、解压。

（1）WinRAR 软件介绍

WinRAR 是一个强大的压缩文件管理工具。它能备份用户的数据，缩小 E-mail 附件的大小，解压缩从 Internet 上下载的 RAR、ZIP 和其他格式的压缩文件，并能创建 RAR 和 ZIP 格式的压缩文件。

WinRAR 是目前流行的压缩工具，界面友好，使用方便，压缩比率高，压缩速度较快的软件之一。

（2）WinRAR 主要特点

1）对 RAR 和 ZIP 的完全支持；

2）支持 ARJ、CAB、LZH、ACE、TAR、GZ、UUE、BZ2、JAR、ISO 类型文件的解压；

3）多卷压缩功能；

4）创建自解压文件，可以制作简单的安装程序，使用方便；

5）压缩文件大小可以达到 8，589，934 TB；

6）锁定和强大的数据恢复记录功能，对数据的保护无微不至，新增的恢复卷的使用功能更强大。

3. 网络下载工具

迅雷和网际快车是两款常用下载软件。

P2P（Peer To Peer）是对等网络，P2S（Peer To Sever）是点对服务器，P2SP（Peer To Sever&Peer）则是点对服务器再到点，这里的 S 指的是 Server，就是在 P2P 的基础上增加了对 Server 资源的下载，也就是说 P2SP 是一种能够同时从多个服务器和多个节点进行下载的技术。

迅雷是基于 P2SP 技术，网际快车是兼容 P2S 和 P2P，结合网际快车（FlashGet）研究分析基于 P2SP 技术的迅雷软件，以此来更好地了解 P2SP 技术，以及对迅雷有一个更深刻的认识。

（1）迅雷功能简介

迅雷是一款新型的基于多资源超线程技术的下载软件，作为宽带时期最受欢迎的网络下载工具，迅雷针对宽带用户做了特别的优化，能够充分利用宽带上网的特点，带给用户高速下载的全新体验。

（2）FlashGet 功能简介

FlashGet 采用多线程技术，把一个文件分割成几个部分同时下载，从而成倍地提高下载速度：同时 FlashGet 可以为下载文件创建不同的类别目录，以便实现下载文件的分类管理，并且支持拖拽、重新命名、查找等功能，令用户管理文件更加得心应手。

实践与思考

一、填空题

1．在软件行业，软件的种类大致可分为________、________、________三种。

2．使用下载工具软件下载文件的时候，网络断线后也不会丢失已经下载的部分，之后可以继续原来的进度下载。我们称这样的下载工具具有________功能。

3．网际快车可以同时解决下载速度和下载后的文件管理问题，它通过________可以成倍地提高下载速度，同时通过可实现下载文件的分类管理。

4．用压缩工具可以把一个或几个文件进行压缩然后保存为一个________文件。这样做可以最大限度地将文件缩小，节省了在 Internet 上传输的时间。

二、简答题

1．对文件进行压缩处理有哪几方面的好处？

2．简述 BT 下载的工作原理。

附录 ASCII 码表

ASCII 值	控制字符	ASCII 值	控制字符	ASCII 值	控制字符	ASCII 值	控制字符
0	NUT	32	(space)	64	@	96	、
1	SOH	33	!	65	A	97	a
2	STX	34	”	66	B	98	b
3	ETX	35	#	67	C	99	c
4	EOT	36	$	68	D	100	d
5	ENQ	37	%	69	E	101	e
6	ACK	38	&	70	F	102	f
7	BEL	39	,	71	G	103	g
8	BS	40	(	72	H	104	h
9	HT	41	)	73	I	105	i
10	LF	42	*	74	J	106	j
11	VT	43	+	75	K	107	k
12	FF	44	,	76	L	108	l
13	CR	45	-	77	M	109	m
14	SO	46	.	78	N	110	n
15	SI	47	/	79	O	111	o
16	DLE	48	0	80	P	112	p
17	DCI	49	1	81	Q	113	q
18	DC2	50	2	82	R	114	r
19	DC3	51	3	83	X	115	s
20	DC4	52	4	84	T	116	t
21	NAK	53	5	85	U	117	u
22	SYN	54	6	86	V	118	v
23	TB	55	7	87	W	119	w
24	CAN	56	8	88	X	120	x
25	EM	57	9	89	Y	121	y
26	SUB	58	:	90	Z	122	z
27	ESC	59	;	91	[	123	{
28	FS	60	<	92	\	124	|
29	GS	61	=	93	]	125	}
30	RS	62	>	94	^	126	~
31	US	63	?	95	—	127	DEL

参考文献

[1] 张静，张俊才．办公应用项目化教程．北京：清华大学出版社，2012．

[2] 张思卿，李广武．计算机应用基础项目化教程（Windows 7+Office 2007 版）．北京：化学工业出版社，2013．

[3] 方东博．计算机基础项目化教程（Windows 7+Office 2010）．浙江大学出版社，2011．

[4] 谢华，冉红艳．PowerPoint 2010 标准教程．北京：清华大学出版社，2012．

[5] 王移芝，罗四维．大学计算机基础教程．北京：高等教育出版社，2004．

[6] 王移芝．大学计算机基础实验教程．北京：高等教育出版社，2004．

[7] 乔桂芳，熊小梅．计算机文化基础．北京：清华大学出版社，2011．

[8] 教育部考试中心．全国计算机等级考试一级教程——MS Office 高级应用（2013 年版）．北京：高等教育出版社，2013．

[9] 教育部考试中心．全国计算机等级考试二级教程——MS Office 高级应用（2013 年版）．北京：高等教育出版社，2013．

[10] 关智．国际互联网．成都：西南交通大学出版社，2006．

[11] 全国专业技术人员计算机应用能力考试命题研究中心．全国专业技术人员计算机应用能力考试专用教程（Internet 应用）．北京：人民邮电出版社，2010．

[12] 从敏景．基于 P2SP 技术的网络下载工具迅雷的研究分析．中国科技论文在线．